ENCYCLOPÉDIE-RORET.

———

FABRICANT DE SUCRE

ET

RAFFINEUR

AVIS.

Le mérite des ouvrages de l'**Encyclopédie-Roret** leur a valu les honneurs de la traduction, de l'imitation et de la contrefaçon. Pour distinguer ce volume, il porte la signature de l'Editeur, qui se réserve le droit de le faire traduire dans toutes les langues, et de poursuivre, en vertu des lois, décrets et traités internationaux, toutes contrefaçons et toutes traductions faites au mépris de ses droits.

Le dépôt légal de ce Manuel a été fait dans le cours du mois de mai 1868, et toutes les formalités prescrites par les traités ont été remplies dans les divers Etats avec lesquels la France a conclu des conventions littéraires.

Les précédentes éditions de ce Manuel, publiées avec le concours de M. BLACHETTE, n'ont rien de commun avec cette édition, qui est l'œuvre entièrement nouvelle de M. ZOÉGA.

MANUELS-RORET

NOUVEAU MANUEL COMPLET

DU

FABRICANT DE SUCRE

ET DU

RAFFINEUR

TRAITANT

DE LA FABRICATION ACTUELLE

DES

SUCRES COLONIAUX & INDIGÈNES

provenant de toutes

LES SUBSTANCES SACCHARIFÈRES

DONT L'EMPLOI EST USUEL ET RECONNU PRATIQUE

Par M. F.-S. ZOÉGA

Professeur de Physique et de Chimie, Officier de l'Instruction
publique.

—

OUVRAGE ENTIÈREMENT NOUVEAU

ACCOMPAGNÉ DE VIGNETTES ET DE PLANCHES

PARIS

LIBRAIRIE ENCYCLOPÉDIQUE DE RORET
RUE HAUTEFEUILLE, 12.
1868

PRÉFACE

Depuis la publication, déjà fort ancienne, de la première édition de cet ouvrage, les sciences physiques et leurs applications à l'industrie avaient fait d'heureux et gigantesques progrès ; l'art, surtout, d'extraire le sucre indigène de la racine qui le recèle avait pris un développement considérable et était devenu pour une grande partie de la France une source de plus en plus abondante de richesse et de prospérité ; il avait reçu des améliorations considérables et subi des modifications profondes, une foule de procédés nouveaux avaient été inventés et le sont encore tous les jours ; une nouvelle édition ou, disons mieux, un ouvrage nouveau exposant l'état actuel de cette grande et belle industrie devenait donc indispensable.

Nous nous sommes décidé, non pourtant sans quelque hésitation, à entreprendre ce long travail que nous avons pu résumer en un volume que nous avons divisé en quatre livres.

Fabricant de Sucre.

Dans le premier livre que nous avons intitulé NOTIONS PRÉLIMINAIRES, nous avons compris une introduction historique assez longue qui nous a paru présenter un certain intérêt; l'exposé des caractères et des propriétés les plus importantes des substances organiques que les chimistes ont désignées par le nom générique de *sucres;* les procédés employés pour obtenir certains produits, tels que la chaux et le charbon animal, dont on fait continuellement usage dans la fabrication du sucre; et enfin un chapitre qui traite avec détail de la saccharimétrie aussi bien optique que chimique.

Le second, qui, comme on devait le prévoir, est le plus étendu des quatre, a été consacré tout entier à la betterave; la culture de ce précieux végétal et son traitement industriel y ont été étudiés avec tout le développement que comporte l'étendue d'un manuel, c'est-à-dire d'un ouvrage portatif.

Dans le troisième nous avons traité de la canne, de l'extraction de son sucre, ainsi que de celle du sucre de plusieurs autres végétaux qui en fournissent en quantité suffisante, tels que l'érable, le palmier, etc. Nous y avons ajouté la fabrication du sucre de fécule, qui peut être considérée comme une industrie à part.

Enfin, dans le quatrième livre, nous nous sommes occupé de l'art d'amener le sucre à l'état de pureté parfaite, le *raffinage,* et nous y avons ajouté la fabrication du sucre candi.

Un nombre suffisant de dessins, bien choisis, facilite l'intelligence du texte.

L'ordre que nous avons adopté dans cet exposé des différentes parties dont se compose actuellement l'industrie sucrière nous a paru logique et nous a permis de comprendre dans un cadre nécessairement assez restreint, et en les simplifiant le plus possible, les descriptions d'un grand nombre de procédés divers et d'appareils souvent très-compliqués. En passant du connu à l'inconnu, comme disent les mathématiciens, il nous a été possible de faire connaître à nos lecteurs tout ce que cette industrie présente de plus important, et de n'omettre rien d'essentiel.

Cependant il nous eût été impossible, et tout le monde le comprendra facilement, d'entrer à chaque instant dans des détails longs et fastidieux, et surtout, de citer la foule innombrable de projets et de propositions que le génie inventif des savants et des industriels a su enfanter jusqu'ici; il a fallu nécessairement choisir, et souvent nous nous sommes vu, à notre grand regret, dans la dure obligation de passer sous silence une multitude de conceptions dont quelques-unes sont loin de manquer de mérite et même d'originalité.

Nous avons dû compulser un grand nombre de traités, de mémoires, de rapports et d'écrits périodiques, et souvent en extraire des passages plus ou moins étendus; mais nous ne pensons pas avoir jamais oublié de citer les auteurs des travaux importants dont nous avons profité, et les industriels qui ont bien voulu nous accorder leurs bons conseils; les noms de MM. Payen, Walkhoff, Heuzé, Girardin et Dubreuil, Hette, Lélui, etc., se retrouvent souvent dans nos pages. Nous ne devons pas omettre d'ajouter que l'excellent *Journal des Fabricants de Sucre*, si bien rédigé par M. Dureau, et le *Technologiste*, publié par M. F. Malepeyre, nous ont fourni des documents très-précieux, dont nous avons fait profiter le lecteur.

Nous avons résumé dans ce seul volume l'ensemble actuel de l'industrie sucrière, et nous ne croyons pas avoir fait d'omission grave, malgré le peu d'étendue dont nous disposions. Notre préoccupation constante a été de nous renfermer dans un cadre qui permît à notre éditeur de vendre ce Manuel à un prix tel qu'il soit à la portée de toutes les bourses. Nous espérons donc le voir bientôt entre les mains des artisans les moins fortunés; ce jour nous dédommagera des peines qu'il nous a coûtées pour le publier.

NOUVEAU MANUEL COMPLET

DU

FABRICANT DE SUCRE

ET DU

RAFFINEUR

—➤❦❧❦◄—

LIVRE PREMIER.

NOTIONS PRÉLIMINAIRES.

———

CHAPITRE Ier.

INTRODUCTION HISTORIQUE.

Nous rencontrons dans les écrits des anciens un grand
nombre de passages qui nous prouvent que le sucre ne
leur était pas entièrement inconnu, et que c'est dans
l'Inde, ou en général dans les contrées orientales de l'A-
sie qu'ils l'avaient d'abord remarqué. En effet, tout porte
à croire que c'est de là que cette substance s'est répandue sur toutes les parties du globe; et le nom lui-même
que lui donnaient les latins, *Saccharum*, semble dériver
du mot sanscrit *Scharkara*.

L'amiral Néarque, qui, par ordre d'Alexandre le Grand,
descendit avec sa flotte le cours de l'Indus pour aller
explorer les mers des Indes, rencontra en 328, la canne

ou roseau produisant une *espèce de miel*, et c'est de cette époque que ce précieux végétal fut connu des peuples de l'occident et fut introduit dans l'Arabie, l'Égypte et l'ouest de l'Asie.

Mais pendant longtemps les Grecs et les Romains, qui l'appelaient *sel indien*, ne purent se le procurer qu'à des prix très-élevés, et ne l'employèrent qu'en médecine.

Théophraste, né en 371 avant Jésus-Christ, est le premier auteur qui ait fait mention du sucre; dans un passage conservé par Photius, il dit, en parlant du miel, que *la troisième espèce vient des roseaux*. Mais Dioscoride, qui vivait au commencement de notre ère, est le premier qui se soit servi du nom Saccharum; voici comment il s'exprime : il existe une espèce de miel concret, appelé sucre, que l'on trouve dans des roseaux de l'Inde et de l'Arabie heureuse; il ressemble par sa consistance au sel et craque sous la dent.

Bien plus tard, le célèbre Pline, dans son grand ouvrage d'histoire naturelle, parle du sucre comme d'un miel extrait des roseaux et employé seulement en médecine.

Sénèque fait aussi mention du sucre sans le désigner par son nom; et son neveu Lucain, faisant l'énumération des soldats de Pompée, dans sa Pharsale, désigne assez clairement cette substance quand il dit, en parlant des Indiens qui faisaient une boisson avec le jus exprimé de la canne :

Quique bibunt tenerâ dulces ab arundine succos
Et ceux qui boivent les sucs doux d'un tendre roseau.

Citons encore un passage de Paul d'Égine, médecin grec qui vivait dans le VIIᵉ siècle de Jésus-Christ. Dans un traité intitulé de *Linguæ asperitate*, cet auteur dit : « Suivant l'opinion d'Archigène, le *sel indien* ressemble au sel ordinaire par sa couleur et par sa consistance, mais sa saveur est celle du miel. »

Voici ce que nous lisons dans le *Traité de l'opinion* de

Legendre : « Le sucre des anciens était un sucre que la nature produit d'elle-même dans des roseaux des Indes, hauts comme des arbres, et dont les anciens se servaient comme de boisson ; il n'avait aucune ressemblance avec le nôtre, qui s'exprime des roseaux, et qui est fort travaillé avant d'être employé comme un corps solide. Les anciens ne connaissaient pas l'art de le condenser, de le blanchir et de le durcir comme nous. A la vérité, Érathostène, dans le 15ᵉ livre de Strabon, fait entendre que les anciens cuisaient le sucre des roseaux qu'ils ont appelé *miel, et sucre de canne;* mais on ne trouve rien dans leurs écrits qui ait quelque ressemblance avec la préparation et les usages que nous faisons du sucre. Nous ferons observer à ce sujet que ces mêmes anciens ont décrit deux espèces différentes de sucre : la première était une rosée qui s'attachait aux roseaux, blanche comme la gomme, qui pouvait se broyer sous les dents ; ce sucre avait la douceur du miel et ne servait qu'à la médecine ; probablement c'était la manne des Israélites (voy, *Pline, Dioscoride, Galien, Oribus*). »

La deuxième espèce de sucre des anciens était une liqueur douce exprimée des racines des roseaux.

In Indicis nasci arundines calamique dicuntur, ex quorum radicibus expressum suavissimum succum bibunt (S. Isidore, liv. 17).

> *Indica non magnâ nimis arbore crescit arundo :*
> *Illius e lentis premitu radicibus humor,*
> *Dulcia cui nequeant succo contendere mella.*

(Varro ap. Isid. loco cit.)

D'après toutes ces autorités, il est incontestable que le sucre a été connu des anciens à une époque antérieure à l'ère chrétienne ; que c'était des contrées au-delà du Gange qu'il était apporté aux Grecs et aux Romains qui le croyaient une exsudation mielleuse de la cannamelle. Il faut remarquer cependant que ce sucre, bien loin d'être pur, n'était qu'une mélasse ou le suc épaissi de la canne.

On voit également par les passages des différents auteurs que nous venons de rapporter, et par d'autres encore que nous avons cru inutile de citer, que le sucre, tel qu'ils le connaissaient, était rare et que ses usages étaient bien bornés : « *Ad medecinæ tantum usum.* »(Pline.)

Il serait fort difficile d'assigner une époque à la connaissance du sucre pur chez les Indiens et les autres peuples des régions au-delà du Gange, où, d'après Kurt Sprengel, dans son *Historia rei herbariæ*, la canne croît spontanément dans l'état sauvage, notamment sur les rives de l'Euphrate, près d'Almancure, ainsi qu'à Siraf, aux Indes. Alexandre de Humboldt présume, d'après d'anciennes porcelaines de Chine, dont les peintures semblent représenter les divers travaux de l'extraction du sucre, que cette fabrication doit remonter, dans cet empire, à une antiquité très-reculée, et peut-être même immémoriale.

Nous venons de voir que le sucre connu des anciens n'était qu'une véritable moscouade. Ce n'est, en effet, que vers le ve siècle de notre ère qu'il est fait mention du sucre cristallisé chez les Arabes.

Moïse de Chorène, dans sa description de la province de Cherasan, dans la Perse, vante le sucre précieux qu'on y fabrique.

Il paraît constant que les Vénitiens furent les premiers qui raffinèrent le sucre en Europe. Ils imitèrent d'abord les Arabes, et vendirent le sucre purifié à l'état de sucre candi ; ils adoptèrent ensuite les cônes et donnèrent au sucre la forme qu'on désigna par le nom de *pain* de Venise.

Cet art passa ensuite en Allemagne, et en 1573 et 1597, on comptait plusieurs raffineries, tant à Dresde qu'à Augsbourg. L'établissement de raffineries en Hollande date de 1648 ; ce ne fut que bien plus tard à Hambourg. Ce furent des Allemands qui portèrent cette industrie en Angleterre, dans l'année 1659.

Les colonies françaises apprirent des Hollandais et des

Portugais les procédés de raffinage du sucre, vers l'an 1693. Les Français ne tardèrent pas à égaler leurs maîtres, et les raffineries d'Orléans rivalisèrent avec celles de Hambourg. Aujourd'hui, cette industrie n'est plus, comme autrefois, particulière à quelques localités ; partout où on suivra avec soin et intelligence les procédés propres à y parvenir, on obtiendra du sucre raffiné de telle qualité qu'on voudra.

Ces dernières lignes sont la reproduction textuelle d'un passage de notre première édition ; depuis l'époque, déjà éloignée, de sa publication, la science et ses applications ont fait des pas gigantesques, des changements considérables se sont produits dans l'industrie sucrière et nous pensons que bientôt celle-ci aura subi une révolution complète, nous croyons par conséquent qu'il ne sera pas inutile de les faire suivre de quelques réflexions dont les fabricants de sucre indigène pourront profiter.

Avant que l'on eût découvert l'existence du sucre cristallisable dans la betterave, avant la création de cette grande et belle industrie agricole qui a pour but son extraction de cette racine, il était assez naturel que des établissements particuliers se chargeassent, en Europe, de purifier les produits obtenus par des procédés assez grossiers, que le commerce nous apportait du dehors, de même qu'on purifie en France dans des fabriques de produits chimiques, les soufres bruts que nous recevons du midi de l'Italie. Mais, s'il avait existé dans notre pays des gisements exploitables de cette substance, aurait-on jamais eu l'idée de faire deux industries distinctes de l'extraction du minéral du sein de la terre suivi d'une purification grossière et de son raffinage définitif ? Le fabricant d'acide sulfurique s'aviserait-il de livrer à un autre les produits de ses chambres pour faire de leur concentration une industrie particulière ? Évidemment non ; ce serait de la part du premier renoncer gratuitement à une part légitime de ses bénéfices et augmenter inutilement le prix des produits et le temps qu'exige leur préparation. Eh bien, c'est justement ce que fait maintenant l'industriel qui livre ses sucres bruts à un raffineur. Nous n'avons jamais bien compris la raison de cet arrangement, et nous la comprenons encore moins maintenant que des procédés perfectionnés permettent aux fabricants de sucre indigène, ainsi qu'à ceux des colonies qui veulent bien suivre les progrès que leur indique la métropole, d'obtenir immédiatement du sucre grainé d'une parfaite blancheur, et qui, malgré les préjugés résultant d'un ancien usage, entrera bientôt dans la consommation, à l'exclusion du sucre en pains. Pour nous, nous l'avouons franchement, dans l'état actuel de nos connaissances, le raffinage du sucre comme art distinct, n'a plus de raison d'être.

Mais revenons à l'histoire des principales plantes saccharifères, et d'abord à celle de la canne, qui la première a fourni à l'homme son produit inestimable.

Comme nous l'avons dit plus haut, un célèbre savant allemand, Kurt Sprengel, assigne les régions transgangétiques pour patrie à ce précieux végétal. Ce qu'il y a de certain, c'est que les Chinois le cultivent depuis la plus haute antiquité, et qu'il croît spontanément sur les bords de l'Euphrate. Il paraît également certain qu'à une époque très-ancienne la canne à sucre passa des bords du Gange en Arabie et sur les bords du Nil en Égypte et en Éthiopie, pays où sa culture était répandue du temps de Galien et de Pline. Des parties les plus chaudes de l'Afrique, elle remonta en Phénicie d'où elle passa ensuite dans les îles de l'Archipel grec, à Chypre, à Candie, à Rhodes, sur les côtes de la Morée, où elle abondait encore en 1306, et à l'île de Malte dont le sucre était reconnu pour le plus dur, mais aussi pour le moins blanc. Déjà en 1242, la canne à sucre formait une branche importante de commerce dans l'île de Sicile, où elle était principalement cultivée dans les vallées de Noto et de Mazara; localités où on en rencontre encore aujourd'hui quelques champs. De la Sicile, la canne se répandit dans la Calabre, où plusieurs villages produisirent pendant quelque temps des quantités considérables de sucre cristallisé.

Vers la fin du xiiie siècle, la canne à sucre vint en France, où elle fut cultivée avec avantage dans les régions méridionales, ce qui est certifié par des actes authentiques de 1333 et 1359, qui parlent de sucre fabriqué et raffiné dans ces régions et transporté dans le Nord. Suivant Beaujeu, écrivain du xvie siècle, cette culture continua à prospérer, surtout depuis les Bouches-du-Rhône jusqu'à Hyères, et s'y conserva jusqu'à l'année 1551, époque à laquelle son introduction aux Antilles, où elle prit un très-grand développement, mit un terme à cette industrie de la mère patrie.

Dans les dernières années du siècle passé, on a tenté de raviver cette culture aux environs d'Hyères, et plus tard, en 1831, on a même cherché à l'introduire aux environs de Lille. A vrai dire, nous doutons que, même en adoptant des méthodes de culture en rapport avec notre climat, la canne à sucre puisse jamais prospérer dans les pays du centre de l'Europe, nous ne voyons même pas le but utile de ces tentatives, car la canne devra toujours y céder la place à la betterave, plante indigène de nos contrées. Mais nous pensons qu'au contraire les essais que l'on fait de cette culture dans l'Algérie seront, tôt ou tard, couronnés d'un plein succès.

Les seules contrées de l'Europe où la canne à sucre soit encore cultivée avec quelque avantage sont la Sicile et des districts méridionaux de l'Espagne, par exemple une étendue de terre assez considérable de l'Andalousie, près de Malaga, entre la Sierra de Antegnera et le littoral de la Méditerranée.

Suivant l'écrivain arabe Ebn-El-Ervan, cette culture aurait été pratiquée avec succès au xiiie siècle dans tout le midi de l'Espagne où les Sarrasins l'avaient introduite dès le xie siècle.

En 1420, Dom Henri, régent de Portugal, importa la canne à sucre de Sicile à Madère.

Nous arrivons enfin à l'époque extrêmement importante de l'introduction de la canne à sucre dans les îles de l'Amérique et sur le Nouveau Continent.

On prétend que c'est Hispaniola, aujourd'hui Saint-Domingue, qui en fut dotée la première en 1506, par Pierre d'Arança ou d'Estiença, compagnon de Cristophe Colomb. Cependant on a supposé que ce végétal était indigène du Nouveau Monde, et cette question vivement controversée parmi les naturalistes ne paraît pas encore parfaitement résolue.

Dans un ouvrage publié en 1742, le Père Labat affirme que la canne à sucre croît naturellement aussi bien en Amérique qu'aux Indes; il prétend que les Espagnols et les Portugais, qui la trouvèrent dans leurs premières invasions, apportèrent seulement l'art d'en exprimer le jus, de le cuire et de l'amener à l'état de sucre, art qu'ils tenaient des Orientaux. A l'appui de cette assertion, il cite, entre autres autorités, le témoignage de l'anglais Thomas Gage, qui fit un voyage à la Nouvelle Espagne en 1628, et qui mit la canne à sucre au nombre des provisions que lui fournirent les Caraïbes de la Guadeloupe. Le *Traité des plantes de l'Amérique*, de François Ximénès, imprimé à Mexico, dans lequel il est dit que la canne à sucre vient naturellement sur les bords de la rivière de la Plata, et qu'elle y acquiert une grande hauteur, est également cité par le Père Labat qui rapporte en outre que Jean de Lery, ministre calviniste, qui alla en 1556 joindre le Commandeur de Villegagnon au Fort de Coligny qu'il avait bâti dans une île de la rivière Janeiro, au Brésil, assure avoir trouvé des cannes à sucre en grande quantité dans différents lieux voisins de ce fleuve dans lesquels les Portugais n'avaient pas encore pénétré. Le Père Hennepin et quelques autres voyageurs certifient pareillement l'existence de la canne à sucre dans les contrées voisines de l'embouchure du Mississipi; et Jean de

Laet dit l'avoir vue à l'état sauvage dans l'île de Saint-Vincent. De là, on tire la conséquence que les Espagnols et les Portugais n'ont fait qu'enseigner les procédés d'extraction du sucre aux habitants de l'Amérique, et qu'ils ne leur ont point apporté la canne que ceux-ci possédaient déjà. Nous devons ajouter que cette opinion a acquis un grand caractère de vérité, depuis la découverte faite par le célèbre navigateur Cook, de la canne à sucre, dans plusieurs îles de l'Océan Pacifique.

D'autres écrivains, au contraire, affirment que la canne à sucre n'existait pas en Amérique avant le voyage des Européens; que cette plante, originaire de l'intérieur de l'Asie, très-probablement même de l'empire de la Chine où sa culture est encore aujourd'hui très-répandue, fut transportée d'abord à Chypre, et de là en Sicile, suivant quelques auteurs, tandis que d'autres pensent que ce furent les Sarrasins qui l'apportèrent directement de l'Inde dans cette dernière île où dès l'an 1148 on récoltait une assez grande quantité de sucre. Lafiteau rapporte la donation faite par Guillaume, second roi de Sicile, au couvent de Saint-Benoît, d'un moulin à écraser les cannes à sucre, avec tous ses droits, ouvriers et dépendances; cette donation porte la date de 1166. Suivant le même auteur, la canne à sucre aurait été apportée en Europe à l'époque des croisades. Le moine Albert Aquensis, dans la description qu'il a donnée des procédés employés à Acre et à Tripoli, pour extraire le sucre, dit que dans la Terre-Sainte, les soldats chrétiens manquant de vivre, eurent recours aux cannes à sucre qu'ils suçaient pour subsister. Nous avons déjà dit que vers l'an 1420, Dom Henri, régent de Portugal, fit transporter la canne à sucre de la Sicile à Madère; mais Viray croit que l'existence de la canne à sucre, tant à Madère qu'aux Canaries, les îles fortunées des Anciens, remonte à une plus haute antiquité. A l'appui de cette opinion, il rapporte, d'après Juba, ce passage remarquable de Pline : *In quibusdam ex insulis fortunatis, ferulas surgere ad arboris magnitudinem, can-*

didas, quæ expressæ liquorem fundunt potui jucundum.
(On dit que dans quelques-unes des îles Fortunées
croissent, aussi hautes que des arbres, des férules blanches dont on exprime un jus agréable à boire.) Viray
rappelle que Saumaise prétendait que ces férules ne pouvaient être que des cannes à sucre.

Herrera, historien américain, croit que les cannes
transportées à Madère, venaient de Grenade, et plus anciennement du royaume de Valence où les Maures avaient
naturalisé leur culture.

La canne à sucre réussit parfaitement à Madère et aux
îles Canaries, et jusqu'à l'époque de la découverte de
l'Amérique, ce furent ces îles qui approvisionnèrent
l'Europe de la majeure partie du sucre qui s'y consom-
mait. Des Canaries, la canne passa au Brésil; quelques
personnes croient cependant qu'elle y fut portée par les
Portugais de la côte d'Angola en Afrique. Enfin la canne
fut transportée, en 1506, du Brésil et des Canaries à Hispaniola, aujourd'hui Saint-Domingue, où l'on construisit
successivement plusieurs moulins à cannes. Il paraît
cependant, d'après ce que dit Pierre Martyr, dans le
troisième livre de sa première décade écrite pendant la
seconde expédition de Cristophe Colomb, qui eut lieu de
1493 à 1495, que, déjà à cette époque, la culture de la
canne était très-répandue à Saint-Domingue; mais on
peut supposer qu'elle y avait été apportée par Colomb
même, à un premier voyage, avec d'autres productions
de l'Espagne et des Canaries, et que cette culture était
en pleine activité lors de la seconde expédition.

Vers le milieu du xviie siècle, la canne à sucre fut
portée du Brésil, aux Barbades, dans les autres possessions
anglaises, dans les îles espagnoles de l'Amérique, au
Mexique, au Pérou, au Chili et enfin dans les colonies
françaises, hollandaises et danoises.

Pour concilier deux opinions si différentes, M. B. Ed-
wards a supposé que la canne à sucre croissait naturellement dans plusieurs parties du Nouveau-Monde; mais

que Cristophe Colomb, qui devait nécessairement l'ignorer, avait pu en apporter des plantes à Saint-Domingue.
Cette explication pourrait bien être la vérité.

Quoi qu'il en soit, que la canne à sucre soit naturelle
à l'Amérique, ou qu'elle y ait été apportée, sa culture a
pris un tel développement tant sur la terre ferme que
sur les îles, que son produit est aujourd'hui, à lui seul,
plus important que toutes les autres denrées réunies que
l'on en retire. C'est aussi en raison de cette importance
qu'elle mérite davantage de fixer notre attention.

Mais cette culture a pris également beaucoup d'extension sur un grand nombre d'autres points des pays les
plus chauds, comme au Bengale, aux îles de la Réunion,
à l'île Maurice, en Egypte, en Ethiopie, etc.

L'espèce ou pour mieux dire la variété de canne à sucre
dite d'Otaïti, est aujourd'hui la plus répandue dans la
culture; son introduction est due aux voyages de Bougainville, de Cook et de Bligh. Bougainville en dota
l'Ile-de-France d'où elle se répandit à Cayenne, à la Martinique, et bientôt après dans le reste des Antilles et sur
la terre ferme. Dans l'opinion du célèbre Alexandre de
Humboldt, c'est une des acquisitions les plus importantes
que l'agriculture des régions tropicales doive aux voyages des naturalistes.

Marggraf, chimiste allemand, découvrit, en 1747, la présence du sucre cristallisable dans les différentes espèces
de betteraves. Plus tard en 1796, Achard, professeur de
chimie à Berlin, s'occupa de nouveau de cette question et
fonda une industrie agricole qui a pris une immense extension et qui est appelée à une prospérité encore bien plus
grande; et Hermbstadt, professeur de chimie industrielle
dans la même ville, publia en 1799 des observations et
des recherches sur l'extraction du sucre des végétaux
indigènes.

On dit la betterave originaire de l'Europe méridionale
et notamment de l'Espagne et du Portugal, pays où
pourtant on ne la rencontre plus maintenant à l'état

sauvage. Olivier de Serres dit que c'est vers la fin du
xvie siècle que fut importée d'Italie en France la betterave
rouge.

Mais pendant bien longtemps la betterave ne fut cultivée que comme plante fourragère. La betterave à sucre
nous a été apportée de Prusse, au commencement de ce
siècle.

Bien d'autres végétaux encore contiennent du sucre, et
quelques-uns en quantité assez considérable pour pouvoir en être extrait avec avantage; cependant les produits
fournis par quelques-uns sont jusqu'à ce jour trop peu
importants pour que nous en fassions mention ici; plus
tard nous aurons occasion de traiter de ceux qui méritent
de faire l'objet d'une exploitation industrielle.

CHAPITRE II.

ÉTUDE DES PRINCIPAUX CARACTÈRES DES MATIÈRES
SUCRÉES EN GÉNÉRAL.

Les chimistes désignent sous le nom générique de *sucres*
des produits organiques immédiats neutres, solubles
dans l'eau et l'alcool, possédant une saveur douce et
agréable, et dont la dissolution aqueuse, additionnée
d'une substance organique neutre, qui dans ce cas prend
le nom de *ferment*, exposée à l'air libre à une température
d'au moins 10° centigrades, subit une transformation
moléculaire qui le change en plusieurs produits nouveaux,
plus stables, et dont les principaux sont : l'acide carbonique et l'alcool appelé vulgairement *esprit-de-vin*.

Ce dédoublement des matières sucrées constitue un
des phénomènes les plus intéressants et en même temps
les plus importants de la chimie organique appliquée à
l'industrie; on l'appelle *fermentation alcoolique*.

Les chimistes reconnaissent actuellement un assez grand
nombre d'espèces de sucres; mais quatre seulement

présentent un intérêt industriel ; elles se rapportent toutes à la formule $C^{12} H^n O^n$, ce sont :

1º Le sucre de canne ou sucre cristallisable, sucre prismatique de quelques auteurs. C'est le plus important de tous.

2º Le sucre de raisin, sucre d'amidon ou *glucose*.

3º Le sucre incristallisable des fruits mûrs et acides.

4º Le sucre de lait ou *lactose*.

Après cette définition générale du genre sucre, et l'indication des espèces qui intéressent l'industrie, nous allons entrer dans quelques détails relativement à chacune de ces dernières.

1º *Sucre de canne* $C^{12} H^{11} O^{11}$.

Ainsi appelé parce que dans l'origine on l'extrayait presque exclusivement d'une espèce de graminée appelée *canne* ; on la désigne aussi par la dénomination de *sucre cristallisable*, parce que ses dissolutions, placées dans les conditions favorables, donnent naissance à de grands et beaux cristaux.

Propriétés physiques. Corps solide à la température ordinaire, complétement incolore et transparent lorsqu'il est parfaitement pur et cristallisé. Ces cristaux qui sont anhydres constituent le *sucre candi*. En masse formée de très-petits cristaux agglomérés, il est opaque et d'un blanc parfait; c'est alors le *sucre raffiné*.

Les cristaux de sucre sont des prismes rhomboïdaux obliques hémiédriques, et souvent ils présentent des troncatures sur les arêtes aiguës et sur les angles, ainsi que le montrent les figures I et J. Ces cristaux pèsent spécifiquement 1,606 (Note sur la cristallographie).

Il ne possède pas d'odeur ; mais sa saveur, connue de tout le monde, est douce, très-pure et très-agréable.

Cependant lorsqu'on le réduit en poudre très-ténue, en le triturant avec un corps dur, cette saveur change d'une manière sensible. Ce phénomène très-remarquable se trouve sans doute en rapport avec un autre qui ne l'est pas moins ; savoir, la lumière phosphorescente que l'on voit jaillir abondamment du sucre lorsqu'on le casse dans l'obscurité. M. E. Monier, en parlant de cette particularité dans son *Guide pour l'essai et l'analyse des sucres*, admet que le changement de saveur est dû à la transformation d'une petite quantité de sucre en caramel, transformation qui serait occasionnée par l'élévation de température que détermine l'action mécanique.

Le sucre de canne est très-soluble dans l'eau ; à froid, ce liquide en dissout trois fois son poids, et à chaud, jusqu'à neuf fois ; dans ce dernier cas, il forme un sirop très-visqueux qui coule difficilement. Si l'on verse sur une plaque froide, cette dissolution évaporée rapidement, on obtient une masse transparente et vitreuse, complétement amorphe, que l'on appelle vulgairement *sucre d'orge*, bien qu'elle ne contienne pas la moindre quantité de cette céréale. Mais cette substance, qui ne semble différer en rien du sucre ordinaire, et à laquelle on donne le plus souvent la forme de petits bâtons cylindriques, éprouve, petit à petit, un changement dans la disposition de ses molécules, et, soit qu'elle soit exposée à l'air, ou enfermée dans des vases bien bouchés, elle devient opaque et cristalline, et les bâtons cassés perpendiculairement à l'axe, présentent une structure rayonnée de celui-ci vers la surface. Ce fait curieux doit être considéré comme se rapportant aux phénomènes de trempe, et par conséquent analogue à ce que présente le soufre mou.

La dissolution aqueuse de sucre de canne présente un fait auquel les fabricants de sucre doivent bien faire attention : Lorsqu'on la soumet à une ébullition prolongée, il y a combinaison de trois équivalents d'eau, et le sucre de canne passe à l'état de glucose, dont la formule est $C^{12}H^{14}O^{14}$.

Si l'ébullition a lieu à l'abri de l'air, le phénomène se complique encore ; la dissolution se colore en brun, et ses propriétés optiques changent. En traitant de l'analyse des sucres, nous reviendrons sur ces différentes propriétés.

Le sucre n'est que peu soluble dans l'alcool, et d'autant moins que celui-ci approche davantage de l'état anhydre. Il est complétement insoluble dans l'éther.

Action de la chaleur. — Chauffé graduellement, le sucre entre en fusion à la température de 160°, en formant un liquide incolore et visqueux qui, par le refroidissement, se prend en une masse transparente et vitreuse ; mais si on le maintient longtemps à cette température élevée, plusieurs de ses propriétés changent, entre autres, il perd la propriété de cristalliser et celle d'agir sur la lumière polarisée.

Si on élève sa température à 180° et qu'on l'y maintienne quelque temps, il éprouve une modification encore plus profonde, car il semble se dédoubler en deux parties, dont l'une cédant un équivalent d'eau à l'autre se transforme en un corps nouveau qui, en raison de sa manière d'agir sur la lumière, a été appelée *lévulose*, tandis que l'autre passe à l'état de glucose.

En continuant à élever la température, on reconnaît qu'à 215°, le sucre de canne perd encore un équivalent d'eau, et se change en une substance brune et amorphe, le *caramel*. Ce nouveau composé, dont la formule, d'après ce que nous venons de dire, doit être $C^{12} H^9 O^9$, jouit des propriétés acides, est très-soluble, même déliquescent, n'a point de saveur et paraît lui-même composé de trois corps différents.

Enfin, en chauffant le caramel jusqu'à 220°, on obtient les mêmes produits que si l'on avait chauffé brusquement le sucre lui-même à cette température, c'est-à-dire de l'eau, des hydrogènes carbonés, de l'acide carbonique, de l'acide acétique, des matières goudronneuses, etc., et un résidu de charbon poreux et brillant

Dans les matières goudronneuses, on trouve une substance amère, composée elle-même de plusieurs principes, et à laquelle, à cause de sa saveur, on a donné le nom d'*assamare*. On peut attribuer à la présence de cette substance, l'amertume de certaines bières anglaises, d'une couleur très-foncée, fabriquée avec du malt également fortement coloré.

Action de quelques corps simples et composés.

A la température ordinaire, le chlore et les perchlorures métalliques secs n'exercent presque aucune action sur le sucre de canne, mais à la température de 100° ils le convertissent, ainsi que le glucose, en une matière brune et soluble dans l'eau, réaction qui peut être utilisée dans l'analyse pour déceler la présence du sucre.

Certains métaux, tels, par exemple, que le cuivre, le plomb et le fer, exercent une action particulière sur la dissolution aqueuse de sucre. Celle du dernier des trois métaux cités, mérite surtout d'être remarquée ; en effet, lorsqu'on plonge à moitié une baguette de fer dans une dissolution de sucre de canne bien pur, on aperçoit, si la température du lieu où l'on fait l'expérience est un peu élevée, que le métal est corrodé à la surface du liquide, et on retrouve la partie plongée dans celui-ci en partie couverte en sesquioxyde libre et en partie en protoxyde combiné avec le sucre ; phénomène d'autant plus digne d'attention que le protoxyde tout formé ne paraît pas pouvoir se dissoudre dans la dissolution de sucre.

La manière dont les acides se comportent à l'égard du sucre et de ses dissolutions, mérite toute l'attention du fabricant de sucre, elle est, comme on pourra en juger plus loin, d'une haute importance pour son industrie.

Les acides minéraux, ainsi que les acides organiques, agissent très-différemment sur le sucre de canne suivant leur nature, l'état de dilution et la température ; ils peuvent suivant les circonstances :

1° S'y combiner ;

2° L'intervertir, c'est-à-dire en changer les propriétés optiques ;

3° Le détruire en formant de l'acide glucique et des produits bruns.

L'acide tartrique, l'acide acétique, et en général tous les acides organiques, se combinent avec le sucre de canne et avec le glucose lorsqu'on les chauffe avec ces substances à une température comprise entre 100° et 120°.

Presque tous, ajoutés, même en petite quantité, à la dissolution aqueuse de sucre de canne, rendent celui-ci incristallisable et changent ses propriétés optiques, et cette action est d'autant plus rapide qu'ils sont plus forts, plus concentrés et qu'elle a lieu à une température plus élevée.

Ajoutons de suite à cela que les ferments naturels albuminoïdes contenus dans la plupart des sucs végétaux produisent un effet analogue. On comprend, d'après cela, la nécessité de porter à l'ébullition les sucs de canne et de betterave immédiatement après leur expression.

Comme nous l'avons dit il y a un instant, certains acides peuvent détruire complétement le sucre en le convertissant en un acide particulier, l'acide *glucique*, et en produits ulmiques bruns.

L'acide sulfurique concentré, mêlé à froid avec le sucre, s'y combine en formant un composé analogue à l'acide sulfoglucique, mais si l'on ne prend pas la précaution de refroidir le mélange, sa température s'élève considérablement, il se dégage de l'acide sulfureux et de l'acide formique, la masse s'épaissit, devient noire et renferme une grande quantité d'acide ulmique.

Lorsqu'il est étendu d'eau, l'acide sulfurique agit encore sur le sucre de canne à la température ordinaire, mais dans ce cas, il le convertit, au bout de quelque temps, en glucose. Si on élève la température, il se produit de l'acide ulmique et de plus de l'acide formique si le mélange a le contact de l'air.

L'acide azotique monohydraté peut former avec le sucre un composé fulminant analogue au pyroxam. L'acide azotique ordinaire du commerce qui contient de 4 à 6 équivalents d'eau, agit avec énergie sur le sucre ; il forme d'abord avec lui un acide particulier, l'acide *oxy-*

saccharique; mais s'il est en excès et qu'on laisse l'action se continuer, le résultat définitif est la production d'acide carbonique et d'acide oxalique.

Cependant, d'après des recherches récentes entreprises par M. Kessler, inventeur d'un procédé particulier de fabrication du sucre de betteraves, les acides employés à froid, même à des doses assez considérables, n'intervertissent nullement le sucre des jus extraits de végétaux saccharifères. C'est une question dont nous parlerons en détail lorsque nous traiterons des différents moyens imaginés pour purifier ces sucs.

Mais les réactions qu'il importe le plus au fabricant de sucre de bien connaître sont celles qu'exercent sur les dissolutions de sucre de canne les bases et certains sels.

Disons d'abord, et cela comme caractère distinctif de cette espèce de sucre, que sa dissolution n'est pas colorée par les alcalis, lors même qu'on la fait bouillir avec la potasse caustique et qu'elle ne réduit point un réactif important composé de tartrate double de cuivre et de potasse, et de plus qu'elle acquiert cette propriété si on la chauffe à 100° après y avoir ajouté un acide.

La potasse, la soude, la baryte et la chaux ajoutées à la dissolution de sucre de canne forment avec ce corps des composés dans lesquels un équivalent de base est combiné avec un équivalent de sucre. Faisons remarquer aussi que la chaux n'altère pas le sucre dans sa dissolution aqueuse, même par une ébullition prolongée.

Sucrates de chaux. — Le composé formé d'équivalents égaux de ces deux corps est plus soluble à froid qu'à chaud, mais, suivant M. Péligot, le précipité qui se produit lorsqu'on chauffe la dissolution de sucrate monocalcique serait un sucrate tricalcique, c'est-à-dire un composé ayant pour formule $C^{12}H^{11}O^{11}, 3CaO$.

M. Payen pense qu'on pourrait admettre que le composé $C^{12}H^{11}O^{11}, CaO$ est le seul qui prenne naissance lorsque la chaux en excès est mise en contact à froid avec une solution sucrée, et que ce composé dissout à son tour une quantité nouvelle de base, et d'autant plus grande que la dissolution de sucre est plus concentrée, tandis qu'à la température de l'ébullition une séparation s'effectue entre le composé $C^{12}H^{11}O^{11}$, 3CaO qui se précipite et le composé $C^{12}H^{11}O^{11}$, 2CaO qui reste en dissolution. D'après cette manière de voir, il existerait trois sucrates de chaux, deux solubles et un insoluble. Suivant le même chimiste, la quantité de chaux qui peut se dissoudre dans une dissolution de sucre varie avec l'état de dilution de celle-ci.

Le tableau suivant, que nous empruntons au précis de chimie industrielle de ce savant, indique : 1° la composition et la densité de la liqueur sucrée; 2° sa densité après qu'elle a été saturée par la chaux; 3° les quantités de chaux et de sucre contenues dans 100 parties de substance séchée à 120°, fournie par chacune de ces dissolutions.

SUCRE dissous dans 100 d'eau.	DENSITÉ du liquide sucré.	DENSITÉ du liquide sucré saturé de chaux.	100 DE SUBSTANCE SÈCHE contiennent	
			chaux.	sucre.
40.0	1.122	1.179	21.0	79.0
37.5	1.116	1.175	20.8	79.2
35.0	1.110	1.166	20.5	79.5
32.5	1.103	1.159	20.3	79.7
30 0	1.096	1.148	20.1	79.9
27.5	1.098	1.139	19.9	80.1
25.0	1.082	1.128	19.8	80.2
22.5	1.075	1.116	19.3	80.7
20 0	1.068	1.104	18.8	81.2
17.5	1.060	1.092	18.7	81.3
15.0	1 052	1.080	18.5	81.5
12 5	1.044	1.067	18.3	81.7
10.0	1.036	1.053	18.1	81.9
7.5	1.027	1.040	16.9	83.1
5.0	1.018	1.026	15.3	84.7
2.5	1.009	1.014	13.3	86.2

La dissolution de sucrate de chaux, exposée à l'air, en absorbe l'acide carbonique et laisse déposer des cristaux d'un carbonate hydraté dont la composition est représentée par la formule $CaO CO^2, 5HO$.

On comprend que la potasse et la chaux sèches doivent détruire le sucre à une haute température, et le convertir en différents produits, et en effet avec des gaz divers se dégagent des vapeurs qui, condensées par le refroidissement, donnent un mélange de deux produits inflammables, l'un soluble dans l'eau, l'acétone dont la composition est représentée par $C^3 H^3 O$, l'autre, insoluble bouillant à $+ 84^o$, et dont la composition est représentée par la formule $C^6 H^5 O$, c'est la métacétone.

Le sucre de canne se dissout aussi dans l'hydrate de protoxyde de plomb, en perdant un équivalent d'eau et formant un composé dont la formule est $C^{12} H^{10} O^{10}, Pb O$. Ce composé desséché à 100° perd encore un équivalent d'eau.

Les chlorures de potassium, de sodium et d'ammonium forment également des composés avec le sucre de canne. C'est principalement celui que produit le chlorure de sodium qui mérite de fixer l'attention du fabricant de sucre indigène; en effet, ce corps étant très-déliquescent, sa présence dans les dissolutions de sucre empêche la cristallisation de celui-ci, et peut par là occasionner de grandes pertes, attendu que pour une seule partie en poids de sel, il contient presque six fois autant de sucre, ce qu'il est facile de déduire de sa formule qui est $C^{12} H^9 O^9, NaCl, 3HO$.

Nous citerons comme exemple des effets extrêmement nuisibles que peut produire l'existence de ce composé dans le jus de la betterave, une fabrique de sucre indigène établie à Naples, sur les bords de la mer; les betteraves destinées au travail étant cultivées dans des terrains salifères, fournissaient un jus qui en était tellement chargé, qu'il était impossible de l'éliminer économiquement.

Les chlorures de calcium et d'ammonium brunissent fortement et rapidement, à la température de 100°, la dissolution de sucre de canne.

La dissolution de sucre de canne chauffée à la température de l'ébullition réduit les sels de cuivre, d'or et d'argent; mais la présence dans le liquide d'un excès de potasse caustique empêche la réduction de ceux du premier métal. Elle jouit aussi de la propriété de ramener le bichlorure de mercure à l'état de protochlorure.

La fermentation alcoolique est, comme nous l'avons déjà dit, le caractère essentiel de toutes les espèces de sucre industriel, mais par des raisons que l'on comprendra mieux plus tard, nous n'en parlerons qu'après avoir étudié les propriétés principales de ces différentes espèces.

Sucre de raisin, glucose, etc., $C^{12} H^{14} O^{14} = C^{12} H^{12} O^{12}, 2HO$.

Cette seconde espèce de sucre est, comme celle que nous venons d'étudier, solide et sans couleur; mais elle est plus légère, car sa densité n'est que de 1,38. Il se dépose de sa dissolution aqueuse en très-petits cristaux mamelonnés groupés en masses simulant des choux-fleurs; mais lorsqu'il cristallise dans sa dissolution dans l'alcool, il affecte la forme de tables carrées et de cubes. Il est plus soluble dans ce dernier liquide que le sucre de canne; mais, au contraire, il est moins soluble que lui dans l'eau, puisqu'il exige pour cela 1,3 de fois son poids de ce liquide à la température ordinaire. Il est beaucoup moins sucré que le sucre de canne; il en faut un poids 2,5 à 3 plus grand pour communiquer à l'eau la même douceur.

Exposé à une température graduellement croissante, le glucose se ramollit à 60°; à 100°, il perd un équivalent de son eau, en se transformant en une masse jaune et déliquescente; à 170°, il se caramélise et forme une substance plus ou moins colorée dans laquelle on retrouve du glucose non décomposé mêlé à des produits analogues à ceux que fournit, dans les mêmes circonstances, le sucre de canne.

Ce sucre se combine avec quelques acides sans éprouver d'autres changements qu'une simple déshydratation; ainsi, par exemple, il se combine avec l'acide sulfurique avec lequel il forme l'acide sulfoglucique.

L'acide azotique le décompose en le transformant en partie en acide oxalique, et en partie en acide oxysaccharique.

Les acides étendus et bouillants le convertissent en acide ulmique et en ulmine.

Il s'unit aux bases et au sel ordinaire, comme le fait le sucre de canne; mais plus difficilement. Il est important de remarquer qu'à la température de l'ébullition, une dissolution de potasse caustique et de glucose prend immédiatement une teinte jaune sensible; en continuant l'ébullition, la couleur passe au brun foncé, et la solution prend l'odeur du sucre brûlé. Ce caractère n'appartient pas au sucre de canne, et par conséquent permet de reconnaître la présence du glucose dans une dissolution de ce dernier.

La chaux éteinte ajoutée à une solution de glucose, change celui-ci en un acide particulier, l'acide *glucique*, avec lequel elle forme un glucate dont la composition est représentée par $2C^8 H^5 O^5$, CaO, HO. On peut enlever la chaux à ce composé au moyen de l'acide oxalique, et par conséquent obtenir l'acide glucique à l'état de liberté.

L'un des caractères les plus importants de l'espèce de sucre que nous étudions dans ce moment, c'est de réduire certaines solutions métalliques, telles, par exemple, que celles de sulfate et d'acétate de cuivre. M. Frommherz a reconnu qu'à la température de 100° il agit de la même manière sur le tartrate du même métal dissous dans la potasse, tandis que le sucre de canne n'exerce aucune action sur cette liqueur. M. Barreswil a fondé sur cette propriété un procédé particulier d'analyse des matières

sucrées, et M. Fehling a indiqué un moyen de bien préparer la liqueur. M. Löwenthal a également imaginé
un réactif particulier. Plus loin, au chapitre de l'analyse
des substances sucrées, nous aurons occasion de traiter
en détail de tous ces sujets.

Il est possible qu'on ait appliqué le même nom de glucose
à plusieurs espèces en réalité différentes, mais qui toutes
semblent se confondre parce qu'elles jouissent également
des deux caractères précédemment indiqués, savoir :
1º de pouvoir être ramenées à la formule $C^{12} H^{12} O^{12}$,
lorsqu'on les dessèche convenablement à 110º, et 2º de
réduire la dissolution de tartrate cupro-potassique.

Sucre de fruits. Sucre incristallisable. Lévulose.

Substance sirupeuse, déliquescente, incristallisable;
très-soluble dans l'eau, ainsi que dans l'alcool étendu,
mais insoluble dans l'alcool absolu. Sa saveur est plus
sucrée que celle du glucose. Il a la propriété de réduire
une quantité de liqueur de Fehling proportionnelle à
son propre poids.

A la température de 100º, le lévulose commence à s'altérer et à une température supérieure il se détruit complétement en présentant les mêmes phénomènes que le
glucose.

Le nom de *lévulose* donné à cette substance, vient de
ce que ses dissolutions ont la propriété de faire tourner
à gauche le plan de polarisation (Voyez le chapitre qui
traite de l'analyse).

Sucre de lait. Lactine ou Lactose, $C^{24} H^{24} O^{24}$.

Cette substance qui, comme sa formule l'indique, peut
être considérée comme un état isomérique des précédentes, est, de même que celles-ci, solide, incolore, ino-
dore et possède une saveur douce et agréable qu'elle
communique au lait qui en contient de 5 à 6 centièmes
de son poids.

Desséchée à 100°, elle perd deux équivalents d'eau et sa formule devient $C^{24}H^{22}O^{22}$.

Le sucre de lait que l'on rencontre dans le commerce, présente ordinairement l'aspect de masses cristallines compactes. Ces masses, purifiées par la dissolution dans l'eau bouillante et la filtration, fournissent de beaux cristaux présentant la forme de prismes à quatre pans terminés par des pointements à quatre faces. Dans cet état il a pour poids spécifique 1,542. Il est soluble dans 5 à 6 parties d'eau froide et dans seulement 2,5 d'eau bouillante. En se dissolvant dans l'eau froide, il en élève la température.

L'eau à $+10°$, laissée longtemps en contact avec le sucre de lait, produit une dissolution dont la densité est de 1,055 et qui contient les 0,1455 de son poids de cette substance. Exposée à l'air, cette dissolution se concentre en s'évaporant, et lorsqu'elle a acquis la densité de 0,2164 elle commence à cristalliser. Pendant cela, les propriétés optiques de la lactose éprouvent des changements qui indiquent des modifications dans l'arrangement de ses molécules.

Il est insoluble dans l'alcool et l'éther. Exposé longtemps à l'air, il n'éprouve aucune altération. Soumis à une chaleur graduellement croissante, il perd deux équivalents d'eau à la température de 120°; à 150° il en perd encore trois, et à 170° il se décompose complétement en se transformant en acides bruns.

Les acides étendus le changent en une espèce de glucose, mais les acides concentrés le colorent en produisant de l'acide ulmique.

Un caractère particulier à cette espèce de sucre, c'est que parmi les composés acides qui résultent de l'action qu'exerce sur elle l'acide azotique se trouve l'acide mucique.

Le sucre de lait se combine avec la potasse, la soude, la baryte, la chaux et l'oxyde de plomb, et lorsqu'il est en poudre, il possède de plus la propriété d'absorber les gaz ammoniac et acide chlorhydrique.

Manière d'être des différentes espèce de sucres dans la nature.

Sucre de canne. Cette substance n'est pas seulement produite par le végétal appelé pour cela *canne à sucre*, *Arundo saccharifera*, l'une des espèces de la famille très-nombreuse des graminées; mais jusqu'ici cette plante paraît en produire plus que toute autre, et c'est elle qui, la première, en a fourni au commerce. Le nombre de végétaux saccharifères est considérable, et parmi eux il s'en trouve qui, comme la canne, donnent lieu à une exploitation industrielle d'une importance plus ou moins grande, tels sont par exemple le maïs et le sorgho qui appartiennent à la même famille que la canne, l'érable à sucre, arbre d'une assez haute taille, cultivé dans le nord de l'Amérique, et surtout la betterave, plante qui appartient à la famille des chénopodiacées et qui depuis le commencement de ce siècle est devenue la base de la plus belle industrie agricole des pays tempérés. En traitant de la fabrication du sucre de canne, nous donnerons un tableau aussi complet que nous le pourrons des végétaux qui le produisent.

Le sucre peut être contenu dans différents organes de la plante; ainsi, dans la canne, le maïs, le sorgho et l'érable, c'est dans la tige qu'on le rencontre, tandis que dans la betterave, c'est la racine qui le fournit. L'ananas et certaines espèces de la famille des cucurbitacées, comme par exemple le melon et d'autres, le contiennent dans leurs fruits.

Le glucose existe aussi tout formé dans l'organisme végétal, mais c'est toujours dans les fruits et principalement dans les fruits acides qu'il se rencontre. C'est surtout le raisin mûr qui en contient des quantités souvent considérables. Il se montre sous forme de poussière blanche et cristalline à la surface des pruneaux et des figues desséchés. Le miel paraît être formé essentiellement d'un mélange de glucose et de sucre liquide des fruits et de quelques autres substances.

L'organisme animal nous fournit un mode de production bien singulier de cette espèce de sucre, ou, peut-être, d'une espèce qui n'en diffère que peu. Dans une affection extrêmement grave appelée *diabète sucré*, le malade rend des quantités énormes, jusqu'à vingt litres en vingt-quatre heures, d'une urine le plus souvent sucrée, contenant de 8 à 10 pour 100 d'une substance regardée pendant longtemps comme étant du glucose, mais qui, d'après M. Claude Bernard, en diffère par plusieurs caractères.

Cet éminent physiologiste propose de donner au glucose du diabète le nom de *sucre de foie*, car suivant ses expériences, c'est dans cet organe qu'il s'engendre, d'une manière normale pendant l'état de santé, et d'une manière anormale chez l'individu atteint du diabète. De plus, la cause première de désordre dans les fonctions du foie résiderait dans des lésions des poumons. Quoi qu'il en soit, la substance en question est un véritable sucre, puisque l'urine qui la contient, abandonnée à elle-même, éprouve la fermentation alcoolique.

Le sucre de fruits se trouve, ainsi que son nom l'indique, dans la plupart des fruits acides, par exemple, dans le raisin et les cerises; le plus souvent il y est mêlé avec son poids de glucose.

Enfin la *lactose* est une des parties constituantes du lait de tous les mammifères, quel que soit leur genre de nourriture. Sa quantité varie d'une espèce à l'autre, mais dans le lait d'une même espèce elle se conserve assez constante. M. Boussingault a trouvé dans 100 parties de lait des espèces suivantes :

	Femme.	Vache.	Anèsse.	Chèvre.	Jument.	Chienne.
Eau.	88,4	87,4	90,5	82,0	89,63	66,30
Beurre.	2,5	4,0	1,4	4,5	inappréçable.	14,75
Sucre de lait et sels solubles.	4,8	5,0	6,4	4,5	8,75	2,95
Caséum , albumine et sels insolubles.	3,8	3,6	1,7	9,0	1,60	16,00
	99,5	100,0	100,0	100,0	99,98	100,0

On se procure cette substance en évaporant le lait préalablement débarrassé du beurre et du caséum. C'est principalement en Suisse qu'on en prépare de grandes quantités en utilisant le petit-lait qui provient de la fabrication du fromage de Gruyère.

Nous avons dit plus haut que la composition des différentes espèces de sucre est comprise dans la formule générale $C^{12} H^n O^n$, qui appartient également aux matières amylacées, à la cellulose, aux gommes, etc., qui sont aussi des produits immédiats fournis par l'organisme végétal. En étudiant attentivement la composition chimique des différents organes d'une même plante et celle du sol sur lequel elle végète et des agents qui l'entourent, en étudiant aussi les phases par lesquelles passent successivement ces organes, on pourra se rendre compte des transformations qui font passer l'un de ces corps à l'autre.

Propriétés alimentaires et thérapeutiques des matières sucrées.

Les espèces de sucre que nous avons étudiées, et surtout le sucre de canne, doivent-elles être considérées comme de véritables aliments ou simplement comme des condiments dont le goût extrêmement agréable se mêle d'une manière admirable avec celui de plusieurs autres substances, relève celui de quelques-unes et masque, enfin, la saveur repoussante de certaines autres ?

Avant de répondre à cette question, nous croyons nécessaire de définir nettement ce que l'on doit entendre par un *aliment*.

Parmi les phénomènes nombreux qui constituent la vie de l'animal, plusieurs ont pour effet définitif d'expulser du corps de celui-ci des substances diverses qui semblent être devenues inutiles ou même nuisibles à l'organisme; c'est ainsi, par exemple, que le sang, après avoir circulé dans les différents organes, revient au poumon, chargé d'acide carbonique qu'il laisse exhaler au dehors après l'avoir échangé contre un volume à peu près égal d'oxygène. Mais l'acide carbonique contient son volume d'oxygène, plus un poids assez notable de carbone, tellement que dans l'espace de vingt-quatre heures notre corps a perdu de 300 à 400 grammes de son poids par le simple fait de la respiration; or, on appelle aliments toutes les substances solides et liquides qui, introduites dans les organes de la digestion, éprouvent certaines transformations, et par des canaux particuliers parviennent en partie jusqu'au sang pour réparer les pertes qu'il avait éprouvées. Ce dernier phénomène prend le nom d'*assimilation*, et l'on peut dire que les aliments sont des substances assimilables.

Ce sont principalement les règnes organiques qui nous fournissent les matières alimentaires, cependant le règne minéral nous en offre aussi quelques-unes, et même des plus importantes, comme l'eau et le sel marin; et dans les substances animales et végétales se trouvent le plus souvent, en quantités plus ou moins grandes, des principes provenant du règne inorganique.

Les éléments chimiques qui constituent essentiellement les substances élaborées par les végétaux et les animaux, sont au nombre de quatre, à savoir : le carbone, en première ligne, l'hydrogène, l'oxygène et l'azote.

La nature et les proportions des composants d'un aliment ont une grande influence sur ses effets nutritifs. On remarque surtout une grande différence entre les effets des aliments azotés et les effets de ceux qui ne le sont pas ; or, le sucre appartient à ces derniers, ainsi que les substances amylacées et la cellulose, substances dont la composition, comme nous savons, ne diffère de la sienne que par un certain nombre d'équivalents d'eau. Ce sont ce que les physiologistes appellent des *aliments hydro-carbonés* ou respiratoires, car, en effet, ils servent principalement à l'exercice de cette grande fonction. Mais ne contenant pas d'azote, ces substances ne peuvent pas être considérées comme des aliments parfaits propres à réparer toutes les pertes qu'éprouve continuellement l'organisme, et à plus forte raison impropres à l'accroissement du corps.

Cependant les opinions ont été très-partagées au sujet de l'action du sucre sur nos organes ; les uns, au nombre desquels il faut compter Rouelle l'aîné, qui l'appelait *le plus parfait des aliments*, ont vanté outre mesure ses propriétés nutritives : ils ont rapporté des exemples de longévité attribués par eux à l'usage du sucre ; ils ont aussi cité le roi de Cochinchine, qui entretient une garde de cent hommes, auxquels il accorde une haute-paie pour le sucre et les cannes à sucre que la loi les oblige à manger tous les jours, afin d'entretenir leur embonpoint. Ils ont fait remarquer que les nègres nourris de vesou et les animaux qui mangent de la bagasse acquièrent rapidement un embonpoint remarquable.

Les autres ont prétendu, au contraire, que son usage fréquent a pour effet constant d'affadir le goût, de rendre la bouche pâteuse, d'exciter la soif, d'occasionner des tiraillements, des ardeurs d'estomac ou d'entrailles ; ils s'appuient du témoignage de Boerhave, qui le croyait propre à faire maigrir, et surtout des expériences de Stark. Ce dernier essaya de se nourrir pendant quelque temps, uniquement avec du pain, de l'eau et du sucre, en commençant par 125 grammes de celui-ci, et portant successivement cette quantité à 250, 500 et enfin à 612 grammes par jour. Il ne tarda pas à éprouver des nausées et des flatuosités ; l'intérieur de la bouche devint

enflammé, les gencives rouges et gonflées ; les déjec-
tions alvines se répétèrent fréquemment, des hémorrha-
gies se produisirent, et enfin apparurent des taches livides
sur l'omoplate du côté droit.

Citons encore un fait. Deux enfants ayant été nourris
avec du sucre pendant les premières années de la vie,
s'en trouvèrent très-bien ; mais, nous devons ajouter,
sans y attacher d'ailleurs trop d'importance, que l'un
des deux est devenu sujet à des maladies inflammatoires
de la gorge et de la poitrine qui, plusieurs fois, ont me-
nacé son existence.

L'observation semble avoir prouvé que l'usage des
mets sucrés est nuisible aux personnes atteintes de gas-
trite ou de gastro-entérite ; que l'usage immodéré des
mêmes substances irrite le système dentaire, y produit
une espèce d'agacement, que si l'on a des dents cariées,
des douleurs très-vives se font sentir dans le nerf dentaire mis à nu. Le sucre paraît donc exercer une action
irritante sur les nerfs, aussi l'emploie-t-on quelquefois
pour aviver les ulcères atoniques.

Mais faisons remarquer que ces effets funestes ne doivent être attribués qu'à l'abus et non à l'usage raison-
nable du sucre, et que c'est bien à tort qu'on considère
cette substance comme nuisible à la santé, qu'on la refuse aux enfants qui, comme on sait, aiment généralement tout ce qui est sucré. On a l'habitude de dire que
le sucre gâte les dents et l'estomac ; c'est une grave erreur, car les nègres des plantations de cannes à sucre
ne se nourrissent presque que de cette substance, et il
n'y a pas d'hommes dont les dents soient plus blanches,
plus fortes et plus saines. Quant à l'estomac, il faut se
rappeler que le sucre est bien un aliment, mais que tout
aliment quel qu'il soit, pris en quantités trop considérables, finit par devenir nuisible.

On pense que dans l'estomac le sucre se change en
grande partie en acide lactique, dont la mission physio-
logique est de dissoudre le phosphate calcaire qui fait

partie de la composition de beaucoup d'aliments. On sait que ce phosphate rendu soluble et assimilable est conduit au sang et sert principalement à la formation des os et des dents.

La majeure partie des animaux, surtout ceux des classes supérieures, aiment aussi beaucoup le sucre. Certains insectes même en sont extrêmement friands; telles sont, par exemple, les abeilles, qui s'attaquent à toutes les variétés de sucre de canne et vont quelquefois jusqu'à piller les fabriques.

D'après les expériences de Carminati, physiologiste italien, le sucre est nuisible à certains animaux, mais d'autant moins que leur organisation se rapproche davantage de celle de l'homme; ainsi, il tue les lézards et les grenouilles, soit qu'ils le prennent à l'intérieur, soit qu'on l'applique à l'extérieur, ou qu'on l'introduise sous la peau. Il agit de même sur les colombes et quelquefois aussi sur les poules, mais rarement, car on sait qu'on le leur donne souvent comme aliment. Il ne produit aucun effet sur les chiens, les moutons, etc.

Le célèbre Magendie a confirmé, en 1816, par de nombreuses expériences, celles de Carminati, et a prouvé en outre que le sucre pur, donné comme aliment exclusif, ne peut suffire à l'alimentation des chiens et probablement de l'homme.

Tout récemment, M. Tanner, professeur d'économie rurale au collége royal d'Angleterre, a faite une remarque qui, si elle se confirmait, mériterait toute l'attention des cultivateurs; il croit avoir observé que le sucre donné comme aliment aux animaux les rend impropres à la propagation de l'espèce. Ce savant a été conduit à cette opinion en remarquant qu'un troupeau qu'il avait engraissé avec de la mélasse mélangée à une nourriture sèche, était devenu stérile, et que des génisses nourries de la même manière, avaient traversé sans éprouver d'excitation l'époque du rut. Cet effet est attribué à l'engraissement

anormal de l'ovaire dont ces animaux guérissent difficilement. (*Journ. des fabr. de sucre*, 7ᵉ année, nᵒ 23.)

Quoi qu'il en soit, nous pouvons admettre que la prédilection instinctive de l'homme et de beaucoup d'animaux pour tout ce qui est doux, démontre que l'organisme en a un véritable besoin, et on est aujourd'hui généralement convaincu que pris rarement et à faible dose,
le sucre facilite la digestion. Tout le monde a pu remarquer, en effet, que lorsque l'estomac est trop chargé, ou
que la digestion est pénible, un verre d'eau fortement
sucrée fait rapidement disparaître cet état.

Si le sucre n'est pas un aliment parfait comparable au
pain et à la viande, il n'est pas moins certain que c'est
le condiment le plus agréable et le plus salutaire, et celui
dont tout le monde s'accorde à aimer et à rechercher le
goût. Ses usages sont très-nombreux, et les quantités
qu'on en consomme vont sans cesse en augmentant, bien
que trop lentement. Qu'il nous soit promis à ce sujet de
rapporter un passage du spirituel auteur de la *Physiologie du Goût*.

« Le sucre est entré dans le monde par l'officine des
apothicaires. Il devait y jouer un grand rôle, car pour
désigner quelqu'un à qui il aurait manqué quelque chose
essentielle, on disait : c'est comme un apothicaire sans
sucre. Il suffisait qu'il vînt de là pour qu'on le reçût
avec défaveur; les uns disaient qu'il était échauffant,
d'autres qu'il attaquait la poitrine, quelques-uns qu'il
disposait à l'apoplexie; mais la calomnie fut obligée de
s'enfuir devant la vérité, et il y a plus de quatre-vingts
ans que fut proféré ce mémorable apophthegme : *le sucre
ne fait mal qu'à la bourse.*

« Sous une égide aussi impénétrable, l'usage du sucre
est devenu chaque jour plus fréquent, plus général, et il
n'est pas de substance alimentaire qui ait subi plus d'a-
malgames et de transformations.

« Bien des personnes aiment à manger le sucre pur, et,
dans quelques cas, la plupart désespérés, la Faculté l'or-

donne sous cette forme, comme un remède qui ne peut nuire et qui n'a du moins rien de repoussant.

« Mêlé à l'eau, il donne l'eau sucrée, boisson rafraîchissante, saine, agréable, et quelquefois salutaire comme remède. Mêlé à l'eau en plus forte dose, et concentré par le feu, il donne les sirops, qui se chargent de tous les parfums, et présentent à toute heure un rafraîchissement qui plaît à tout le monde par sa variété.

« Mêlé à l'eau, dont l'art vient ensuite soustraire le calorique, il donne les glaces, qui sont d'origine italienne, et dont l'importation paraît due à Catherine de Médicis.

« Mêlé au vin, il donne un cordial, un restaurant tellement reconnu que dans quelques pays, on en mouille des rôties qu'on porte aux mariés la première nuit de leurs noces, de la même manière qu'en Perse des pieds de mouton au vinaigre.

« Mêlé à la farine et aux œufs, il donne les biscuits, les macarons, les croquignoles, les babas, et cette multitude de pâtisseries légères qui constitue l'art assez récent du pâtissier petit-fournier.

« Mêlé avec le lait, il donne les crêmes, les blancs-mangers et autres préparations d'office qui terminent si agréablement un second service, en substituant au goût substantiel des viandes un parfum plus fin et plus éthéré.

« Mêlé au café, il en fait ressortir l'arôme.

« Mêlé au café et au lait, il donne un aliment léger, agréable, facile à se procurer, et qui convient parfaitement à ceux pour qui le travail de cabinet suit immédiatement le déjeûner. Le café au lait plaît aussi souverainement aux dames; mais l'œil clairvoyant de la science a découvert que, un usage trop fréquent pouvait leur nuire dans ce qu'elles ont de plus cher.

« Mêlé aux fruits et aux fleurs, il donne les confitures, les marmelades, les conserves, les pâtes et les candis; méthode de conservation qui nous fait jouir du parfum de ces fruits et de ces fleurs longtemps après l'époque que la nature avait fixée pour leur durée.

« Peut-être, envisagé sous ce dernier rapport, le sucre pourrait-il être employé avec avantage dans l'art de l'embaumement, encore peu avancé parmi nous.

« Enfin le sucre, mêlé à l'alcool, donne des liqueurs spiritueuses, inventées, comme on sait, pour réchauffer la vieillesse de Louis XIV, et qui, saisissant le palais par leur énergie, et l'odorat par les gaz parfumés qui y sont joints, forment en ce moment le *nec plus ultrà* des jouissances du goût.

« L'usage du sucre ne se borne pas là. On peut dire qu'il est le condiment universel, et qu'il ne gâte rien. Quelques personnes en usent avec les viandes, quelquefois avec les légumes et souvent avec les fruits à la main. Il est de rigueur dans les boissons composées le plus à la mode, telles que le punch, le negus, le sillabab, et autres d'origine exotique, et ses applications varient à l'infini, parce qu'elles se modifient au gré des peuples et des individus.

« Telle est cette substance que les Français du temps de Louis XIII connaissaient à peine de nom, et qui, pour ceux du XIXᵉ siècle, est devenue une denrée de première nécessité ; car il n'est pas de femme, surtout dans l'aisance, qui ne dépense plus d'argent pour son sucre que pour son pain. M. Delacroix, littérateur aussi aimable que profond, se plaignait à Versailles du prix du sucre, qui, à cette époque, dépassait cinq francs : Ah ! disait-il, d'une voix douce et tendre, si jamais le sucre venait à trente sous, je ne boirais jamais d'eau qu'elle ne soit sucrée. Ses vœux ont été exaucés ; il vit encore et j'espère qu'il se sera tenu parole. »

Depuis que ces lignes ont été écrites, les usages du sucre se sont multipliés et sa consommation s'est prodigieusement accrue, en même temps que son prix a diminué considérablement ; néanmoins la consommation est loin d'être en France ce qu'elle est chez nos voisins d'outre-Manche.

Il ne faudrait pourtant pas espérer qu'un jour la consommation chez nous égalera celle des Anglais, car, comme le disait fort bien M. de Lavenay, commissaire du gouvernement, lors de la discussion sur les mœurs au Corps législatif en 1864, « il ne faut pas oublier que les habitudes des deux nations ne sont pas les mêmes, et que si les Anglais consomment beaucoup de boissons chaudes, le vin et les boissons alcooliques font balance chez nous. Il faut encore tenir compte du sucre des fruits que l'on consomme en France. »

Dans quelques contrées du nord de l'Europe, par exemple en Danemark et en Suède, nous avons vu des applications du sucre qui peuvent nous paraître bizarres et peu conformes à notre goût : dans ces pays on est dans l'usage de sucrer la salade, certaines soupes et bien d'autres préparations culinaires.

Disons encore quelques mots sur les propriétés du sucre considéré comme antidote de certaines substances toxiques.

M. Gallet, ancien pharmacien en chef des armées, fit connaître le premier, l'action du sucre sur l'acétate de cuivre, et le succès qu'il avait obtenu sur lui-même dans un cas d'empoisonnement par cette substance. Cette découverte, fort importante, a été depuis confirmée par de nombreuses expériences; il faut seulement se rappeler que le sucre, n'ayant d'action sur les sels métalliques que par l'intermédiaire de l'eau, il faut l'administrer dissous dans ce liquide ou mieux à l'état de sirop.

La fermentation.

Pendant la vie des animaux et des végétaux, les éléments chimiques se sont combinés pour donner naissance aux composés immédiats qui constituent leurs organes, ainsi qu'à ceux que ceux-ci élaborent; mais lorsque ces produits que, à cause de leur origine, nous appelons *corps organiques*, sont soustraits à l'action de l'être vivant qui leur a donné naissance, les molécules du plus

grand nombre abandonnées à leurs affinités particulières,
et à celles qu'exercent sur elles les agents extérieurs,
principalement l'air, l'eau et la chaleur, semblent tendre
à se dissocier pour se réunir ensuite de nouveau, mais
de manière à former des composés présentant une plus
grande stabilité.

Cependant on a reconnu que ces métamorphoses sont
généralement provoquées par l'influence d'un corps, organique lui-même, et qui lui-même se détruit et se reproduit par l'action de l'air, de l'eau et de la chaleur.
Ce corps qui contient constamment de l'azote, est appelé
un *ferment*, car, comme nous venons de le dire, il est
considéré comme la cause première du phénomène extrêmement remarquable que nous venons de désigner
d'une manière générale et qui est connu sous le nom de
fermentation.

Les ferments sont donc des êtres organisés qui, placés
dans des conditions convenables, vivent et s'accroissent
aux dépens de certaines matières organiques, en les décomposant en un certain nombre de principes constants
et définis.

Les chimistes reconnaissent maintenant un assez grand
nombre de fermentations distinctes ; mais ici nous n'aurons à nous occuper que de la fermentation *alcoolique*,
dans laquelle le sucre se change principalement en alcool, vulgairement appelé *esprit de vin*, et en acide carbonique, et de la fermentation *lactique* dans laquelle le
sucre encore se transforme en acide lactique. A l'étude
de ces deux fermentations, nous ajouterons seulement
quelques considérations sur les fermentations acétique
et putride.

Lorsqu'on introduit dans un vase, à une température
de 15 à 20 degrés, une dissolution aqueuse de sucre de
canne à laquelle on a ajouté une certaine quantité de levure de bière, et qu'on l'abandonne à elle-même, on voit
bientôt se manifester dans la masse liquide un mouvement tumultueux occasionné par de nombreuses bulles

de gaz qui se dégagent de son sein et s'échappent dans l'air. Après quelque temps ce mouvement s'apaise et le liquide s'éclaircit, mais son odeur et sa saveur sont complétement changées; l'odeur est devenue agréable et vineuse; la saveur douce du sucre s'est convertie en un goût encore très-agréable, mais plus ou moins brûlant, suivant les proportions relatives de sucre et d'eau qu'on avait employées; la liqueur contient maintenant de l'alcool.

Si l'on recueille le gaz qui se dégage, on trouve que ce n'est que de l'acide carbonique pur.

Dans le liquide, on retrouve non-seulement de l'alcool, mais de la levure de bière non décomposée ou reproduite pendant la fermentation, et des quantités assez petites de quelques substances qui se sont produites aux dépens d'une partie du sucre employé, environ 5 p. 100; ce sont, de la cellulose, de l'acide succinique et de la glycérine.

Nous voyons donc, par ce qui précède, que le résultat réellement utile pour l'industrie, de cette fermentation alcoolique, est le dédoublement de la presque totalité du sucre en alcool et acide carbonique.

Mais le sucre de canne ne paraît pas subir directement cette transformation, il commence toujours par passer à l'état de glucose en se combinant avec trois équivalents d'eau, c'est-à-dire que sa formule qui était

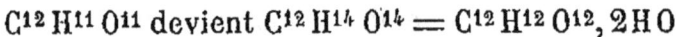

$$C^{12}H^{11}O^{11} \text{ devient } C^{12}H^{14}O^{14} = C^{12}H^{12}O^{12}, 2HO$$

Si l'on se rappelle que la composition de l'alcool est représentée par la formule $C^4H^6O^2$, il sera très-facile de se rendre compte des transformations précédentes, par l'équation suivante qui est d'une grande simplicité :

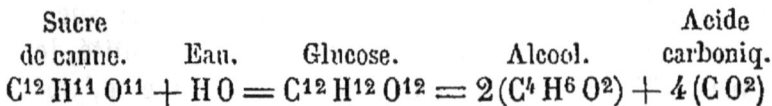

Sucre de canne.	Eau.	Glucose.	Alcool.	Acide carboniq.

$$C^{12}H^{11}O^{11} + HO = C^{12}H^{12}O^{12} = 2(C^4H^6O^2) + 4(CO^2)$$

En prenant pour unité l'équivalent de l'hydrogène,

Fabricant de Sucre. 4

ceux de l'oxygène et du carbone sont représentés, respectivement, par les nombre 8 et 6, et par suite, nous avons pour les équivalents :

du sucre de
canne. . . . $C^{12}H^{11}O^{11} = 12 \times 6 + 11 + 11 \times 8 = 171$
du glucose. . $C^{12}H^{12}O^{12} = 12 \times 6 + 12 + 12 \times 8 = 181$
de l'alcool. . . $C^4H^6O^2 = 4 \times 8 + 6 + 2 \times 8 = 46$, et 2 alc. = 92
de l'acide car-
bonique. . . $CO^2 = 6 + 2.8 = 22$, et 4 acide carb. = 88

Ce qui nous montre donc que 171 parties en poids de sucre de canne fournissent théoriquement, c'est-à-dire en faisant abstraction des pertes inévitables dans la pratique, 92 parties d'alcool et 88 d'acide carbonique.

Pour mieux fixer les idées, ramenons à 100 le poids du sucre et nous trouverons :

$$\text{Pour l'alcool } \frac{92 \times 100}{171} = 53.8$$

$$\text{Pour l'acide carbonique } \frac{88 \times 100}{171} = 51,46$$

Mais il ne faut pas oublier qu'en réalité sur 100 parties du sucre, 94 seulement se convertissent en alcool et acide carbonique, et que par conséquent, pour arriver aux quantités ci-dessus des deux substances, il faudrait employer une quantité de sucre donnée par la proportion

$$\frac{100}{94} = \frac{x}{100}, \text{ d'où } x = \frac{10000}{94} = 116,38$$

L'on pourrait aussi calculer la quantité d'alcool fournie réellement par 100 de sucre, par la proportion qui suit :

$$\frac{53,8}{100} = \frac{x}{94}, \text{ d'où } x = 50,57$$

Donc, par la fermentation, le sucre de canne fournit, à peu de chose près, la moitié de son poids d'alcool.

Fermentation lactique.

Le sucre de canne peut, dans des circonstances particulières, subir une modification autre que celle qui le
transforme en alcool et acide carbonique, il peut éprouver la fermentation *lactique*. Dans cette dernière métamorphose, le sucre passe à l'état d'acide lactique,
substance acide ainsi appelée parce qu'elle peut être
également le résultat d'une transformation du sucre de
lait.

On pense que cette fermentation s'opère aussi sous
l'influence d'un ferment particulier, le *ferment lactique*.
Mais dans ce cas le phénomène paraît bien plus simple et
l'altération bien moins profonde, car cette altération du
corps métamorphosé ne consiste en définitive qu'en un
changement d'arrangement moléculaire, en un phénomène
d'isomérie ; en effet, la composition élémentaire du sucre de canne et celle du sucre de lait sont identiques et
les deux corps, en se combinant chacun à un équivalent
d'eau, se changent également en acide lactique

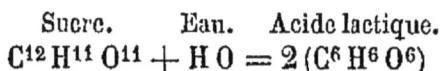

$$\underset{\text{Sucre.}}{C^{12}H^{11}O^{11}} + \underset{\text{Eau.}}{HO} = \underset{\text{Acide lactique.}}{2(C^6H^6O^6)}$$

Cette altération se produit spontanément dans quelques liquides sucrés, comme le lait et le jus extrait de la
betterave. Ce dernier, abandonné pendant quelques semaines au contact de l'air dans un endroit chaud, subit
une modification dans laquelle le sucre qu'il contient
passe à l'état d'acide lactique, et, peut-être aussi, en
partie du moins, en celui d'une autre substance d'une
saveur douce, la mannite. Cette dernière se produit en
quantité considérable dans l'espace de deux mois quand
la température est maintenue de 25° à 30°.

Les betteraves entières, elles-mêmes, éprouvent souvent, dans la fabrication du sucre, une altération rapide
due en grande partie à la fermentation dont nous par-

lons, et qui, elle-même, serait déterminée par la présence dans ces racines d'une substance albumineuse que le contact de l'air transformerait en acide lactique.

Il est facile de comprendre que la composition élémentaire du sucre de lait étant absolument la même que celle du sucre de canne, il doit pouvoir passer par toutes les métamorphoses par lesquelles passe celui-ci, et entre autres par la fermentation alcoolique ; et, en effet, on sait que depuis les temps les plus reculés, les peuples nomades de l'intérieur de l'Asie possèdent l'art de faire des boissons fermentées avec le lait de leurs animaux, et surtout avec celui des juments. Mais l'expérience prouve que ce sucre ne subit pas directement la fermentation alcoolique au contact de la levure de bière ; elle y est, au contraire, provoquée directement par la présence des matières organiques animales, telles, par exemple, que le sang. Il devient également fermentescible après avoir éprouvé l'action des acides.

Fermentation acétique.

Il ne sera pas inutile de consacrer aussi quelques lignes à une troisième fermentation, la fermentation *acétique*, dans laquelle l'alcool contenu dans certaines liqueurs se change en vinaigre qui est un acide organique puissant, l'acide *acétique*, plus ou moins étendu d'eau.

La production de ce phénomène exige le contact de l'air, car il consiste tout simplement en une oxydation lente de l'alcool, oxydation qui s'opère non pas directement, mais par l'intermédiaire d'un corps particulier qu'on nomme vulgairement la *mère du vinaigre*, substance azotée de consistance gélatineuse et comparable aux ferments.

L'équation explicative de cette transformation est très-simple ; en effet :

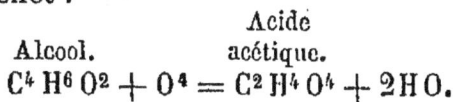

$$\underset{\text{Alcool.}}{C^4 H^6 O^2} + O^4 = \underset{\substack{\text{Acide} \\ \text{acétique.}}}{C^2 H^4 O^4} + 2 H O.$$

En rapprochant les trois phénomènes de fermentation que nous venons d'étudier, nous reconnaissons à chacun un caractère particulier. En effet, dans le premier, il y a d'abord combinaison de l'eau avec le corps qui entrera en fermentation, puis ensuite une véritable décomposition de cette nouvelle combinaison. Le second commence également par une combinaison avec l'eau suivie d'un simple changement isomérique. Enfin dans le troisième, on ne doit voir qu'un simple effet d'oxydation.

Ces trois fermentations, bien que très-différentes dans leur nature et leurs résultats, semblent pourtant dépendre toutes de l'action de certains corps organiques azotés, qui sont eux-mêmes en voie de transformation.

La décomposition putride que subissent les substances organiques exposées à l'air et à l'humidité doit être aussi considérée comme une fermentation ; son effet définitif est la conversion de la substance en eau, en acide carbonique et en ammoniaque.

Nous venons de décrire succinctement ce que les phénomènes de fermentation présentent de plus intéressant et d'utile au fabricant, sans chercher à entrer dans aucune discussion théorique. Cependant peu de phénomènes chimiques ont plus exercé la sagacité des savants les plus éminents, et donné lieu à un plus grand nombre de suppositions et d'explications ; et pourtant, malgré tous ces travaux, souvent d'une grande valeur, nous sommes obligé d'avouer qu'il règne encore dans cela beaucoup d'obscurité ; nous nous contenterons donc de rapporter les résultats des études les plus récentes sur la nature du ferment alcoolique et sur sa manière d'agir sur le sucre.

Vue à l'œil nu, la levure de bière présente l'aspect d'une bouillie écumeuse, grisâtre, et contenant des grumeaux mieux formés ; son odeur est caractéristique, sa saveur amère et sa réaction acide.

Mais des observations microscopiques nombreuses et attentives ont prouvé que cette substance se compose de globules ovoïdes formés de sacs membraneux composés de cellulose contenant des substances solides et liquides, et que, de plus, ces globules sont organisés et vivants. On les voit produire des bourgeons qui donnent naissance à de nouvelles cellules, tandis que la cellule-mère se flétrit et meurt. Mais lorsque ces cellules se trouvent en présence d'une nourriture convenable, leur nombre augmente indéfiniment, absolument comme cela a lieu dans une véritable végétation.

On trouve dans la composition chimique de ces cellules, de la cellulose, des matières albuminoïdes, qui, comme on sait, sont azotées, des phosphates alcalins et terreux. Il faut donc, pour que la levure de bière puisse continuer à vivre dans la solution sucrée, qu'elle y rencontre tous les éléments nécessaires à la formation de ces composés. A ce qu'il paraît, c'est au sucre même qu'elle prend le carbone, l'hydrogène et l'oxygène nécessaires à la production de la cellulose et de la matière grasse ; mais c'est aux matières albuminoïdes qu'elle enlève l'azote.

La présence de ces derniers composés n'est pas indispensable, elle peut être remplacée par celle d'un sel ammoniacal et d'un phosphate ; mais dans l'absence absolue d'un composé azoté et d'un phosphate, la fermentation n'a plus lieu, à moins que le liquide ne contienne un excès de levure ; dans ce cas une partie de celle-ci sert de nourriture à l'autre qui en se développant entretient la fermentation.

Ces faits et d'autres découverts par M. Pasteur, relatifs à l'origine même des cellules de la levure, sont sans contredit extrêmement remarquables et prouvent d'une manière irrécusable qu'en général la fermentation est déterminée par la présence, ou si l'on aime mieux, par l'action d'un être organisé en voie de production et de destruction ; mais malheureusement nous devons convenir que les véritables liens qui unissent les métamorphoses du ferment à celles du corps fermentescible nous échappent encore et que toutes les théories plus ou moins ingénieuses imaginées jusqu'ici par des savants d'un grand mérite ne sont pas à l'abri du reproche *de ressembler beaucoup à de simples hypothèses*.

Ainsi pour Stahl, l'action de ferment ne serait qu'une action purement dynamique ou, comme on dit souvent, une action de présence; les molécules du ferment animées d'un certain mouvement auraient la faculté de transmettre celui-ci aux molécules du corps fermentescible. Or, cette action de présence est jusqu'ici inexplicable. Cognard-Latour, qui connaissait la véritable constitution de la levure, supposait que c'est par quelque effet de leur végétation que ses globules dégagent de l'acide carbonique d'une dissolution de sucre et la convertissent en une liqueur spiritueuse; opinion qui ne nous paraît pas plus claire que la précédente. Turpin dit à peu près la même chose, à cela près qu'il suppose que les parties vivantes se développent en s'emparant de l'une des parties du sucre et le convertissent ainsi soit en alcool, soit en acide acétique. L'hypothèse de M. Liebig n'est au fond que le développement de celle de Stahl, et nous ne voyons pas trop en quoi ces deux manières d'expliquer la fermentation diffèrent de celle du célèbre Berzélius, qui n'admettant pas un organisme vivant dans la levure, lui attribue une force catalytique, laquelle le rend propre à agir par sa seule présence. Pour ce grand chimiste, la levure ne serait qu'un produit chimique qui se précipite pendant la formation de la bière. Mitscherlich, tout en reconnaissant l'organisme vivant de la levure, le suppose aussi comme agissant par une force catalytique. La théorie de M. Maumené est extrêmement ingénieuse, mais rien ne nous prouve que les choses se passent comme il le suppose. M. Pasteur, dont les travaux si remarquables et si précis ont eu un retentissement bien mérité, ne nous paraît pas avoir été plus heureux que ses prédécesseurs en formulant sa théorie : qu'entendre, en effet, lorsqu'il dit que la fermentation est un acte corrélatif de la vie, de l'organisation des globules ? M. Berthelot fait remarquer très-justement, que rapporter une métamorphose chimique à un acte vital, ce n'est pas l'expliquer.

Note sur la cristallographie.

On sait que si l'on détruit la cohésion d'un corps solide, c'est-à-dire, si on en désaggrège les molécules, soit par l'action de la simple chaleur qui le réduit à l'état liquide ou à l'état de vapeur, soit par l'emploi d'un dissolvant convenable, eau, alcool, etc., action qu'il faut le plus souvent favoriser elle-même par l'emploi de la chaleur, et qu'on abandonne ensuite le corps à lui-même, il arrive que la chaleur se dissipant ou le dissolvant s'échappant en partie en vapeur, l'attraction mutuelle des molécules redevient prépondérante et ramène le corps à l'état solide et détermine des groupements. Or, si cette solidification se fait lentement et paisiblement, il arrive le plus souvent que les molécules en se groupant donnent naissance à des formes polyédriques, généralement d'une régularité remarquable, et auxquelles on donne le nom de *cristaux*, et au phénomène qui les produit, celui de *cristallisation*. C'est ainsi que, le sucre étant bien plus soluble dans l'eau chaude que dans l'eau froide, un sirop préparé à une température élevée, laisse déposer, par le refroidissement, de beaux cristaux qu'on appelle vulgairement *sucre candi*. Ce fait est d'une grande importance pour le fabricant de sucre.

Le sel marin n'est pas beaucoup plus soluble dans l'eau chaude que dans l'eau froide; il résulte de là, que pour l'obtenir cristallisé il faut soumettre sa dissolution à l'évaporation, soit artificielle, soit naturelle. Ce dernier cas a lieu dans les marais salants.

Un même corps peut, suivant les circonstances au milieu desquelles s'effectue sa cristallisation, prendre des formes en apparence les plus différentes, mais leur comparaison attentive a prouvé que dans le plus grand nombre des cas, elles peuvent se déduire toutes d'une d'entre elles, par des lois d'une grande simplicité. Cependant il arrive quelquefois, mais assez rarement, que toutes ces différentes formes ne peuvent se déduire d'un type unique, mais de deux ; tel est le cas du carbonate de chaux qui forme en minéralogie deux espèces différentes : le *spath calcaire* et l'*arragonite*.

Les formes *types* ou *primitives* auxquelles on a pu ramener les cristaux naturels ou artificiels connus jusqu'ici sont au nombre de six, ce sont toutes des parallélipipèdes présentant un degré plus ou moins grand de régularité, savoir :

Fig. A.

1ᵉʳ SYSTÈME CRISTALLIN.

Système régulier ou cubique.

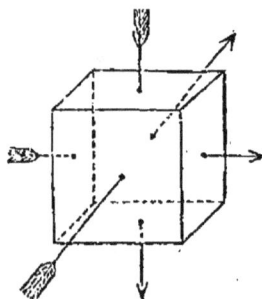

Fig. B.

2ᵉ SYSTÈME CRISTALLIN.

Parallélipipède à base carrée.

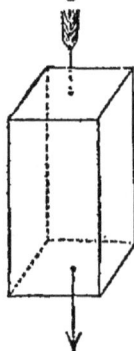

Fig. C.

Fig. D.

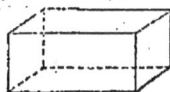

3ᵉ SYSTÈME CRISTALLIN.

Parallélipipède rectangle, à base de rectangle.

Fig. E.

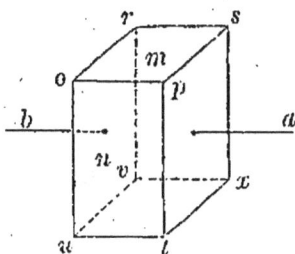

4ᵉ SYSTÈME CRISTALLIN.

Parallélipipède droit à base de parallélogramme.

Fig. F.

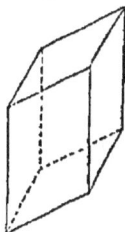

5ᵉ SYSTÈME CRISTALLIN.

Parallélipipède oblique à base de parallélogramme obliquangle.

Fig. G.　　Fig. H.

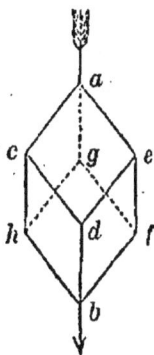
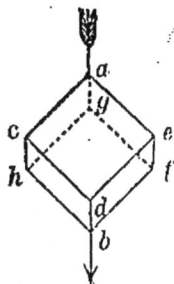

6ᵉ SYSTÈME CRISTALLIN.

Rhomboèdre, qui, au fond, n'est qu'un parallélipipède dont toutes les faces sont des losanges égaux entre eux.

On sait que dans tout parallélipipède, les quatre diagonales se rencontrent en un même point qui est leur
milieu, et qui peut être considéré comme le centre du
polyèdre, car toute ligne droite passant par ce point, et
terminée des deux côtés à la surface, est divisée par lui
en deux parties égales. Cela posé, on imagine dans les
cinq premiers types, trois droites menées par ce point
parallèlement aux trois groupes d'arêtes du parallélipipède. Ce sont les trois *axes* du cristal.

Dans la forme primitive du sixième système, on trouve
d'après sa définition, deux angles trièdres opposés formés par trois faces égales et par conséquent également
inclinées les unes sur les autres, et six angles trièdres
formés de parties inégales, savoir, deux angles plans aigus égaux, et un angle plan obtus. Dans ce polyèdre, on
imagine une droite joignant les sommets des deux angles
trièdres égaux, et que pour plus de simplicité, on suppose
placée verticalement, et par le milieu de celle-ci, six autres droites, joignant les milieux des arêtes comprises
entre les six autres angles trièdres auxquelles on donne
le nom d'arêtes *marginales*. Il est facile de reconnaître
que ces six droites n'en forment réellement que trois si-
tuées dans un même plan perpendiculaire à la première.
Le rhomboèdre a donc quatre axes.

Dans le premier système, les trois axes sont égaux et
perpendiculaires entre eux. Dans le second, ils sont encore
perpendiculaires entre eux, mais deux seulement sont
égaux; le troisième est inégal. Dans le troisième, ils sont
aussi perpendiculaires entre eux, mais inégaux. Dans le
quatrième, ils sont en général tous inégaux, et l'un
d'entre eux est perpendiculaire au plan des deux autres.

Dans le cinquième, les trois axes sont obliques les uns
sur les autres, et en général inégaux. Nous avons déjà fait
remarquer que dans le sixième ou système rhomboédrique, l'axe que nous pouvons appeler *axe principal*, est
perpendiculaire sur le plan des trois autres qui sont
égaux et se coupent sous des angles de 60°.

Toutes les parties, angles polyèdres et arêtes qui sont disposées exactement de la même manière par rapport à tous les axes ou seulement par rapport à quelques-uns d'entre eux, doivent être considérées comme *semblables*, mais on ne doit pas attacher à ce mot le même sens qu'en géométrie dans l'espace; ainsi, par exemple, les huit angles trièdres d'un cube sont semblables comme aussi les douze arêtes ; dans un parallélipipède rectangle, les huit angles trièdres sont semblables, mais les douze arêtes ne le sont pas, car en général, elles forment trois groupes différents, composés chacun de quatre arêtes égales entre elles. Dans le système rhomboédrique, il y a quatre groupes de parties semblables : 1° les deux angles obtus égaux ; 2° les six angles marginaux; 3° les six arêtes culminantes ; 4° les six arêtes marginales.

Le plus souvent, les angles polyèdres et les arêtes sont comme coupés ou tronqués par des plans formant des facettes simples ou multiples qui les remplacent ou, comme on dit, les *modifient*; or, ces modifications se font ordinairement d'après deux grandes lois par lesquelles les cristaux passent des formes primitives aux formes appelées *dérivées* ou *secondaires* :

1° Les facettes produites par les troncatures, sont également inclinées sur les faces adjacentes, si celles-ci sont égales, et inégalement si au contraire ces faces sont inégales.

2° Les modifications produites par des troncatures sur certaines parties d'un cristal se reproduisent exactement de la même manière sur toutes les parties semblables ; elles ne se reproduisent pas, ou, si elles le font, c'est d'une manière différente sur les parties non semblables.

Nous croyons qu'il est utile d'indiquer quelques exemples très-simples pour rendre plus intelligibles les principes généraux que nous venons d'énoncer.

Considérons d'abord le cube; si un de ses sommets est tronqué par une facette également inclinée sur les trois faces de cet angle trièdre, tous les autres sommets le seront exactement de la même manière, et, on peut admettre que ces facettes secondaires vont en augmentant graduellement, ce que l'on peut reconnaître en effet par la comparaison de plusieurs échantillons de la même substance, et finissent par se rencontrer; souvent même il arrive que les faces primitives du cristal disparaissent complétement, et que par suite ce dernier se trouve changé en un octaèdre régulier. Des troncatures produites par une seule facette sur les arêtes du cube conduisent au dodécaèdre rhomboïdal.

Dans le système rhomboédrique, des troncatures par des facettes uniques sur les sommets de l'axe principal perpendiculairement à sa direction, et sur les arêtes marginales parallèlement à ce même axe, conduisent à un prisme hexagonal régulier. Dans les mines du Hartz, on trouve de très-beaux cristaux de spath calcaire affectant cette forme. Rappelons en passant que le carbonate de chaux est une substance dimorphe ; à la vérité, ses cristaux présentent un grand nombre de formes différentes, se rapportant le plus souvent au système rhomboédrique ; mais quelques-unes d'entre elles dérivent d'un prisme droit rhomboïdal, forme essentiellement incompatible avec le rhomboèdre; comme nous l'avons déjà fait remarquer, les minéralogistes considèrent ces formes comme constituant une espèce particulière, l'*arragonite*.

Ce que nous venons de dire n'est pas toujours parfaitement exact, car il arrive quelquefois que toutes les parties égales d'un même cristal ne se trouvent pas suivre la seconde loi de symétrie, mais que seulement la moitié des parties égales sont modifiées de la même manière. Ainsi, des huit angles trièdres d'un cube, souvent il n'y en a que quatre modifiés, et dans ce cas, ce sont toujours ceux qui sur deux faces opposées sont placés aux extrémités contraires de deux diagonales de la forme primitive. Cette modification conduit au tétraèdre régulier.

C'est à cette anomalie particulière de la seconde grande

Fabricant de Sucre.   5

loi qu'on a donné le nom d'*hémiédrie*. Les figures I et J représentent deux cristaux hémiédriques de sucre candi.

Fig. I.　　　　　　　　　Fig. J.

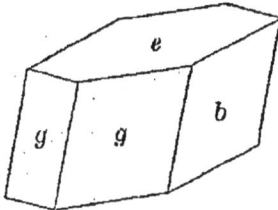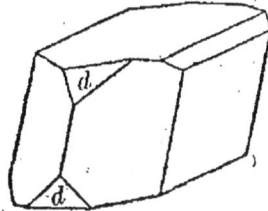

CHAPITRE III.

CHARBON D'OS, AUTREMENT DIT NOIR ANIMAL.

———

Propriétés.

Beaucoup de corps poreux ou amenés à l'état de poudre très-fine, jouissent de la propriété très-remarquable de condenser entre leurs molécules les substances gazeuses et souvent même de provoquer des combinaisons nouvelles entre les éléments de celles-ci ; c'est ainsi, par exemple, que le platine à l'état d'*éponge* ou *mousse* ou, mieux encore, à celui de *noir de platine*, poudre impalpable obtenue par des procédés chimiques, condense dans ses pores le mélange d'hydrogène et d'oxygène, en élève la température au rouge et provoque sa détonnation; elle provoque en outre beaucoup d'autres réactions.

Ces mêmes corps possèdent souvent, en outre, la faculté d'enlever aux dissolutions les matières colorantes qu'elles peuvent contenir. Tout récemment, M. Filhol a fait à ce sujet une série d'expériences importantes dont on consultera avec intérêt les résultats; il a opéré sur les dissolutions suivantes : teinture de tournesol, de bois rouge, la décoction du bois de Brésil, la dissolution de mélasse, le sulfo-indigotate de soude.

Les différentes espèces de charbon, et surtout le charbon qui provient de la calcination des os des animaux mammifères, possèdent ce pouvoir décolorant au plus haut degré.

Le pouvoir décolorant des différents charbons en général, ainsi que les propriétés anti-septiques du charbon de bois, ont été observés pour la première fois en 1791, par Lowitz, chimiste russe ; mais c'est à Figuier, pharmacien à Montpellier, que nous devons la connaissance du pouvoir décolorant bien supérieur du charbon obtenu en calcinant les os en vases clos. Cette découverte, qui date de 1811, a rendu des services immenses, et ce n'est que par elle que sont devenues d'abord possibles l'extraction et la purification économique du sucre indigène; et, en effet, peu de temps après cette époque, il en existait déjà deux fabriques aux environs de Paris.

L'usage du charbon animal dans l'industrie sucrière en général avait acquis une grande importance, on y employait des quantités immenses de ce corps ; la fabrication d'un kilogramme de sucre en exigeait un poids égal; et, à un certain moment, on a pu croire qu'il lui était complétement indispensable. Cependant des études approfondies, des recherches persévérantes ont conduit depuis quelques années les savants et les fabricants à la découverte de procédés nouveaux qui tendent à simplifier considérablement les opérations de cette industrie et à diminuer de beaucoup l'importance du noir, et font même prévoir un avenir peu éloigné où il pourra être totalement banni de nos sucreries. Les raisons ne manquent pas pour cela, et il ne sera pas inutile de citer à ce propos un passage remarquable que nous trouvons dans un article que M. Champonnois, bien connu dans l'industrie, a fait insérer dans le *Journal des Fabricants de Sucre*.

« Ce serait déjà un grand pas de fait (la suppression

du noir d'os) ; car si on ajoute à l'énorme dépense d'achat, de revivification et de maniement d'une matière aussi incommode et aussi volumineuse, la perte qui résulte du sucre qu'elle retient forcément, on reconnaîtra que c'est un des éléments qui grèvent le plus la fabrication.

« Un autre avantage de la suppression du noir et de la substitution d'un mode d'épuration convenable, serait la simplification de l'outillage et l'emploi possible d'appareils simples d'évaporation et de cuite, qui permettrait par la suite l'établissement des sucreries sur une petite échelle et dans la ferme. »

Malgré ce changement radical qui s'opère dans le rôle de charbon d'os dans la fabrication du sucre, nous pensons qu'il est nécessaire d'entrer dans quelques détails relativement aux propriétés et à la fabrication de ce corps, et nous commencerons par indiquer la nature de la matière première dont on le retire, les os de boucherie.

A l'état frais, tels qu'on les a retirés de l'animal et après avoir été débarrassés, autant que possible, des muscles, des ligaments et de la graisse adhérente, ces os se composent, à peu près, de 50 pour 100 de matière organique proprement dite et de 50 pour 100 de matière minérale. Ces deux moitiés se composent elles-mêmes de la manière suivante :

Matière organique.

Tissu fibreux.	32
Eau	8
Graisse.	9
Albumine, vaisseaux, etc	1
Total.	50

Matière minérale.

Phosphate de chaux tribasique 38
Phosphate de magnésie 2
Carbonate de chaux 8
Sels divers, tels que chlorure de potas-
    sium, chlorure de sodium, sulfates,
    matières sableuses, etc. 2
                            —
               Total 50

De plus les os sont recouverts d'une membrane légère,
le périoste, et contiennent dans leurs cavités la matière
grasse appelée moelle ; ces substances, ainsi que la
graisse, étant enlevées, ce qui reste est composé de :

Cartilage insoluble dans l'acide
    chlorhydrique. 27,23
Cartilage soluble 5,02
Vaisseaux 1,01
Phosphate tribasique de chaux . . . 52,02
Fluorure de calcium. 1,00
Carbonate de chaux. 10,21
Phosphate de magnésie 1,05
Soude. 0,95
Chlorure de sodium. 0,25
Oxydes de fer et de manganèse,
    perte. 1,26
                         —
                       100,00

En laissant séjourner un os pendant quelque temps
dans de l'eau contenant 20 à 25 pour 100 de son poids
d'acide chlorhydrique, toutes les substances minérales
emprisonnées dans les mailles du tissu formé par la majeure partie de la substance organique, sont dissoutes
et peuvent être éliminées en totalité par des lavages ré-
pétés. L'os, après ce traitement, n'est plus composé que

de la substance gélatineuse et conserve sa forme primitive, mais il est devenu translucide et flexible, et peut se dissoudre presqu'en totalité par une longue ébullition dans l'eau.

Lorsque, au contraire, on place un os frais dans un foyer ardent, il s'enflamme, et après quelques instants il est réduit en une substance blanche et friable comme la craie, sans pourtant changer de forme.

Si la calcination s'effectue en vases clos, l'absence d'air ne permet plus la combustion du charbon de la matière animale, une grande partie de celui-ci reste dans l'os avec toute la matière minérale, l'os a encore conservé sa forme, mais il est devenu friable et il a pris l'aspect du charbon ordinaire de bois; c'est dans cet état qu'il prend le nom de *charbon d'os* ou de *noir animal.*

On peut considérer ce corps comme un mélange intime de charbon très-divisé et d'une quantité comparativement très-grande de matières salines. C'est dans le charbon proprement dit que réside le pouvoir décolorant, car le noir séparé des parties salines par l'acide chlorhydrique possède ce pouvoir, à poids égal, à un degré incomparablement plus grand.

Cependant la présence des substances salines semble exercer une certaine influence sur la propriété décolorante, qui augmente aussi avec la division. En effet, un charbon très-compact n'a presque point de pouvoir décolorant, tandis qu'on obtient un composé qui en est doué en calcinant un mélange intime de goudron et de phosphate tribasique gélatineux, préparé en décomposant les os par l'acide chlorhydrique et précipitant la dissolution par un lait de chaux.

On augmente également le pouvoir décolorant du charbon en le calcinant avec de la potasse ou de la soude.

On a reconnu que le noir animal possède en outre la faculté de former des composés insolubles avec un grand nombre de substances solubles organiques et inorganiques; ainsi, par exemple, il s'empare de la chaux et de tous les sels de cette base contenus dans une dissolution, et il enlève l'oxyde de plomb à l'acétate de cette base.

Il semble, cependant, que ces combinaisons ne sont pas le résultat d'une affinité analogue à celle qui détermine la réunion des oxydes métalliques aux matières colorantes, mais bien l'effet d'une simple adhérence physique, et que, probablement, les couleurs pénètrent dans les pores du charbon et y restent emprisonnées sans éprouver aucune altération. En effet, du charbon qui a servi à décolorer une dissolution légère de sulfate d'indigo, restitue presque toute la matière colorante à de l'eau contenant un peu de carbonate de soude avec laquelle on le lave.

Citons encore, comme pouvant être absorbés par le charbon d'os, le tannin et le sulfate de quinine.

La composition chimique de ce charbon, principalement sous les rapports de ses sels minéraux, varie un peu avec l'espèce de l'animal et le genre de nourriture de celui-ci ; en moyenne elle est de :

Carbone 10
Phosphate tribasique de chaux 78
Carbonate de chaux 8
Phosphate de magnésie, alcalis et fluo-
    rure de calcium 4
                                100

D'après une analyse de M. Heintz, chimiste allemand, la partie minérale des os de bœuf se composerait de

Carbonate de chaux 10,07
Phosphate tribasique de chaux 83,07
Phosphate de magnésie 2,98
Fluorure de calcium 3,88
                           100,00

Le charbon d'os, contenant comme nous venons de le voir, une quantité considérable de matières étrangères de nature saline, ne pourrait être employé à la décoloration des liquides acides, car on introduirait dans ceux-ci des sels calcaires; aussi, lorsqu'on se propose de s'en servir à cet usage dans des opérations de laboratoire, on est obligé de lui enlever préalablement tous ces sels en le traitant par l'acide chlorhydrique. Pour cela, on verse l'acide sur le charbon pulvérisé dont on a fait une bouillie avec un peu d'eau; il se produit d'abord une effervescence due à la décomposition du carbonate, et souvent aussi à celle d'un sulfure, car le gaz qui se dégage répand presque toujours une forte odeur d'hydrogène sufuré. L'acide agit ensuite sur le phosphate qu'il rend soluble en lui enlevant une partie de sa chaux; après vingt-quatre heures, toute la partie saline est dissoute, si toutefois on a employé une quantité suffisante d'acide. On délaie ce mélange avec de l'eau bouillante, et on le jette sur une toile; lorsque tout le liquide s'est écoulé, on lave le dépôt avec de l'eau aiguisée d'un peu d'acide chlorhydrique, puis avec de l'eau distillée jusqu'à ce que le liquide qui passe cesse de se troubler par l'ammoniaque, et de rougir le papier de tournesol.

Après ce traitement, le charbon d'os possède un pouvoir décolorant trois fois plus grand qu'avant, et peut servir à établir par comparaison la valeur d'un charbon du commerce; pour cela, il faut chercher les quantités qu'on doit prendre de chacun pour décolorer complétement des quantités égales d'un même liquide.

M. Payen a imaginé, il y a déjà assez longtemps, un appareil qu'il a appelé *décolorimètre*, qui permet d'apprécier l'épaisseur qu'il faut donner aux deux liquides pour obtenir une teinte égale et d'établir ainsi le rapport d'intensité de leurs nuances; si, par exemple, on constate que pour donner à la liqueur décolorée une nuance aussi forte que celle de la liqueur d'épreuve, il faut tripler l'épaisseur de la couche liquide, il est évident que les deux tiers de la matière colorante ont été enlevés.

Cet instrument a été successivement perfectionné par

différents constructeurs, et, entre autres, par M. Schmidt,
de Berlin, d'après les indications de M. Ventzke. Nous
allons donner une idée de cette dernière construction en
prenant pour guide la description détaillée que nous
trouvons dans l'excellent traité de M. Walkhoff.

L'instrument se compose essentiellement de deux tubes
se réunissant à angle très-aigu à l'une de leurs extrémités, point où se trouve une ouverture par laquelle
l'opérateur peut voir, à la fois, l'intérieur des deux. A
l'autre extrémité de l'un de ces tubes, se trouve une espèce
de boîte formée par deux plaques de verre perpendiculaires à son axe, et distantes entre elles d'environ un centimètre. C'est dans cette boîte qu'on introduit la liqueur
normale. Au-dessus de l'extrémité de l'autre tube se
trouve fixé perpendiculairement un vase destiné à servir
d'entonnoir pour y verser la liqueur à essayer. Dans ce
même tube se trouve un obturateur en verre que l'on
peut déplacer à volonté au moyen d'une vis. Enfin, une
échelle gravée sur la face supérieure de ce tube permet
de mesurer la longueur de la couche de liquide qu'il faut
y introduire pour que l'observateur qui regarde par le
sommet de l'angle aigu, voie les deux couches exactement
de la même teinte.

Depuis les expériences qui ont amené la découverte du
pouvoir décolorant du charbon en général, plusieurs
savants distingués ont fait de ce phénomène important
le but de leurs recherches. En 1821, la Société de Phar-
macie de Paris mit au concours plusieurs questions sur
ces propriétés ; les mémoires de MM. Bussy, Payen et
Defosses furent couronnés. Les travaux remarquables de
ces savants établirent les principes suivants que nous
extrayons du mémoire de M. Bussy, qui remporta le premier prix.

L'auteur a commencé par déterminer la composition
du charbon des os tel qu'il se trouve dans le commerce,
et qui lui a servi de terme de comparaison pour évaluer
le pouvoir de tous ceux qu'il a soumis à ses expériences ;

il admet qu'il est formé en général de la manière suivante :

Phosphate de chaux............ ⎫	
Carbonate de chaux........... ⎪	
Sulfate de chaux. .... ⎬	88
Sulfure de fer.............. ⎪	
Oxyde de fer. .... ⎭	
Fer à l'état de carbure silicié.......	2
Charbon renfermant 6 à 7 pour 100 d'azote.	10
	——
	100

M. Bussy ayant reconnu que de toutes ces substances, la seule qui exerçât une action décolorante était le charbon, il dut rechercher quel était son mode d'agir et l'influence que pouvaient exercer les matières avec lesquelles il était mêlé, il trouva :

1º Que la propriété décolorante est inhérente au carbone (c'est le nom que les chimistes donnent au charbon supposé parfaitement pur), mais qu'elle ne peut se manifester que lorsque le carbone se trouve dans certaines circonstances physiques, parmi lesquelles la porosité et la division tiennent le premier rang ;

2º Que si les matières étrangères paraissent avoir une influence sur la décoloration, cela tient à ce qu'elles augmentent la surface du charbon qui est en contact avec le liquide ;

3º Qu'aucun charbon ne peut décolorer lorsqu'il a été chauffé assez fortement pour devenir dur et brillant ; que tous, au contraire, jouissent de cette propriété lorsqu'ils sont suffisamment divisés, non point par une action mécanique, mais par l'interposition de quelque substance qui s'oppose à leur agrégation ;

4º Que la supériorité du charbon animal, tel que celui du sang, de la gélatine, provient surtout de sa grande porosité, et qui peut être considérablement accrue par l'effet des matières avec lesquelles on le calcine, telles que la potasse ;

5° Que la potasse, dans cette circonstance, ne se borne pas seulement à augmenter la porosité du charbon par la soustraction des matières étrangères qu'il contient ; mais qu'il agit sur le charbon lui-même en atténuant ses molécules, et que, par cette raison, l'on peut, en calcinant les substances végétales avec la potasse, obtenir un charbon décolorant ;

6° Que la force décolorante de différents charbons établie pour une substance, suit généralement le même ordre pour les autres ; mais que la différence qui existe entre eux, diminue à mesure que les liquides sur lesquels on les essaie sont plus difficiles à décolorer ;

7° Que le charbon agit sur les matières colorantes en se combinant avec elles sans les décomposer, comme ferait l'alumine, et que l'on peut, dans quelques circonstances, faire reparaître la couleur et l'absorber alternativement.

Le tableau suivant, extrait du travail de M. Bussy, présente la différence qui existe entre les pouvoirs décolorants de quelques charbons, relativement à une dissolution contenant un millième de son poids d'indigo, et à une autre formée d'une partie de mélasse et vingt parties d'eau.

ESPÈCES DE CHARBON.	Poids du charbon.	Quantité de liqueur d'essai d'indigo décolorée.	Quantité de liqueur d'essai de mélasse décolorée.	Force décolorante sur l'indigo.	Force décolorante sur la mélasse.
Charbon des os du commerce.	gr. 1	litres. 0.032	litres 0.009	1	1
Charbon des os épuré par l'acide chlorhydrique. . .	1	0.06	0.015	1.87	1.6
Charbon des os épuré par l'acide chlorhydrique et la potasse.	1	1.45	0.18	45	20
Sang calciné avec la potasse.	1	1.6	0.18	50	20
Noir de fumée calciné. . . .	1	0.128	0.03	4	3.3
Noir de fumée calciné avec la potasse.	1	0.55	0.09	15.2	10.6

Dans un mémoire qui mérita le second prix. M. Payen était arrivé à des résultats à peu près analogues à ceux que nous venons de donner d'après M. Bussy.

M. Walkholff indique comme signes pratiques d'une bonne qualité de charbon, les caractères suivants : une couleur noir mat, sa porosité, une proportion normale pas trop considérable de sels calcaires et un poids spécifique faible.

On remarque, en effet, que toutes les bonnes qualités de charbon possèdent une couleur noire mate, qui dépend justement de leur porosité, car un charbon ne devient brillant que lorsque ses pores se trouvent, en plus ou moins grand nombre, bouchés, et que par suite, sa propriété décolorante qui dépend de l'étendue de la surface de contact, est diminuée

L'aspect d'un noir brillant n'est donc pas le signe d'une grande action du charbon, et on peut le produire par des moyens artificiels, ainsi que par la revivification au moyen de la mélasse.

Une couleur blanche ou grise occasionnée par la calcination à une trop haute température avec des matières étrangères qui entrent en fusion ou par une trop grande quantité de sels calcaires, n'indiquent pas non plus de bonnes qualités décolorantes.

La porosité du charbon ou la plus grande division possible du carbone au milieu de la masse, paraît être d'une importance toute particulière, car le carbone à l'état compact n'a aucune action, pas plus que la matière blanche très-poreuse et privée de tout le carbone, qu'on obtient en calcinant les os à l'air libre. Or, dans l'emploi des os, le charbon se recouvre principalement à la surface extérieure de substances étrangères qui, pendant la calcination, se carbonisent en partie et en partie fondent, et par là bouchent les pores du charbon.

C'est pour cela que, il y a déjà bien des années, M. Kuhlmann proposa de concasser le charbon à plusieurs reprises, afin de produire de nouvelles surfaces poreuses agissantes.

Un second caractère pratique de la porosité du charbon, est la propriété qu'elle lui communique de happer à la langue. Plus il adhère avec force à cet organe, plus il est poreux et actif.

Lorsque le charbon n'est que très-peu poreux, c'est un

Fabricant de Sucre. 6

signe qu'il s'est chargé d'une quantité notable de substances étrangères de différente nature, et son poids spécifique s'en trouve augmenté. Aussi, dans la pratique, le moyen le plus facile de contrôler approximativement la qualité d'un charbon, consiste à en peser un certain volume, par exemple, un décimètre cube, dont le poids peut varier de 970 à 1340 grammes ; cette donnée conduit au poids spécifique et par suite à la détermination de la qualité du charbon qui doit être considérée comme d'autant plus inférieure que ce poids est plus considérable. Il est évident que dans cette opération il faut prendre toujours du charbon de même grosseur de grain et au même degré d'humidité.

La manière la plus simple d'obtenir constamment la même granulation, consiste dans la détermination du nombre de mailles contenues dans la superficie du tamis. Un tamis qui contient 300 mailles par décimètre carré, et un autre qui n'en contient que 150 pourront donner les limites d'une granulation convenable.

Lorsqu'un charbon contient une proportion de sels calcaires supérieure à celle du même charbon qui n'a pas encore servi, cet excès bouche ses pores et par conséquent diminue sa capacité absorbante pour la chaux et pour d'autres substances étrangères, bien que cela ne semble pas affaiblir la propriété qu'il possède de décolorer le sirop, ce qui fait que celle-ci ne peut pas servir de mesure pour juger de la valeur du charbon.

D'après Muspratt, les substances indiquées ci-dessous possèdent le pouvoir décolorant relatif suivant sur le sirop.

1 gramme de :	Quantité de sirop d'épreuve décolorée.	Pouvoir décolorant relatif.
Noir d'os ordinaire.	0.009	1
Noir traité par l'acide chlorhydrique.	0.015	1.6
Le même, calciné avec le carbonate de potasse. . .	0.18	20

	Quantité de sirop d'épreuve décolorée.	Pouvoir décolorant relatif.
Sang calciné avec le carbonate de potasse. . . .	0.18	20
Sang calciné avec la craie.	0.10	11
Sang calciné avec le phosphate de soude.	0.09	10
Blanc d'œuf calciné avec le carbonate de soude. . . .	0 14	15.5
Colle-forte calcinée avec le carbonate de soude. . . .	0.14	15.5
Suie calcinée avec le carbonate de soude..	0.9	10.6
Huile calcinée avec le phosphate de chaux.	0.017	1.9

M. Walkhoff ajoute la remarque que le charbon que l'on a fait fermenter avec la mélasse, puis calciner avec la potasse, décolore d'une manière extraordinaire, mais donne avec les jus les plus limpides un mauvais sirop gras.

« Si on n'avait pour but que de décolorer, on y parviendrait par d'autres moyens que par le charbon d'os, par exemple, en employant le charbon de sang qui décolore de dix à vingt fois plus; et si malgré cela on persiste à employer le premier, cela provient d'une autre propriété précieuse qu'il possède, à savoir, celle d'augmenter singulièrement la tendance à la cristallisation des sirops impurs.

« Si dans un grand volume d'une dissolution incolore de sucre, on introduit de l'outremer ou du caramel, le liquide, qui dans le dernier cas prendra une teinte brun foncé, fournira autant de sucre cristallisé que s'il n'était pas coloré. Les matières colorantes, bien que très-sensibles à la vue, forment néanmoins, en général, une très-petite partie des matières étrangères, et après leur élimination, le liquide peut contenir encore un poids cent fois plus grand de ces matières qui empêchent la cristallisation.

« Quel est le fabricant à qui il n'est pas arrivé de retirer des filtres un liquide parfaitement clair et qui pourtant ne lui fournit qu'un sirop foncé, gras et ne donnant que peu de sucre? Et quel est celui qui, au contraire, n'a pas observé que des jus qui, après la filtration, paraissent jaunâtres, fournissent pourtant un sirop meilleur et plus disposé à la cristallisation ?

« De tout cela, il résulte donc que la décoloration des jus n'est pas un signe certain qu'ils sont débarrassés de matières étrangères.

« M. Corenwinder a proposé de déterminer la qualité du charbon par la propriété qu'il possède d'enlever la chaux aux dissolutions qui contiennent de cet alcali.

« Mais mon opinion est que ce moyen ne saurait pas non plus fournir une mesure de sa qualité, car dans l'état actuel de l'industrie, on se sert pour éloigner la chaux du jus, non du charbon, mais de l'acide carbonique.

« Or, ces différents moyens ne fournissant pas une mesure exacte de la qualité du charbon, où pourrons-nous en trouver une ?

« On sait que la quantité de sucre qu'on peut retirer d'un poids déterminé de substance solide dépend de celle des matières étrangères qui s'y trouvent associées. Ces matières empêchent la cristallisation d'une quantité proportionnelle de sucre, avec lequel ils forment de la mélasse. Or, le charbon d'os possède la propriété précieuse d'absorber une portion plus ou moins grande de ces substances et par conséquent d'augmenter la proportion relative de sucre que peut fournir la *cuite*. Donc le véritable but qu'on se propose dans la filtration à travers le noir animal est d'éliminer du jus sucré ces mélanges nuisibles. Par conséquent, la qualité de charbon d'os la plus avantageuse dans la fabrication du sucre de betteraves sera celle qui enlève au jus la plus grande quantité de ces matières étrangères. (WALKHOFF.) »

Fabrication du noir animal.

Les matières premières employées dans cette fabrication sont les os des grands mammifères ; on se les procure dans les abattoirs et dans les boucheries, dans les ménages, dans les rues, les champs et les vieux charniers ; on y utilise aussi les déchets des fabriques des tabletteries.

On peut, d'après cela, ranger tous ces os en trois catégories : 1° Les os des abattoirs et des boucheries, qui, provenant d'animaux récemment abattus, n'ont subi aucune opération : on les appelle os *crus* ou os *verts ;* ils contiennent encore tous les éléments que nous avons désignés plus haut ; savoir, la gélatine, la graisse et des matières animales. 2° Les os qui ont été soumis à la cuisson qui les débarasse d'une partie de leur substance organique ; on les appelle os *cuits*, os *débouillis.* 3° Enfin, les os qui ayant été longtemps exposés à l'air, ou enfouis dans la terre, ont dû perdre une partie plus ou moins considérable de leurs principes animaux. On peut ajouter à cette catégorie les déchets des fabrrques, on les appelle os *secs.*

Après un triage qui sert à mettre de côté les os les plus longs et les plus beaux pour l'usage des fabriques de brosses et de boutons, ainsi que les os frais de boucheries, on emploie immédiatement à la fabrication du charbon tous les autres os des deuxième et troisième catégories ; mais les os verts restants contiennent une quantité notable de graisse, environ 9 pour 100 de leur poids, et qui a une valeur commerciale assez élevée pour qu'il vaille la peine de les en débarrasser avant de les soumettre à la calcination qui la détruirait sans aucun profit.

Pour opérer cette séparation de la graisse, il faut diviser ou écraser les os ; on arrive à ce résultat soit au moyen de puissantes machines dans lesquelles on les fait passer entre des cylindres cannelés en fer, soit, ce qui a lieu bien plus souvent, simplement à la main en les fendant suivant leur longueur au moyen d'une hachette. Après cette préparation, on les introduit dans un vase cylindrique en tôle, espèce de panier criblé d'un grand nombre de trous dans toute sa paroi. Au moyen d'une grue tournante, ce panier est plongé en totalité dans une grande chaudière pleine d'eau que l'on chauffe soit à feu nu, soit en y faisant barboter de la vapeur. La graisse fond bientôt, et en raison de sa faible densité, elle vient nager à la surface de l'eau d'où on la retire avec une écumoire. Il faut avoir soin de secouer de temps à autre les os contenus dans le panier, afin de dégager, de la masse, les gouttelettes de graisse fondue qui s'y trouvent emprisonnées.

Lorsqu'on reconnaît que les os ont cessé de fournir de la graisse, on enlève le panier, on le laisse égoutter, puis on le pose sur la sole de l'atelier, sur laquelle on vide les os que l'on remplace aussitôt par d'autres.

Ces os *débouillis* sont disposés en un tas exposé à l'air; bientôt il s'y développe une véritable fermentation qui les échauffe d'abord et cette chaleur en détermine ensuite la dessiccation, ce qui dispense de l'emploi d'un combustible pour les amener à cet état.

Le procédé que nous venons d'indiquer, permet de retirer des os à peu près les 0,8 de la graisse qu'ils contiennent.

A une certaine époque de l'industrie que nous décrivons, on a employé pour la calcination des os, de cornues cylindriques, soit placées horizontalement, soit verticalement, et communiquant avec des récipients qui permettent de condenser, du moins en partie, les produits volatils de cette distillation, afin d'en retirer ensuite des sels ammoniacaux; mais depuis que les eaux vannes provenant de l'épuration du gaz de l'éclairage fournissent au commerce des quantités considérables de ces sels, on a reconnu qu'il y avait de l'avantage à abandonner ce procédé et à revenir à l'ancien, et à brûler les produits volatils dans le four même où s'opère la calcination, ce qui procure une grande économie de combustible.

Dans le procédé suivi actuellement, on introduit les os convenablement divisés dans des marmites en fonte que l'on dispose par piles, de manière que le fond de l'une sert de couvercle à celle qui se trouve dessous ; la marmite seule est fermée par un couvercle spécial en fonte ou en argile. Les os doivent y être tassés fortement en les frappant avec un maillet en bois.

Les marmites en fonte peuvent être remplacées avec avantage par des marmites en terre qui bouchent mieux et procurent un plus grand rendement en charbon, et ne sont pas attaquées par la chaleur.

Les fours dans lesquels on dispose les piles, ont la forme d'un parallélipipède rectangle de 5 mètres de long, 3 mètres de large et 2 mètres 50 centimètres de hauteur ; ils peuvent contenir 700 pots.

Sur l'une des parois est ménagée une cloison formée de larges briques de champ que l'on peut enlever et remettre à volonté. La voûte ou sole supérieure est construite d'une manière analogue, et peut également se démolir à chaque opération.

Au moment de charger le four, la sole supérieure n'existe pas, ni la cloison ; les ouvriers peuvent donc y entrer pour y disposer les pots en colonnes formées chacune de sept, et distantes entre elles de 10 centimètres, après quoi, ils reconstruisent la sole supérieure et la paroi.

Le four est ensuite chauffé au moyen de quatre foyers de 45 centimètres de long sur 25 de large, pratiqués à sa partie inférieure.

On porte la température au rouge et on la soutient ainsi de 6 à 8 heures. L'intensité de la chaleur et sa longue durée peuvent détériorer les pots en fonte ; il est donc nécessaire de les remplacer, au moins ceux qui avoisinent les foyers, par des pots en terre.

Il ne faut commencer le chauffage qu'avec peu de combustible, car la carbonisation des os s'achève ensuite presque seule à l'aide de la flamme que produisent par leur combustion les gaz qui proviennent de la décomposition de leurs parties organiques. Les produits de ces combustions s'échappent par des carneaux pratiqués à la partie inférieure du four, et communiquant avec une cheminée d'appel.

On juge que l'opération est terminée lorsqu'il ne se dégage plus de gaz; à ce moment, on retire le feu et on laisse refroidir pendant vingt-quatre heures, après quoi, on démollit la sole supérieure et la cloison, et on défourne.

La condition essentielle d'une bonne réussite dans cette opération, est une grande régularité dans le chauffage; en effet, des os incomplétement carbonisés retiennent des matières organiques et des produits bruns pyrogénés solubles; ils sont, par conséquent, peu décolorants, et communiquent aux liquides leur odeur désagréable. Les os trop calcinés, au contraire, sont aussi peu décolorants par des raisons expliquées plus haut, et présentent, d'ailleurs, le grave inconvénient de se produire à une température qui altère fortement les vases en fonte, et même ceux en terre.

Il est convenable, pour utiliser autant que possible la chaleur, d'adosser l'un à l'autre deux fours ou deux rangées de fours.

Avec quatre fours tels que ceux que nous venons de décrire, la fabrication marche très-régulièrement, en effet, le premier jour on charge l'un d'entre eux; le second jour, on le chauffe; le troisième jour, on le laisse refroidir, et le quatrième jour, enfin, on défourne.

On a aussi construit des fours peu élevés dans lesquels les pots ne sont disposés qu'en une seule rangée horizontale.

L'industrie sucrière emploie le charbon d'os principalement sous la forme de gros grains; il faut donc l'amener à cet état, et cela en produisant le moins possible de noir très-fin ou *farine de charbon*, dont la valeur commerciale est bien inférieure. On parvient à ce résultat, soit au moyen de moulins construits sur le principe des moulins à café, soit au moyen de deux cylindres canne- lés en fonte formés alternativement de disques dentés de 20 à 25 centimètres de diamètre disposé de manière que les disques du petit diamètre de l'un correspondent à ceux du grand diamètre de l'autre. Le charbon passe successivement dans six moulins semblables, dont les cylindres sont de plus en plus rapprochés, et enfin il est introduit dans un blutoir où des toiles de moins en moins serrées en séparent les grains de différentes gros- seurs reçus dans des cases différentes.

Nous donnons le compte de revient de la fabrication du noir animal d'après la *Chimie industrielle* de M. Payen (1859).

En supposant l'emploi des os gras, on a 4,000 kilo- grammes d'os gras, à 10 francs les 100 kil. . 400 fr.

10 hectolitres de houille	30
2 fondeurs.	6
4 ouvriers.	10
1 charretier	3
2 chevaux.	7
Cassage des os	32
Loyer, impositions	10
Intérêts, réparations, usé	9
Frais imprévus et transports.	3

510 fr.

Produits.

Noir. .	60 p. 100 =	{	1900 k. en grains, à 18 fr.	342 fr.	}
		{	500 k. fin, à 7 fr.	35	} 578,60
Graisse.	6 p. 100 =		240 k., à 84 fr.	201 60	}

Bénéfice. . . . . . . 68 f. 60

Si l'on employait des os secs pour obtenir la même quantité de charbon, il faudrait 3,600 kilogrammes de ces os à 4 francs, coûtant 144 francs, ce qui représenterait

la valeur de la graisse, moins le cassage ; en sorte que
le prix de revient resterait sensiblement le même.

Depuis l'époque de la publication de l'ouvrage dont
nous extrayons ce tableau, les prix des produits, ainsi
que des matières premières et de la main-d'œuvre ont
éprouvé des changements qui nécessiteraient plusieurs
modifications et conduiraient à des prix de revient différents.

Revivification du charbon d'os.

Nous avons expliqué plus haut comment agit le charbon d'os ; nous avons dit que son pouvoir décolorant ne
consiste pas dans une faculté particulière qu'il posséde-
rait de détruire les matières colorantes, mais qu'en vertu
d'une véritable action des surfaces, il les condensait dans
ses pores. Il résulte évidemment de là que son pouvoir
doit diminuer à mesure qu'il agit sur des masses de
liquide de plus en plus grandes.

Nous avons prouvé en outre que ce charbon ne se bornait pas à absorber les seules matières colorantes, mais
qu'il agissait d'une manière analogue sur les principes
protéiques, sur la chaux et les sels. Il arrive donc un
moment où il est pour ainsi dire saturé de ces substances,
et où, par conséquent, son pouvoir décolorant doit nécessairement devenir nul.

Dans les premiers temps de son application à la fabrication du sucre, le charbon d'os était rejeté après avoir
servi une seule fois, comme étant devenu impropre à de
nouvelles clarifications. Si on réfléchit aux quantités
énormes que l'industrie sucrière en emploie, et surtout
à celles qu'elle en employait alors, on doit comprendre
combien était considérable la diminution que cette manière d'agir devait occasionner dans les bénéfices.

Heureusement, on a imaginé, il y a 30 à 40 ans, des
moyens économiques de restituer au charbon d'os plusieurs fois de suite toute son énergie, ou, comme on dit,
de le *revivifier*, en n'en perdant à chaque fois qu'une

quantité assez petite, environ de 4 à 5 pour 100, tellement que le charbon primitif ne se trouve complétement usé qu'après avoir subi cette opération au moins une vingtaine de fois.

Une simple calcination pourrait suffire à la destruction complète des matières organiques absorbées par le charbon, mais elle ne peut pas lui restituer tout son pouvoir décolorant, car elle n'élimine pas la chaux ; et, de plus, le charbon qui provient de la destruction des matières colorantes reste dans les pores et en obstrue une partie. Il est donc nécessaire de faire précéder cette calcination par un lavage énergique à l'eau aiguisée d'acide chlorhydrique qui élimine la chaux absorbée, sans attaquer sensiblement les sels calcaires propres au noir, et ensuite par une fermentation qui doit altérer et rendre solubles les substances organiques ; fermentation qui doit être aussi suivie d'un lavage à grande eau. Ainsi donc, dans l'exposé que nous allons faire de cette opération, nous y distinguerons quatre périodes, en suivant l'excellent ouvrage allemand de M. Walkhoff. Ce sont : 1º l'élimination de la chaux ; 2º la fermentation ; 3º le lavage ; 4º la calcination.

1º *Élimination de la chaux.* — Le charbon à revivifier est jeté dans des cuves en bois ou dans des réservoirs en pierre, où il est lavé avec de l'eau faiblement acidulée avec l'acide chlorhydrique.

En supposant connus le poids du noir et la proportion de chaux caustique ou à l'état de carbonate qu'il a absorbée, il sera facile de connaître théoriquement le poids d'acide chlorhydrique nécessaire pour dissoudre celle-ci ; mais comme le commerce ne peut fournir que des dissolutions plus ou moins concentrées de cet acide, il est essentiel de connaître la quantité d'acide réel contenue dans celles-ci, et la quantité de chaux qu'elles peuvent neutraliser ; pour cela on se servira du tableau suivant, que nous empruntons, avec de petites modifications, à l'ouvrage cité précédemment.

100 KILOGRAMMES D'ACIDE CHLORHYDRIQUE DU COMMERCE			
DEGRÉS de l'aréomètre de Baumé.	POIDS spécifique.	CONTENU en acide chlorhydrique.	DISSOLVENT carbonate de chaux.
22	1.180	36k3	49k7
21.5	1.176	35.5	48.6
21	1.170	34.2	47.0
20.5	1.166	33.4	45.8
20	1.161	32.5	44.5
19.5	1.156	31.5	43.3
19	1.152	30.5	42.0
18.5	1.147	29.7	40.8
18	1.143	29.0	39.7
17.5	1.138	28.0	38.5
17	1.134	27.0	37.0
16.5	1.128	26.0	35.7
16	1.125	25.3	34.7
15.5	1.120	24.5	33.5

L'acide chlorhydrique ordinaire présente souvent l'inconvénient de contenir de l'acide sulfurique qui, en agissant sur les sels du charbon, introduit dans celui-ci du sulfate de chaux (plâtre), substance, comme on sait, très-peu soluble. On peut éviter cet inconvénient en employant le vinaigre, qui présente en outre l'avantage d'agir avec moins de force sur les sels propres du noir. Dans certaines localités on se procure cette substance à peu de frais au moyen des mélasses.

2° *Fermentation.* — On éloigne les substances organiques absorbées par le charbon, soit par la fermentation, soit par l'action d'une dissolution alcaline. On peut soumettre le charbon d'os à la fermentation de deux manières différentes, dans la première on le met dans un réservoir et on le recouvre complétement d'eau, dans la seconde, on l'humecte seulement d'eau et on l'expose à l'air en tas d'une faible épaisseur.

Dans le premier procédé, on accélère la marche de la fermentation, en ajoutant à l'eau une petite quantité d'une matière organique déjà en voie de décomposition, par exemple, un peu .de sang gâté. Pour éviter la mauvaise odeur des gaz qui se dégagent en quantité considérable, on peut renouveler souvent l'eau dans laquelle ils s'engendrent.

Dans le second procédé, il faut que l'air dans lequel se trouvent les tas de sucre soit à une température suffisamment élevée, de 30 à 38 degrés; que le charbon soit suffisamment humecté, et le moins tassé possible, afin de favoriser l'accès de l'air dans son intérieur. La marche de l'opération se reconnaît à l'élévation de la température qui peut aller à 50 et même à 75 degrés, et peut quelquefois occasionner l'inflammation du charbon. On peut éviter ce danger en retournant les tas à la pelle. On doit regarder l'opération comme terminée lorsque la température du charbon est redescendue à celle de l'air ambiant.

Il ne faut pas oublier que la majeure partie des gaz qu se dégagent dans cette fermentation consiste en acide carbonique qui, en raison de son poids spécifique, forme une couche plus ou moins épaisse sur le sol et empêche l'accès de l'air dans le charbon; il est donc convenable d'étaler les tas sur des claies, et non sur un sol compacte.

Ces deux procédés, dont le premier dure de 6 à 7 jours et le second de 12 à 20, sont les plus économiques que l'on puisse employer, mais ne peuvent suffire à une destruction complète des substances organiques.

M. Pelouze, en France, et M. Anthon, en Allemagne, ont proposé d'employer à cet usage des dissolutions d'alcalis caustiques ou carbonates. Mais des expériences ont prouvé que ce moyen ne peut non plus éliminer complétement ces substances, et la pratique en grand a conduit aussi à des résultats peu satisfaisants. D'ailleurs le charbon absorbant une partie des alcalis employés, il est nécessaire d'avoir recours à un nouveau lavage à l'acide chlorhydrique pour les lui enlever ; car leur présence nuirait beaucoup au sucre dans les opérations ultérieures.

Dans la plupart des fabriques de sucre de l'Allemagne, on fait suivre la fermentation par un traitement du charbon par l'eau bouillante contenant du carbonate de soude, puis on lave ; ou, si on n'emploie pas la soude, on fait toujours bouillir le charbon dans l'eau pure.

En Allemagne, on opère cette ébullition dans des vases métalliques ayant la forme de cylindres dont la hauteur est égale à environ deux fois leur diamètre, munis d'un double fond au bas duquel viennent s'ouvrir deux tuyaux, l'un destiné à conduire l'eau et l'autre la vapeur. Le charbon repose sur le double fond percé comme un crible. Ce vase est porté par deux tourillons creux dans lesquels pénètrent d'abord les tuyaux que nous venons d'indiquer, et qui permettent de le vider en le faisant basculer.

3° *Lavage du charbon.* La méthode la plus simple consiste à remuer à la pelle le charbon au milieu de l'eau dans des cuves en bois peu profondes ; l'opération doit se continuer jusqu'à ce que l'eau sorte parfaitement claire. Mais ce moyen exige beaucoup de main-d'œuvre et une grande quantité d'eau ; c'est pourquoi on a eu recours à des machines qui, avec moins de main-d'œuvre, font deux fois plus d'ouvrage.

On a imaginé un assez grand nombre de ces machines, nous décrirons, d'après M. Walkhoff, celle construite récemment par M. Klusemann, à qui la sucrerie doit l'invention de plusieurs appareils ingénieux.

Elle se compose d'une caisse en bois ou en métal d'environ 3 mètres à $3^m.5$ de longueur, et de $0^m.9$ à 1 mètre de profondeur et de largeur, et placée dans une position légèrement inclinée. Le fond en est divisé en six compartiments par des cloisons qui s'élèvent à environ 18 centimètres. Au milieu de chaque case correspond un axe horizontal perpendiculaire à celui de la caisse et qui porte trois palettes. Une courroie passant sur une poulie imprime un mouvement de rotation à chacun de ces axes. Une trémie fait tomber le charbon dans la case inférieure, tandis qu'un tuyau introduit l'eau dans la case supérieure. Les palettes de la case inférieure remuent le charbon qui y est tombé et le font passer dans la case suivante d'où les palettes correspondantes le font passer dans celle qui vient après, et ainsi de suite jusqu'à la case supérieure d'où il est envoyé au dehors par un orifice convenablement disposé. En même temps la pente donnée à la caisse fait tomber l'eau de case en case ; elle lave ainsi le charbon, et arrivée à l'extrémité inférieure s'échappe au dehors.

Pour éviter autant que possible la perte de charbon, il est bon de faire passer l'eau qui sort de ces machines, par une ou plusieurs cuves où elle dépose les parties solides qu'elle a entraînées, qui, traitées ensuite par l'acide sulfurique, donnent un excellent engrais.

4° *Calcination du charbon d'os*. Une calcination est encore nécessaire pour détruire les parties de substances organiques que les opérations précédentes n'ont pas pu enlever : mais avant de procéder à cette dernière opération, il faut sécher le charbon, car l'humidité la rendrait très-difficile. Cette dessiccation peut s'effectuer, soit dans des appareils particuliers au moyen de la vapeur surchauffée, soit dans le fourneau même de calcination au moyen de la chaleur perdue.

Nous allons décrire, toujours d'après M. Walkhoff, un appareil à revivification employé en Allemagne.

Il se compose (fig. I) d'un fourneau auquel fait suite une longue plate-forme, soutenue sur des arceaux. Le fourneau dans lequel sont disposées trois rangées de cylindres verticaux et aplatis en tôle, *c, c, c*, fermés à l'orifice inférieur par des plaques amovibles, est chauffé par un fourneau dont la grille *r, r, r* a la forme d'un escalier descendant de la porte vers les cylindres, disposition due à M. Lang, qui l'a fait breveter. Des briques réfractaires placées devant les cylindres modèrent l'action trop violente de la flamme sur ceux-ci. Une plaque inclinée en tôle *v v*, que traversent les extrémités inférieures des cylindres, sépare ceux-ci de l'espace inférieur où les ouvriers peuvent agir sans être incommodés par la chaleur.

L'air frais venant de l'extérieur par l'ouverture *o*, circule autour de la partie inférieure des cylindres, au-dessus de la plaque dont nous venons de parler, passe sous la grille, alimente le feu, tourne autour des cylindres et s'échappe par l'extérieur en parcourant l'espace ménagé sous la plate-forme, sur laquelle on a répandu le charbon pour en opérer la dessiccation.

M. Walkhoff a fait une série d'expériences pour déterminer la température à laquelle il faut calciner le charbon dans ces fours pour obtenir le plus grand pouvoir décolorant; le tableau qui suit en résume les résultats.

Température.	Pouvoir décolorant.
125° C.	80
204.	90
315	100
425	110

Ces nombres nous prouvent que le charbon revivifié à la température de 425° a un pouvoir décolorant d'à peu près 40 pour 100 plus considérable que celui qui ne l'a été qu'à la température de 125°. L'auteur a constaté en outre, que dans le premier la force décolorante persiste bien plus longtemps; il admet qu'en général une température de 375° est très-convenable, et, en effet, l'ayant employée à une raffinerie, à Smela, il a obtenu les résultats les plus satisfaisants sous le rapport de la qualité des produits marchands.

En France, on a imaginé aussi plusieurs fourneaux propres à la revivification. Le célèbre Crespel-Délisse en a construit un, il y a déjà assez longtemps, qui nous paraît réunir la simplicité à l'économie, et que nous croyons pour cela devoir décrire.

Ce four consiste en un massif de maçonnerie en forme d'un long parallélipipède dont tout l'axe est occupé par un foyer. Deux rangées de dix tuyaux composés de plusieurs pièces, l'une moyenne droite, les autres coudées et enchâssées dans les extrémités de celle-ci. La partie supérieure aboutit au fond à la partie moyenne d'un vase plat en tôle qui occupe toute la surface supérieure du massif, et qui est destiné à recevoir le charbon, qui, comme il a été dit, doit être bien séché avant de subir la calcination. La partie inférieure, doublement coudée, porte en haut un registre qui permet d'ouvrir ou fermer le tuyau, et par le bas, elle sort de la face latérale du fourneau à environ un tiers de sa hauteur au-dessus du sol. Enfin, à l'extrémité de cet ajutage inférieur s'adapte le bec d'un étouffoir destiné à recevoir tout le contenu du tuyau, de 20 à 40 litres. On chauffe d'abord lentement pour sécher le noir contenu dans le vase supérieur ; dès qu'il a atteint ce point, on ferme les registres et on emplit les 20 tuyaux dont on ferme ensuite l'embouchure avec un couvercle en tôle. On pousse la température au rouge qu'on maintient environ pendant une demi-heure ; on approche les étouffoirs sous les ajutages et on tire le registre pour y faire tomber le charbon. On pousse de nouveau les registres pour remplir de nouveau les tuyaux avec le charbon du vase, et ainsi de suite. Lorsque les étouffoirs sont suffisamment refroidis, ce qui a lieu au bout d'environ 25 minutes, on les vide dans des réservoirs en briques.

Ces fours, étant continus, peuvent fonctionner nuit et jour, et donner six charges en 24 heures, ce qui, en comptant au minimum 20 litres par tuyau, fait un total d'environ 20,000 kilogrammes (Payen, *Chimie industrielle*).

D'après les calculs de M. Walkhoff, l'appareil allemand que nous avons décrit plus haut, devrait contenir 30 tuyaux pour fournir en 24 heures environ 10,000 kilog. de charbon revivifié, quantité nécessaire pour le traitement journalier de 50,000 kilogrammes de betteraves. Suivant ce même savant, il faudrait environ 1 kilog. de houille par 15 à 18 kilog. de charbon revivifié, ce qui ferait de 1,110 à 1,330 kilog. de houille pour 20,000 kilog. de charbon revivifié.

Nous ne connaissons pas au juste le compte de revient de la revivification dans l'appareil français que nous avons décrit, mais nous pensons qu'elle est plus économique que par la méthode allemande, et qu'elle fournit des produits tout aussi bons.

Ce chapitre prendrait une extension dépassant les limites d'un ouvrage du genre du nôtre, si nous voulions décrire tous les fours de revivification qui ont été construits ou proposés; par conséquent, nous renverrons à la *Chimie industrielle* de M. Payen pour la description de celui de M. Touchard, et au *Dictionnaire de chimie industrielle* pour celui de M. Daubreby, ainsi que pour la méthode de MM. Thomas et Laurens.

Nous citerons aussi le four Blaise comme utilisant la chaleur jusqu'à la dernière limite, et conservant au noir toutes ses qualités.

CHAPITRE IV.

PRÉPARATION DE L'ACIDE CARBONIQUE
ET DE LA CHAUX.

En traitant de la fabrication du sucre de betteraves, nous verrons les usages très-importants de ces deux substances ; mais afin de ne pas être obligé d'interrompre à ce moment la description assez compliquée des procédés et des appareils, nous croyons utile d'expliquer à présent les moyens par lesquels on se les procure.

L'acide carbonique, comme on sait, est le résultat de la combinaison d'un équivalent de carbone avec deux équivalents d'oxygène; sa formule est, par conséquent,

CO^2; toutes les fois que du charbon brûle librement au milieu d'une quantité suffisante d'air, il ne se produit que de l'acide carbonique. C'est un gaz non permanent, incolore, ne possédant qu'une saveur et une odeur très-faibles; il est une fois et demie aussi lourd que l'air.

Il est faiblement soluble dans l'eau qui, dans les circonstances ordinaires de pression atmosphérique et de température, en dissout environ son volume.

Les propriétés acides de ce gaz sont très-faibles; il ne colore la teinture bleue du tournesol qu'en *rouge pelure d'oignon*, et ses combinaisons avec les bases sont décomposées par les acides les plus faibles; une chaleur suffisamment forte l'expulse de tous les carbonates, excepté de ceux de potasse, de soude, de lithine et de baryte.

Respiré en quantité un peu considérable, l'acide carbonique peut occasionner la mort. L'air atmosphérique libre en contient constamment une certaine quantité, mais très-petite, car en moyenne, elle est d'environ les 0,0004 de son volume. Un grand nombre de réactions chimiques lui donnent naissance; les principales sont la respiration de l'homme et de tous les animaux, la combustion de toutes les matières charbonneuses, la fermentation alcoolique, etc. La combustion du charbon et la décomposition des carbonates sont les seules qui présentent de l'intérêt au fabricant.

D'après ce qui précède, nous voyons qu'on peut se procurer l'acide carbonique par trois moyens différents : 1º par la combustion directe d'une variété quelconque de charbon; 2º par la décomposition d'un carbonate mis en présence d'un acide, comme, par exemple, l'acide chlorhydrique, ou l'acide sulfurique, etc.; 3º par la décomposition d'un carbonate par l'action de la chaleur.

Le premier moyen a été employé et l'est encore quelquefois dans le procédé de fabrication imaginé par M. E. Rousseau.

A l'origine, l'appareil dans lequel ce savant chimiste

obtenait l'acide carbonique était disposé de la manière
suivante :

Le gaz acide était produit par la combustion d'un mélange en quantités égales de charbon de bois et de coke,
dans un four clos en tôle de forme ellipsoïdale A (fig. 29),
doublé intérieurement, jusqu'à la moitié de sa hauteur,
d'une couche de terre à creuset ou de briques. On allume
le charbon de bois et on provoque et on entretient la
combustion de la masse au moyen d'un courant d'air
qu'une pompe B, qui reçoit le mouvement de la machine
à vapeur, lance continuellement dans le fourneau. Le
gaz produit va se purifier dans un vase laveur C, avant
de se rendre aux appareils où il doit être utilisé.

Cet appareil dispendieux ne produisait que de l'acide
carbonique très-impur et offrait plusieurs autres inconvénients. M. Walkhoff, en analysant le gaz obtenu par
ce procédé, a trouvé quelquefois qu'il ne contenait que
10 à 12 pour 100 de son volume d'acide carbonique.

La disposition appelée four Kindler, que nous empruntons à l'ouvrage de M. Walkhoff, est bien plus rationnelle,
ainsi qu'on va le voir par la description qui suit :

L'air aspiré et refoulé pénètre dans ce fourneau par
un orifice antérieur, passe ensuite sur une grille sur laquelle tombe le charbon que l'on introduit par un trou
pratiqué à la partie supérieure, traverse une couche de
pierre à chaux où il se purifie en partie et se refroidit
en léchant le fond de deux vases de fer pleins d'eau
froide. De là l'air passe à travers l'eau ou une dissolution de soude contenue dans un vase laveur, d'où enfin
une pompe l'aspire par un tuyau pour le lancer dans les
appareils où il doit être employé.

Le second moyen, la décomposition d'un carbonate,
celui de chaux, par un acide, par exemple, par l'acide
chlorhydrique, fournit à la vérité du gaz acide carbonique pur ; mais il est dispendieux, car il donne en
même temps un produit secondaire, le chlorure de calcium, qui n'a presque pas de valeur.

Dans les procédés actuellement perfectionnés employés dans la fabrication du sucre, l'emploi de l'acide carbonique étant inséparable de celui de la chaux, on comprend que le moyen le plus simple et le plus économique est celui qui fournit en même temps les deux, c'est-à-dire la décomposition du carbonate de chaux par l'action de la chaleur.

Cette décomposition s'opère en général dans des fours, continus ou non, comme lorsqu'il s'agit de la cuisson ordinaire de la chaux; on conçoit cependant que la condition de conserver l'acide carbonique doit entraîner des dispositions particulières. Nous commencerons par décrire un four très-ingénieux et très-commode, imaginé par M. Antecq de Valenciennes; nous transcrirons pour cela un article composé par nous-même avec les indications de l'auteur, et que M. Dureau a bien voulu insérer dans son excellent journal.

Le principe de la saturation par l'acide carbonique est si universellement adopté dans la fabrication du sucre, que tous les novateurs se sont exercés, avec une ardeur infatigable et couronnée du plus heureux succès, à en rendre l'application de plus en plus facile et économique. C'est ainsi que nous avons vu substituer aux premiers fours à chaux en tôle, dont les dimensions étaient d'abord si exiguës et si insuffisantes, des fours d'une dimension et d'une forme mieux appropriées au double service qu'ils avaient à rendre, en produisant : 1º tout l'acide carbonique nécessaire à une carbonatation complète des jus saturés de chaux; 2º toute la chaux nécessaire au travail de la défécation.

Dans un grand nombre d'usines, ces fours de plus grandes dimensions existent encore : mais chaque jour tend à en faire supprimer l'usage pour les remplacer par des fours en maçonnerie qui ont sur ceux en tôle une si incontestable supériorité ; sans déprécier ceux-ci, je ne parlerai que des premiers, qui sont appelés à se répandre universellement, parce qu'ils réunissent sans contredit, le maximum d'éléments économiques.

Presque tous les chaufours en maçonnerie que nous avons vus et dont nous avons comparé avec le plus grand soin les différents modes d'agencements., ne diffèrent pour ainsi dire entr'eux que par la forme intérieure et la capacité du four proprement dit, et par leur plus ou moins d'élévation au-dessus du sol.

Un grand nombre de fours ont la forme d'un tronc de cône renversé ; un plus grand nombre encore ont une forme ovoïdale ; quelques rares enfin ont la forme d'un cône tronqué reposant sur sa base. Bien que ces différentes formes n'agissent pas d'une manière sensible sur la marche du four, il est très-présumable que la dernière sera celle à laquelle l'avenir donnera définitivement la préférence : c'est qu'en effet, avec cette condition de forme, la masse, quand on soutire la chaux, se déplace, descend comme un bloc, en entraînant avec elle par son poids les scories ou mâchefer en adhérence contre les parois du four, et sans qu'il soit besoin d'exercer d'effort ou de pression à sa partie supérieure : à ce point de vue, la question de forme n'est donc pas sans valeur.

Le plus ou moins d'élévation au-dessus du sol est un point qui a également son importance. En effet, si le four est tout entier au-dessus du sol, il faudra élever le combustible et la pierre jusqu'à sa partie supérieure ; s'il est tout entier au-dessous du sol, il faudra élever la chaux jusqu'à son niveau : Il y a là une question de travail et par conséquent d'économie facile à résoudre. La chaux est moins pesante, donc il vaut mieux avoir à élever de la chaux que de la pierre. La solution est donc en faveur du four construit entièrement au-dessous du sol. Cette solution théorique a déjà sa sanction dans le domaine de la pratique, et nous avons vu chez M. Leduc Louis, fabricant de sucre à Artres, près Valenciennes (Nord), un chaufour industriel et agricole à la fois, complétement souterrain, où tout a été habilement combiné. Je crois que les industriels que cette question concerne ne liront pas sans fruit la description que je vais en donner.

Une chambre de 4 mètres de largeur sur 6 environ de longueur, voûtée en plein-cintre à 1m,80 du fond, est pratiquée à un enfoncement de 5 mètres environ au-dessous du sol. Du fond de cette chambre jusqu'au sol s'élève un four dont la forme intérieure est un cône tronqué dont la base est terminée en entonnoir et qui, à la partie supérieure, est couronnée d'une voûte hémisphérique. Le chargement du four s'effectue par le centre de cette voûte où un orifice circulaire de 70 centimètres de diamètre a été ménagé au niveau du sol.

La voûte de la chambre souterraine est percée à ses deux extrémités de deux ouvertures : l'une, d'un mètre de diamètre, forme la partie inférieure d'un puits cylindrique dont la muraille de ceinture extérieure est un parallélipipède à base rectangulaire élevé à 2 mètres au-dessus du sol. Dans une des parois de cette muraille est pratiquée une fenêtre par laquelle on remonte la chaux au moyen d'un treuil dont le mécanisme enfermé dans l'épaisseur du mur, est mis ainsi à l'abri des injures de l'air. Ce treuil fonctionne au moyen d'une corde sans fin sous-tendue dans la chambre souterraine par un rouet de grand diamètre ; des étriers en fer fixés dans la maçonnerie et échelonnés verticalement le long du puits à 30 centimètres environ de distance les uns des autres, permettent de pénétrer dans la chambre.

Mais il fallait aérer cette chambre, car il pouvait y avoir à craindre que, par suite d'un défaut de tirage, des refoulements possibles d'acide carbonique ne compromissent la santé des chaufourniers qui y séjournent ; à cet effet, une cheminée d'appel a été pratiquée à l'autre extrémité de la chambre jusqu'au niveau du sol où elle est recouverte d'un disque à jour, en fer ou en fonte. L'air s'y précipite, appelé par le puits d'extraction par ce seul fait que l'excès de hauteur de ce dernier au-dessus du sol enveloppe une plus haute colonne d'air dilaté. Il existe donc par ce moyen un courant perpétuel, qu'on peut régler à volonté, qui renouvelle et purifie sans cesse l'atmosphère du souterrain, en entraînant avec lui au dehors non-seulement l'acide carbonique, mais aussi la poussière de chaux, si abondante pendant le déchargement du four et qui rend ce travail si désagréable et si pénible pour l'opérateur.

Le four est, de plus, muni d'une cheminée d'épreuve qui, en serpentant dans l'épaisseur du mur du puits d'extraction, dilate encore davantage la colonne d'air qu'il enveloppe et active d'autant le courant d'air dont je viens de parler : elle débouche ensuite au haut du mur du puits, et on peut, jusqu'à un certain point, à son état plus ou moins chargé de vapeurs d'eau et à son aspect plus ou moins incolore, apprécier le degré de pureté de l'acide carbonique qui s'en dégage et le moment de le faire servir à la carbonatation de la chaux dans les jus; ce moment venu, on ferme un registre qui arrête l'échappement de l'acide carbonique au dehors et une pompe l'aspire alors pour le service de la saturation.

Mais l'acide carbonique, pour agir avec une efficacité plus grande, a besoin d'être refroidi : ce four souterrain se prête avec bonheur à cette exigence en ce sens qu'il est construit à une très-grande distance de l'usine, sans qu'il en ait coûté pour le mettre en communication avec elle, d'autres frais que l'acquisition de quelques tuyaux de drains de plus. En effet, l'aspiration de l'acide carbonique devant se faire par une artère pratiquée sous le sol à 80 centimètres de profondeur environ, les tubes n'avaient plus leur raison d'être en fonte et ont été avantageusement remplacés par des tuyaux de drains en terre de 10 centimètres de diamètre environ.

Il est donc bien évident que ce système de four réunit d'heureuses conditions d'économie; qu'il rend les manipulations beaucoup moins laborieuses et qu'il est peu susceptible de se détériorer par l'action du feu, attendu que tous les effets de dilatation s'exercent dans le sol sans qu'il soit besoin du moindre ancrage pour en assurer la résistance et la solidité.

Ce chaufour est exploité par M. P. Du Rieux, de Lille, qui a su l'amener par des transformations successives à une réforme radicale et complète au point de vue des résultats pratiques : l'ensemble des combinaisons qui ont modifié les inconvénients inséparables de ces sortes d'appareils, permet aujourd'hui de l'établir dans un centre habité, sans encombrement comme sans danger. En un mot, ce four est un progrès très-réel et qui est sérieusement digne de l'attention des industriels.

Nous décrirons encore le four continu dont la figure 2 représente une coupe verticale. x est la cuve du four que l'on emplit complétement de morceaux de pierre à chaux par le gueulard a, que l'on forme ensuite avec le couvercle en fonte a'. Le combustible, bois, ou tout autre exempt de soufre, est placé sur les grilles bb; la flamme passe par quatre carneaux cd, cd (dont deux seulement ont pu être représentés sur la figure) et s'élève à travers le calcaire. Une pompe d'aspiration qui communique avec tout l'appareil par le tuyau g, appelle l'air à travers les grilles et la cuve. Le mélange des gaz provenant du combustible et de la décomposition du calcaire, passe par le tuyau ee dans le vase laveur y. Dans ce vase se trouvent trois diaphragmes, munis chacun d'un tube o qui se prolonge au-dessous et au-dessus en se recourbant de manière à former un trop-plein dans des cuvettes où de l'eau qui arrive par le tube p et sort par le tube g', se maintient à un niveau constant. Le gaz, en arrivant dans le vase y, passe par une foule de petits trous pratiqués en n, traverse l'eau contenue dans le compartiment inférieur, puis dans les cuvettes, pénètre dans le tube h où il laisse déposer l'eau qu'il peut avoir entraînée et qui s'en va par le tube r, et arrive enfin dans le corps de pompe, d'où il est refoulé dans les appareils à saturation. C'est à MM. Cail, Hallot et Cie que l'industrie est redevable de cette disposition très-ingénieuse. La chaux vive restée dans la cuve, en est retirée par les portes m. Les ouvertures que l'on voit pratiquées

Fabricant de Sucre. **8**

dans les parois de la cuve et qui sont restées fermées pendant toute l'opération, servent à remuer la chaux et à la faire tomber au moment où on la retire.

L'acide carbonique obtenu par les différents moyens que nous venons de décrire est nécessairement mêlé à beaucoup d'azote, et à des substances formées pendant la combustion, qui le rendent très-impur. On peut l'obtenir exempt de tout mélange en décomposant le calcaire dans un vase clos sous l'influence de la chaleur et d'un courant de vapeur surchauffée.

La vapeur qui arrive d'un générateur passe par un serpentin qui se trouve au milieu d'un fourneau ardent; de là dans une cornue en terre réfractaire ou en fonte dans laquelle se trouve le calcaire cassé en petits morceaux. La température de cette cornue ne doit pas atteindre le rouge rouge, car il pourrait en résulter la décomposition de l'eau, par suite la formation d'hydrogène qui pourrait occasionner de graves accidents. Le gaz acide carbonique qui s'est produit dans la cornue passe dans un vase laveur où il se purifie et se refroidit, et de là dans un gazomètre en tout semblable à ceux que l'on voit dans les usines à gaz. Enfin de ce gazomètre, il est conduit dans les appareils à saturation.

En un point du tuyau qui conduit le gaz aux appareils de saturation, il faut adapter un tuyau de dérivation, afin d'en tirer de temps à autre une petite quantité pour en faire l'analyse au moyen d'une dissolution de potasse caustique.

Il ne sera pas inutile d'ajouter ici l'indication de quelques-uns des caractères principaux de la chaux vive.

La chaux vive obtenue avec des calcaires purs est une substance blanche, amorphe (sans forme cristalline), caustique, qui verdit le sirop de violettes et détruit le tissu des matières animales ; sa densité est de 2,3. Elle est infusible même au chalumeau à gaz détonnant, mais elle y prend un éclat extrêmement vif.

Elle absorbe l'eau qu'on verse sur elle et en même

temps elle s'échauffe considérablement, de manière à réduire en vapeur une partie de cette eau, augmente considérablement de volume, se fendille et se réduit en poudre; on dit alors qu'elle *s'éteint*. On entend en même temps un bruit strident semblable à celui que produit un fer rouge au moment où on le plonge dans l'eau. A ce moment, il peut se produire une température allant jusqu'à 300°, et qui peut enflammer la poudre à canon. Ces phénomènes sont produits par la combinaison de la chaux avec l'eau, d'où résulte l'hydrate Ca O, HO, qu'on appelle ordinairement *chaux éteinte*.

La chaux est soluble dans l'eau, mais en quantité d'autant plus petite que la température est plus élevée. Ainsi à 15°5, un litre d'eau en dissout 1^{gr}.30, et à 100°, il n'en dissout que 0^{gr}.79. Cette dissolution prend le nom d'*eau de chaux*.

En ajoutant de l'eau à la chaux éteinte, on obtient une bouillie appelée vulgairement *lait de chaux*.

Les calcaires purs donnent des chaux qui, en s'éteignant, augmentent beaucoup de volume et que les ouvriers appellent chaux *grasses* ; les calcaires magnésiens donnent au contraire des chaux *maigres*, c'est-à-dire des chaux qui s'éteignent mal et augmentent peu de volume.

Nous réunissons ici quelques données numériques qui pourront guider le fabricant dans ses opérations. L'acide carbonique a pour formule CO^2; or, l'équivalent de l'oxygène est représenté par le nombre 8 et celui du carbone par 6; donc, en poids, la composition de ce gaz est :

Carbone. 6
Oxygène. 16

Il résulte de là qu'un kilogramme de carbone pur en brûlant donne naissance à $\dfrac{22}{6} = 3$k.666 d'acide carbonique. La densité de l'acide carbonique est 1,52, ce qui veut dire qu'un certain volume de ce gaz pèse 1,52 fois autant que le même volume d'air. Or, on sait qu'un litre de ce dernier gaz pèse 1^{gr}.293 ; donc un litre d'acide carbonique pèse $1,52 \times 1^{gr}.293 = 1^{gr}.965$.

Les 3,666 grammes d'acide carbonique fournis par la combustion d'un kilogramme de charbon pur représenteront, d'après cela, un volume de $\dfrac{3666000}{1965} = 1865$ litres, à une fraction près.

Le carbonate de chaux est composé de la manière suivante, en centièmes :

Acide carbonique. 44
Chaux. 56

d'où il résulte que d'un kilogramme de craie ou en général de pierre à chaux supposée parfaitement pure, on peut extraire 440 grammes d'acide carbonique ou environ 224 litres, et que pour saturer 1 kilogramme de chaux, il faut $\dfrac{44}{56} = 786$ grammes d'acide carbonique ou à peu près 400 litres.

Un mètre cube de chaux vive obtenue comme nous venons de le dire, pèse environ 600 kilogrammes.

Nous le répétons, dans ces différents calculs on a supposé les substances chimiquement pures, or, celles que nous fournit la nature ne le sont jamais ; les différentes variétés de charbon contiennent toujours des substances étrangères ; ainsi on peut admettre que, terme moyen, 100 kilogrammes de charbon ou de coke ne représentent que 80 kilogrammes de charbon réel. De même les calcaires sont constamment mélangés de sable, d'argile, de fer, de manganèse, etc. A la vérité, les spaths calcaires, comme le spath d'Islande, les marbres et la craie ne contiennent quelquefois que des quantités insignifiantes de ces matières, et dont on peut faire abstraction dans la pratique.

CHAPITRE V.

L'ALBUMINE ET LE SANG.

On rencontre dans les sucs de tous les végétaux, dans les organes des animaux, et par conséquent aussi dans les substances dont ceux-ci se nourrissent, plusieurs principes immédiats dont les principaux sont l'albumine, la fibrine et la caséine, qui semblent dériver d'une substance unique combinée avec du soufre, du phosphore et quelques sels. Ce principe primitif a été désigné par le nom de *protéine*, dérivé d'un mot grec (πρῶτος) qui signifie *premier*; quelques chimistes lui attribuent la formule $C^{40} H^{31} Az^5 O^{12}$.

Ces substances présentent des caractères communs qu'il est bon de faire connaître.

Elles peuvent exister dans deux états isomériques différents, l'un soluble et l'autre insoluble. Dans l'organisme, elles sont ordinairement dans le premier état, mais quand elles ont été amenées au second ou, comme on dit, *coagulées*, il est difficile de les ramener au premier.

Elles sont incristallisables, ce sont des *colloïdes* parfaits. Elles sont solubles dans les alcalis, solubles aussi dans l'acide chlorhydrique avec lequel elles forment, en présence de l'air, des dissolutions de couleur bleue ou violacée, et très-solubles dans les sucs acides de l'estomac.

En ajoutant à ces substances du sulfate de cuivre, puis ensuite un alcali, il se produit une belle coloration violet foncé.

Elles ont toutes une grande tendance à se putréfier, et lorsqu'elles subissent cette décomposition, elles provoquent dans certaines dissolutions, comme, par exemple, dans celle de sucre, la métamorphose qu'on a appelée fermentation.

Enfin leur analyse élémentaire fournit de 15 à 19 pour 100 d'azote, et de 1 à 1 et demi de soufre.

L'albumine est, parmi les substances protéiques nommées plus haut, celle qu'il nous intéresse le plus d'étudier en particulier, comme accompagnant le sucre dans les sucs végétaux qui nous fournissent ce corps.

Le nom d'*albumine* qu'on donne à cette substance, vient du mot latin *albumen*, qui s'applique au blanc de l'œuf, car cette substance est, en effet, composée principalement d'eau et d'albumine avec du carbonate de soude et un corps sulfuré, et quelques sels; 100 parties de blanc d'œuf laissent environ 4 parties de cendres dans lesquelles on a trouvé :

Acide sulfurique . . . . . . de	0,05 à	0,29
Acide phosphorique	0,45	0,48
Chlore	0,03	0,94
Potasse et soude en partie à		
l'état de carbonate	2,02	2,13
Chaux et magnésie en partie à		
l'état de carbonate	0,30	0,36

C'est à la présence du soufre dans le blanc que les œufs doivent la propriété de produire une quantité notable d'hydrogène sufuré pendant leur décomposition putride.

Ce gaz, composé ainsi que son nom l'indique, de soufre et d'hydrogène, possède une forte odeur, excessivement infecte, et que tout le monde connaît.

Mais l'albumine, nous l'avons dit dans les généralités, se trouve dans presque tous les liquides de l'organisme végétal et animal; ainsi, par exemple, et cela intéresse beaucoup l'industrie sucrière, elle est contenue en quantité notable dans le sang des animaux mammifères.

Tout le monde sait que le sang des animaux vertébrés se compose, à l'état vivant, d'un grand nombre de petits corpuscules solides, appelés improprement *globules*, d'un beau rouge, nageant dans un liquide presque incolore, le *serum*. Ce dernier tient en dissolution, outre beaucoup de substances en quantités assez petites, de l'albumine et de la fibrine ; cette dernière s'en sépare lorsque le sang est extrait des vaisseaux, et, en se précipitant, entraîne avec elle les globules, et forme le *caillot* ou *cruor*.

Nous donnons dans le tableau suivant la composition du sang de bœuf, qui est celui que l'industrie utilise le plus souvent.

1000 parties de ce sang contiennent :

Eau	799,590
Globules	121,865
Albumine	66,901
Fibrine	3,620
Graisse	2,045
Phosphate alcalin.	0,468
Sulfate de soude	0,181
Carbonate alcalin	1,071
Chlorure de sodium	4,321
Oxyde de fer	0,731
Chaux	0,098
Acide phosphorique.	0,123
Acide sulfurique	0,018
Perte	»

La composition du sang de l'homme ainsi que celle des autres mammifères et des oiseaux ne diffère pas notablement de la précédente.

La solution aqueuse d'albumine chauffée à 65° commence à se troubler, et à 75° elle laisse déposer toute l'albumine qu'elle contient. Ce dépôt, en se formant, constitue une espèce de réseau qui entraîne dans ses mailles toutes les substances solides qui peuvent se trouver en suspension dans le liquide.

L'alcool, le tannin, l'éther, la créosote et l'aniline précipitent aussi l'albumine.

L'albumine desséchée à une température de 40° est transparente, sans couleur, sans odeur, soluble dans l'eau, mais insoluble dans l'alcool. Celle qui a été précipitée de ses dissolutions, par la chaleur ou par l'alcool, est insoluble dans les deux liquides.

La majeure partie des acides précipité l'albumine, excepté, pourtant, l'acide acétique, l'acide tartrique, et l'acide phosphorique trihydraté ou acide phosphorique ordinaire, ce qui fournit un bon caractère pour distinguer ce dernier acide de l'acide pyrophosphorique qui, au contraire, la coagule.

L'acide azotique la coagule très-facilement, ce qui fournit un moyen d'en reconnaître la présence dans les liquides des animaux.

L'acide chlorhydrique la dissout à chaud en prenant sous l'influence de l'air une belle couleur bleue.

Les bases alcalines forment, avec l'albumine, des composés solubles, tandis que la baryte, la chaux et le strontiane en forment d'insolubles.

Presque tous les sels métalliques produisent l'effet de ces dernières bases; ainsi, elle forme avec le bichlorure de mercure (sublimé corrosif) une combinaison insoluble, d'où il résulte que pour combattre les effets de ce poison, on administre toujours l'albumine.

CHAPITRE VI.

SACCHARIMÉTRIE.

Les procédés proposés jusqu'ici pour reconnaître dans une substance donnée la présence d'une ou plusieurs des espèces de sucre que nous avons fait connaître, et pour en déterminer la quantité, sont nombreux; les uns sont fondés sur les propriétés chimiques connues de ces espèces; les autres, sur des phénomènes appartenant au domaine de la physique.

Dans ce chapitre, nous nous proposons de décrire tous ceux de ces procédés qui nous paraissent les plus simples, les plus rapides dans leur exécution, et les plus propres à conduire à des résultats exacts.

Saccharimétrie chimique. — En traitant des propriétés chimiques des sucres, nous avons dit que M. Barreswil avait fondé un procédé analytique de ces substances sur la manière dont elles se conduisent en présence d'une liqueur contenant du sulfate de cuivre, de l'acide tartrique et de la potasse caustique.

Ce savant prépare son réactif comme il suit : il fait d'abord un mélange de deux dissolutions, l'une de 50 grammes de crème de tartre pulvérisée, et de 40 grammes de carbonate de soude dans 1/3 de litre d'eau, qu'il fait bouillir ; l'autre, de 40 grammes de potasse à la chaux, dans 250 grammes d'eau ; à ce mélange, il ajoute ensuite assez d'eau distillée pour compléter le volume d'un litre, et il le porte de nouveau à l'ébullition.

D'après M. Fehling, le meilleur procédé de préparation de cette liqueur d'essai, est le suivant : On fait deux dissolutions, l'une de 40 grammes de sulfate de cuivre bien pur et cristallisé, dans 160 centimètres cubes d'eau distillée ; l'autre se fait dans un vase d'un litre dans lequel on introduit 160 grammes de crème de tartre, 130 grammes de soude caustique, et 500 à 600 centimètres cubes d'eau distillée, chauffée à 100° degrés. Cette dernière liqueur, chaude et alcaline, opère avec une extrême facilité la dissolution du tartrate acide de potasse ; on y ajoute, peu à peu, la solution de sulfate de cuivre, et lorsque le tout est bien dissous, on achève d'emplir le litre avec l'eau distillée.

Mais M. E. Monier rapporte, dans son *Guide pour l'essai et l'analyse des sucres,* que la liqueur préparée comme nous venons de l'indiquer, étant enfermée dans des vases bouchés à l'émeri, se décompose facilement ; qu'au bout de quelque temps, il s'y forme un dépôt d'oxyde de cuivre et de crème de tartre ; et, il affirme avoir obtenu des résultats bien meilleurs avec une liqueur un peu différente, préparée comme il suit : à la dissolution de sulfate de cuivre, composée comme le prescrit Fehling, il ajoute

3 grammes de sel ammoniac; et dans la seconde solution, il ne fait entrer que 80 grammes de crème de tartre. La liqueur ainsi modifiée est d'un très-beau bleu.

Avant de se servir de l'une ou de l'autre de ces liqueurs dans les analyses quantitatives, il faut nécessairement la titrer, c'est-à-dire déterminer avec précision la quantité de sucre nécessaire pour en décomposer exactement un volume connu. Pour cela, on pèse avec précision 10 gr. de sucre parfaitement pur que l'on dissout dans 80 ou 100 centimètres cubes d'eau distillée; on y ajoute ensuite 2 ou 3 grammes d'acide chlorhydrique, qui, par une ébullition de quelques minutes, intervertit tout le sucre de canne, c'est-à-dire le fait passer à l'état de sucre incristallisable. On verse cette dissolution dans un vase d'un litre, et on achève d'emplir jusqu'au trait de jauge, avec de l'eau distillée. Comme on voit, cette dissolution contient juste 1 gr. de sucre interverti, par 100 centimètres cubes.

Pour procéder au titrage de la liqueur d'essai, on introduit, au moyen d'une pipette jaugée, 25 centimètres cubes de celle-ci dans un ballon, et on porte à l'ébullition, puis on fait couler goutte à goutte la dissolution sucrée, au moyen d'une éprouvette de Gay-Lussac, divisée en centimètres cubes, jusqu'à ce qu'il ne s'y forme plus de précipité rouge. On comprend combien il importe de saisir exactement le moment où la décomposition est complète, de ne pas verser une seule goutte de plus.

En faisant cette opération dans une capsule de porcelaine au lieu de la faire dans un ballon de verre, on reconnaît plus facilement le moment où la décoloration est complète; mais, en tous cas, on pourra s'assurer qu'il ne reste plus de cuivre dans le liquide, en en introduisant quelques gouttes dans un petit tube à essai, y ajoutant une goutte de dissolution sucrée, et chauffant. La moindre trace de sel de cuivre non décomposé, formerait un trouble jaunâtre, facile à reconnaître. Si cela avait lieu, on ajouterait le dernier essai à la masse totale, à laquelle on continuerait à ajouter du liquide de la burette graduée.

La liqueur d'essai une fois bien titrée, voyons comment on doit procéder à l'analyse d'une dissolution sucrée donnée, et en calculer les résultats.

Pour fixer les idées, supposons que la décomposition complète des 25 centimètres cubes de liqueur cupro-potassique ait exigé 15 centimètres cubes de la dissolution titrée de sucre, et qu'il s'agisse de faire l'analyse d'un jus contenant au-delà de 1 pour 100 de sucre.

On mesure un volume déterminé de ce jus, et on y ajoute de l'eau distillée de manière à en faire exactement un litre, ce qui permettra de donner plus de précision à l'essai. Supposons qu'il ait fallu pour cela étendre le liquide à essayer de quatre fois son volume d'eau, et qu'après l'avoir interverti, comme nous l'avons dit plus haut, il en faille 10 centimètres cubes pour décomposer les 25 centimètres cubes de la liqueur d'essai; nous aurons toutes les données nécessaires pour arriver au résultat demandé.

Il est évident que les 10 centimètres cubes de jus dilué trouvés en dernier, contiennent autant de sucre que les 15 centimètres cubes de la dissolution titrée, c'est-à-dire 15 centigrammes, et que par conséquent 100 centimètres cubes en contiennent 1 gr.5; mais comme le liquide à essayer contient une proportion réelle de sucre cinq fois plus grande, on trouve enfin que sa richesse saccharine est de 5×1 k.50 $= 7$ k.50 par 100 litres.

Pour déduire de ce qui précède une formule simple applicable à tous les cas, reprenons par ordre les calculs que nous venons de faire. Nous avons trouvé que 10 centimètres cubes du jus dilué contiennent autant de sucre que 15 centimètres cubes de la dissolution sucrée normale, c'est-à-dire 0 gr.15; un centimètre cube en contiendra donc $\dfrac{0^{gr}.15}{10}$ et un hectolitre ou 100,000 centimètres cubes en contiendront $\dfrac{0^{gr}.15 \times 100,000}{10}$, et comme dans son état primitif il est cinq fois plus riche, on a enfin :

$$x = \frac{0^{gr}.45 \times 100,000 \times 5}{10} = \frac{15^k \times 5}{10}$$

Si, donc, nous représentons en général par f, le titre de la dissolution normale, par n, le nombre de divisions de la burette correspondant au jus dilué, par v, la dilution, nous aurons, en kilogrammes :

$$x = \frac{f \times v}{n}$$

Il est bien entendu qu'avant de procéder à l'opération que nous venons de décrire, on a dû s'assurer que le liquide à essayer ne contient que du sucre de canne ; il suffit pour cela d'en faire bouillir une petite quantité avec quelques gouttes de la liqueur d'essai, qui ne doit pas y produire de précipité rouge si elle ne contient pas de sucre incristallisable.

Dans le cas où cet essai indiquerait la présence dans la liqueur proposée d'un sucre autre que celui de canne, il faudrait faire deux opérations distinctes ; une première, exécutée comme nous venons de le dire, mais avant de faire bouillir le liquide avec l'acide chlorhydrique, et la seconde après ce dernier traitement. On trouvera ainsi, d'abord la quantité de sucre incristallisable primitivement contenu dans le liquide à analyser, et secondement la quantité totale des matières sucrées interverties, par conséquent, une simple différence fera connaître celle du sucre de canne.

Il ne faut pas perdre de vue que dans la première de ces deux opérations, il s'agit de déterminer un poids de sucre incristallisable, et que d'après notre méthode d'analyse, nous trouvons en réalité la quantité de sucre qui lui correspond. Or, en admettant que dans la conversion du sucre de canne en glucose, le premier s'approprie trois équivalents d'eau, nous verrons, en employant les équivalents chimiques, que 171 parties du premier produisent

198 parties du second, et que, par conséquent, il faudra multiplier le résultat trouvé par le rapport $\frac{198}{171} = 1,158$ à un millième près.

Les 10 grammes de sucre de canne que l'on dissout pour former la liqueur titrée normale représentent donc 11 gr.58 de glucose.

Pour faire l'analyse d'un liquide sucré dans lequel se trouve un poids C de sucre de canne et un poids G de glucose, on fait donc un premier essai avec le liquide traité par l'acide chlorhydrique, ce qui donne la somme des deux matières sucrées; puis un second avec le liquide dans son état naturel, ce qui donne la quantité de glucose qu'il contient, rapportée à la dissolution normale de sucre de canne. Il est évident qu'une simple soustraction donnera le poids C du sucre de canne.

M. Payen a proposé une méthode d'analyse ou d'essai des sucres solides que nous croyons devoir transcrire textuellement de l'excellent *Précis de Chimie industrielle*, publié par ce célèbre savant.

« Jusqu'à ces derniers temps, la plupart de raffineurs et des négociants estimaient le sucre à l'aspect de ses grains et en raison de sa nuance; mais ces caractères ont été reconnus insuffisants, car les sucres presque blancs peuvent contenir plus ou moins de mélasse interposée entre leurs cristaux et rendre d'autant moins au raffinage. J'ai indiqué un procédé pour déterminer rapidement la quantité de sucre cristallisé que contient un sucre brut. Ce procédé, généralement adopté maintenant, est fondé sur l'insolubilité du sucre en cristaux dans l'alcool saturé de sucre pur, tandis que les substances étrangères sont solubles dans ce liquide. Voici comment on opère.

« On prend un échantillon moyen du sucre à essayer qu'on divise légèrement dans un mortier pour rompre les agglomérations sans briser les cristaux; après avoir

Fabricant de Sucre.   9

pesé 10 grammes de ce sucre, on les introduit dans un tube de 15 millimètres environ de diamètre et de 30 centimètres de longueur, puis on ajoute environ 10 centimètres cubes d'alcool anhydre pour enlever les 3 à 5 centièmes d'eau que les sucres bruts contiennent; on agite, on laisse déposer et on décante, ensuite on verse dans le tube environ 60 centimètres cubes de la liqueur d'épreuve qui se prépare de la manière suivante : à un litre d'alcool à 85°, on ajoute 50 centimètres cubes (ou 50 grammes) d'acide acétique à 8°, puis on fait dissoudre dans la liqueur 50 grammes de sucre blanc sec et pulvérisé. Cette quantité est celle qui sature la liqueur à la température de 12°, mais afin qu'elle reste saturée dans les changements de température, on suspend dans toute la hauteur du vase qui la renferme, des chapelets de cristaux de sucre candi blanc. La solution ainsi préparée peut dissoudre le sucre incristallisable, la mélasse, décomposer et dissoudre le sucrate de chaux, sans dissoudre le sucre cristallisable, puisqu'elle en est saturée.

« La saturation laissait quelque chose à désirer dans les variations de la température extérieure, Numa Graar l'a rendue plus exacte en broyant dans un mortier du sucre candi mêlé à la liqueur d'épreuve; filtrant alors, on obtient un liquide qui, employé immédiatement, donne toujours des résultats comparables et permet d'apprécier les différences moindres qu'un demi-centième dans la proportion de sucre pur cristallisé que contient un sucre brut.

« On ajoute donc 50 centimètres cubes de cette liqueur d'épreuve dans le tube, on agite, on laisse déposer, et dès que la liqueur est claire, on la décante; puis on ajoute une nouvelle quantité de liqueur d'épreuve égale à la première, on agite, on laisse reposer et l'on décante encore. Deux ou trois lavages suffisent ordinairement pour épurer le sucre cristallisé. On fait un dernier lavage avec de l'alcool à 96° pour enlever tout le liquide saturé de sucre interposé entre les cristaux. Il ne reste

plus alors qu'à recueillir le sucre sur un filtre, le dessé-
cher et le peser : la différence entre le poids primitif de
l'échantillon et le dernier poids obtenu indique l'eau et
les substances étrangères solubles qui accompagnaient
le sucre brut.

« Si le sucre contenait des substances insolubles, on
déterminerait leur quantité en dissolvant ensuite tout le
sucre dans l'alcool faible, à 60° par exemple, filtrant et
pesant le résidu resté sur le filtre. »

M. Péligot, de son côté, a proposé le procédé suivant
pour l'analyse des sucres bruts. On pèse 10 grammes du
sucre à essayer et on les dissout dans 75 centimètres cubes d'eau ; à cette dissolution on ajoute peu à peu 10
grammes de chaux éteinte et tamisée, on broie pendant
8 à 10 minutes et on jette sur un filtre pour séparer
l'excès de chaux. Il se forme, comme nous savons, une
dissolution d'un sucrate de chaux ayant pour formule
$(CaO)^3$, $(C^{12}H^{11}O^{11})^2$; on en prend 10 centimètres cubes
qu'on étend de 2 à 3 décilitres d'eau additionnée de quelques gouttes de teinture de tournesol, et que l'on sature
ensuite très-exactement par une dissolution titrée d'a-
cide sulfurique. Un litre de cette dissolution contient 21
grammes d'acide sulfurique monohydraté et sature la
quantité de chaux qui est dissoute par 50 grammes de
sucre.

La liqueur d'épreuve est introduite dans une burette
graduée et versée goutte à goutte dans la dissolution de
chaux, en ayant soin de remuer constamment, jusqu'à
ce que la teinte bleue du tournesol vire au rouge sous
l'influence des dernières gouttes de la liqueur d'épreuve.
La quantité d'acide normal qu'il a fallu employer pour
atteindre ce point de saturation, et qui est déterminée au
moyen des divisions de la burette, fait connaître la quantité de chaux, et, par suite, la quantité de sucre contenue dans la dissolution de sucrate de chaux : le volume
total de cette dissolution est connu au moyen de la table
ci-jointe, dans laquelle on trouve 1° la composition et la
densité de la liqueur sucrée ; 2° la densité après qu'elle

a été saturée par la chaux ; 3° les quantités de chaux et de sucre contenues dans 100 parties de substance séchée à 120°, fournie par chacune de ces dissolutions.

SUCRE dissous dans 100 d'eau.	DENSITÉ du liquide sucré.	DENSITÉ du liquide sucré saturé de chaux.	100 DE SUBSTANCE sèche. contiennent :	
			Chaux.	Sucre.
40.0	1.122	1.179	21.0	79.0
37.5	1.116	1 175	20.8	79.2
35.0	1.110	1.166	20.5	79 5
32 5	1.103	1.159	20.3	79.7
30.0	1.096	1.148	20.1	79.9
27.5	1.089	1.139	19.9	80.1
25.0	1.082	1.128	19.8	80.2
22.5	1.075	1.116	19.3	80.7
20.0	1.068	1.104	18.8	81.2
17.5	1.060	1.092	18.7	81.3
15.0	1.052	1.080	18.5	81.3
12.5	1.044	1.067	18.3	81.7
10.0	1.036	1.053	18.1	81.9
7.5	1.027	1.040	16.9	83.1
5.0	1.018	1.026	15.3	84.7
2.5	1.009	1.014	13.3	86.2

Nous décrirons encore comme faisant partie des procédés chimiques, celui qu'a imaginé M. Dumas ; il est remarquable par son extrême simplicité et par l'exactitude des résultats auxquels il conduit.

On mêle un litre d'alcool à 85° et 50 grammes d'acide acétique à 8° ; on ajoute à la liqueur autant de sucre qu'elle en peut dissoudre ; elle marque 74° à l'alcoomètre.

En agitant un décilitre de ce liquide avec 50 grammes de sucre à essayer, et filtrant la liqueur, il suffit, pour terminer l'essai, d'y plonger l'aréomètre.

S'il marque 74° de nouveau, le sucre est pur ; s'il descend à 69°, le sucre est à 95 ; s'il descend à 64°, le sucre est à 90. Chaque degré perdu par l'alcoomètre répond à un degré de diminution dans la richesse du sucre.

Dans les sucres à très-bas prix, la nature variable des impuretés rend ce genre d'essai un peu moins certain, mais pour les sucres compris entre 87 ou 88 et 100, qui forment la presque totalité des sucres bruts du commerce, les résultats s'accordent avec ceux du polarimètre.

Si le sucre renfermait du sable ou des matières insolubles, il faudrait en tenir compte.

Saccharimètre physique. — Lorsque, par l'application d'une méthode quelconque, on s'est assuré que la dissolution proposée ne contient autre chose que du sucre cristallisable bien pur, on peut déterminer la quantité de celui-ci d'une manière suffisamment exacte pour la pratique, par l'emploi d'un simple aréomètre. On sait, en effet, que ces instruments sont destinés à donner la densité d'un liquide, et il est évident que dans le cas des dissolutions de sucre, la densité doit dépendre immédiatement de la quantité de ce corps qu'elles contiennent.

On comprend, d'après cela, qu'il était facile de déterminer ce rapport par l'expérience en opérant sur un grand nombre de dissolutions faites en proportions connues et de dresser ensuite une table contenant les résultats de ces recherches, et même de construire un instrument indiquant directement en centièmes le poids de sucre contenu dans une dissolution donnée. C'est, en effet, ce qui a été exécuté par plusieurs savants, entre autres par des physiciens allemands, dont tout le monde connaît la persévérance et la grande exactitude dans ce genre de recherches.

M. Balling est l'auteur d'un véritable saccharomètre qui indique immédiatement, sans le secours d'une table, les centièmes, en poids, de sucre contenus dans une dissolution, dans laquelle il n'existe aucune autre substance. M. Brix a modifié légèrement cet appareil.

Nous empruntons à l'ouvrage de M. Walkhoff, deux tableaux qui pourront être fort utiles aux fabricants de sucre.

Tableau indiquant de demi-degré en demi-degré de l'aréomètre de Baumé, la densité des dissolutions et la quantité de sucre qu'elles contiennent.

Degrés de Baumé.	Poids spécifique.	Quantité de sucre.	Degrés de Baumé.	Poids spécifique.	Quantité de sucre.	Degrés de Baumé.	Poids spécifique.	Quantité de sucre.
0	1.0000	0.00	17.5	1.1383	31.79	35	1.3211	65.20
0.5	1.0035	0.90	18	1.1429	32.72	35.5	1.3272	66.19
1	1.0070	1.80	18.5	1.1474	33.65	36	1.3333	67.19
1.5	1.0105	2.69	19	1.1520	34.58	36.5	1.3395	68.19
2	1.0141	3.59	19.5	1.1566	35.50	37	1.3458	69.19
2.5	1.0177	4.49	20	1.1613	36.44	37.5	1.3521	70.20
3	1.0213	5.39	20.5	1.1660	37.37	38	1.3585	71.20
3.5	1.0249	6.29	21	1.1707	38.30	38.5	1.3649	72.22
4	1.0286	7.19	21.5	1.1755	39.24	39	1.3714	73.23
4.5	1.0323	8.09	22	1.1803	40.17	39.5	1.3780	74.25
5	1.0360	9.00	22.5	1.1852	41.11	40	1.3846	75.27
5.5	1.0397	9.90	23	1.1901	42.05	40.5	1.3913	76.29
6	1.0435	10.80	23 5	1.1950	42.99	41	1.3981	77.32
6.5	1.0473	11.70	24	1.2000	43.94	41.5	1.4049	78.35
7	1.0511	12.61	24.5	1.2050	44 88	42	1.4118	79.39
7.5	1.0549	13.51	25	1.2101	45.83	42 5	1.4187	80.43
8	1.0588	14.42	25 5	1.2152	46.78	43	1.4267	81.47
8.5	1.0627	15.32	26	1.2203	47.73	43.5	1.4328	82.51
9	1.0667	16.23	26.5	1 2255	48.68	44	1.4400	83.56
9.5	1.0706	17.14	27	1 2308	49.63	44.5	1.4472	84.62
10	1.0746	18.05	27.5	1.2361	50.59	45	1.4545	85.68
10.5	1.0787	18.96	28	1.2414	51.55	45 5	1.4619	86.74
11	1.0827	19.87	28.5	1.2468	52.51	46	1.4694	87.81
11.5	1.0868	20.78	29	1.2522	53.47	46.5	1.4769	88.88
12	1.0909	21.69	29.5	1.2576	54.44	47	1.4845	89.96
12.5	1.0951	22.60	30	1.2632	55.47	47.5	1.4922	91.03
13	1.0982	23.52	30.5	1.2687	56.37	48	1.5000	92.12
13.5	1.1034	24.43	31	1.2743	57.34	48 5	1.5079	93.21
14	1 1077	25.35	31.5	1.2800	58 32	49	1.5158	94.30
14.5	1.1120	26.27	32	1.2857	59.29	49.5	1.5238	95.40
15	1.1163	27.19	32.5	1.2915	60.27	50	1.5319	96.51
15.5	1.1206	28.10	33	1.2973	61.25	50 5	1 5401	97.62
16	1.1250	29.03	33 5	1.3032	62.23	51	1.5484	98.73
16 5	1.1294	29.95	34	1.3091	63.22	51.5	1.5568	99.85
17	1.1339	30.87	34.5	1.3151	64.21			

Tableau indiquant pour chaque degré du saccharimètre, le degré correspondant de l'aréomètre de Baumé et le poids spécifique.

Degrés saccharimétriques.	Degrés de Baumé.	Poids spécifique.	Degrés saccharimétriques.	Degrés de Baumé.	Poids spécifique.	Degrés saccharimétriques.	Degrés de Baumé.	Poids spécifique.
0	0.00	1.0000	34	18.69	1.1491	68	36.41	1.3384
1	0.56	1.0039	35	19.23	1.1541	69	36.91	1.3446
2	1.11	1.0078	36	19.77	1.1591	70	37.40	1.3509
3	1.67	1.0117	37	20.30	1.1641	71	37.90	1.3572
4	2.23	1.0155	38	20.84	1.1692	72	38.39	1.3636
5	2.78	1.0197	39	21.37	1.1743	73	38.89	1.3700
6	3.34	1.0237	40	21.91	1.1794	74	39.38	1.3764
7	3.89	1.0278	41	22.44	1.1846	75	39.87	1.3829
8	4.45	1.0319	42	22.97	1.1898	76	40.36	1.3894
9	5.00	1.0360	43	23.50	1.1950	77	40.84	1.3959
10	5.56	1.0401	44	24.03	1.2003	78	41.33	1.4025
11	6.11	1.0443	45	24.56	1.2056	79	41.81	1.4092
12	6.66	1.0485	46	25.09	1.2110	80	42.29	1.4159
13	7.22	1.0528	47	25.62	1.2164	81	42.78	1.4226
14	7.77	1.0570	48	26.14	1.2218	82	43.25	1.4293
15	8.32	1.0613	49	26.67	1.2278	83	43.73	1.4361
16	8.87	1.0657	50	27.19	1.2328	84	44.21	1.4430
17	9.42	1.0700	51	27.74	1.2383	85	44.68	1.4499
18	9.97	1.0744	52	28.24	1.2439	86	45.15	1.4568
19	10.52	1.0787	53	28.75	1.2495	87	45.62	1.4638
20	11.07	1.0833	54	29.27	1.2552	88	46.09	1.4708
21	11.62	1.0878	55	29.79	1.2609	89	46.56	1.4778
22	12.17	1.0923	56	30.31	1.2666	90	47.02	1.4849
23	12.72	1.0969	57	30.82	1.2724	91	47.48	1.4920
24	13.26	1.1015	58	31.34	1.2782	92	47.95	1.4992
25	13.81	1.1061	59	31.85	1.2840	93	48.40	1.5064
26	14.35	1.1107	60	32.36	1.2899	94	48.86	1.5136
27	14.90	1.1154	61	32.87	1.2958	95	49.32	1.5209
28	15.44	1.1201	62	33.38	1.3018	96	49.77	1.5281
29	15.99	1.1249	63	33.89	1.3078	97	50.22	1.5355
30	16.53	1.1497	64	34.40	1.3138	98	50.67	1.5429
31	17.07	1.1345	65	34.90	1.3199	99	51.12	1.5504
32	17.61	1.1393	66	35.40	1.3260	100	51.56	1.5578
33	18.15	1.1442	67	35.90	1.3320			

Essai des sirops. — Il peut être utile aux fabricants d'apprécier la quantité de sucre existant dans un sirop, d'après le degré aréométrique de ce liquide ; on parvient à l'aide d'une formule empirique, à cette détermination approximative : Lorsqu'il s'agit de sucre brut, on multiplie par deux le degré que la solution marque à l'aréomètre de Baumé, et l'on retranche de ce produit son dixième ; la différence que l'on obtient indique les centièmes, en poids, du sucre contenu dans le sirop. Supposons, par exemple, qu'un sirop marque 20° à l'aréomètre de Baumé, on dira $20 \times 2 = 40$, $40 - \dfrac{40}{10} = 36$ de sucre pour 100 de liquide.

Dans le cas d'une dissolution de sucre pur, il ne faut retrancher du double du degré aréométrique que son douzième ; ainsi si, comme ci-dessus, le degré était encore 20, on dirait $20 \times 2 - \dfrac{20 \times 2}{12} = \dfrac{20 \times 2 \times 11}{12} = 36,67$ de sucre pour 100 de liquide.

Saccharimétrie optique.

Avant de décrire le procédé et les appareils saccharimétriques extrêmement remarquables que le génie des physiciens est parvenu à fonder sur certaines propriétés de la lumière, il est indispensable que nous entrions dans quelques détails relativement à la nature de cet agent.

La pierre qui tombe verticalement sur la surface unie d'un liquide en repos, produit sur les points frappés le même effet que celui que produirait une pression qui viendrait tout à coup s'ajouter sur ces points à celle de l'atmosphère ; les lois de l'hydrostatique exigent qu'il se forme tout autour une onde circulaire montante ; à son tour, celle-ci produisant encore l'effet d'une augmentation de pression, détermine la formation d'une onde circulaire d'un diamètre plus grand, tandis que ses propres molécules obéissant à la pesanteur retombent, atteignent le niveau du liquide et s'abaissent au-dessous, en vertu de la vitesse acquise, en formant une onde descendante. On voit ainsi se dessiner autour du point frappé une suite d'ondes circulaires concentriques alternativement ascendantes et descendantes, mais qui tendent à s'effacer à mesure que leur rayon augmente.

Si l'on coupait la surface du liquide, ainsi agitée, par un plan vertical passant par un diamètre, la section serait représentée par une ligne ondulée qui montre que le mouvement d'oscillation des molécules liquides au-dessus et au-dessous du plan horizontal s'effectue perpendiculairement à celui-ci, et par conséquent perpendiculairement aussi à la droite suivant laquelle se propage ce mouvement ondulatoire.

Dans la propagation du son, les choses se passent autrement : les molécules d'air frappées suivant une certaine direction, s'approchent et s'éloignent alternativement dans cette même direction, de manière que ce mouvement oscillatoire se fait dans le même sens que celui de la propagation des ondes sonores.

Pour rendre possible l'explication des phénomènes extrêmement nombreux et souvent très-compliqués que produisent la chaleur, la lumière et l'électricité, les physiciens modernes ont été obligés d'adopter une hypothèse déjà ancienne, mais qu'on avait abandonnée. Cette hypothèse consiste à admettre que l'espace entier de l'univers et même les pores de tous les corps, sont occupés par un fluide éminemment ténu et élastique comparable jusqu'à un certain point, aux gaz que nous connaissons ; et que la chaleur, la lumière et l'électricité ne sont autre chose que le résultat de certains mouvements vibratoires excités dans ce milieu, auquel on a donné le nom d'*éther*.

Pour la lumière en particulier, on trouve que les ondes doivent se produire et se propager comme cela a lieu dans le cas de la surface liquide que la pierre vient frapper.

Tout le monde connaît les lois de la réflexion et de la réfraction, ainsi que le brillant phénomène de la décomposition qu'éprouve la lumière blanche du soleil en traversant un corps transparent terminé par deux faces non parallèles. Mais la lumière nous présente, en outre, une foule d'autres propriétés intéressantes, dont l'étude, un peu trop compliquée, est généralement omise, à tort peut être, dans l'enseignement élémentaire.

Parmi ces propriétés, celle qu'il nous importe le plus d'étudier d'abord ici, c'est la *double réfraction;* nous allons le faire connaître succinctement.

Lorsque sur un papier blanc, sur lequel on a tracé à l'encre une ligne ou un trait quelconque, on place un rhomboèdre de carbonate de chaux (*voy.* la figure H, p. 46) autrement dit, spath d'Islande, on remarque que la ligne vue à travers ce cristal paraît, en général, double, la lumière qui en provient forme deux images distinctes ou deux faisceaux de rayons, dont l'un suit les lois de la réfraction ordinaire, on l'appelle le *rayon ordinaire*, et l'autre suit des lois toutes différentes, et on l'appelle le *rayon extraordinaire.* Tous les corps dont les cristaux ne peuvent pas être ramenés au système régulier ou cubique, présentent la même particularité.

Cependant, si on coupe dans ces cristaux des plaques à faces parallèles qui ont une position déterminée par rapport à certaines lignes qu'on y suppose menées, on découvre toujours une ou deux directions, suivant lesquelles la lumière ne se divise pas en deux faisceaux. Ces directions portent le nom d'*axes optiques* du cristal. Il y a des cristaux à un seul axe optique, et tels sont ceux du spath d'Islande, et des cristaux à deux axes; le but que nous nous proposons ici n'exige point que nous parlions de ces derniers.

Dans un rhomboèdre de spath d'Islande, nous voyons six angles trièdres, dont quatre aigus et deux obtus; la ligne qui joint les sommets de ces derniers est l'*axe cristallographique* de ce cristal; mais comme ce rhomboèdre doit être supposé composé d'un nombre immense de petits rhomboèdres ayant leurs axes parallèles, toute droite menée dans le cristal parallèlement à l'axe principal, pourra être considérée aussi comme étant un axe. Or, on a remarqué que dans tous les cristaux n'ayant qu'un seul axe de double réfraction, celui-ci coïncide avec l'axe cristallographique. C'est ce qu'il est facile de reconnaître au moyen d'une plaque de spath d'Islande, taillée perpendiculairement à son axe cristallographique; en la plaçant sur un papier blanc, sur lequel on a marqué un point noir, et regardant celui-ci dans une direction perpendiculaire aux faces parallèles, on ne verra qu'une seule image.

En taillant dans un rhomboèdre de spath d'Islande un prisme triangulaire dans un sens tel que sa base contienne l'axe, et que de plus celui-ci soit peu incliné sur l'une des faces, il existera toujours un rayon qui, en se réfractant sur cette face, prendra la direction de l'axe, et par conséquent restera simple; si ce rayon, en émergeant, est reçu sur un second prisme de verre d'angle réfringent convenable, il sortira de celui-ci simple et incolore.

Comme nous l'avons dit plus haut, le rayon extraordinaire suit des lois particulières; en général, il n'est pas contenu dans le plan d'incidence; mais il s'y trouve toutes les fois que ce plan passe par l'axe du cristal. Dans ce cas donc, le plan d'incidence sera déterminé par deux droites menées par un point quelconque de l'une des faces du cristal, l'une perpendiculairement à cette face, l'autre parallèlement à l'axe. Ce plan détermine dans le cristal une section qu'on appelle la *section principale*.

On a remarqué que dans certaines substances à un seul axe, le rayon extraordinaire contenu dans la section principale se rapproche de cet axe, et que dans d'autres il s'en éloigne.

Le rayon extraordinaire reste encore dans le plan d'incidence lorsque celui-ci est perpendiculaire à l'axe du cristal.

On appelle *prisme biréfringent* un prisme de spath d'Islande ou de quartz (cristal de roche), taillé de manière que l'arête de son angle au sommet, ou angle réfringent, soit perpendiculaire à l'axe du cristal.

Prisme de Nicol. — Nicol, physicien anglais, a imaginé un petit appareil fort utile auquel on a donné le nom de *prisme de Nicol*, bien que ce soit un véritable parallélipipède. Voici la manière de le construire.

On se procure un rhomboèdre ou, pour mieux dire, un parallélipipède de spath d'Islande, de 27 millimètres de longueur et de 9 millimètres de largeur et d'épaisseur, *a, b, c, d,* (figure K), que l'on scie en deux parties sui-

Fig. K.

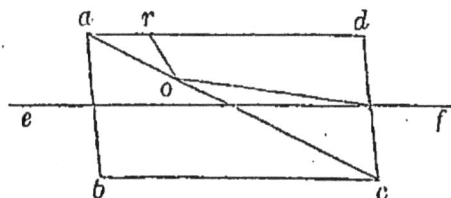

vant les deux grandes diagonales de deux faces opposées; on réunit ensuite ces deux parties dans leur position primitive avec du *baume du Canada*, substance dont l'indice de réfraction 1,549, se trouve compris entre les deux indices ordinaire et extraordinaire du spath d'Islande. Un rayon de lumière *f*, qui se dirige sur ce parallélipipède parallèlement à sa longueur, se bifurque en entrant, mais lorsqu'il est arrivé à la surface de séparation *ac* des deux moitiés, le rayon ordinaire *fo* se trouve totalement réfléchi, tandis que le rayon extraordinaire passe tout entier.

Une plaque de tourmaline à faces parallèles et taillées parallèlement à l'axe du cristal, produit le même effet que le prisme de Nicol; elle absorbe en totalité la lumière ordinaire, et laisse passer toute la lumière extraordinaire.

Au phénomène de la double réfraction se trouve intimement liée une autre propriété extrêmement remarquable de la lumière, et qui présente un intérêt tout particulier au fabricant à cause de l'application très-importante qui en a été faite à l'analyse des matières sucrées.

C'est à Malus, physicien français du commencement de ce siècle, que la science est redevable de la découverte extrêmement importante de cette nouvelle propriété de la lumière; mais des savants du plus grand mérite s'en sont occupés depuis, et y ont ajouté un grand nombre de faits très-curieux. On l'a désignée sous le nom de *polarisation de la lumière*; voici en quoi elle consiste :

Un rayon de lumière solaire que nous regardons comme incolore et dans son état naturel, étant dirigé sur une plaque de verre bien polie, de manière à faire avec elle un angle de 35° 25', y éprouve la réflexion maximum, mais en même temps, elle subit une modification très-curieuse : en tombant ensuite sur une seconde plaque pareille et sous le même angle de 35° 25', il y éprouve encore la réflexion maximum, si le second plan d'incidence coïncide avec le premier, mais la partie réfléchie diminue à mesure que le second plan tourne, et finit par s'éteindre complétement lorsque les deux plans d'incidence font entre eux un angle droit.

La lumière réfléchie sur la première plaque avait été *polarisée* dans le plan de réflexion, qui prend le nom de *plan de polarisation*.

Ce rayon ainsi modifié s'éteint également en tombant perpendiculairement sur la plaque de tourmaline, lorsque son plan de polarisation est parallèle à l'axe du cristal, tandis qu'il se transmet avec une intensité croissante à mesure que l'axe de la tourmaline approche d'être perpendiculaire à ce plan.

Les différents faits que nous venons d'indiquer peuvent être démontrés au moyen de l'appareil représenté par la figure 3, dans laquelle *t* est un tube de laiton d'environ 20 centimètres de longueur, et 4 de diamètre, à l'extrémité *n* duquel on adapte la pièce *g*, appelée *polariseur*, et à l'extrémité *n'*, l'une des pièces *r*, *p*, *q*, appelées *analyseurs*.

La pièce *g* est un réflecteur de verre noir, mobile autour d'un axe, et monté sur une douille qui s'adapte sur l'extrémité du tube, et porte à l'intérieur un diaphragme dont l'ouverture est de 4 ou 5 millimètres, et à l'extérieur un repère qui indique sur la division du cercle *n* l'azimut du plan de réflexion; l'obliquité de la glace par rapport à l'axe du tube est indiquée par une aiguille sur le demi-cercle *h*.

p est un prisme bi-réfringent.

q une glace réfléchissante.

r une tourmaline.

Les montures de ces divers analyseurs portent également un repère qui indique leur position angulaire sur le cercle divisé *n'*.

On dispose l'appareil de manière que la lumière du ciel tombe sur le réflecteur *g* sous un angle de 35°25', soit réfléchie suivant la direction de l'axe du tube, et rencontre sous le même angle de 35°25', la surface réfléchissante *q* qu'on a adaptée à l'extrémité *n'* du tube. En faisant ensuite tourner la douille de celle-ci pour que le plan suivant lequel le rayon incident s'y réfléchit, fasse des angles différents avec le plan de polarisation, on reconnaîtra les variations d'intensité de ce rayon.

Si ensuite, on place en *n'* le prisme bi-réfringent, on voit en général deux images du faisceau réfléchi par la glace *g'*; mais en faisant tourner d'une circonférence entière le prisme et sa monture, on constate que l'image est simple pour quatre positions du prisme, savoir : quand la section principale est parallèle au plan de réflexion, ou quand elle lui est perpendiculaire.

Enfin, si à la glace *q*, on substitue la tourmaline *r*, on voit que l'image du diaphragme est très-brillante quand l'axe de la tourmaline est perpendiculaire au plan de réflexion, qu'elle s'affaiblit peu à peu quand on s'écarte de cette position, et qu'elle s'éteint complétement quand l'axe de la tourmaline est parallèle au plan de réflexion.

Au moyen de ce même appareil, on peut démontrer aussi que les deux faisceaux, ordinaire et extraordinaire, que donne la lumière naturelle en traversant la section principale d'un cristal, sont l'un et l'autre polarisés : le premier dans le plan d'émergence, le second, perpendiculairement à celui-ci.

Pour cela, on substitue au réflecteur *g* un prisme biréfringent, et l'on observe la lumière transmise avec l'un des analyseurs, par exemple, avec la tourmaline, et l'on reconnaît que l'image ordinaire, qui suit la direction de l'axe sans se dévier, acquiert son maximum d'intensité quand l'axe de la tourmaline est perpendiculaire à la section principale, et qu'elle s'éteint au contraire quand l'axe de la tourmaline est dans la section principale elle-même ; l'image *extraordinaire* présente des phénomènes inverses. Ces expériences nous prouvent donc que le faisceau ordinaire a son plan de polarisation dans la section principale du prisme bi-réfringent ou en général du cristal polariseur, tandis que le plan de polarisation du faisceau extraordinaire est perpendiculaire à cette section.

La grande découverte de Malus ne tarda pas à être suivie d'une autre, également très-importante, faite en 1811 par le célèbre Arago :

Un rayon de lumière blanche polarisée qui a traversé perpendiculairement une lame de quartz de 1 à 20 millimètres d'épaisseur, et dont les faces ont été taillées perpendiculairement à l'axe du cristal, ne semble avoir subi aucune modification. Mais en le réfléchissant sur une glace, on le voit se colorer, et en faisant tourner graduellement le plan d'incidence sur cette plaque, les différentes couleurs apparaissent successivement dans l'ordre où elles sont placées dans le spectre solaire ;

chacun de ces rayons est complétement polarisé, mais son plan de polarisation ne coïncide pas avec celui de la lumière blanche, il a été *tourné* d'une quantité qui varie pour chaque couleur.

Biot a soumis ce phénomène à une analyse scrupuleuse, et de ses nombreuses recherches il a déduit, pour une même teinte, les lois suivantes :

1° Pour toutes les plaques tirées d'un même cristal, la *rotation* du plan de polarisation est proportionnelle à l'épaisseur.

2° Il y a des cristaux de quartz qui font tourner à *droite* le plan de polarisation, d'autres qui le font tourner à *gauche* : mais dans les uns et les autres, la même épaisseur produit le même effet.

3° En associant différents cristaux de quartz, l'effet définitif est proportionnel à leur somme, s'ils agissent dans le même sens, et à leur différence, s'ils agissent en sens contraire.

4° Quel que soit le sens de la déviation, sa grandeur augmente avec la réfrangibilité.

5° Pour une plaque de quartz d'un millimètre d'épaisseur la grandeur absolue des déviations est exprimée par les nombres suivants :

Couleur.	Déviation du plan de polarisation.
Rouge extrême de Newton.	17°30'
Rouge du verre de Biot.	18°25'
Limite du rouge et de l'orangé.	20°29'
Limite de l'orangé et du jaune. . . .	22°19'
Jaune moyen.	24°00'
Limite du jaune et du vert.	25°41'
Limite du vert et du bleu..	30° 3'
Limite du bleu et de l'indigo.	34°34'
Limite de l'indigo et du violet.	37°52'
Violet extrême.	44° 5'

Cette nouvelle *espèce* de polarisation a reçu le nom de *polarisation rotatoire*.

Vers 1815, Biot, en France, et Seebeck, en Allemagne, ont découvert que certains liquides jouissent aussi de la propriété de dévier le plan de polarisation en suivant les mêmes lois que les plaques de quartz, mais les déviations sont beaucoup plus faibles.

Les nombres suivants expriment les rotations du plan de polarisation des rayons rouges pour quelques liquides, sous une épaisseur d'un millimètre. Le signe + est affecté aux substances qui font tourner le plan à droite, ou *destrogyres*, et le signe — à celles qui le font tourner à gauche, ou *lévogyres*.

Une espèce d'essence de térébenthine — 16' 16"
Solution alcoolique de camphre. . . + 1' 15"
Essence de citron . . . . + 26' 12"
Sirop de sucre concentré . . . . . . + 33' 14"

C'est en partant de ces principes que Biot a construit un appareil qui, perfectionné successivement par MM. Soleil, Clerget, Dubosq, est devenu le moyen le plus simple et le plus exact d'analyser les liquides sucrés.

Les deux rayons dans lesquels se partage un rayon de lumière naturelle en traversant un rhomboïde de spath d'Islande, sont polarisés, l'ordinaire suivant le plan de la section principale, et l'extraordinaire perpendiculairement à ce plan.

Si le rayon incident était primitivement polarisé dans un plan quelconque, les rayons émergents seraient encore polarisés, le premier dans le plan de la section principale, et le second dans un plan perpendiculaire à cette section ; mais l'intensité de ces rayons ne serait plus la même que si le rayon incident eût été naturel.

Ces notions préliminaires étant bien comprises, supposons qu'un rayon lumineux pénètre dans l'instrument représenté en coupe longitudinale dans la figure 4 et traverse successivement les diverses pièces que nous allons indiquer.

1° Un prisme polariseur *p*, sensiblement achromatisé et qui ne laisse passer que le rayon ordinaire ;

2º Une plaque de quartz p', taillée perpendiculairement à l'axe du cristal et d'une épaisseur de $3^{mm}.75$ ou du double, $7^{mm}.50$. Cette plaque circulaire est formée de deux demi-disques joints par un diamètre, ils sont de rotation égale, mais de sens contraire.

Le rayon parcourt ensuite le tube v;

3º Une plaque p'' de quartz, à rotation simple, soit à droite, soit à gauche, et d'une épaisseur arbitraire;

4º Un système de deux prismes triangulaires t t' de quartz, ayant le même pouvoir rotatoire, mais de signes contraires à celui de la plaque précédente.

Ces deux prismes sont égaux et taillés de manière que leurs faces homologues sont perpendiculaires à l'axe du cristal. On les voit représentés à part dans la figure L.

Fig. L.

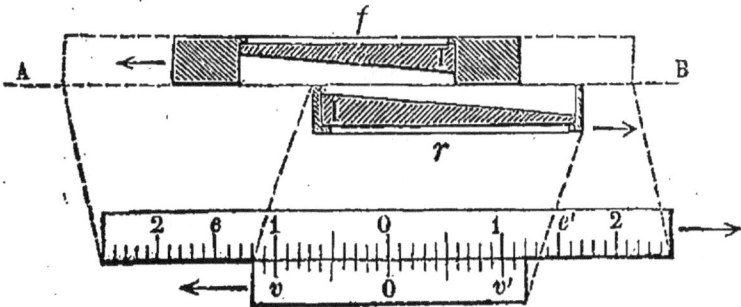

Un pignon qui engrène dans une double crémaillère et que l'on fait tourner au moyen d'un bouton, fait mouvoir ces prismes, horizontalement et en sens contraire; tellement que la somme des épaisseurs traversées par le rayon peut varier depuis 0 jusqu'au double de l'épaisseur de chacun.

A la monture d'un de ces deux prismes est fixée une échelle d'ivoire, représentée à part en ee (fig. L), et à l'autre est fixé un vernier vv' qui glisse sur l'échelle en sens contraire, et sert à mesurer le déplacement en sens inverse des deux prismes. Quand le zéro du vernier coïncide avec celui de la règle, les deux prismes sont en face l'un de l'autre, et la somme de leurs épaisseurs est égale à l'épaisseur de la plaque p'';

5° Enfin, un analyseur formé d'un prisme bi-réfringent a.

En traversant le polariseur, le rayon ordinaire de lumière est polarisé dans son plan d'émergence, mais en passant ensuite à travers le double disque de quartz p', il se divise en deux faisceaux égaux et de même couleur dont l'un tourne à gauche et l'autre à droite. La plaque de quartz p'' produit sur lui un certain effet que le double prisme fr détruit après, lorsque le zéro du vernier coïncide avec celui de la règle; l'influence des deux quartz de la plaque à double rotation est alors seule sensible. Les deux moitiés de ce disque, ayant des pouvoirs rotatoires inverses, mais de même valeur, impriment à la lumière qui les traverse une coloration uniforme. Enfin, en traversant l'analyseur, cette coloration uniforme prend une teinte qui dépend de la position que l'on donne à cette dernière pièce.

Parmi les teintes produites par la polarisation rotatoire, Biot en a distingué une (dans l'image extraordinaire) qu'il a nommée *teinte sensible* ou de *passage*, qui peut varier un peu, mais qui est ordinairement bleu violacé pâle ou gris de lin, et qui se reconnaît toujours facilement à ce que le moindre déplacement de l'analyseur la fait passer d'un côté au bleu franc et de l'autre au rouge vif. C'est cette teinte qu'on doit chercher à obtenir en tournant convenablement l'analyseur.

La figure 4 représente le saccharimètre perfectionné de M. Dubosq.

A droite de l'analyseur a on voit un système de quatre pièces destinées à neutraliser la teinte particulière de la lumière que l'on emploie lorsqu'on fait une observation, ou celle que la couleur propre du liquide qu'on analyse pourrait lui communiquer. Ce système est une addition très-heureuse due à M. Soleil.

La première de ces pièces est une plaque de quartz taillée perpendiculairement à l'axe du cristal, les deux pièces suivantes, savoir, une lentille bi-convexe achromatisée et un verre bi-concave, constituent une lunette de Galilée que l'on ajuste à la vue de l'observateur, enfin la dernière pièce est un prisme de Nicol, fixé dans un tube que l'on tourne à volonté sur lui-même.

Cependant ce mode de compensation serait insuffisant si l'une des couleurs simples, notamment le rouge, dominait fortement dans la dissolution à analyser, dans ce cas il faudrait nécessairement commencer par la décolorer.

Le tube *v*, destiné à contenir le liquide que l'on veut analyser, est en cristal, à parois épaisses, et enveloppé d'un cylindre de cuivre, dans lequel il est assujetti avec du mastic. Le diamètre intérieur du tube de verre est de 1 centimètre environ, et le diamètre extérieur du cylindre de cuivre de 3 centimètres. Il est fermé à ses deux extrémités, dressées très-exactement perpendiculairement à l'axe, par des disques de verre à faces parallèles. Pour que ces plaques adhèrent bien aux bords du tube, on graisse légèrement l'épaisseur de celui-ci, et on les recouvre avec des viroles de cuivre que l'on visse avec force sur le cylindre extérieur.

Lorsqu'on doit tenir compte de la température, il faut faire usage d'un tube muni d'une tubulure latérale (fig. 5), destinée à contenir le réservoir d'un thermomètre *t*, disposé de manière à pouvoir faire descendre son réservoir jusqu'à l'axe du tube, ou à le relever au-dessus, pour laisser passer la lumière.

Les tubes simples ont 20 centimètres de longueur, ceux munis d'une tubulure latérale en ont 22, mais pour conserver la même longueur extérieure on adapte aux premiers des viroles plus longues.

Après avoir décrit, avec les détails que nous croyons suffisants, les différentes parties qui composent le saccharimètre le plus employé, nous allons passer aux opérations préparatoires qu'il faut faire subir au liquide à analyser, et enfin à l'observation qui doit conduire au résultat demandé.

Avant ces opérations, qui sont au nombre de quatre, il faut d'abord régler l'instrument, ce qui s'exécute de la manière suivante :

On emplit d'eau parfaitement pure un tube absolument semblable au tube que nous avons décrit précédemment, et dans lequel on introduit la dissolution à analyser, et on le dispose dans l'instrument à la place de celui-ci ; ensuite on place une lampe bien allumée devant la partie objective de manière que la lumière traverse l'instrument en suivant son axe ; puis en regardant par la partie oculaire on ajuste l'anneau mobile de manière à apercevoir un cercle éclairé divisé par un diamètre vertical noir en deux moitiés dont on rend la teinte identique (teinte sensible), en faisant tourner d'abord le grand bouton b, puis le petit b^1. Lorsque cette égalité a été atteinte, le zéro du curseur doit se trouver exactement sur celui de l'échelle.

Les quatre opérations préliminaires sont les suivantes :

1º Faire des dissolutions titrées des substances soumises à l'analyse ;

2º Déféquer à froid les dissolutions troubles et les décolorer au besoin, sans fausser leur titre, par un moyen prompt et facile ;

3º Régler en peu d'instants l'inversion que détermine un acide dans le pouvoir rotatoire du sucre sur la lumière polarisée ;

4º Enfin apprécier l'influence de la température sur les notations.

Titre des dissolutions. — On pèse très-exactement 16 gr. 471, ou mieux, 16 gr. 35 de sucre candi parfaitement sec et pur. On l'introduit dans un petit matras que l'on emplit d'eau jusqu'à un trait marqué sur le col et qui correspond à une capacité de 100 centimètres cubes. Cette dissolution étant introduite dans un tube de

20 centimètres de longueur, détermine une déviation du plan de polarisation qui détruit l'égalité de coloration des deux moitiés du disque lumineux, et pour la rétablir il faut déplacer le vernier de l'échelle de 100 divisions, ce qui, comme on le sait, correspond à un changement d'un millimètre dans l'épaisseur du double prisme de quartz.

Cela posé, on comprend que si le liquide dans lequel on a dissous un poids de 16 gr.471 du sucre à analyser ne contient aucune autre substance pouvant agir sur la lumière polarisée que du sucre cristallisable, en le substituant à l'eau pure dans le tube de l'appareil, le nombre de divisions dont il faudra déplacer le zéro du vernier pour rétablir l'égalité des teintes, donnera en centièmes le poids de sucre pur contenu dans l'échantillon.

Supposons, par exemple, que l'égalité des teintes soit rétablie en déplaçant le vernier de 75 divisions, cela indiquera que la substance analysée contient 75 pour 100 de sucre cristallisable.

Les vases dans lesquels on prépare les dissolutions sont des matras à fond plat et à col étroit dont la capacité se trouve indiquée par un trait de jauge. On en a de différentes capacités, comme, par exemple, de 100, 200 et 300 centimètres cubes, ou du moins de capacités qui soient des multiples du nombre 5. Cette dernière condition étant remplie, une série de poids spéciaux, au nombre de 7, suffit pour faire les pesées rapidement et préparer les dissolutions avec exactitude.

2o *Défécation et décoloration.* — Les dissolutions troubles et fortement colorées ne pourraient point être soumises directement à l'observation, il faut d'abord les clarifier, détruire et modifier autant que possible leur teinte. Le plus souvent ce double résultat peut s'obtenir en achevant d'emplir jusqu'au trait de jauge avec quelques centimètres cubes d'une dissolution saturée de sous-acétate de plomb le matras dans lequel on a opéré la dissolution. On agite le mélange et aussitôt la totalité ou la majeure partie des principes colorants se précipitent en entraînant les substances qui troublaient la liqueur. On filtre immédiatement dans des éprouvettes. Cependant certaines substances fortement colorées et dans lesquelles le rouge-brun domine, ne sont pas suffisamment purifiées sur le sous-acétate de plomb, il faut, en outre, les filtrer sur le charbon d'os.

Cette dernière filtration exige quelque soin qu'il ne faudrait pas négliger, attendu que le charbon mis en contact avec un liquide qui contient du sucre cristallisable commence par exercer une action absorbante sur celui-ci, et diminue le titre de la dissolution. Cela posé, on prépare environ 300 centimètres cubes de la dissolution à décolorer et on les agite avec le quart de leur volume de charbon d'os en grains fins, on verse ensuite ce mélange peu à peu sur le filtre et on met à part le premier quart qui passe et dont le titre a été altéré ; on n'emploie pour l'analyse que ce qui passe ensuite comme ayant conservé son titre primitif.

3° *Inversion.* — En traitant des caractères des différentes espèces de sucre, on a déjà dit que les acides forts ont la propriété de changer la manière d'agir du sucre de canne sur la lumière ; nous pouvons ajouter maintenant que ce dernier est dextrogyre, tandis que le sucre incristallisable est lévogyre.

On soumet la liqueur convenablement purifiée à une première observation, et on tient note du résultat obtenu ; ensuite on l'intervertit, pour cela on l'introduit dans un matras sur le col duquel on a marqué deux traits dont l'un correspond à la capacité de 50 centimètres cubes, et l'autre à celle de 55 ; on en verse jusqu'au premier trait ; puis on emplit d'acide chlorhydrique pur et fumant l'intervalle qui existe entre les deux traits, et on agite pour que le mélange soit parfait. Le matras est placé dans un bain-marie que l'on chauffe avec une lampe à esprit-de-vin, de manière à le porter à + 68° dans l'espace d'une dizaine de minutes, et qu'on ramène ensuite à la température ambiante en le plongeant dans un vase d'eau froide.

4° *Influence de la température.* — Mitscherlich et M. Clerget ont remarqué que le coefficient du pouvoir rotatoire du sucre interverti varie avec la température ; le dernier de ces deux savants a étudié la loi de ce phénomène et a dressé une table, que nous reproduisons à la fin de cet article, qui donne pour chaque degré de température depuis + 10° jusqu'à + 35° la somme des notations directes et inverses correspondant aux différents titres des dissolutions, croissant par centièmes (colonne A).

D'après ce que nous venons de dire, l'observation de la dissolution intervertie doit être faite dans le tube de 22 centimètres, représenté dans la figure, dans lequel l'excédant de longueur sur celle du tube employé dans la première observation est destiné à compenser l'effet produit par l'addition de l'acide.

Il est facile de voir que lorsque la matière à analyser contiendra à la fois du sucre cristallisable dextrogyre et des substances lévogyres, la quantité du premier sera donnée par la somme des indications à droite et à gauche du zéro de l'échelle obtenues dans les deux observations, et par la différence lorsque les deux indications seront du même côté de ce zéro.

Supposons comme exemple du premier cas que, l'observation faite avec le liquide non interverti ait donné 70° à droite et l'observation avec le liquide interverti 18° à gauche, et la température au moment de l'observation soit de 17°.

En prenant dans la colonne de 17° de la table de M. Clerget, le nombre qui s'approche le plus de la somme 70 + 18 = 88, et qui est 88, on trouve à la colonne A le nombre 65, qui nous indique que la substance proposée contient 65 pour cent de sucre cristallisable.

Prenons ensuite, pour exemple du second cas, les nombres suivants :

Première observation. . . . .   85° à droite.
Deuxième observation. . . . .   30° à droite.
Température. . . . . + 15°

Dans la colonne correspondant à 15°, on trouve le nombre 54.6, qui est le plus proche de la différence 85—30 = 55, et le nombre correspondant de la colonne A est 40, qui nous dit que la substance proposée contient 40 0/0 de sucre cristallisable.

Nous allons nous occuper maintenant d'appliquer les principes généraux que l'on vient de lire à l'analyse des substances sucrées qui se présentent le plus fréquemment dans l'industrie.

Analyse de la canne à sucre. — On divise les tiges en rondelles minces au moyen d'un couteau, et on en forme un échantillon moyen du poids de 200 grammes, que l'on soumet dans une petite presse métallique à une pression au moins égale à celle des plus forts moulins à écraser les cannes. Le jus provenant de cette opération est introduit dans un matras dont le col porte deux traits correspondant aux capacités de 100 et 110 centimètres cubes. On verse le liquide jusqu'au premier trait et on y ajoute ensuite pour les déféquer et décolorer, soit cinq centimètres cubes de sous-acétate de plomb, soit, ce qui est quelquefois préférable, cinq centilitres d'une dissolution de colle de poisson et d'alcool. Dans le premier cas on achève d'emplir jusqu'au second trait avec de l'eau : dans le second on bouche le matras avec le doigt et on le retourne doucement à plusieurs reprises afin de déterminer le mélange sans produire trop de mousse, on ajoute ensuite de l'alcool ordinaire jusqu'au second trait, et l'on agite vivement.

L'alcool coagule la colle de poisson qui se précipite rapidement en entraînant avec elle les matières étrangères, et en deux minutes au plus, le jus se trouve complétement clarifié, comme avec le sous-acétate de plomb. Il faut remarquer en outre que l'addition d'eau ou d'alcool, et de dissolution de colle, a dilué ce jus dans le rapport de 10 à 11.

On filtre le liquide ainsi préparé, et on l'observe dans un tube de 22 centimètres de longueur, afin de compenser l'effet de la dilution. Si on était obligé de se servir d'un tube de 20 centimètres, il faudrait augmenter d'un dixième le titre indiqué par l'instrument.

Dans l'opération que nous venons de décrire, la richesse saccharine est indiquée par volume, mais il sera facile, dans tous les cas, d'en déduire la richesse en poids.

Exemple. — 200 grammes d'une canne de Taïti soumis à la pression, ont donné 152 de jus et 48 de pulpe. Le jus défequé a donné au saccharimètre une déviation directe de 113 à laquelle on a ajouté le dixième pour la dilution, ce qui fait en tout 124.3.

Après l'inversion, ce même jus a donné une indication de sens contraire de 36, à laquelle on a encore ajouté le dixième, ce qui fait un total de 39.6. La somme des deux notations est donc de 163.9.

La température était de $+ 25^\circ$.

Ces données conduisent, au moyen de la table, à une quantité de 204 gr.24 de sucre par litre de vesou.

La densité de ce vesou avait été trouvée de 1085, c'est-à-dire qu'un litre pesait 1085 grammes: pour connaître le poids du sucre en centièmes de celui du liquide, on n'aura qu'à résoudre la proportion $\dfrac{204,24}{1085} = \dfrac{x}{100}$, ce qui donne $x = \dfrac{20424}{1085} = 18.82$.

Analyse de la betterave. — On prend encore 200 grammes de pulpe que l'on soumet à la presse en deux fois, en les enveloppant dans un linge. La pression doit durer environ un quart-d'heure et croître graduellement. On pèse les deux produits, pulpe et jus. On défèque et on décolore le dernier par le sous-acétate de plomb ; l'opération est, du reste, conduite comme pour le vesou ; mais le jus acidulé contenant souvent un excès de sous-acétate de plomb, il s'y produit un chlorure de plomb très-peu soluble qui oblige à le filtrer avant de le soumettre à l'observation.

Ce que nous avons dit en traitant de l'analyse optique en général, et les exemples qui précèdent, nous paraissent suffire pour indiquer les opérations qu'il faudra faire pour analyser un sucre brut quelconque.

Les différentes variétés de glucose pouvant se trouver mêlées à des sucres bruts ou raffinés, il est bon de dire que leur pouvoir rotatoire, après avoir été exposé à la température de 80°, devient les 73 centièmes de celui du sucre ordinaire, et que 100 divisions de l'échelle du saccharimètre correspondent à 223 gr. 97 de sucre par litre de la dissolution. Les acides n'ont aucune influence sur les propriétés optiques de ces espèces de sucre.

Le sucre, en se combinant avec les alcalis, perd une partie de son pouvoir rotatoire ; mais, suivant M. Clerget, on détruit cet effet en neutralisant l'alcali par de l'acide acétique versé en excès dans la dissolution.

Note. — Les matières sucrées qu'on a le plus souvent à analyser dans les laboratoires des fabriques ne contiennent que du sucre cristallisable mêlé à des substances inactives, qui sont de l'eau et de la mélasse plus ou moins chargées de sels ; on peut donc, en général, se dispenser d'opérer l'inversion, l'action directe suffisant à faire connaître la quantité de sucre cristallisable.

Analyse des mélasses. — Pour enlever autant que possible la teinte très-foncée aux mélasses il faut employer un traitement assez long ; voici comment on opère ordinairement :

Dans une capsule de porcelaine à bec on délaie lentement, dans une quantité suffisante d'eau, un poids de mélasse triple de la quantité normale 16 gr. 35, c'est-à-dire 49 gr. 05 ; et on la verse dans un matras de 300 centimètres cubes, on y ajoute les eaux de lavage de la capsule et on achève d'emplir d'eau pure.

La liqueur ainsi préparée est versée sur un filtre avec 80 centimètres cubes de noir animal. On recueille à part les 80 centimètres cubes qui passent, dont le titre a été faussé par l'action du charbon, et on les met de côté. La liqueur qui continue à passer est ensuite reversée sur le noir animal de dix à douze fois de suite. Lorsque le dernier égouttage commence à s'arrêter, on verse sur le filtre les 80 centimètres qu'on avait mis en réserve, et on ajoute ce qui continue à passer au produit de la filtration principale.

Après ce traitement, le liquide ne possède plus qu'une teinte jaune claire qui n'empêche point l'observation directe; mais pour l'observation inverse, il faut le traiter préalablement par le sous-acétate de plomb; ce qui se fait absolument comme il a été dit en parlant de l'analyse du vesou et du jus de la betterave. Après ce traitement il faut encore filtrer sur 60 centimètres cubes de noir et avoir la précaution de mettre de côté les 60 centimètres cubes de liquide qui passent en premier. Les 80 centimètres cubes qui passent ensuite sont bien décolorés et suffisent pour les deux observations directe et indirecte; mais il est nécessaire de reprendre pour l'acidulation la liqueur déjà observée sans acide.

Comme on le voit, cette analyse est fort longue, elle ne dure pas moins d'une heure et demie à deux heures; M. Dubrunfault, à qui l'industrie sucrière doit tant d'heureuses améliorations, a imaginé un procédé très-simple et très-expéditif de déterminer la quantité de mélasse et par suite celle de sucre cristallisable contenues dans un échantillon donné, en admettant, ce qui a généralement lieu dans l'industrie, que la matière ne contient que de l'eau, du sucre cristallisable et la mélasse avec les sels :

Laissons parler l'auteur :

« Une troisième méthode saccharimétrique, que nous

pratiquons depuis quelque temps, prendrait à juste titre le nom de *méthode mélassimétrique*, car elle constate directement la quantité de mélasse que peut donner, dans les travaux habituels des fabriques et du raffinage, une matière première saccharifère; et ce n'est qu'indirectement qu'on arrive par cette voie au titre saccharimétrique réel.

« Cette méthode est fondée sur la propriété que possèdent les mélasses d'une même origine et d'un même système de fabrication, de fournir par incinération, des produits qui ont sensiblement le même titre alcalimétrique. Ainsi les mélasses brutes de fabrication de sucre indigène donnent des cendres ou des charbons qui, pour 100 grammes de mélasse brûlée, saturent, terme moyen, 7 grammes d'acide sulfurique SO^3HO. Les cendres de 100 grammes de mélasse de raffinage de sucre de betteraves, saturent, terme moyen, 6 grammes de SO^3HO. Celles de 100 grammes de mélasses de raffinerie de sucre de canne, saturent 1 gramme du même acide.

« Si l'on considère que dans le raffinage, par exemple, l'alcali titrant que fournit la cendre de la mélasse, préexiste intégralement dans le sucre qui a fourni cette mélasse, on comprendra que la seule incinération d'un poids donné de ce sucre et le titre alcalimétrique de cette cendre puissent fournir les bases du *titre mélassimétrique du sucre*. Il en est de même de l'appréciation de la valeur des jus de cannes et de betteraves pour lesquels on peut, à l'aide du titre alcalimétrique des cendres, rapproché du titre alcalimétrique des cendres des mélasses de ces deux origines, prévoir fort approximativement le rendement en mélasse de ces produits.

« Notre procédé, tel que nous venons de le décrire d'après notre publication de 1851, consisterait :

1º Dans la pesée d'un échantillon de sucre; 2º dans la détermination du titre saccharimétrique; 3º dans l'incinération de l'échantillon dans une capsule de fonte, de fer ou de platine; 4º enfin, dans la détermination du titre alcalimétrique du produit charbonneux fourni par l'incinération. Toutes ces opérations sont facilement praticables.

« Un essai préalable de la mélasse produite habituellement en raffinerie par l'espèce de sucre essayée fournit tout à la fois le titre saccharimétrique de la mélasse et le titre alcalimétrique de sa cendre, et cet essai donne la base d'appréciation de la proportion de sucre immobilisée en mélasse par les sels. Si, par exemple, comme nous l'avons reconnu avant 1851, la mélasse donne comme mélasse de raffinerie un titre alcalimétrique de 6 grammes d'acide sulfurique pour 100 grammes de mélasse contenant 50 grammes de sucre, tout sucre dont les cendres saturent 1 gramme d'acide contiendra $\dfrac{50^{gr.}}{6}$ de sucre immobilisé sous cette forme en mélasse. Il en serait de même de l'essai des sirops de fabrique ou de raffinerie, et des betteraves ou des cannes qu'on aurait soumis à ce mode d'examen.

« Le procédé suivi en ce moment par les raffineurs n'est pas rigoureusement celui-là, mais il n'en est qu'une modification, sans offrir en réalité plus de précision, ni plus de simplicité dans sa mise en œuvre ; on en jugera par l'exposé suivant :

« On brûle dans une capsule de platine tarée et chauffée dans un fourneau quelconque l'échantillon de sucre à essayer, additionné d'une certaine proportion d'acide sulfurique, puis on pèse au milligramme, avec une balance de précision, la cendre sulfurique obtenue. Un pareil essai, fait sur la mélasse, indique le poids de la cendre sulfurique pour un poids connu de cette mélasse, et comme on a apprécié avec le saccharimètre de Soleil, les titres saccharimétriques de la mélasse et du sucre mis en expérience, on a ainsi tous les éléments pour calculer : 1° combien le sucre peut donner de mélasse ; 2° ce qu'il peut rendre de sucre pur au raffinage.

« Les mélasses de fabrique contiennent, à leur densité

normale, environ 50 pour 100 de sucre cristallisable, et elles donnent un poids de cendres sulfuriques qui s'élève de 12 à 13 pour 100. Les mélasses de raffinerie de betteraves donnent de 11 à 12 pour 100 de cendres sulfuriques, quand elles sont épuisées de manière à ne contenir que 45 à 50 pour 100 de sucre cristallisable. Avec ces données, un raffineur conclurait qu'un sucre qui lui donnerait à l'essai 3 pour 100 de cendres sulfuriques rendrait au raffinage 25 pour 100 de mélasse contenant 12 à 12,5 de sucre, et si le sucre en question donnait un titre saccharimétrique de 93 pour 100, par exemple, on conclurait qu'au raffinage le rendement du sucre ne pourrait s'élever au-delà de 80,5 à 81. »

Moyens d'analyser la pulpe pressée.

Pour déterminer les quantités d'eau et de sucre qui restent dans la pulpe pressée, on peut employer deux procédés ; le premier s'exécute de la manière suivante :

On prend un certain poids, par exemple, 100 ou 200 grammes de la pulpe, on la porte dans une étuve où on la laisse séjourner jusqu'à ce qu'elle soit complétement sèche (24 heures au moins). La perte de poids donne la quantité d'eau cherchée.

Pour déterminer la quantité de sucre, on prend une autre quantité de pulpe, 100 grammes, par exemple, on la malaxe et on la laisse digérer pendant quelque temps. On retire la partie liquide, on presse la pulpe et on concentre dans une capsule de porcelaine jusqu'à ce qu'on ait moins de 100 centimètres cubes, on verse dans un matras, et on complète les 100 centimètres cubes en y ajoutant de l'eau. Alors on verse dans le matras un dixième de sous-acétate de plomb, on agite, on filtre et on fait l'essai au saccharimètre optique comme pour du jus de betterave ordinaire.

Ce moyen présente des difficultés, car on a dans le jus les gommes et les matières étrangères que l'eau entraîne avec elle, et la clarification par le sous-acétate de plomb est difficile, elle donne une liqueur épaisse, grasse, qui filtre difficilement et qui reste obstinément louche, ce qui fait que l'essai au saccharimètre est très-difficile. Il est préférable d'employer le procédé suivant :

2º On prend 100 grammes, ou mieux 200 grammes de la pulpe à essayer, on la porte dans une étuve où on la laisse séjourner pendant au moins 24 heures, la perte de poids donne la quantité d'eau.

On réduit en poudre très-fine la pulpe ainsi desséchée, et on en pèse exactement 16 gr. 35 qu'on introduit dans un tube d'épuisement dans le fond duquel on a jeté une petite boule de coton ; sur la poudre on fait couler goutte à goutte de l'alcool qui filtre lentement à travers et vient se réunir dans le récipient. C'est cet alcool qu'on évapore jusqu'à ce qu'il en reste moins de 100 centimètres cubes. On rince la capsule qui a servi à l'évaporation deux ou trois fois avec de l'eau distillée ; on réunit tous les liquides dans un matras de 100 centimètres cubes, qui doit en être rempli aux $\dfrac{5}{6}$, à peu près, et qu'on achève d'emplir avec du sous-acétate de plomb, et on filtre. Si le jus n'était pas bien clair, on y mettrait un peu de noir fin et sec et on filtrerait de nouveau. Après ces opérations, on regarde la dissolution au saccharimètre.

Comme la pulpe, après avoir été étuvée, a dû perdre une certaine quantité d'eau, environ 75 0/0, le résultat obtenu au saccharimètre sera celui de la pulpe bien sèche, et non celui de la pulpe telle qu'on la retire des presses. On arrive facilement à ce dernier par le calcul suivant : Supposons que le saccharimètre indique 16 0/0 de sucre dans la pulpe sèche, je poserai la proportion $\dfrac{x}{16} = \dfrac{25}{100}$ d'où $x = 4$ 0/0 (25, quantité de pulpe sèche).

Nous devons ajouter aux méthodes que nous venons d'exposer quelques autres procédés analytiques, qui, bien que ne se rattachant pas immédiatement à la saccharimétrie, doivent être connus du fabricant, car ils lui sont souvent nécessaires dans ses opérations.

1° Déterminer la quantité d'acide carbonique libre contenu dans un mélange de gaz.

Il existe plusieurs moyens d'arriver au résultat demandé, nous exposerons ici celui qui nous paraît le plus simple, savoir : la méthode volumétrique par les réactifs absorbants, par exemple, par l'hydrate de potasse, en supposant, bien entendu, que l'on sait d'avance que le mélange proposé ne contient aucun autre gaz absorbable par ce réactif.

Pour cela, on mesure sur le mercure, dans une éprouvette graduée suffisamment grande, un certain volume n du mélange, et on prend la température et la pression atmosphérique t et h. Ensuite on introduit dans le mélange une petite balle d'hydrate de potasse humecté, fixée au bout d'un fil métallique, le volume gazeux diminue aussitôt, mais si la quantité d'acide carbonique qu'il contient est considérable, il faut retirer la balle, la laver à l'eau distillée et l'introduire de nouveau dans l'éprouvette, et répéter cette opération autant de fois qu'il sera nécessaire; enfin on remplacera la balle par une autre de la même substance, mais parfaitement sèche pour enlever toute l'humidité qui pourrait rester dans le mélange. La diminution du volume de celui-ci donnera le volume d'acide carbonique, et par conséquent son poids.

Exemple. — Supposons $n = 100$ centimètres cubes, $t = 18°.5$ centigrades et $h = 0^m.750$, et qu'après l'opération le volume ne soit plus que de 63 c. c., et que par conséquent, le volume cherché d'acide carbonique soit de 37 c. c., de là nous tirerons facilement le poids de ce gaz. En effet, à la température de 0° et sous la pression de

$0^m.750$, un litre d'acide carbonique pèse $1^{gr}.293 \times 1.52 = 1^{gr}.865$ à un milligramme près, et dans les conditions supposées, il pèsera $\dfrac{1^{gr}.865 \times 750}{(1 + 18,5 \times 0,00371) \times 760}$, 0,00371 étant le coefficient de dilatation de l'acide carbonique, et par conséquent, enfin, les 37 c. c. pèseront :

$$x = \frac{37 \times 1^{gr}.865 \times 750}{1000\,(1 + 18,5 \times 0,00371)\,760} = 0^{gr}.0638$$

2° *Doser un carbonate par la quantité d'acide carbonique qu'il contient.*

On sait que tous les carbonates sont facilement décomposés par la majeure partie des acides; c'est-à-dire que ceux-ci s'emparent de leur base en expulsant l'acide carbonique avec lequel elle était combinée. D'après cela on pourra facilement déterminer la quantité de ce dernier, soit en le perdant, ce qui occasionnera une perte de poids qui nous la fera connaître, soit au contraire en disposant l'appareil de manière à le recueillir en totalité.

Dans le premier cas, on emploiera avec avantage l'appareil très-simple que nous allons décrire.

Deux petites fioles, *m* et *n* (fig. 6), aussi légères que possible, communiquent entre elles par les trois tubes *ab*, *c* et *d*. La première contient la substance à analyser finement pulvérisée et environ le tiers de son volume d'eau distillée; la seconde est à moitié pleine d'acide sulfurique. Le tube droit *ab* plonge par son bout inférieur dans l'eau et son bout extérieur *b* peut être bouché au moyen d'une boulette de cire ou avec un bout de tube en caoutchouc dans lequel on introduit un morceau de baguette de verre. La disposition des deux autres tubes dont les deux bouts sont ouverts est suffisamment indiquée par la figure.

L'appareil ainsi chargé et dont le poids ne doit guère dépasser 60 à 70 grammes, est mis en équilibre sur une bonne balance d'analyse.

Voici maintenant de quelle manière on exécute l'opération. Après avoir bouché l'orifice *b* du tube *ab*, on aspire légèrement par le tube *d*, ce qui diminuant la tension de l'air dans le ballon *m*, fait passer une certaine
quantité d'acide sulfurique de *m* en *n*; aussitôt le carbonate contenu dans ce dernier se trouve décomposé, et son
acide carbonique passe dans *n*, traverse l'acide sulfurique qui le dessèche et s'échappe par le tube *d*. Dès que
le dégagement d'acide carbonique s'arrête, on aspire
une nouvelle quantité d'air, et ainsi de suite jusqu'à ce
que l'on reconnaisse que tout le carbonate est décomposé.
A ce moment on aspire plus fortement pour qu'une plus
grande quantité d'acide sulfurique passe dans *m*, et
chauffe l'eau qui s'y trouve. Lorsque tout dégagement
de gaz a cessé, on aspire fortement par *d*, on détermine
un courant d'air qui pénètre par *b*, parcourt les deux
ballons, et en expulse tout l'acide carbonique qui pouvait y être encore contenu.

On remet sur la balance l'appareil, et pour rétablir
l'équilibre, on ajoute à côté le poids qu'il a perdu, et qui
n'est autre chose que celui de l'acide carbonique qui s'en
est échappé.

*Détermination du volume du gaz acide carbonique dégagé
d'un carbonate par la mesure directe.* — M. le docteur
Stammer a imaginé pour cela un appareil ingénieux qui
a été adopté dans beaucoup de sucreries, et dont voici
la description.

Un tube (figure 7) d'environ 150 centimètres cubes de
capacité divisé en demi-centimètres cubes sert à mesurer le gaz ; il communique par sa partie inférieure avec
un tube à peu près semblable, mais non divisé. Les
deux tubes sont fixés sur un support vertical. On voit
dans le bas trois vases *a*, *b*, *c*; le premier contient le
carbonate finement pulvérisé et un petit tube avec l'a-
cide qui doit servir à sa décomposition. Le bouchon en
cristal de ce vase porte un tube de verre coudé à angle
droit auquel s'attache un tube en caoutchouc qui, par

son autre extrémité, s'attache à un tube semblable et
pénètre par le bouchon du vase *b* dans une vessie *k* en
caoutchouc contenue dans ce vase. Ce dernier bouchon
est percé de deux autres trous dont l'un porte un bout
de tube de caoutchouc fermé par une pince *q*, et l'autre
un long tube *nn*, qui communique avec la partie supérieure du tube gradué *c*. Le troisième vase *e* est muni de
deux tubulures, par l'une il peut communiquer avec la
partie inférieure du tube *d*, comme la figure l'indique,
et par l'autre avec l'air extérieur au moyen d'un tube
en caoutchouc *v*. Au commencement de l'opération, ce
vase est presque complétement plein d'eau distillée,
qu'on y a fait arriver par le tube *d*, et dans laquelle
plonge le tube de communication.

Au commencement d'une opération on emplit d'eau les
deux tubes *d* et *c*, de façon que le niveau coïncide avec le
zéro de ce dernier; pour cela, on débouche *a* et on souffle
par *v* pour faire monter l'eau de *e* un peu au-dessus du
0°, on produit ensuite l'affleurement en ouvrant la pince
p avec précaution. L'air contenu dans *c* est poussé dans
le vase *b* où il va comprimer la vessie *k*, et la vider complétement; après quoi on bouche bien *a*.

L'appareil étant ainsi préparé, on soulève le vase *a* en
l'inclinant pour que l'acide contenu dans le petit tube *s*
coule sur le carbonate; le gaz provenant de la décomposition de celui-ci, pénètre dans la vessie *k* qui en se
gonflant refoule dans le tube *c* un volume d'air égal à
celui qu'elle reçoit. Le volume du liquide baisse nécessairement dans *c*, et monte dans *d*; pour rétablir le niveau on ouvre la pince *p*. Si la température et la pression
n'ont pas changé pendant l'opération, le nombre de
divisions occupé par l'air dans le tube *c* donne immédiatement la mesure du volume cherché d'acide carbonique.

Avec de l'habitude et de l'adresse, on arrive par ce
moyen à des résultats très-exacts; mais il est sujet à
quelques accidents pendant l'exécution; ainsi, par exemple, l'eau peut passer par le tube *uu* et s'introduire

chiffres de la colonne A représentent les nombres de
de;
le ; les trente lignes suivantes ont été ajoutées pour
l'a du jus de la betterave. S'il se présentait des liqueurs
d'u tenant compte de cette dilution par le calcul.

78.7	78.4	78.1	77.8	77.5	77.2	61	100.47
80.0	79.7	79.4	79.0	78.7	78.4	62	102.12
81.3	80.9	80.6	80.3	80.0	79.7	63	103.76
82.6	82.2	81.9	81.6	81.3	81.0	64	105.41
83.8	83.5	83.2	82.9	82.5	82.2	65	107.06
136.7	136.2	135.7	135.1	134.6	134.1	106	174.59
138.0	137.5	137.0	136.4	135.9	135.3	107	176.23
139.3	138.8	138.2	137.7	137.2	136.6	108	177.88
140.6	140.1	139.5	139.0	138.4	137.9	109	179.53
141.9	141.3	140.8	140.2	139.7	139.1	110	181.18
143.2	142.6	142.1	141.5	141.0	140.4	111	182.82
144.5	143.9	143.4	142.8	142.2	141.7	112	184.47
145.8	145.2	144.6	144.1	143.5	142.9	113	186.12
147.1	146.5	145.9	145.3	144.8	144.2	114	187.16
148.3	147.8	147.2	146.6	146.0	145.5	115	189.41
149.6	149.1	148.5	147.9	147.3	146.7	116	191.06
150.9	150.3	149.8	149.2	148.6	148.0	117	192.11
152.2	151.6	151.0	150.4	149.9	149.3	118	194.35
153.5	152.9	152.3	151.7	151.1	150.5	119	196.00
154.8	154.2	153.6	153.0	152.4	151.8	120	197.65
156.1	155.5	154.9	154.3	153.7	153.1	121	199.29
157.4	156.8	156.2	155.5	154.9	154.3	122	200.94
158.7	158.0	157.4	156.8	156.2	155.6	123	202.59
160.0	159.3	158.7	158.1	157.5	156.9	124	204.24
161.3	160.6	160.0	159.4	158.7	158.1	125	205.88
162.5	161.9	161.3	160.6	160.0	159.4	126	207.53
163.8	163.2	162.6	161.9	161.3	160.6	127	209.18
165.1	164.5	163.8	163.2	162.6	161.9	128	210.82
166.4	165.8	165.1	164.6	163.8	163.2	129	212.47
167.7	167.0	166.4	165.7	165.1	164.4	130	214.21

TABLE POUR L'ANALYSE
DES SUBSTANCES SACCHARIFÈRES
PAR M. CLERGET.

Nota. — Pour les liquides soumis à l'acidulation, les deux dernières colonnes ont le caractère d'une table spéciale; alors les chiffres de la colonne A représentent les nombres de degrés trouvés, et ceux de la colonne B les poids en grammes et centigrammes du sucre contenu dans un litre de liqueur.

Les mentions fournis par les analyses des sucres cohorcés seraient nécessairement comptés dans les sept premières lignes de la table; les trente lignes suivantes ont 416 ajontées pour l'analyse des principales liqueurs sucrées naturelles d'un titre élevé, particulièrement pour la détermination du titre du verso et du jus de la betterave. S'il se présentait des liqueurs d'un titre encore plus élevé, on les ferait rentrer dans les limites de la table en les étendant d'eau dans un rapport déterminé et en tenant compte de cette dilution par le calcul.

Table: SOMMES OU DIFFÉRENCES DES NOTATIONS DIRECTES ET INVERSES, CES DERNIÈRES ÉTANT PRISES À LA TEMPÉRATURE DE — TITRES cherchés (par poids A. / par volume B.)

dans b, ce qui exige qu'on démonte ce vase pour le sécher, opération qui demande un certain temps.

Il nous semble qu'il est plus simple de mettre le vase a
en communication avec un tube gradué, plongeant dans
une éprouvette pleine de mercure, et portant à sa partie
supérieure une garniture en fer munie de deux tubulures, l'une à robinet et l'autre sans robinet; la première
servant à mettre l'intérieur en communication avec l'atmosphère, et l'autre à le mettre en communication avec
le vase a.

Au commencement de l'opération, en tenant le robinet
ouvert, on met le niveau du mercure en contact avec le
zéro de la graduation. Après quoi, le robinet étant fermé,
on incline A comme dans l'opération précédente, l'acide
carbonique qui se dégage pénètre dans le tube gradué et
y fait descendre le niveau du mercure. Lorsque tout
dégagement de gaz a cessé, on relève le tube en prenant
les précautions ordinaires pour ne point lui communiquer de la chaleur, et on ramène le niveau intérieur
exactement sur le plan du niveau extérieur; le nombre
de divisions indique exactement le volume d'acide carbonique produit. Cette opération dure trop peu de temps
pour qu'on doive supposer un changement dans la température et la pression initiales.

Pour se convaincre que le nombre de divisions lu sur
le tube donne bien le volume cherché d'acide carbonique,
désignons par V le volume d'air contenu dans l'appareil
avant l'expérience, et par v l'augmentation occasionnée
par l'acide carbonique; par t la température, et par h
la pression. L'air qui occupait primitivement un volume
V, occupe maintenant le volume $V+v$. Sa force élastique
est donc devenue $\dfrac{V}{V+v}$; l'acide carbonique occupe le
même volume, mais sa force élastique est $h - h\,\dfrac{V}{V+v}$,
puisque la somme des deux doit être égale à h; or $h -$

$h \dfrac{V}{V+v} = \dfrac{hv}{V+v} = h'$. Pour avoir le poids d'un volume donné de gaz à une température et à une tension connues, il faut multiplier p, poids d'un litre de ce gaz, pris à la température de 0° et à la pression de 0m.760 par le quotient de la pression actuelle par 0m.760, puis par $\dfrac{1}{1+t\alpha}$, α étant le coefficient de dilatation du gaz ; donc, dans le cas qui nous occupe, nous aurons :

$$p\,\frac{h'}{760} \times \frac{1}{1+t\alpha} = ph\,\frac{v}{V+v} \times \frac{1}{(1+t\alpha)\,(0,760)},$$

et comme le volume du gaz est $V+v$, le poids cherché sera :

$$\frac{p\,h\,v}{(1+t\alpha)\,(0,760)}.$$

Dans le cas de l'acide carbonique, on a :

$$p = 1,52 \times 1,293 = 1^{gr}.865, \text{ et } \alpha = 0,00371$$

et par conséquent l'expression ci-dessus devient :

$$\frac{1,865 \times hv}{(1+0,00371\,t)\,0^{m}.760}$$

Prenons pour exemple $t = 18°5$, $h = 0,751$, $v = 37$ c. c., et nous aurons pour le poids cherché :

$$\frac{1,865 \times 0,750 \times 37}{1000 \times 1,0686 \times 0,760} = 0^{gr}.0638$$

Il est évident que le même procédé sert aussi à déterminer la quantité de carbonate de chaux contenu dans un noir animal.

Si la chaux contenue dans le noir était libre ou à l'état d'hydrate, on la ramènerait à celui de carbonate en chauffant un poids déterminé de noir avec une dissolution de carbonate d'ammoniaque dans une capsule en porcelaine, de manière à évaporer complétement le liquide sans pourtant porter au rouge, et introduisant sans rien perdre, dans l'appareil à analyser.

Analyse du noir animal par les procédés ordinaires.

Cette analyse se compose de cinq parties distinctes :

1° Déterminer le poids de l'eau hygroscopique. Pour cela, on pèse exactement deux ou trois grammes du noir et on les sèche de 160° à 180°. La perte de poids donne *l'humidité.*

2° Déterminer l'acide carbonique. Cette opération peut s'exécuter par l'un des moyens que nous venons d'expliquer, ou dans un petit appareil d'absorption fort simple, imaginé par M. Fresenius (*Analyse quantitative*, traduction de M. Forthomme, p. 365).

« La figure 8 suffit pour donner une idée de l'appareil tel que je le dispose.

« *a* est un ballon d'environ 300 centimètres cubes fermé par un bouchon en caoutchouc percé de deux trous ; *b b* est un tube deux fois recourbé, portant en *c* une petite boule, et qu'on peut relier à l'aide d'un tube en caoutchouc, tantôt avec un petit entonnoir en verre *d*, tantôt avec un tube rempli de chaux sodée ou d'hydrate de potasse. Le tube en *f* a sa branche munie d'une boule remplie de chlorure de calcium fondu, tandis que l'autre branche contient de la pierre ponce pénétrée de sulfate de cuivre anhydre (*voir* p. 362 du même ouvrage). Le petit tube *g* est rempli de fragments de verre, avec six ou dix gouttes d'acide sulfurique concentré, et le haut de chaque branche contient des petits bouchons d'amiante ; le tube *h* est rempli aux $\frac{7}{8}$ avec de la chaux sodée en fragments, et le dernier huitième de l'extrémité antérieure renferme du chlorure de calcium en petits morceaux ; enfin, *k* contient dans la branche antérieure de la chaux sodée, et dans la branche postérieure, du chlorure de calcium ; *f* sert à retenir la vapeur d'eau et l'acide chlorhydrique ; *g* permet d'observer le dégagement du gaz ; *h* absorbe complétement l'acide carbonique dans la chaux sodée, et empêche, par le chlorure de calcium, le dégagement d'un peu de vapeur d'eau (car la chaux sodée s'échauffe un peu en absorbant l'acide carbonique); *k* est destiné à arrêter la vapeur d'eau extérieure, etc. Les bouchons de *g*, *h* et *k* sont recouverts de cire à cacheter. On voit que c'est l'appareil d'absorption indiqué par *Mulder*, et qui est très-convenable ici, parce que l'acide carbonique est mélangé avec beaucoup d'air et se dégage quelquefois très-rapidement.

« La substance une fois pesée est mise en *a* avec un peu d'eau, on pèse *h* et *g* ensemble, on réunit les parties de l'appareil : on adapte *d* en haut du tube *b*, et on verse en *d* quelques gouttes de mercure destinées à former en *i* une fermeture. On verse alors dans l'entonnoir l'acide azotique ou chlorhydrique ordinaire étendu de son volume d'eau, et en aspirant légèrement par le tube *l* on fait arriver un peu d'acide dans le ballon *a*. Aussitôt le dégagement d'acide carbonique commencé, on juge de sa force par les bulles qui traversent l'acide sulfurique en *g*, et, s'il le faut, on peut favoriser la réaction en chauffant légèrement le ballon *a* qui est posé sur un trépied et une toile métallique. Si le dégagement se ralentit, on le fait recommencer en amenant une nouvelle quantité d'acide dans le ballon. Aussitôt que le sel est tout à fait décomposé, on remplit plusieurs fois l'entonnoir *d* avec de l'eau chaude que l'on fait arriver dans *a*, pour entraîner dans le ballon la petite quantité d'acide chlorhydrique qui est en *e*, et qui aurait pu absorber de l'acide carbonique. Cela fait, on substitue à l'entonnoir *d* le petit tube *e*, on porte *a* à une légère ébullition que l'on maintient jusqu'à ce que le tube *f* commence à s'échauffer, et en aspirant par *l* on fait arriver de l'air dont le volume soit environ une fois le volume total de l'appareil. Le mieux et le plus commode est de produire le courant d'air à l'aide d'un aspirateur qu'on peut monter facilement avec un flacon et un siphon. Aussitôt après on sépare *a* de *f*, on laisse refroidir *h* complétement, on démonte l'appareil et on pèse *g* avec *h*. L'augmentation de poids donne exactement le poids d'acide carbonique du carbonate. L'accord et la rigueur des résultats ne laissent rien à désirer. Quant aux bases, elles sont en dissolution à l'état de chlorures ou d'azotates, sans que l'opération ait ajouté la moindre matière étrangère.

«Après qu'on s'est servi de l'appareil, on ferme le petit tube *g* aux deux bouts, et il peut se conserver longtemps sans être hors d'usage. On peut aussi employer le tube *h* pour une nouvelle analyse sans avoir à le remplir de nouveau. Quand on s'en servira pour une seconde fois, on fera bien, par précaution, de le relier à un tube semblable pesé. Rarement ce dernier augmentera de poids, et on pourra alors prendre le premier une troisième fois. Si dans la troisième opération le poids du second tube a augmenté, on laissera le premier de côté dans une quatrième analyse; on ne prendra plus que le second et ainsi de suite. »

3° On filtre la dissolution obtenue dans l'opération qui précède, à travers un filtre séché à 100° et pesé, on lave le résidu et on le sèche, son poids représente la somme du charbon, des composés organiques insolubles et des matières minérales insolubles dans l'acide chlorhydrique, telles que sable et argile. Pour déterminer le poids du charbon et de la matière organique, on pèse les cendres du filtre brûlé au contact de l'air, leur poids donne celui des matières cherchées, et, par différence, on a, en même temps, celui des matières minérales.

4° Le liquide qu'on a obtenu dans la filtration de la troisième opération est additionné d'eau, de manière à en faire 250 centimètres cubes qu'on fractionne en trois parties de 100 centimètres cubes, 50 centimètres cubes et 100 centimètres cubes. La première sert au dosage du *fer*, de la *chaux*, de la *magnésie* et de l'acide *phosphorique*; la seconde à celui de l'acide sulfurique, s'il y en a, et enfin, la troisième sert à la recherche du poids des alcalis qui pourraient se trouver dans le noir (pour ces derniè-res déterminations, voyez le paragraphe 259 de l'ouvrage de M. Fresenius).

5° Pour doser l'acide *chlorhydrique* qui pourrait être contenu dans le noir, on pèse une nouvelle quantité de celui-ci, on la dissout dans l'acide azotique, on étend d'eau et on traite la liqueur filtrée par les procédés connus.

LIVRE II.

CHAPITRE Ier.

CARACTÈRES DE LA BETTERAVE. — SA CULTURE.

Cette plante appartient à la famille des *Chénopodées*, tribu des *Cyclolobées*; genre *Bette* (Beta). On prétend que ce dernier nom nous vient du celtique *bett*, qui signifie *rouge*: et, en effet, la couleur prédominante des racines de ce genre est le rouge. Elle se compose de cinq espèces dont deux seulement offrent de l'intérêt au cultivateur.

L'espèce dont nous devons nous occuper est la *Bette commune* ou *Beta rapa*, qui, depuis la fin du siècle dernier est devenue une plante agricole de la plus haute importance.

On la dit originaire de l'Europe méridionale et notamment de l'Espagne et du Portugal; mais on ne la rencontre plus à l'état sauvage. Olivier de Serres dit que la betterave rouge fut importée d'Italie en France vers la fin du XVIe siècle. Mais pendant longtemps la betterave ne fut considérée que comme plante potagère; on en cultivait trois variétés dans les jardins : la betterave blanche, la betterave rouge et la betterave jaune. Vilmorin père et l'abbé Commérel introduisirent d'Allemagne, à la fin du siècle dernier, la betterave champêtre, appelée alors *betterave disette*, parce qu'elle devait suppléer partout à la pénurie des fourrages. Cette excellente variété a précédé de quelques années seulement la betterave à sucre, qui nous est venue de Prusse au commencement de ce siècle. C'est avec cette variété qu'Achard a créé en 1790 la première fabrique de sucre de betterave.

Les caractères botaniques du genre sont les suivants : herbes à racines charnues, à feuilles alternes entières. Fleurs sessiles, hermaphrodites; calice à cinq divisions, se durcissant à la maturité; cinq étamines, presque périgynes; ovaire déprimé, semi-infère, entouré d'un disque annulaire ou obscurément pentagone; un seul style, surmonté de deux ou trois stigmates subulés.

La betterave est bisannuelle; sa racine charnue et sucrée est fusiforme ou globuleuse. Sa tige, qui se développe ordinairement au printemps de la seconde année, est anguleuse et rameuse; ses feuilles sont pétiolées, ses fruits sont globuleux, rugueux et disposés en épi simple; ils renferment chacun deux ou quatre graines de couleur rouge foncé, déprimées et aplaties.

L'espèce dont nous nous occupons particulièrement a produit plus de vingt variétés que l'on peut diviser en betteraves à sucre ou industrielles et en betteraves fourragères. Les premières, qui seules intéressent le fabricant de sucre, sont au nombre de cinq :

1º *La betterave rouge, grosse,* ou *betterave écarlate.* — Cette variété a une racine longue, cylindrique, régulière, sortant aux deux tiers hors de terre. Sa peau est rouge-noir ou rouge violacé. Sa chair est ferme, sucrée et rouge foncé. Ses feuilles sont rouge-brun avec des pétioles rouge sang.

Elle contient de 9 à 10 pour 100 de sucre.

2º *La betterave blanche à sucre* ou *betterave de Silésie.* — Cette variété a la racine fusiforme, régulière, presque enterrée ou offrant un petit collet vert. Sa peau est blanc jaunâtre et sa chair très-blanche et très-sucrée.

Elle contient 10 à 12 pour 100 de sucre.

3º *La betterave blanche à collet rose.* — Variété trèsrecommandée par Mathieu de Dombasle ; elle a une racine un peu plus petite que la précédente, et en outre sa partie supérieure est colorée en rose. C'est la variété la plus employée dans la fabrication du sucre, dont elle contient de 11 à 13 pour 100.

La figure 9 représente cette variété importante.

4º *La betterave blanche de Magdebourg.* — Racine petite, élargie au sommet et très-affilée à la partie inférieure, mais souvent ramifiée, et partant, difficile à nettoyer. Elle est très-estimée en Prusse, où on la regarde comme plus sucrée que toutes les autres variétés blanches.

5º *La betterave boutoire*, que l'on cultive dans le département du Nord comme plante industrielle, n'est autre qu'une betterave de Silésie dégénérée, ou tout au moins très-modifiée. Elle développe sa racine en partie hors de terre.

Sa richesse saccharine est de 2 à 3 pour 100 moindre que celle de la variété nº 3 (M. Gustave Heuzé, dans l'*Encyclopédie d'Agriculture pratique*).

En parlant de la graine et des tentatives faites pour l'amélioration des races, nous aurons occasion de revenir sur ce point important de la richesse saccharine.

Composition de la betterave à sucre. — Déjà au XVIIe siècle, Olivier de Serres avait constaté la présence du sucre dans les betteraves, mais c'est Marggraf, chimiste prussien, qui le premier parvint, en 1745, à l'en extraire par des moyens économiques, et, comme nous l'avons dit plus haut, Achard, chimiste du même pays, créa, en 1790, la première fabrique de sucre indigène.

Cependant la composition de cette racine est loin d'être constante, ainsi que le prouvent les analyses suivantes :

M. Payen, dans son *Précis de chimie industrielle*, donne les proportions suivantes pour la betterave blanche de Silésie venue dans un terrain convenable :

Eau. 83,5

Sucre. 10,5

Cellulose et pectose 0,8

Albumine, caséine et autres matières neutres azotées 1,5

Acide malique, pectine, substances gommeuses; matières grasses, aromatiques
et colorantes; huile essentielle, chloro-
phylle, asparamide, oxalate et phosphate de chaux; phosphate de magnésie;
chlorhydrate d'ammoniaque; silicate,
azotate, sulfate et oxalate de potasse;
oxalate de soude; chlorure de sodium et
de potassium, pectates de chaux, de potasse et de soude; soufre, silice, oxyde
de fer, etc. 3,7
                                              ———
                                              100

Le tableau qui suit contient les analyses de six variétés importantes, faites par M. Beaudement.

	Disette ordinaire blanche.	Disette blanche.	Jaune grosse.	Globe jaune.	Globe rouge.	Blanche de Silésie.
Eau........................	82.814	78.694	80.582	79.318	80.048	81.600
Substances sèches..........	17.186	21.306	19.418	20.682	19.952	18.400
	100.000	100.000	100.000	100.000	100.000	100.000
Cendres...................	1.069	1.252	0.896	1.088	1.376	1.106
Ligneux et cellulose......	2.218	1.536	1.664	2.146	1.581	2.328
Matières grasses..........	0.283	0.229	0.321	0.260	0.477	0.261
Sucre ou analogue.........	12.503	16.764	14.951	15.519	13.918	13.549
Matières azotées..........	1.113	1.525	1.636	1.669	2.600	1.156
	17.186	21.306	19.488	20.682	19.952	18.400
Azote.....................	0.178	0.244	0.265	0.267	0.446	0.185

MM. Corenwinder et Dufau, de Lille, ont trouvé dans trois échantillons différents de la même variété de betterave à sucre les proportions suivantes :

	I	II	III
Sucre................	9.000	7.000	8.640
Cellulose, pectine, albumine, etc.	5.470	5.664	5.332
Alcali évalué en potasse caustique...............	0.259	0.289	0.430
Sel marin............	0.046	0.035	»
Phosphate de chaux.......	»	»	0.350
Matières grasses.........	»	»	0.108
Matières minérales diverses..	0.225	0.212	1.440
Eau................	85.000	86.300	83.700
	100.000	100.000	100.000

Les betteraves nos 1 et 2 provenaient d'un semis fait le 29 avril ; la betterave no 3 avait été semée au mois de juillet.

Le climat et la nature du sol paraissent avoir aussi une influence marquée sur la richesse saccharine de cette racine, car suivant les mêmes chimistes, la betterave de Silésie, cultivée dans les pays suivants, a fourni :

	Sucre.
Naples.	4,80 pour 100 du jus.
Bordeaux.......	3 à 4
Alsace.........	6 à 7
Magdebourg.....	12 à 15

M. Corenwinder, dans une nouvelle série de recherches chimiques sur la betterave, est arrivé aux considérations très-importantes que nous transcrivons ici :

« 1° Sous le rapport de la physiologie végétale, ces recherches montrent dans quelles limites peuvent varier les éléments d'une même plante ; car ces variations ne sont pas spéciales à la betterave, elles se présentent également pour les autres racines, et même pour les fruits des pays tempérés et ceux des régions tropicales ;

« 2º Le fabricant de sucre ne doit pas ignorer combien la proportion de sucre est différente d'une betterave à une autre. J'ai eu l'occasion d'en examiner qui ne contenaient que 2 à 3 pour 100 ; au contraire, il m'est arrivé, notamment en Allemagne, d'en trouver qui avaient une richesse saccharine de 15 à 18 pour 100.

« On voit, par ces exemples, combien il importe, avant de construire une usine dans une localité, de se préoccuper de la richesse en matière sucrée que la betterave peut y acquérir ;

« 3º Pour le raffineur de potasse et le fabricant de salpêtre, il leur est utile de connaître les localités où les salins de betteraves sont riches en sels de potasse. »

Nous devons au zèle infatigable et à l'habileté de ce même savant une série encore plus récente de recherches chimiques sur la betterave, leur importance nous impose le devoir d'en faire connaître sommairement les principaux résultats.

Ces expériences ont porté sur des racines de la même variété de betterave blanche à sucre, dite betterave blanche de Silésie, mais cultivées par des procédés différents sur des sols différents et même dans des pays différents. Ainsi les quatre premières analyses se rapportent à des racines cultivées sur le même champ qui avait été divisé en quatre parcelles dont l'une, nº 1, n'avait reçu aucun engrais, l'autre, nº 2, avait été fumée avec de l'engrais flamand ; la 3e avec des tourteaux et la 4e avec du guano. La cinquième analyse appartient aux collets de la racine désignée par le nº 3. Les cinq suivantes se rapportent : la 6e à des betteraves récoltées dans les terrains marécageux des environs de Saint-Omer. Ces terrains sont fort humides, spongieux, entrecoupés de fossés profonds qui ont été creusés pour donner un écoulement à l'eau qui les immergeait. Les betteraves qu'on y cultive ne reçoivent généralement pour engrais que le limon qu'on extrait de ces fossés;

Le n° 7 à des betteraves récoltées à Dunkerque dans le sable mélangé de limon, appartenant à d'anciennes plages gagnées sur la mer par la construction de digues. Ces relais de mer sont très-fertiles et donnent d'abondantes récoltes sans engrais pendant 20 à 30 ans. Les betteraves dont je vais présenter l'analyse ont été obtenues après 3 ou 4 ans de mise en culture de ces terres conquises sur la mer;

8° Betteraves récoltées aux portes de Lille, dans une terre argilo-siliceuse fumée depuis un temps immémorial avec une quantité immodérée de vidanges de cette ville;

9° Betteraves provenant de Plagny (Nièvre). Elles ont végété dans une terre forte, argilo-siliceuse, et ont reçu pour engrais du fumier de ferme et de l'urine de bétail;

10° Betteraves du département de l'Aisne, venues dans une terre forte, argilo-siliceuse. Elles ont été fumées avec du fumier et de l'urine de bétail.

On a réuni dans le tableau suivant les analyses de ces différentes betteraves:

Numéros.	Eau.	Sucre.	Matières minérales.	Albumine, cellulose, etc.
1	85.55	10.09	3.644	0.716
2	85.30	9.73	4.167	0.803
3	85.65	9.53	4.091	0.729
4	86.00	8.80	4.532	0.668
5	86.76	6.60	5.773	0.867
6	88.74	6.87	3.418	0.972
7	87.26	7.15	4.512	1.078
8	89.70	5.22	4.209	0.871
9	84.72	11.00	3.510	0.770
10	78.5	13.75	6.450	1.300

Les remarques dont l'auteur fait suivre ce tableau méritent toute notre attention :

1º Les betteraves cultivées sur la partie du champ qui n'a pas reçu d'engrais, ont été plus riches en sucre que celles des autres parties ;

2º Celles qui avaient été fumées avec des matières excrémentitielles, employées avec modération, contenaient à peu près autant de sucre que celles qui l'avaient été avec des tourteaux. Les betteraves de la quatrième parcelle, fumées avec du guano à 16 p. 100 d'azote, dans la proportion de 1,100 kilogrammes de cet engrais par hectare, contenaient moins de sucre que les précédentes, et M. Corenwinder affirme qu'en général le guano est peu favorable à la production du sucre dans la betterave.

Le collet de la racine contient toujours moins de sucre que le corps, fait bien connu des fabricants de sucre qui, en général, enlèvent cette partie pour la donner aux bestiaux.

Les betteraves qui viennent dans les terrains marécageux sont généralement défectueuses, et celles que l'on cultive dans les relais de mer ne sont pas de qualité supérieure ; mais ces dernières terres donnent des récoltes abondantes. En traitant de la culture de la betterave, nous aurons bientôt occasion de revenir sur cette question importante de l'influence qu'exerce sur elle la nature du sol.

L'arrachage de la betterave doit avoir lieu, cela se comprend, au moment où elle a acquis le maximum de sa richesse saccharine, mais après cette opération son contenu en sucre et son poids vont graduellement en diminuant. On a trouvé qu'un mètre cube rentré bien sec pèse en moyenne et contient en sucre :

En octobre, 600 kilog. . . . . . 8 p. 100
En janvier, 500 kilog. . . . . . 7 p. 100

c'est-à-dire que 1000 kilogrammes de racines qui, au moment de la récolte, contiennent 80 kilogrammes de sucre, sont réduits à 850 kilogrammes au commencement de février, et ne contiennent plus que 60 kilogrammes de sucre, ce qui constitue une perte de 2 p. 100.

Les procédés de fabrication indigène, bien que faisant constamment de nouveaux progrès, sont encore bien loin d'extraire de la betterave tout le sucre qui s'y trouve réellement contenu ; et, il y a peu de temps encore que suivant les auteurs ci-dessous on n'obtenait en moyenne que les quantités que nous allons indiquer.

MM.
Boussingault. . . . . 4 kil. 500
Goeritz . . . . 5 à 6 kil.
Lerolle . . . . 4 kil. 500 à 7 k.
Payen. . . . . 5 à 6 kil.

Moyenne 5 kil. à 5 kil. 500

La Chambre de commerce de Lille a fait connaître qu'une sucrerie des environs de cette ville avait traité en 1848, 5,270,000 kilogrammes de racines qui avaient produit 289,214 kilogrammes de sucre brut, ce qui revient à 4 k. 486 p. 100.

Le produit le plus élevé qu'on ait obtenu dans la fabrication n'a jamais dépassé 8 p. 100 ; mais nous avons la ferme conviction que tôt ou tard les procédés atteindront un degré de perfection tel qu'on pourra extraire la presque totalité du sucre à l'état cristallisable ; et les progrès réalisés dans les dernières années nous permettent d'espérer que cet avenir n'est pas bien éloigné.

Structure anatomique de la betterave. — Le sucre n'est pas uniformément réparti dans toute la masse charnue de la betterave et intimement mélangée à son parenchyme, mais il résulte d'un travail très-intéressant de M. Payen, que la nature l'a pour ainsi dire localisé dans un tissu particulier formant des couches concentriques à l'axe de la racine. Pour bien faire comprendre cette organisation, nous reproduisons la description qu'en donne l'auteur dans son *Précis de Chimie industrielle* (quatrième édition).

« Si l'on coupe une betterave par un plan perpendiculaire à son axe, on remarque qu'elle est formée de zones concentriques à la superficie ; on rencontre d'abord le tissu épidermique formé de quatre à six couches de cellules, et composé, comme dans toutes les plantes, de cellulose agrégée fortement, injectée de silice, de matière grasse et de substance azotée. Immédiatement au-dessous vient le tissu herbacé qui, le premier, se colore en vert sous l'influence de la lumière ; il renferme, outre la substance colorante, une huile essentielle et plusieurs autres principes de la betterave ; ensuite on voit des couches de tissus cellulaires et vasculaires alternant jusqu'au centre. Le tissu particulier à petites cellules cylindroïdes ou prismatiques, entourant les vaisseaux, forme les zones les plus blanches ; c'est le plus volumineux dans les bonnes variétés, et celui qui contient la sécrétion du sucre. Ce fait que j'ai démontré par l'analyse comparée des tissus, pourra guider dans le choix des variétés ; il s'est accordé avec les résultats des essais entrepris pour apcier la qualité des betteraves à sucre. »

La figure 10 représente une betterave blanche, dite à collet rose, coupée par un plan suivant l'axe : on remarque sa forme ovoïde et la longueur de sa racine pivotante qui se prolonge, en effet, jusqu'à un mètre et parfois même à deux mètres dans les terres riches et perméables ; toute la partie effilée de la racine, à partir du point *n*, reste ordinairement dans le sol après l'arrachage ; elle contribue à fumer et à ameublir le terrain. La tête *e*, comme les parties *a*, *b*, *c*, *d* de la racine, qui étaient sorties de terre pendant la végétation, offrent une coloration verdâtre sous l'épiderme, et sont moins sucrées et plus chargées de substances étrangères nuisibles à l'extraction du sucre. Au milieu de la tête ou tige, on voit en *e* un tissu médullaire : il est dépourvu de sucre, abondant en eau et sels, son tissu est susceptible de s'altérer vers l'époque de la maturité; de là, ces cavités (ou têtes creuses) qui peuvent propager plusieurs causes d'altération dans la racine. Les zones blanches m, m', m", etc., montrent dans cette coupe les tissus sacchariféres entourant les vaisseaux; les portions intermédiaires entre ces zones contiennent très-peu ou ne renferment pas de sucre. La figure 11 représente une semblable betterave blanche à tissu sous-épidermique rose; la coupe pratiquée suivant un plan perpendiculaire à l'axe, montre bien la disposition des couches concentriques; au centre, autour de l'axe de la racine, les faisceaux vasculaires entourés du tissu spécial à sucre, offrent ensemble l'aspect d'un cercle cannelé; un second cercle blanc festonné, montre également la disposition, dans cette partie, des vaisseaux entourés du tissu saccharifère; les autres cercles concentriques indiquent la même disposition des autres parties des tissus semblables. Entre ces cercles, le tissu cellulaire est pauvre en principe sucré ou dépourvu de ce principe immédiat.

Essai des betteraves. — La richesse saccharine de la betterave peut se déterminer par plusieurs moyens; nous décrirons ceux qui ont été imaginés par M. Payen et M. Vilmorin.

Le premier savant recommande de couper plusieurs tranches minces, ou rouelles, au milieu de la betterave que l'on veut essayer, les peser exactement et les sécher complétement sur un poêle chauffé modérément; aussitôt qu'elles se cassent lorsqu'on cherche à les plier, on les pèse de nouveau; la différence entre les deux pesées donne la quantité d'eau contenue normalement dans les betteraves; le reste se compose de la somme du sucre et des matières étrangères; or, on a vu ci-dessus que d'après l'analyse de M. Payen, ces derniers formaient les six centièmes du poids de la betterave; donc on aura le poids du sucre en retranchant du poids de la matière sèche les six centièmes de celui de la betterave fraîche.

Supposons, par exemple, que 25 grammes de rondelles

fraîches se réduisent à 5 grammes par la dessiccation, 100 grammes se réduiront à 20 grammes, et le poids cherché du sucre sera $20 - 6 = 14$ centièmes du poids de la betterave.

Le même savant conseille aussi de traiter les tranches de betteraves, desséchées et pulvérisées par l'alcool à 90° centésimaux bouillant qui dissout tout le sucre, et n'a presque aucune action sur les matières étrangères qui l'accompagnent.

La méthode de M. Vilmorin est fondée sur les deux principes suivants :

1° La densité du jus de la betterave augmente avec sa richesse saccharine.

2° La quantité de substances étrangères solubles, dont la présence peut influer sur la densité du jus, diminue à mesure que celle du sucre augmente.

Cela posé, il se bornait à prendre, au densimètre, la densité du jus, à la corriger des effets de la température et à en déduire la quantité de sucre au moyen de tables calculées d'avance.

Dans une autre partie de cet ouvrage, nous aurons occasion de revenir sur ces considérations.

CULTURE DE LA BETTERAVE.

Influence du climat. — Il résulte d'un grand nombre d'analyses faites sur des betteraves cultivées dans des positions géographiques très-différentes, que la température du lieu, et, en général, le climat ne semble avoir, dans certaines limites, qu'une influence secondaire sur la richesse saccharine acquise définitivement par la plante dans les conditions normales de son accroissement et de sa végétation.

Choix du sol. — La betterave peut être cultivée sur des sols différents, cependant elle est loin de prospérer également sur tous, et de contenir sur tous la même quantité de matière sucrée.

Les terres les plus favorables à la betterave à sucre, sont les terres silico-argileuses et un peu calcaires, fraîches ou légèrement humides en été, présentant en outre, de la profondeur, et reposant sur un sous-sol perméable. Elle prospère sur les terres d'alluvion, les loams et les bonnes terres à blé bien chaulées, ou bien marnées et bien fumées.

Sur les sols secs et maigres, ainsi que sur les sols arides, les betteraves restent toujours petites ; par contre, sur les sols trop humides, elles acquièrent souvent un volume très-considérable, mais contiennent beaucoup d'eau et peu de sucre.

MM. Girardin et Dubreuil rapportent dans la seconde édition de leur *Traité élémentaire d'Agriculture*, les résultats des expériences qu'ils ont entreprises dans le but de déterminer l'influence de la nature du sol sur la végétation des différentes variétés de betteraves cultivées. Ils ont opéré sur quatre variétés de sols, et huit variétés de racines. Les sols étaient :

1º Le sable pur d'alluvion ; 2º le sable humifère ou tourbeux ; 3º un sol argileux ; 4º un sol calcaire.

Ces expériences leur ont prouvé : 1º que les racines des diverses variétés, cultivées dans le même sol, ne sont pas également riches en principes utiles ; 2º que la proportion de ces principes utiles change dans les mêmes variétés suivant la nature du sol.

On trouvera à la page 59 du tome 2me de leur excellent traité d'agriculture, des tableaux résumant tous les résultats qu'ils ont obtenus.

De son côté, M. Marchand, de Fécamp, a constaté que la quantité de sucre paraît diminuer rapidement dans ces racines quand le sol dans lequel elles végètent contient peu d'argile et beaucoup de calcaire, ainsi que cela est démontré par le tableau qui suit :

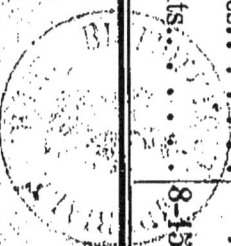

PRINCIPES CONSTITUANTS sur 1000 parties.	COMPOSITION CHIMIQUE DES DIFFÉRENTS SOLS.					
Carbonate de chaux (avec un peu de magnésie)...............	118.7	22.6	11.3	5.2	8.7	7.3
Eau....................	1.9	2.7	1.8	1.5	2.1	2.4
Matières organiques ou humus....	57.1	36.7	32.6	32.6	39.3	36.1
Oxyde de fer............	25.5	16.9	17.6	15.4	20.1	17.9
Argile................	20.3	68.9	71.4	73.5	77.1	117.8
Sable siliceux...........	776.5	852.2	865.3	874.8	852.7	817.5
	1000.0	1000.0	1000.0	1000.0	1000.0	1000.0
Sucre dans 100 de racines.....	7.05	9.54	11.13	11.68	13.55	15.04
Dates des ensemencements......	8-15 mai	11 mai	12 mai	10 mai	12 mai	10 mai

Si ce fait était constaté par d'autres expériences, les fabricants de sucre et les distillateurs devraient nécessairement y attacher une grande importance. Mais des recherches de même nature, faites par M. Leplay, semblent conduire à des résultats tout opposés. D'après ce savant, l'accumulation du sucre dans la betterave serait d'autant plus grande que ses radicules pourraient puiser dans le sol plus de carbonate soluble et insoluble; mais cet effet irait en diminuant dans les betteraves d'un grand volume.

Voici ce que dit M. Leplay dans un article inséré au *Journal des fabricants de sucre :*

« Dans les sols calcaires où les carbonates solubles et insolubles existent en très-grande quantité, l'accumulation du sucre dans les betteraves s'y fait au maximum et paraît suivre une loi régulière pour les bettevaves d'un même poids.

« Cette accumulation a lieu d'une manière parfaitement régulière, au fur et à mesure qu'elles augmentent de poids; dans les mêmes circonstances, la partie du sol qui adhère aux radicules s'appauvrit successivement en carbonates insolubles, au point d'en contenir moins que les sols argileux, siliceux et argilo-siliceux, dans ces circonstances aussi, la puissance de production saccharine diminue dans les mêmes proportions.

« Ces coïncidences si nombreuses me paraissent devoir jeter quelque lumière, non-seulement sur la cause de l'accumulation du sucre dans les betteraves à sucre, mais encore sur l'origine des éléments constitutifs du sucre formé pendant la végétation de la betterave. »

Préparation du sol. — On doit semer la betterave dans un sol bien préparé et très-meuble; pour cela, après les semailles d'automne, on le laboure profondément et à grosses mottes qui sont exposées, autant que possible, aux alternatives de gelée et de dégel. La profondeur de ces labours d'hiver doit être d'au moins 20 à 25 centimètres, et souvent on fait suivre la charrue ordinaire par une charrue sous-sol qui défonce le sous-sol sans que les parties de celui-ci non fertilisées par l'air et les engrais, puissent se mêler à la terre végétale.

Après les fortes gelées, on donne un second labour à l'aide d'une seule charrue, et, si les terres sont fortes, on leur en donne souvent un troisième et un quatrième, en ayant soin de croiser entre elles ces façons d'ameublissement.

Quelques semaines avant les semis, on complète cette préparation du sol par l'emploi du rouleau Croskill et de la herse. La herse de Norvége ou hérisson, permet d'ameublir complétement le sol, si on l'emploie par un beau temps.

Lorsque le sol manque de profondeur, on doit le labourer en planches étroites et légèrement convexes, ou le disposer en petits billons. Pour cela, on laboure à plat, on herse et on conduit le fumier. Quand cet engrais a été distribué, on l'enterre en exécutant simplement des endos ou ados, ou billons à deux raies, avec un binot ou un bouttoir. Plus tard, on laboure de nouveau en détruisant ou fendant les ados, puis on herse et on roule; quelques jours avant les semailles, on reforme les billons au moyen du binot, et on roule ensuite leur sommet avec un rouleau léger. Les milieux des ados doivent être espacés de 60, 70 ou 80 centimètres, suivant la fécondité du sol et la variété de la betterave qu'on y cultive. Ce mode de culture est le seul possible dans le Midi et les contrées du Centre où la terre est peu profonde, et où les betteraves souffrent beaucoup quand les chaleurs sont très-grandes pendant les mois de juillet et d'août.

Engrais. — La betterave exige un sol fertile, car le produit qu'elle donne est toujours en rapport direct de la richesse de la couche arable. On maintient ou on augmente la fécondité de celle-ci au moyen du fumier, de la poudrette, des tourteaux ou du purin. On doit proscrire l'emploi des engrais salins, du nitrate de potasse, par exemple, sur la terre où l'on se propose de cultiver la betterave de Silésie, car ces sels, en passant dans les racines, rendent très-difficile l'extraction du sucre que celles-ci contiennent, et ils nuisent à la clarification des sirops. Les fumiers purs ou ceux auxquels on a ajouté des terres calcaires, sont les engrais qu'il faut employer de préférence, surtout s'il sont à demi-décomposés. Les fumiers longs et pailleux rendent les racines très-fourchues, et favorisent, sur toute leur étendue, l'apparition d'un chevelu très-abondant. Quand on est forcé d'employer de tels fumiers, il faut les appliquer le plus tôt possible après le premier labour.

Lorsqu'on doit employer du fumier très-peu décomposé, il faut le conduire en décembre ou en janvier par des temps de gelée, et l'enfouir au plus tôt après le dégel.

Les fumiers courts, décomposés et terreux, sont les seuls qu'on puisse appliquer en février ou en mars (Heuzé).

D'un autre côté, des cultivateurs pensent que les engrais les plus convenables à la betterave sont ceux qui contiennent beaucoup de potasse, car, disent-ils, cela est démontré par la nature même des cendres de cette plante ; mais nous sommes bien loin de partager cette manière de voir, surtout pour les betteraves à sucre, et nous devons faire remarquer que la composition de la cendre d'une plante ne dépend pas seulement de la nature de celle-ci, mais aussi de la nature du sol sur lequel cette plante s'est développée, et des engrais qu'on a fournis à celui-ci.

Les fumiers de cour sont très-convenables, ils doivent être transportés autant que possible avant l'hiver, et distribués entre deux labours ou avant le labour lorsqu'on n'en donne qu'un, afin qu'ils soient bien enfouis et bien retournés dans le sol. Il est facile de comprendre que les fumiers consommés doivent être préférés aux fumiers longs, d'abord parce qu'ils ont une action plus rapide, et ensuite parce que les fumiers trop pailleux, lorsqu'on en met, comme cela doit être, une grande quantité, rendent le terrain par trop meuble; mais si l'on ne peut disposer que de ces fumiers longs, on y mêle d'autres engrais pulvérulents et plus riches, tels que les tourteaux, le noir des raffineries, le noir animal, les écumes et les produits de défécation du jus de betteraves provenant des sucreries. Il faut aussi se servir des débris de terres, des collets et des radicules, qu'on enlève aux racines qu'on va ensiloter ou râper.

Quantité totale d'engrais. — Les auteurs ne sont nullement d'accord sur cette quantité. En général, on peut dire qu'elle dépend de la fertilité du sol et de la quantité de racines qu'on espère récolter.

Dombasle prétend que 100 kilogrammes de fumier produisent 160 kilogrammes de racine, tandis que Crud admet que la même quantité de fumier produit 200 de racines. En prenant la moyenne de ces deux données, savoir 182 kilogrammes de racines par 100 kilogrammes de fumier, ou 100 de racines par 55 de fumier, on trouve qu'une terre qui produirait en moyenne 30,000 kilogr. de racines par hectare, exigerait, pour la betterave seulement, environ 12,000 kilogrammes de fumier dosant 68 kilogrammes d'azote, quantité un peu inférieure à celle que contiennent les 30,000 kilogrammes de racines; mais, ajoute M. Heuzé, j'ai reconnu qu'il faut au moins 20,000 kilogrammes de fumier par hectare, soit 65 kilogr. de fumier par 100 kilogr. de racines.

Un agriculteur qui peut espérer récolter en moyenne de 40,000 à 50,000 kilogrammes de racines par hectare, doit appliquer sur cette superficie de 25,000 à 30,000 kil. de fumier. Cette quantité est indépendante de celle que consommeront les plantes qui succèderont à la betterave. Si cette dernière plante occupait la première sole d'un assolement de quatre années ainsi conçu : 1º racines; 2º céréales de mars; 3º trèfle, et 4º blé d'hiver; il faudrait enfouir, au commencement de la rotation, de 40,000 à 50,000 kilogrammes de fumier de bonne qualité. Si la betterave devait se succéder à elle-même pendant deux années sur le même terrain, et si la betterave cultivée était la betterave à sucre qui produit en moyenne de 30,000 à 35,000 kilogrammes de racines, la fumure à appliquer ne dépasserait pas 30,000 à 35,000 kilogrammes, soit, par chaque année, 15,000 à 18,000 kilogrammes.

M. de Gasparin porte à 500 kilogrammes de fumier la fumure nécessaire à la production de 100 kilogrammes de racines ; ce qui reviendrait à la quantité énorme de 150,000 kilogrammes de fumier par hectare ; cette évaluation est également contraire à la théorie et à la pratique.

L'expérience a prouvé qu'il n'y a pas avantage à fumer outre mesure les terres destinées aux betteraves à sucre. Lorsque la richesse du sol est excessive, les racines grossissent beaucoup, et cet accroissement de volume a lieu au détriment du sucre.

L'engrais flamand, dont on fait un grand usage dans le Nord, en le répandant ordinairement à l'époque des semailles ; le purin employé en Saxe ; de grandes quantités d'urines employées en arrosement à plusieurs reprises pendant le cours de la végétation, exercent une action très-énergique sur le développement de la betterave en conservant l'humidité au terrain ; les feuilles plus abondantes et plus larges sont d'un vert plus foncé, les racines grossissent toujours, mais sont toujours plus aqueuses.

M. Villeroy rapporte qu'un chaudronnier de Deux-Ponts est parvenu à obtenir jusqu'à 250,000 kilogrammes de betteraves rouges longues, et pesant de 8 à 9 kilogr. en répandant sur ses terres les urines des étables voisines. En Belgique, on a employé le même moyen pour obtenir des betteraves pesant jusqu'à 20 kilogrammes destinées à figurer dans les expositions. Mais n'oublions pas que ces engrais animaux retardent la végétation ou plutôt la maturation de la racine, comme le fait aussi le parcage des moutons ; on doit, par conséquent, les appliquer avec discernement, et lorsque la betterave est cultivée pour l'extraction du sucre, il faut éviter autant que possible l'emploi des engrais qui contiennent beaucoup de sels solubles qui, comme nous l'avons dit plus haut, rendent le jus difficile à traiter, et moins riche en sucre.

Les feuilles de la betterave constituent pour les bestiaux un aliment trop débilitant, il y a plus d'avantage à les laisser sur la terre pour laquelle elles équivalent à un quart de leur poids de fumier.

A ce sujet nous croyons devoir dire quelques mots d'un travail fait par M. Corenwinder pour déterminer l'influence de l'engrais flamand sur la végétation de la betterave. On sait l'usage fréquent que l'on fait de cet engrais dans le département du Nord.

Les résultats des expériences de ce savant sont consignés dans le tableau suivant :

Origine de la betterave.	Densité du jus.	Richesse saccharine.
1º Lot fumé avec l'engrais flamand.	1057	12,05
2º Lot fumé avec les tourteaux. . .	1057	11,97
3º Lot fumé avec l'engrais flamand.	1054	9,86
4º Lot fumé avec les tourteaux. . .	1054	9,86

Ces résultats prouvent que la betterave fumée avec l'engrais flamand n'est pas plus pauvre en sucre que celle fumée avec les tourteaux; et l'auteur de ces recherches ajoute qu'il a eu souvent occasion de se convaincre qu'il ne faut pas proscrire d'une manière absolue l'emploi de l'engrais flamand dans la culture de la betterave, même quand celle-ci est destinée à la fabrication du sucre, avec les conditions expresses, cependant, 1º de ne pas l'employer avec profusion : 2º de l'appliquer au sol avant la semaille ou immédiatement après, ce qui facilite singulièrement la levée des jeunes plantes; et 3º de ne pas répandre cet engrais sur les betteraves en pleine végétation pendant les mois de juillet et d'août. Cette dernière pratique excite la végétation, les racines deviennent énormes, mais contiennent peu de sucre et par contre beaucoup de matières salines qui, pendant le travail de la fabrication, nuisent à la cristallisation.

Des engrais purement végétaux pourront aussi servir à fumer la betterave; c'est ainsi que, dans quelques cas, on emploiera à cet usage ses propres feuilles, qui, comme nous l'avons fait remarquer, sont un mauvais aliment pour les bestiaux.

Tout ce qui a rapport à la nature et à la quantité des engrais à fournir aux betteraves sucrières et aux engrais en général, mérite d'attirer l'attention du cultivateur et du fabricant, au moins autant que les questions relatives aux propriétés du sol; et, en effet, depuis un certain nombre d'années ces questions, extrêmement importantes, ont fait le sujet des recherches de beaucoup d'agronomes distingués et de savants d'un grand mérite.

Les travaux qui, dans ce moment, attirent le plus l'attention du public qui s'intéresse aux progrès de la science agricole, sont, sans contredit, ceux du célèbre professeur M. G. Ville, dont les conférences, faites au champ d'expérience de Vincennes, résument les résultats. Ce savant, en partant d'un grand nombre d'analyses de terres, de végétaux cultivés et d'engrais, est parvenu à composer un engrais chimique qu'il considère comme complet, et qui est formé des substances suivantes:

Phosphate de chaux;

Potasse;

Chaux et magnésie;

Une matière azotée;

mêlées en proportions variables suivant la nature du végétal auquel cet engrais doit s'appliquer.

Voici ce que M. G. Ville dit à ce sujet dans sa cinquième conférence:

« Parlons maintenant de la préparation de l'engrais que nous avons appelé engrais complet, et dont nous venons de passer en revue les divers principes constituants.

« Toutes les substances qui ont fait le sujet de cette conférence étant réduites en poudre, on verse sur le phosphate de chaux 50 pour 100 de son poids d'acide sulfu-

rique ; on abandonne ce mélange à lui-même pendant
vingt-quatre heures, ou pendant quarante-huit heures,
puis on y ajoute la potasse raffinée, l'hydrate de chaux,
et en dernier lieu le nitrate de soude. A la rigueur on
peut supprimer le traitement du phosphate par l'acide
sulfurique, et notamment lorsqu'on emploie du noir animal ; mais pour peu que le phosphate soit compact, le
traitement par l'acide sulfurique est de rigueur.

« Le mélange doit être ainsi composé :

Phosphate de chaux.	400 k.
Acide sulfurique.	200
Potasse raffinée.	200
Hydrate de chaux.	200
Nitrate de soude.	600
	1,600 k.

« Cette fumure contient 80 à 85 kilogrammes d'azote
et elle coûte 448 francs. Son effet dure de 3 à 4 années,
suivant la nature des terrains. J'ai reconnu que dans
beaucoup de cas, il y avait grand avantage à donner
200 kilogrammes de sulfate d'ammoniaque la troisième
année. Mise au plus haut, elle représente donc une dépense de 488 fr., ce qui porte à 122 fr. la dépense annuelle.

« On peut remplacer les 600 kilogrammes de nitrate
de soude par 400 kilogrammes de sulfate d'ammoniaque.
Cette substitution permet de réaliser, sur la matière azotée, une économie de 70 francs. Je la crois, en outre,
avantageuse et propre à donner au mélange une plus
grande efficacité à l'égard du froment et du colza, mais
inférieure à l'égard de la betterave et de la pomme de
terre. Seulement, il faudrait répandre l'engrais en deux
temps, comme nous allons le dire en traitant la question
de l'épandage. Voici, pour ma part, la méthode que je
préfère.

« S'il s'agit de l'engrais au nitrate de soude, on le
mêle avec deux ou trois fois son volume de terre que

l'on passe à la claie, pour en retirer les pierres, et sur laquelle on verse ensuite quelques arrosoirs d'eau pour l'humecter légèrement, on y mêle alors l'engrais et on forme du tout un tas qu'on abandonne à lui-même pendant vingt-quatre heures. Le lendemain on retourne ce mélange encore une fois, et on le répand à la main ou à la machine. Lorsqu'on répand à la main, on procède comme si on semait à la volée. Le petit surcroît de dépense que l'addition de la terre entraîne, est largement compensé par les avantages qui résultent d'un épandage plus égal.

« Il est toujours préférable de procéder à l'épandage des engrais par un temps humide. Quant au mode, il y a toute sorte d'avantages à se servir d'une machine. L'épandage est ainsi plus rapide, plus régulier et plus économique.

« La préparation des engrais doit avoir lieu de préférence dans la cour de la ferme ou sur une aire à battre disposée à cet effet. »

Suivant M. G. Ville, l'emploi de cet engrais lui aurait donné des résultats réellement prodigieux; nous nous contenterons de rapporter les suivants :

1.

Du blé cultivé avec les différents engrais indiqués ci-dessous a produit à l'hectare :

Avec l'engrais complet. . . . . . $\begin{cases} \text{Paille. . 6944 kil.} \\ \text{Grains. . 3750} = 46\,\text{hect.} \end{cases}$

$$10691$$

Avec engrais azoté sans matière minérale. . . . . $\begin{cases} \text{Paille. . 3487 kil.} \\ \text{Grains. . 1620} = 20\,\text{hect.} \end{cases}$

$$5107$$

Engrais minéral sans matière azotée. . . . . $\begin{cases} \text{Paille. . 3003 kil.} \\ \text{Grains. . 1287} = 16\,\text{hect.} \end{cases}$

$$4290$$

Terre sans engrais.. . . . . . . {Paille. . 2640 kil.
{Grains.. 902 = 11 hect.

3542

2.

Betteraves fraiches.	Engrais complet.	Engrais minéral.	Terre sans engrais.
1862.	38600 k.	19000 k.	13700 k.
1864.	34800	19950	18800
1865.	47350	16700	2700
Rendement moyen.. . .	40250	18550	11735

Cependant tout le monde n'adopte point les idées de M. G. Ville, et ne conçoit pas d'aussi brillantes espérances; elles ont, au contraire, rencontré bon nombre de contradicteurs, parmi lesquels il se trouve des agronomes et des savants très-versés dans ces questions, et auxquels la science agricole doit des progrès importants.

Une polémique, malheureusement un peu trop personnelle, s'est élevée entre M. G. Ville et M. Rohard; on peut en lire une espèce de résumé dans la 257me livraison du *Moniteur scientifique* de M. le docteur Quesneville. Nous devons reconnaître que les raisons que fait valoir M. Rohard sont loin d'être sans valeur, et que nous sommes parfaitement d'accord avec lui sur le rôle très-important, mais peut-être pas suffisamment défini et souvent négligé que joue l'humus dans les phénomènes de la végétation.

Choix et préparation de la graine. — Le choix de la qualité de la graine à employer est, comme on doit bien le supposer, un des points essentiels de la culture de la betterave. Le premier soin qu'on doit avoir c'est de n'employer que de la semence bien pure et appartenant toute à une même variété, et pour en être bien sûr il est indispensable que le cultivateur la récolte lui-même.

Disons à ce propos que les fabricants de sucre et les distillateurs qui traitent avec des fermiers pour la livraison du produit d'un nombre déterminé d'hectares, feront

toujours très-bien de se réserver la faculté de leur fournir la graine de semence qu'ils devront se procurer chez
des cultivateurs intelligents.

En parlant des caractères botaniques de la betterave,
nous avons dit que cette plante est bisannuelle; elle ne
produit la graine que dans la seconde et dernière année
de sa végétation, il faut, par conséquent que, lors de la
récolte des racines, le cultivateur en réserve un certain
nombre des mieux conservées d'une grosseur moyenne
et offrant au plus haut degré les caractères de la variété
que l'on veut propager. On coupe leurs feuilles en évitant
d'endommager le collet, puis on enterre les racines dans
la position verticale dans du sable dans une cave ou dans
un cellier frais et non humide. Si en février ces racines
commençaient à pousser, on les transporterait dans une
pièce sèche, un peu froide et bien éclairée.

Au printemps, lorsque les gelées ne sont plus à craindre, on les replante dans un jardin anciennement fumé,
à la distance, les unes des autres, d'un mètre en tous
sens; on les arrose, au besoin, mais modérément. Pendant la végétation, on supprime les pousses tardives, et,
l'on pince les rameaux principaux, ainsi que l'extrémité
de la tige. Il est convenable de soutenir les rameaux à l'aide
de quelques échalas, il serait même bon de les palisser
à la manière des espaliers, afin de ralentir à volonté la
végétation par les courbes et la pression des ligatures.

Il est essentiel d'éviter soigneusement de laisser fleurir
une plante porte-graine appartenant à une variété différente, car il peut facilement en résulter des hybrides,
c'est-à-dire des variétés intermédiaires s'éloignant plus
ou moins de celle que l'on veut cultiver.

L'existence d'une fabrique de sucre peut dépendre de
la qualité de la graine; il est évident que le fabricant ne
doit employer que celle qui lui fournira la plus grande
quantité possible de sucre, il devra donc éviter les
moins bonnes sous ce rapport, comme, par exemple, la
bouteuse, qui pourtant est fréquemment cultivée dans

le Nord; se rappeler que les racines les plus grosses ne sont pas les plus riches en matière sucrée, que les engrais trop azotés ne sont pas favorables à la production de celle-ci, et surtout qu'il ne doit pas chercher à se procurer les betteraves au plus bas prix possible; la campagne désastreuse de 1857-58 en est un exemple malheureux.

En Allemagne, il s'est formé des associations pour l'amélioration de la betterave, et les fabricants de ce pays obtiennent, proportionnellement, des quantités plus considérables de sucre, non pas par des méthodes particulières, mais simplement par la qualité de betteraves qu'ils emploient, dont la richesse saccharine dépasse de 20 à 30 pour 100 celle des racines françaises. On sait d'ailleurs que la proportion des matières étrangères augmente à mesure que celle du sucre diminue.

Plusieurs cultivateurs allemands livrent au commerce des graines de betteraves d'une grande richesse saccharine ; nous citerons particulièrement M. Ferd. Knauer, de Grobers, près Halle, qui produit une variété dite impériale, dont il garantit la valeur en sucre à 17 pour 100. M. le docteur Grouven, qui dirige la station expérimentale de Tharand, affirme avoir obtenu des betteraves dont le jus titre au densimètre 10,774 — 10,775 — 10,717 et 10,800, et M. le docteur Ritthausen, de la station de Saarau, en Silésie, a annoncé des chiffres presque aussi élevés.

M. le baron de Koppy, à Khrain, en Silésie, qui l'un des premiers a fabriqué du sucre de betteraves, s'occupe, depuis le commencement du siècle, de l'amélioration de la variété désignée par le nom du pays qu'il habite, et est parvenu, par une culture suivie et rationnelle, à obtenir une race dont les racines, d'un poids tout à fait normal, ont une richesse saccharine très-remarquable et très-constante. Cette richesse serait de 9,4 à 10,3 de l'aréomètre de Baumé, correspondant à 15,5 — 16,2 % de sucre d'après le polarimètre.

M. le docteur Koppy vend sa graine aux cultivateurs à raison de 24 thalers (86 fr. 40 cent.) les 100 kilogrammes.

M. de Sauray, à qui nous empruntons ces derniers détails contenus dans une lettre insérée dans le *Journal des fabricants de sucre*, parle aussi des recherches remarquables entreprises sur le même sujet par feu M. Louis Vilmorin; ce savant agronome dont l'exactitude est bien connue, a obtenu des racines dont le jus frais marquait une densité de 10,878; et des graines qu'il avait envoyées à M. de Sauray ont produit des racines fournissant un suc couleur chocolat foncé, et marquant au densimètre 10,872 à la température de +15 degrés centigrades; or, 10,850 du densimètre correspondent à 11 Baumé, degré qui indique une richesse de 20 %. Mais M. L. Vilmorin avait obtenu un résultat encore plus extraordinaire, savoir des racines dont le jus marquait 16,910 au densimètre, ce qui correspond à 24 % de sucre.

Ces expériences nous prouvent que par le choix d'une bonne graine, on parviendra à produire des races constantes d'une richesse bien supérieure à celles des variétés qu'on emploie actuellement. C'est aux savants qui s'occupent de physiologie végétale, et aux expérimentateurs exercés à diriger leurs recherches, de manière à découvrir les conditions les plus avantageuses pour atteindre ce but.

Lorsque nous aurons terminé tout ce qui est relatif à la culture de la betterave, nous reviendrons, dans un aperçu général, sur cette question des variétés qui est du plus grand intérêt pour le fabricant de sucre.

Dans nos pays, la graine de la betterave mûrit en septembre, mais il faut la récolter le plus tard possible. On choisit les fruits les plus gros et les plus mûrs de la partie moyenne des épis, et on rejette les autres. Chaque plante peut fournir environ 200 grammes de fruits secs.

Comme ces fruits contiennent plusieurs graines, il arrive, si on les sème entiers, ce qui est le cas le plus ordinaire, que de chacun il se développe deux, trois et même quatre petites plantes qu'il est nécessaire d'éclaircir au moyen d'un sarclage; mais comme cette opération peut occasionner des lésions dans les pieds réservés, quelques cultivateurs ont adopté l'usage de piler ces fruits dans une sébile de bois, et de les cribler ensuite pour en séparer les graines.

Ces graines conservent pendant trois ans la faculté de germer, et même pendant quatre, suivant Schwerz. Cependant, il ne serait pas prudent d'attendre plus de deux ou trois ans avant de les semer, et lorsqu'on les a laissé trop vieillir, il est bon de les frotter entre les mains et de les mouiller avec du purin étendu d'eau, 24 heures avant de les employer.

Dans beaucoup de fermes on a adopté la méthode de toujours mouiller la graine avant de la semer ; souvent on prolonge cette humectation pendant quatre ou cinq jours, puis on fait tremper pendant quelques heures dans du vinaigre léger.

Schwerz recommande, pour hâter la germination des graines, de les faire macérer pendant quelques jours dans l'eau tiède. Cette méthode fournit en même temps le moyen de séparer la bonne graine de la mauvaise, car celle-ci vient surnager à la surface du liquide. On enterre la graine toute humide, et pour la rendre plus facile à manier, on la saupoudre de plâtre, de cendre ou de chaux bien pulvérisée.

D'après le *Journal des fabricants de sucre*, des graines de betteraves préparées avec de l'azotate de potasse, au moment de l'ensemencement, ont déterminé l'évolution prompte et vigoureuse de la plante ; des semences infusées dans une eau acidifiée par un centième d'acide azotique, donnèrent les mêmes résultats qu'on ne peut obtenir par le pralinage avec des engrais concentrés, tels que le guano, le noir animal, les tourteaux et le phosphate acide de chaux.

Epoques des semailles. — On ne doit semer que lorsque les grands froids ne sont plus à craindre, car les jeunes plants de betteraves sont très-sensibles à la gelée ; mais il ne faut pas non plus retarder trop longtemps, les plantes devant être suffisamment développées avant les sécheresses de l'été, qui autrement, pourraient diminuer la récolte de moitié. Nous voyons par là que l'époque des ensemencements doit dépendre de la latitude ; en général, dans le Midi, cela a lieu depuis la fin de février jusqu'au commencement d'avril ; et dans les régions plus septentrionales, seulement depuis la mi-mars jusqu'au 15 de mai. On doit autant que possible les pratiquer lorsque la température moyenne a atteint environ 10 degrés, que la terre est sèche, et par une belle journée.

L'ensemencement précoce semble exercer une influence remarquable sur le rendement de la betterave en poids et sur sa richesse saccharine. M. Marchand, de Fécamp, a fait des observations très-intéressantes à ce sujet. Il résulte de ses recherches que pour des ensemencements faits graduellement du 24 avril au 5 juin, le rendement diminue aussi graduellement de 42,960 kilogrammes de betteraves par hectare à 21,000, et la quantité de sucre de 3,500 kilogrammes à 1,125. Ces différences énormes méritent de fixer toute l'attention du fabricant de sucre et du distillateur.

Ces effets de l'âge de la racine sur leur quantité et sur celle de sucre qu'elles contiennent, sont complétement confirmées par les résultats pratiques obtenus dans le nord de la France et en Belgique.

Mode de semaille.— On peut semer en place, c'est-à-dire à l'endroit même où les racines doivent parcourir toute leur évolution jusqu'à la maturité, ou en pépinière. Nous nous occuperons d'abord du premier procédé.

Les graines sont répandues sur le sol, soit à la volée, soit en lignes ; mais le premier procédé présentant de graves inconvénients, a été généralement abandonné.

Dans la seconde manière de procéder, les lignes destinées à recevoir la graine, doivent être assez espacées entre elles pour qu'on puisse donner une grande partie des façons d'entretien avec des instruments attelés. Cette distance doit dépendre d'ailleurs du développement que les plantes peuvent prendre suivant la nature du sol, sa richesse en engrais et la quantité d'eau qu'il peut recevoir pendant l'été ; elle doit être augmentée avec ce développement. Pour les betteraves fourragères, la distance des lignes peut être de 0m.50 à 0m.65, mais pour les betteraves à sucre, elle ne doit pas dépasser 0m.40 à 0m.50 ; quant à l'espace à laisser entre les plants sur les lignes, il peut aller de 0m.30 à 0m.50.

La profondeur à laquelle on doit enterrer les graines, peut varier de 2 à 3 et même à 4 centimètres, suivant le plus ou moins de consistance du sol.

Le moyen de semer qui réunit à la fois l'économie, la rapidité et la régularité, est sans contredit l'emploi du semoir, et surtout du semoir attelé de M. Hugues ; il est, à la vérité, un peu trop coûteux pour les petits cultivateurs. Traîné par un cheval docile et dirigé par un homme intelligent, il doit répandre dans les rayons ouverts par les tubes de 10 à 15 graines par chaque mètre de long.

On peut également se servir du semoir à brouette de Mat. de Dombasle ; mais il faut tracer d'avance avec un rayonneur les sillons qui doivent recevoir la graine, et ajuster le semoir de manière à déposer une graine tous les 8 centimètres, sauf à arracher ensuite les jeunes plants trop rapprochés.

Pour emplir les sillons et recouvrir la graine, le mieux est de passer dessus un châssis en bois, sur lequel on a fixé des branches d'épines.

On termine l'opération en comprimant le sol à l'aide d'un plombage plus ou moins énergique, suivant son degré de compacité et d'humidité. Dans les terres recevant trop d'humidité, on évite, en partie, les inconvénients de celle-ci en ensemençant au sommet de petits billons formés avec le buttoir.

Un bon semoir peut semer en moyenne 3 hectares par jour.

Dans les petites exploitations, la méthode la plus généralement suivie, consiste à tracer au cordeau avec un *rayonneur à main*, des lignes parallèles et également espacées, et d'y faire déposer les graines par de femmes ou des enfants qui les recouvrent à mesure avec un rateau. Cependant, lorsque la surface à ensemencer est d'une grande étendue, on trace les rayons avec un rayonneur à cheval, et on recouvre la semence au moyen d'une herse traînée par un cheval.

Semis en pépinières. — La betterave peut être facilement transplantée pour la cultiver au moyen du repiquage. Cette opération est nécessaire pour les racines qui doivent être cultivées dans des terres qui se tassent sous les pluies battantes, et durcissent ensuite à la moindre chaleur; d'ailleurs, cette méthode de semer en pépinière, paraît, suivant M. Favret, cultivateur du Berry, donner un produit supérieur de 15 à 20 pour 100.

Cependant les betteraves blanches de Silésie, à collet rose, ne supportent pas très-bien le repiquage, parce que leurs racines sont très-pivotantes. En outre, il est à remarquer que, suivant Math. de Dombasle, elle ne réussit pas bien pour les plantes repiquées dans des lignes de semis à demeure, car, dans ce cas, les plants se trouvent dans des conditions bien moins favorables que ceux repiqués en plein, étant placés dans une terre déjà tassée, et soumis, pendant tout le temps de leur reprise, à la domination des plants voisins qui ont pris possession du sol; tandis que les plants repiqués en plein trouvent une terre fraîchement préparée, et étant tous dans les mêmes conditions, ils n'exercent aucune action fâcheuse les uns sur les autres.

Le sol sur lequel on veut établir une pépinière, doit être meuble, riche, bien fumé et avoir été labouré à la bêche; il faut aussi qu'il soit bien exposé et abrité des vents du nord et de l'est. Les semis doivent y être faits de bonne heure; suivant quelques cultivateurs, ils doivent avoir lieu à peu près à la même époque que les semis à demeure. Les graines y sont placées dans des lignes distantes de 0m.30 les unes des autres, mais on sème beaucoup plus dru.

Une pépinière bien garnie de jeunes betteraves, et ayant un hectare d'étendue, doit fournir assez de plants pour repiquer 8 à 12 hectares.

Les mauvais effets des hâles de mars et d'avril doivent être combattus par des arrosages, et ceux des pluies battantes, en couvrant les semis de fumier court et de débris de paille, ce qui présente, en outre, l'avantage d'entretenir dans le sol une plus grande fraîcheur pendant les jours chauds d'avril et de mai.

On éclaircit les plants, si cela est nécessaire, quand ils ont deux ou trois feuilles. Les betteraves trop serrées dans les pépinières sont sujettes à *filer*, c'est-à-dire qu'elles s'élèvent beaucoup et grossissent difficilement. Il est important que cette opération puisse s'effectuer de bonne heure pour appliquer ensuite des binages convenables ; ces opérations hâtent leur développement et le moment où on pourra les repiquer ; or, moins cette époque est reculée, plus le produit est abondant. Il faut, pour commencer le repiquage, que les plants aient acquis un diamètre d'environ 15 millimètres, c'est alors qu'ils sont assez forts et qu'ils ne sont plus exposés à être détruits par la sécheresse. Le repiquage ne peut avoir lieu que vers le commencement de mai dans le midi de la France et du 15 au 20 dans le nord.

Quand le moment est venu, on choisit un temps sombre, humide, puis on déplante d'abord une ligne sur deux, de sorte que les lignes restées intactes sont placées à 0m.60 les unes des autres. On éclaircit ensuite les plants sur ces dernières lignes de façon qu'ils soient à la distance de 0m.30 les uns des autres ; la pépinière ainsi éclaircie, reçoit ensuite la même culture que les semis à demeure et donne de très-bons produits.

A mesure que les jeunes plants sont enlevés de la pépinière, on coupe leurs feuilles à environ 0m.10 au-dessus du collet pour diminuer les effets de l'évaporation ; on coupe également l'extrémité de la racine lorsqu'elle est trop longue pour se loger dans la terre sans se replier, et l'on repique.

Lorsqu'on se sert de la charrue, on dépose les jeunes plants contre la bande de terre renversée; on les y enterre légèrement, en ayant soin de les espacer convenablement, et le trait de la charrue vient les recouvrir; il n'y a plus alors qu'à presser la terre avec le pied contre la racine. On garnit ainsi une raie sur trois ou quatre, selon la largeur des raies et la distance qu'on veut réserver entre elles.

Pour le repiquage au plantoir, on trace sur le sol, avec le rayonneur, des sillons régulièrement espacés.

Des femmes, munies d'un plantoir, dont la longueur leur sert à mesurer la distance à réserver entre chaque betterave, et portant des plants dans leur tablier, suivent chacun de ces sillons; tandis que de la main droite elles enfoncent le plantoir, de la gauche elles introduisent le plant jusqu'au-dessus du collet, enfonçant ensuite le plantoir un peu obliquement à $0^m.03$ ou $0^m.05$ du plant, elles tassent d'abord la terre contre l'extrémité inférieure de la racine, puis ramenant rapidement la partie supérieure du plantoir du côté de cette dernière, elles pressent la terre contre la racine jusqu'au collet. En avançant le pied pour passer à la betterave suivante, elles appuient le talon de manière à remplir de terre le dernier trou du plantoir. Le succès de ce repiquage dépend beaucoup du soin que l'on apporte à comprimer la terre contre la racine.

On peut se servir aussi du plantoir double usité en Flandre et dont la distance des branches est égale à celle à réserver entre les plants sur la ligne; un ouvrier pratique les trous avec cet instrument et est suivi par des femmes qui y déposent les plants et les ferment comme il a été dit plus haut.

Si on était obligé d'exécuter cette opération par un temps de sécheresse, il faudrait arroser les jeunes plants immédiatement après le repiquage, avec de l'eau douce ou même avec du purin.

M. Koechlin a proposé une méthode nouvelle, se basant sur les considérations suivantes. La betterave est une plante bisannuelle qui, pendant la première année de sa végétation, grossit en rapport de la chaleur et de l'humidité dont elle peut jouir. Semée aux époques ordinaires, elle n'a que six mois de végétation active sur lesquels il en faut retrancher environ deux pour le midi et les sols légers du nord pendant tout le temps des sécheresses, pendant lesquelles sa végétation est comme suspendue. Si on pouvait hâter de 50 à 60 jours, au printemps, sa mise en culture, il est évident qu'on procurerait à la plante un prolongement de vie bien précieux et qu'on augmenterait son produit.

Voici maintenant quelle est la méthode proposée, il y a quelques années, par M. Koechlin :

Ensemencer sur couche et sous châssis vers le 15 janvier, pour repiquer les plants vers le 15 avril, à une distance de 0^m.10 les uns des autres, sur des lignes espacées d'un mètre. Suivant l'auteur de ce procédé, 40 mètres de chassis suffiraient pour élever les 20,000 plants nécessaires à un hectare, et chaque betterave atteindrait en moyenne le poids de 17 kilogrammes, ce qui donnerait le rendement total énorme d'environ 300,000 kilogrammes par hectare. M. de Gasparin a essayé ce mode de culture dans le midi et a obtenu jusqu'à 275,000 kilogrammes de betteraves sur un sol où, par la méthode ordinaire, il en récoltait à peine 20,000. Les conditions qu'il recommande pour obtenir ce résultat magnifique, sont : 1° de défoncer rapidement le terrain pour permettre aux racines un plus grand développement; 2° d'y accumuler une grande quantité d'engrais. M. de Gasparin employait par hectare 200 mètres cubes de bon fumier et 1,500 kilogrammes de tourteaux de colza; 3° resserrer les plants à 0^m.33 dans tous les sens; 4° faire le semis sur couche et sous châssis, au commencement de janvier; 5° repiquer en avril avec du plant qui, à cette époque, a acquis la grosseur du doigt.

Si ces résultats, que l'on peut appeler prodigieux, venaient à se généraliser, ils arriveraient à substituer partout le repiquage aux semis sur place. Mais il semble difficile que ce genre de culture puisse être pratiqué en grand, et l'on remarque que quelles que soient les précautions que l'on prenne, beaucoup de betteraves montent en graine, et, par conséquent, sont perdues pour le fabricant.

M. Bodin, dans un article inséré dans le *Journal d'Agriculture pratique* et reproduit dans celui des *Fabricants de sucre* du 18 mai 1865, présente, au sujet de la transplantation, des remarques très-importantes, dont nous croyons utile de donner un extrait :

« En examinant une jeune plante de betterave arrachée du semis, on reconnaît que l'extrémité de la racine a été brisée ; le filet qui la constituait s'enfonçait dans le sol où il allait puiser l'humidité qui manque à la surface ainsi que les sucs nourriciers qui s'y accumulent et que les parties plus superficielles de la plante ne pourraient utiliser. Les plantes à racines profondes sont nécessaires aux récoltes superficielles, et c'est cet enchaînement qui est la cause que les plantes de même famille, de même genre et de même espèce se succèdent mal sur le même sol et sans interruption.

« La betterave transplantée aura changé de nature, en quelque sorte, elle souffrira des longues sécheresses et ne remplira plus le même rôle dans l'assolement. On n'est pas bien sûr de connaître la saison la plus convenable pour la transplantation, qui se fait presque toujours pendant les chaleurs.

« Les pépinières présentent l'avantage de pouvoir être fumées fortement, d'être arrosées au besoin et de pouvoir être préservées des insectes. En outre, elles permettent au cultivateur de bien préparer la terre qui doit recevoir les jeunes plants ; mais cette facilité de culture

ne s'obtient qu'aux dépens de la récolte, qui est rarement aussi belle et aussi assurée. »

Quantité de semence à employer. — Pour les semis en
place et en ligne, il faut de 5 à 6 kilogrammes de graine
par hectare; mais les semis sur billons n'en demandent
que la moitié. Il en faut environ 30 kilogrammes pour un
hectare en pépinière.

Faisons remarquer qu'un kilogramme de graine représente environ quatre litres contenant à peu près 48,000
grains, et que par conséquent les 5 à 6 kilogrammes de
graine que l'on sème sur un hectare représentent de
240,000 à 250,000 grains, ou au moins cinq fois le nombre
de plants qui peuvent prospérer sur cette étendue.

Culture d'entretien. — Cette culture consiste en trois
binages et en éclaircissages. Le premier binage a lieu au
moment où les jeunes plants ont deux feuilles primor-
diales; il se fait à bras au moyen de la binette flamande.
Il doit être exécuté avec beaucoup d'attention et autant
que possible par un temps sec. Pour éviter de détruire
les jeunes betteraves, on se borne à ameublir l'intervalle
entre les lignes.

Second binage. — Il doit être donné lorsque les betteraves ont trois ou quatre feuilles bien développées et que
les mauvaises herbes commencent à envahir le sol; cela
a lieu trois ou quatre semaines après le premier binage.
Il s'exécute quelquefois avec la houe à cheval, lorsque
la végétation a été favorisée par la chaleur et l'humidité.

Troisième binage. — Enfin on donne ce dernier binage
en juillet ou août, avant que les feuilles aient couvert en
grande partie la surface du sol. Tous ces binages peuvent
être exécutés à la houe à cheval.

Eclaircissage. — Lorsque les plants sont trop serrés
dans les lignes, on en arrache quelques-uns, afin de
laisser entre ceux qui restent un espace qui, suivant les
variétés, sera de 25, 30 ou 40 centimètres. On doit commencer cette opération lorsque les betteraves ont trois
ou quatre feuilles, ce qui a lieu à la fin du mois de mai

et ne doit pas se continuer au-delà de juin. La même graine pouvant donner naissance à plusieurs plantes, il est essentiel aussi de n'en laisser qu'une seule, car en les laissant végéter toutes, elles se nuiraient mutuellement. Lorsque les plantes sont jeunes, on les détruit en les coupant avec l'ongle au-dessus du collet.

On profite de l'éclaircissage pour remplacer celles qui n'ont pas poussé ou ont péri dans les lignes.

Effeuillement. — Les plantes respirent et ce sont les feuilles qui sont leurs poumons, il est donc évident que l'ablation de ces organes doit nécessairement leur être nuisible, et arrêter leur accroissement; cependant on a remarqué que l'on peut enlever sans inconvénient les feuilles qui changent de couleur et dont le pétiole commence à jaunir et à se flétrir, ainsi que celles de la base lorsque la végétation commence à languir.

L'effeuillement favorise le développement du collet, ce qui oblige, au moment de la récolte, à faire de larges plaies à la racine qui nuisent à sa conservation. En outre, d'après des expériences faites par Schwarz et par Langenthal, elle occasionne dans le poids de la récolte une diminution considérable qui peut s'élever à 33 et 36 pour 100. Il est donc évident qu'il faut bien se garder d'enlever toutes les feuilles, même en plusieurs fois, comme quelques cultivateurs l'ont conseillé. On ne peut demander des feuilles vertes aux betteraves que pendant les quinze jours qui précèdent l'arrachage des racines.

Autrefois on considérait les feuilles de la betterave comme un excellent fourrage, et la plante était presque uniquement cultivée pour se procurer celles-ci. Mais maintenant les cultivateurs sont loin d'être d'accord sur leur valeur nutritive; en effet, quelques-uns d'entre eux supposent que 100 kilogrammes de foin sont représentés par 600 de ces feuilles, tandis que d'autres prétendent qu'ils le sont seulement par 250 kilogrammes de feuilles.

En réalité, ces feuilles constituent une mauvaise nourriture pour les bestiaux; données seules, elles sont trop purgatives, et l'animal ne s'assimile pas les matières azotées qu'elles contiennent. Cependant M. Decrombecques dit avoir constaté que les pétioles n'exercent aucune action de ce genre et il les donne avec avantage à ses animaux, après en avoir séparé le limbe.

Mais si les feuilles de la betterave ne peuvent pas être regardées comme un bon aliment, elles sont un riche engrais pour les terres sur lesquelles on les abandonne; en effet, elles contiennent quatre fois plus d'azote que n'en contient un poids égal de racines, et, d'après M. Boussingault, leur poids est égal à 6,78 fois celui des racines.

Récolte. — La racine de betterave n'acquiert son maximum de développement que pendant les mois d'août, septembre et octobre, et continue pendant tout l'hiver à accumuler les fluides nécessaires à la production de la graine qui, comme on sait, a lieu dans la seconde année de sa vie; il est donc utile de récolter le plus tard possible, car on obtient ainsi un poids plus considérable de racines qui se conservent mieux et sont plus propres à l'extraction du sucre. Cependant lorsque la température moyenne s'est abaissée au-dessous de 9° à 10°, l'augmentation de poids des racines devient insignifiante, et généralement on les arrache à partir du 15 septembre.

Il faut, autant que possible, que cette opération soit terminée avant l'arrivée des grandes pluies ou des grands froids. En général, on arrache plus tôt lorsque le terrain est argileux et humide, et plus tard, lorsqu'il est sec et léger. L'arrachage pendant les pluies, surtout si le sol est compact et argileux, présente de graves inconvénients, il est plus difficile et laisse le champ en très-mauvais état pour la récolte suivante.

Pour ce qui est du froid, les betteraves le supportent assez bien, surtout celles qui sont complétement enterrées, qui ne craignent pas une température de — 4° à — 5°.

L'arrachage peut s'effectuer de plusieurs manières. Dans beaucoup de fermes de la Flandre et de la Picardie, on le fait à la bêche ou au louchet. Pour cela, l'ouvrier enfonce l'instrument à 0m.1 environ de la racine qu'il soulève ensuite avec la terre, en abaissant le manche vers le sol; un aide qui le suit saisit la plante par les feuilles et achève de la déterrer.

Une seconde manière d'opérer consiste à employer la fourche à dents plates ou la houe fourchue ; mais elle expose les racines à être blessées, ce qui n'est pas à craindre dans celle que nous avons décrite.

Dombasle avait proposé la charrue; mais ce moyen est encore plus funeste aux racines que le précédent, et a été complétement abandonné.

Il faut retrancher le collet des racines destinées à être conservées, mais on se borne à enlever par torsion les feuilles de celles qui sont livrées immédiatement aux fabriques.

Dans cette opération, il faut bien éviter d'entamer la racine, et chercher à obtenir du premier coup une section nette et régulière. Elle peut s'exécuter, soit pendant l'arrachage, soit immédiatement après.

Dans le premier cas, on se sert d'une faucille, et dans le second, d'une serpette; mais la première manière donne une section oblique et doit être abandonnée. Dans la seconde, l'ouvrier tient la racine horizontalement de la main gauche et coupe le collet perpendiculairement à l'axe.

Lorsque ces opérations se font par un beau temps et une température supérieure à la moyenne, la cicatrisation de la section se fait rapidement et on n'a pas à craindre des altérations des racines pendant leur conservation.

On calcule qu'en moyenne le poids des collets et des feuilles forme le quart de celui de la récolte.

Après avoir enlevé les collets, il faut débarrasser les racines de la terre qui y est restée adhérente et de leur

chevelu ; il faut pour cela se servir du dos d'une faucille
ou d'un couteau de bois, et bien se garder de les frapper
les unes contre les autres, ce qui pourrait les meurtrir et
occasionner par la suite des pertes considérables. En général, il est prudent de mettre de côté, comme ne se conservant que difficilement, toutes les racines blessées pendant l'arrachage, ainsi que celles qui sont creuses, montées
ou atteintes par la gelée.

Lorsqu'on n'a pas des moyens de transport suffisants
pour enlever immédiatement les racines et les conduire
au lieu où on se propose de les conserver, il est nécessaire de les mettre en tas afin de les soustraire à l'action
de l'air qui les dessècherait et les riderait, et par suite
elle en rendrait la conservation difficile, et il est convenable de mieux les garantir en les couvrant de feuilles
et de terre.

D'après MM. Girardin et Dubreuil, il est bon de les
laisser dans cet état le plus longtemps possible, car on
a remarqué que plus on tarde à les rentrer, et mieux elles
se conservent ensuite, ce qui tient probablement à ce
que, à cette saison de l'année, elles sont exposées à une
température moyenne, toujours moins élevée que celle
des celliers et des silos. Elles peuvent supporter ainsi,
sans altération, un abaissement de température de 6° au-
dessous de zéro.

Dans notre département de l'Oise, des fabricants de
sucre et des distillateurs très-expérimentés ont renoncé
à l'usage des silos et des celliers ; leurs racines restent
disposées en tas jusqu'à la fin de la fabrication.

Lorsqu'on les rentre, on doit choisir un temps froid et
pas trop sec.

Conservation. — Cependant on continue, en général, à
mettre les racines à l'abri des agents atmosphériques,
dans des celliers, des caves, des fosses ou des silos, et
cela paraît nécessaire dans les pays où l'hiver est très-
rigoureux.

A ce propos, nous croyons qu'il ne sera pas inutile de

rapporter ce que nous disions dans notre dernière édition (page 129) :

La fabrication du sucre de betteraves se prolongeant pendant une partie de l'hiver, un des soins les plus importants est de pourvoir à la conservation de cette racine, en la préservant des différentes influences qui pourraient en altérer la composition et diminuer la quantité de matière sucrée qu'elle contient au moment de la récolte.

Ces causes d'altération peuvent se réduire : 1º à l'influence qu'exerce sur tous les êtres organisés une force occulte, d'après laquelle s'exécutent toutes leurs fonctions, dont l'action se continue même après que le végétal a été séparé du sol, et à laquelle on a donné le nom de *force vitale* ; 2º à la température et à l'humidité.

Toutes les plantes conservent donc, ainsi que nous venons de le dire, un reste de vie qui continue plus ou moins longtemps, et avec plus ou moins de force à élaborer les matériaux dont elles sont formées. Différentes circonstances peuvent suspendre, détruire ou favoriser cette action ; une température au-dessous de zéro présente le premier de ces phénomènes. et, dans ce cas, la betterave peut se conserver indéfiniment. Soumise en cet état aux opérations qui ont pour but d'en extraire le sucre, elle en fournit une quantité absolument égale à celle qu'elle aurait donnée avant d'être gelée ; seulement le travail de la râpe en devient un peu plus pénible. Mais il en est tout différemment, si l'on donne le temps au dégel de s'effectuer ; les betteraves sont alors molles, ridées, et ne tardent pas à entrer en putréfaction. Le terme moyen de la congélation des betteraves paraît être entre le troisième et le quatrième degré au-dessous de zéro du thermomètre de Réaumur. Mais ce degré peut varier suivant la quantité d'eau qu'elles contiennent, les moins aqueuses pouvant quelquefois supporter de un à deux degrés au-dessous de celui que nous avons indiqué.

Une température un peu élevée détruit la force vitale de la betterave ; mais dans une racine complétement desséchée, la proportion de sucre cristallisable qu'on pourrait en retirer serait considérablement diminuée, soit par quelque altération qu'une dessiccation trop prompte pourrait lui faire subir, soit par les difficultés qui en résulteraient dans le travail.

Cependant, M. Nosarzewski conseille de conserver les betteraves au moyen de leur dessiccation, et de reprendre ensuite leur sucre par l'eau et même par l'alcool. Son opinion ne repose sur aucune expérience positive ; en admettant même qu'elle fût basée sur des faits, cette méthode serait trop coûteuse pour être adoptée dans les fabriques.

En traitant de la fabrication, dans cette nouvelle édition, nous reviendrons sur les tentatives faites pour appliquer en grand le procédé de dessiccation.

Nous continuons à transcrire le chapitre de notre première édition.

L'action de la force vitale est singulièrement favorisée par une température moyenne de 12° à 15°, surtout si elle est accompagnée d'humidité ; c'est toujours aux dépens du principe sucré que s'effectue cette action. Des betteraves placées dans de pareilles circonstances s'altèrent très-promptement ; il s'y développe une fermentation d'abord acide, mais qui ne tarde pas à devenir putride ; leur intérieur présente alors une foule de cellules très-apparentes, remplies d'un liquide visqueux et filant ; leur chair est noire, tendre, et leur surface se recouvre de moisissures.

Or, dans des betteraves réunies sous un grand volume, sans que l'air puisse se renouveler, la force vitale suffit pour développer une chaleur capable de provoquer la production de ces divers phénomènes. Il est même arrivé souvent que la fermentation marchait avec assez de violence pour qu'il s'exhalât de la masse des vapeurs abondantes.

Fabricant de Sucre.   16

M. Dubrunfaut rapporte, sur le témoignage de plusieurs fabricants, que les betteraves qui, à une époque, ne donnaient pas de sucre, abandonnées à elles-mêmes pendant quelque temps, en ont fourni du très-beau plus tard. L'auteur que nous venons de citer, tout en trouvant ce fait très-singulier (et nous sommes bien de son avis), ne paraît pas cependant le regarder comme impossible : il admettrait alors, pour l'expliquer, une élaboration des sucs de la plante qui, à la première époque, n'avait pas eu lieu, et qui se serait effectuée postérieurement.

Le premier moyen employé pour conserver les betteraves, celui qui se présentait naturellement, fut de les mettre en tas dans la cour, ou dans les enclos voisins de la fabrique, quelquefois même sur le champ où on les avait récoltées. On donnait à ces tas la forme d'un carré long de 3 à 4 mètres de hauteur. Le dessus, disposé en dos d'âne, était recouvert de paille pour l'écoulement des eaux pluviales. Ce mode de conservation, très-économique d'ailleurs, a l'inconvénient de ne pas mettre les betteraves à l'abri de la gelée, dont il est surtout nécessaire de les garantir, ni même des variations de température dont l'effet est, ainsi que nous l'avons dit, plus ou moins nuisible.

Nous reprenons maintenant la description des procédés actuellement en usage.

Les caves et les celliers qu'on destine à la conservation des racines, ne doivent être ni trop secs ni trop humides, et il est nécessaire de les munir à la partie supérieure de leur couverture de soupiraux que l'on ferme ou ouvre, suivant qu'on veut éviter le froid ou diminuer, au contraire, une température trop élevée. Souvent, dans les grands froids, on garnit ces couvertures à l'extérieur avec du fumier, de la paille ou des feuilles. Lorsque ces bâtiments ne sont pas humides, on peut y entasser les racines à 2 ou 3 mètres de hauteur.

Les silos sont construits tantôt près des habitations,

tantôt dans le champ même où la betterave a été cultivée.

En général, pour établir un silo, on choisit un terrain élevé et très-sain, dans lequel on creuse ordinairement une fosse de 0m.3 de profondeur, et de 1m.50 de largeur, et autant que possible dirigée suivant la plus grande pente du sol. On remplit cette fosse de betteraves, puis sur cette première couche de racines on en empile d'autres jusqu'à environ 0m.80 de hauteur en les disposant en dos d'âne, et à mesure que ce tas s'élève, on en garnit les côtés d'une couche de paille de seigle sur laquelle, souvent, on répand en outre des feuilles. Ensuite on creuse le long des deux bords de ce tas, et à 0m.50 de distance, deux fossés profonds de 0m.50 à 0m.60. La terre qui provient de cette opération est employée à couvrir entièrement la paille et les feuilles appliquées sur les côtés du tas.

Pour empêcher cette couche de terre, dont l'épaisseur est d'au moins 0m.30, de retomber dans les fossés, il faut la battre avec le dos d'une pelle en fer. Cette précaution présente en outre le grand avantage de la rendre moins perméable à la pluie.

Pour empêcher les racines ainsi entassées de s'échauffer, il est nécessaire de pouvoir renouveler l'air; pour cela il est bon d'y pratiquer au sommet, et de 4 en 4 mètres, des cheminées formées tout simplement de quatre petits rondins retenus entre eux par de petites planches qu'on y cloue de distance en distance. Ces petites cheminées doivent dépasser les silos de 0m.10 à 0m.40.

On garantit les racines de l'eau ou des gelées en bouchant ces cheminées avec de la paille; et si on suppose que les gelées seront fortes, on couvre tout le silo d'une couche épaisse de feuilles d'arbres, de paille ou de fumier d'écurie.

Un silo présentant la section indiquée plus haut, doit avoir 50 mètres de longueur pour contenir 30,000 kilog.

de betteraves à sucre, ce qui est le produit moyen d'un hectare.

Dans les terres perméables et très-saines, on enterre quelquefois complétement les racines dans des fosses ayant un mètre de profondeur, un mètre de largeur et 3 à 5 mètres de longueur.

On a adopté quelquefois d'autres formes et d'autres dimensions, mais nous pensons que ce que nous venons de dire sur cette partie est bien suffisant.

Les silos que nous venons de décrire peuvent être appelés silos temporaires, car en effet, on les défait à mesure qu'on retire les racines, mais on construit aussi des silos à demeure qui peuvent être considérés comme des caves surmontées d'un toit en chaume.

Rendement. — Nous avons déjà vu, en traitant de l'ensemencement, à quelles variations énormes est sujet le produit en betteraves fourni par un hectare, mais, en mettant de côté les résultats exceptionnels obtenus par MM. Koechlin et de Gasparin, on trouve qu'en France on obtient en moyenne 42,500 kilogrammes de betteraves fourragères, et seulement 28,000 de betteraves à sucre.

En parlant du choix de la graine, nous avons dit qu'après avoir terminé tout ce qui est relatif à la culture de la betterave, nous donnerions quelques nouveaux détails sur les meilleures variétés de cette plante. Nous ne croyons pouvoir mieux faire que de présenter un extrait d'une note très-intéressante publiée par MM. Vilmorin, Andrieux et Cie, dans le *Journal des fabricants de sucre* (2e année, n° 8).

« Le mode d'établissement de l'impôt sur le sucre en Allemagne, impôt qui se perçoit sur le poids brut des racines employées, et non sur le produit net des matières sucrées, comme en France, a fait sentir plus tôt aux fabricants allemands qu'aux nôtres le besoin de créer une race riche qui, sous le moindre volume, produisît le plus de sucre possible; leurs efforts ont tendu vers ce but, qui a été atteint, nous croyons, d'abord à Magdebourg, en choisissant pour porte-graines des racines d'une bonne forme qui cessaient de flotter dans un liquide salé d'une densité déterminée, et en rejetant toutes celles qui surnageaient.

« Les betteraves allemandes sont riches, peu volumineuses, mais en général bien faites et très-égales entre elles. Parmi elles nous citerons d'abord :

« La *betterave de Magdebourg*, dans laquelle se résument les qualités de la race allemande. Sa racine est de grosseur moyenne, en fuseau régulier, peu racineuse, enterrée, blanche, à collet vert. Son rendement peut être évalué de 30,000 à 35,000 kilogrammes à l'hectare dans les terres où la race ordinaire, la blanche à sucre de France, produirait environ de 40,000 à 45,000 kilogrammes. Sa richesse s'est montrée, comparativement à la race ordinaire, comme 7 à 6.

« *Betterave impériale*, créée par M. Knauer, à Grobers, près Halle. Il a remarqué que les plus sucrées avaient les feuilles peu amples, les extérieures disposées horizontalement, et appliquées contre le sol, et celles qui forment le bouquet central dressées et comme frisottées ; la racine était blanche, à collet vert, en forme de carotte très-allongée et complétement enterrée, en général plus petites que celles dont les feuilles étaient dressées et plus amples. Cette méthode expéditive, mais peu sûre, lui a permis de se procurer en peu d'années une quantité assez considérable de graine de cette race. Elles peuvent titrer de 9,8 à 12,8 0/0.

« Les fabricants de sucre allemands disent que cette variété est plus tardive, mais qu'elle conserve plus longtemps que toutes les autres sa qualité sucrée, ce qui permettrait de prolonger de quelques jours le travail dans les fabriques.

« La méthode de M. Vilmorin est bien plus sûre. Elle est fondée sur l'appréciation de la densité du jus lui-même, obtenu par déplacement en y pesant un petit lingot d'argent d'un volume connu. Le morceau enlevé à l'emporte-pièce, étant râpé, fournit facilement les 7 à 8 centimètres cubes de liquide nécessaires pour une pesée du lingot. Cette pesée étant faite sur un trébuchet très-sensible, donne avec certitude le demi-milligramme, et, par conséquent, la quatrième décimale, approximation dont l'exactitude dépasse les besoins de l'expérience, et qu'aucune autre méthode ne pourrait donner, en opérant sur une aussi petite quantité de liquide.

« Parmi les races françaises, nous mentionnerons : *la betterave blanche à collet vert*, l'une des meilleures races à sucre, qui a l'avantage d'avoir une belle racine enterrée, volumineuse et se conservant bien. Elle a titré jusqu'à 8,7 0/0 de sucre. Son produit à l'hectare est de 40,000 à 45,000 kilogrammes.

« Cette race, fort appréciée des fabricants, a perdu de son importance depuis que plusieurs cultivateurs ont fourni pour elle des betteraves à collet vert sortant plus ou moins de terre, et appelées dans le Nord, *bouteuses* ou *demi-bouteuses*, selon la longueur hors de terre ; races médiocres, mais plus productives et d'un arrachage plus facile que la véritable betterave à sucre à collet vert, dont la racine est très-enterrée et qui est supérieure à la suivante.

« *Betterave blanche à collet rose.* — Cette race, déjà ancienne, après avoir été généralement abandonnée, il y a quelques années pour la race à collet vert, a de nouveau repris faveur. Sa racine est belle, allongée, assez nette, sortant un peu de terre, sa chair est blanche, zonée de rouge, ce qui nous fait craindre qu'elle ne dégénère facilement et ne se rapproche de la disette rose. Dans nos essais de 1860, elle a titré 7 0/0 de sucre réel ; malgré cette infériorité, la betterave blanche à collet rose est chaque jour plus cultivée dans le nord de la France ; son produit et la facilité de sa conservation la faisant, sous ces rapports, égaler la betterave à collet vert, et sa couleur mettant jusqu'à présent les fabricants et les cultivateurs à l'abri de tout malentendu. »

Betterave améliorée Vilmorin. Race (1861) encore en
voie de création, la plus riche que nous connaissions, ti-
rant jusqu'à 16 et 17 0/0; collet trop gros, racines généralement irrégulières, mal faites et racineuses ; l'arrachage en est difficile, surtout quand il a lieu par un temps
humide. Espérons qu'à la richesse, on pourra ajouter les
autres bonnes qualités.

M. Hette, fabricant de sucre et cultivateur très-distingué à Bresle, dans le département de l'Oise, avait obtenu,
lorsque à la sucrerie était annexée une vaste exploitation agricole, une variété réunissant le double avantage
d'une haute dose de sucre et d'un grand rendement en
racines ; elle possédait tous les caractères extérieurs
d'une betterave de qualité supérieure ; avec des plants
plus rapprochés il obtenait, il est vrai, des betteraves
plus petites, mais, en somme, d'un rapport en poids et
en sucre plus grand, à l'hectare, que celle de M. Vilmorin.

Les ennemis de la betterave.

C'est dans la classe si nombreuse des insectes que nous
rencontrons les espèces les plus redoutables pour la betterave, et parmi celles qui ne se nourrissent que de végétaux et habitent nos climats, il n'en est peut-être pas de
plus terrible que le hanneton, le *Melolontha majalis* des
entomologistes, qui appartient à la classe des coléoptères
et à l'ordre des lamellicornes. Comme toutes les espèces
de sa classe, le hanneton subit quatre métamorphoses,
savoir : insecte parfait, œuf, larve et nymphe.

Dans le premier de ces états, il est tellement connu de
tout le monde, qu'il nous paraît complétement inutile d'en
donner ici un signalement détaillé. C'est vers le milieu
du mois d'avril que le hanneton acquiert des ailes, quitte
sa demeure terrestre et prend son vol dans les airs pour
aller s'abattre sur les arbres qu'il attaque avec une telle
voracité que souvent il les dépouille complétement de

leurs feuilles et de leurs bourgeons. Mais sa vie aérienne marque le terme de son existence individuelle, et ne dure que de huit à dix jours. Les femelles, bientôt fécondées, rentrent dans la terre pour y déposer leur ponte et mourir peu de temps après.

Au bout de quatre à six semaines les larves éclosent; leur accroissement est très-lent, il se prolonge jusqu'à la fin de la belle saison de la troisième année, à compter du moment de leur naissance. Ces larves, que l'on désigne le plus souvent par le nom de *vers blancs*, et quelquefois aussi par ceux de *turcs* et de *mans*, se présentent sous la forme de gros vers oblongs, blanchâtres, toujours courbés en deux, et couchés sur le flanc. Les anneaux de leur corps, au nombre de douze, sont mous et ridés; les trois derniers sont plus développés et ont une teinte noirâtre due à la présence des excréments que la transparence de la peau laisse apercevoir. La tête, de couleur fauve, est arrondie, grosse et armée de fortes mandibules, les pattes, au nombre de six, sont écailleuses, de couleur rougeâtre, et plus longues que celles des larves des autres scarabéides; elles sont moins propres à la marche qu'à s'accrocher aux racines, dont l'insecte fait sa nourriture; les stigmates, au nombre de neuf de chaque côté du corps, sont entourés d'un cercle corné également rougeâtre.

A l'arrivée des froids, les vers blancs s'enfoncent davantage en terre où ils se pratiquent une loge pour y passer la mauvaise saison. En remontant à la surface de la terre au commencement de chaque année, ils changent de peau. À la troisième année, au moment de se transformer en nymphe ils s'enfoncent à la profondeur de 3 à 6 décimètres, et passent dans ce nouvel état tout l'hiver, jusqu'au commencement du printemps, époque à laquelle, comme nous l'avons dit plus haut, ils deviennent insecte parfait et s'échappent dans l'air.

C'est principalement à l'état de larve que les hannetons occasionnent d'immenses dégâts. Dès leur éclosion, elles commencent à attaquer les jeunes racines de la plupart de nos cultures, puis, leurs organes se fortifiant par les progrès de l'âge, elles en rongent d'autres plus dures, et lorsqu'un pied est complétement dévoré, elles passent à un autre voisin, et ainsi de suite en parcourant des distances considérables. Les ravages les plus considérables ont lieu pendant la seconde année, et l'on doit comprendre que dans le temps de leur longue existence, la quantité de végétaux qu'elles détruisent doit être nécessairement prodigieuse.

On s'est beaucoup occupé de trouver des moyens de prévenir ou, du moins, d'amoindrir les dévastations produites par ces coléoptères destructeurs; il en a été proposé un grand nombre, mais jusqu'ici, ceux qu'on a mis en pratique ne se sont pas montrés d'une grande efficacité. Cependant, le goudron, la suie, la houille placés au pied des arbres; le soin, pendant les labours, de tuer tous les vers blancs que la bêche ou la charrue amènent à la surface du sol, ou celui de conduire sur les champs en labour des troupes de gallinacées qui en sont très-friands, peuvent produire quelque effet sur des étendues peu considérables; mais le seul moyen dont on peut espérer un résultat réellement important, est, sans contredit, celui que proposait, il y a déjà longtemps, l'abbé Rosier, dans son *Cours d'agriculture*, à savoir, les battues générales, les primes d'encouragement pour de grandes quantités de hannetons détruits, etc.

Dans les derniers temps, des tentatives dans ce sens ont été renouvelées; ainsi, par exemple, à la date du 12 mai 1860, M. le maire de Mulhouse, prenait un arrêté qui accorde une prime de 75 centimes par double décalitre de hannetons ou de vers blancs qui seront présentés, et qui ordonne en même temps de les brûler avec la chaux vive au fur et à mesure de leur réception. A Bruxelles, il s'est formé une *Société du hanneton*, et tout récemment encore il s'en est formé une autre dans le département de Seine-et-Marne, par l'initiative d'un honorable fabri-

cant de sucre, M. Durand, de Montereau-sur-Yonne.
Cette société a pris pour titre : *Société départementale
pour la destruction du hanneton et du ver blanc*. Nous
souhaitons de tout notre cœur que ces tentatives soient
couronnées d'un plein succès et qu'elles soient imitées
par un grand nombre d'autres départements.

Plusieurs mammifères et plusieurs oiseaux se nourrissent de ces insectes, et loin de faire à ces animaux une
guerre acharnée et inconsidérée, les cultivateurs devraient
employer tous les moyens qui sont à leur disposition pour
les attirer et les multiplier sur leurs propriétés. Dans
un article publié en 1858 dans le *Guide vicinal*, de M. Vit-
tord, nous avons plaidé chaudement la cause de ces char-
mants petits oiseaux, que la prévoyante nature nous envoie pour nous débarrasser des myriades d'insectes nuisibles qui ravagent nos champs et nos vergers. Nous
avons aussi rappelé les services importants que nous rendent certains oiseaux de proie nocturnes en détruisant
un grand nombre de petits rongeurs extrêmement nuisibles, et le plus souvent le cultivateur, dans son ignorance,
livre ses bienfaiteurs à une mort cruelle par des procédés barbares que notre civilisation devrait punir.

Disons maintenant quelques mots en faveur de la taupe
qui est pour les insectes qui habitent sous la surface du
sol ce que les oiseaux sont pour ceux qui vivent à l'extérieur. Elle est aussi en butte aux poursuites incessantes
de l'homme, et pourtant on a calculé qu'un seul de ces
insectivores pouvait détruire jusqu'à 20,000 vers blancs
par an.

L'ordre des coléoptères nous fournit encore une espèce
très-nuisible à la betterave, c'est l'*atomaria* de la betterave,
appartenant à un genre formé aux dépens de l'ancien
genre des cryptophages. Ces insectes sont généralement
très-petits ; celui dont nous parlons a le corps étroit, li-
néaire, long à peine d'un demi-millimètre. Sa couleur
varie du roux ferrugineux au brun-noir (de là le nom
latin d'*atomaria ferruginea* que lui ont donné les ento-

mologistes). C'est dans les mois de mai et juin que ces petits destructeurs font leur apparition, rarement en juillet et août. Ils se reproduisent avec une fécondité surprenante. Mais leur extrême petitesse les soustrait facilement aux investigations de l'observateur.

Voici comment un agronome fort distingué s'exprime au sujet de ces insectes :

« Ils attaquent les jeunes racines, y creusent de petits trous, ce qui amène bientôt la mort du végétal, et quand le temps est beau, ils sortent de terre, montent sur la tige et mangent les feuilles. Nous avons vu quelquefois de ces petits coléoptères réunis par groupes sur une petite betterave qui, au bout de quelques heures, n'offrait plus qu'une tige sans feuilles, bientôt flétrie et morte.

« Quand les betteraves sont levées, elles ne sont pas toujours à l'abri du danger. Il arrive même souvent qu'un certain nombre d'insectes sont occupés à ronger la racine, tandis que d'autres se nourrissent aux dépens de ses feuilles. Ce cas est, comme on le pense, très-grave et souvent mortel.

« Le premier moyen de garantir les betteraves contre ces insectes voraces est de faire alterner les récoltes. Le second consiste à comprimer vigoureusement le sol avec des rouleaux assez lourds après les semis. Cette opération est autant favorable aux betteraves que nuisible aux insectes. On a reconnu que les atomaria ne se plaisent pas dans un milieu compact. Et, de plus, la terre comprimée autour des plantes empêche celles-ci de mourir, même lorsque leur racine a été attaquée par ces insectes.

« On peut aussi diminuer considérablement les dégâts occasionnés par les atomaria par les soins suivants : préparer bien son champ, herser autant qu'il est nécessaire, fumer suffisamment, et semer quand la saison est assez avancée pour que la végétation ne languisse pas; alors la plante poussant activement, répare, par de nouvelles feuilles, les pertes que lui font éprouver les insectes, et résiste, malgré les blessures qui entravent son développement.

« Enfin, quand on voit ces insectes se multiplier outre mesure, il est indispensable d'arroser avec une dissolution de sel ordinaire et de carbonate de potasse dans de l'eau ou même dans du purin ; si on fait usage de ce dernier liquide, on supprime le sel de potasse, qui chasserait l'ammoniaque contenue dans le purin. La quantité de sel à dissoudre dans l'eau ou le purin est de 1^k.5 à 2 kilogrammes par 100 litres de liquide, plus 1 kilogramme de carbonate de potasse si le dissolvant est l'eau. Il ne faut pas dépasser ces doses de sels, qui ont non-seulement l'avantage de détruire les insectes, mais aussi celui de donner à la végétation un surcroît d'énergie qui influe d'une manière notable sur l'importance du rendement (Corenwinder, dans le *Journal des Fabricants de sucre*, année 1861, n° 3). »

Mais un abonné de ce même journal, communique une note dans le numéro qui suit, dans laquelle il fait remarquer que le dernier remède recommandé par M. Corenwinder, serait, pour la betterave à sucre, pire que le mal, attendu qu'une betterave qui a absorbé du sel marin est devenue tout-à-fait impropre à la fabrication du sucre. Il faudra donc, dans ce cas, que les cultivateurs s'en tiennent à l'un des trois premiers moyens indiqués.

C'est à un savant du département de l'Oise, enlevé prématurément à la science et à l'agriculture, feu M. Armand Bazin, que l'on doit les premières observations sur l'*Atomaria linearis*. Dans le courant de l'année 1839, il observa le premier l'apparition dans ses champs de ce petit coléoptère, que M. Blanchard décrivit plus tard sous le nom de *Cryptophage ipsoïde*; et c'est aussi lui qui employa le premier les moyens les plus efficaces pour combattre les effets désastreux de cet insecte destructeur, et qui sont : 1° faire alterner les récoltes; 2° plomber le sol avec les rouleaux; 3° fumer fortement le sol pour activer la végétation; 4° ne pas économiser la semence.

Plus tard, en 1846, M. Ch. Bazin, frère du précédent, agronome également très-distingué, a eu occasion, à son tour, d'étudier les dégâts que peuvent occasionner les larves de la *Casside nébuleuse*, qui quelquefois se multiplient considérablement, se fixent sur le revers des feuilles des betteraves rouges et les criblent de trous.

Le Silphe obscur (*Silpha opaca*), espèce appartenant à un genre de coléoptères en général carnassiers, occasionne aussi des dommages considérables en mangeant les jeunes feuilles des betteraves. Suivant M. Payen, il pourrait se faire que cet insecte, bien que carnassier, s'attaquât à ces organes jeunes et tendres, parce qu'ils sont très-riches en matières azotées. Lorsqu'il se montre au moment de la levée, ses ravages sont considérables ; des champs entiers peuvent être complétement dévastés.

Dans l'ordre des lépidoptères, nous trouvons également des espèces très-nuisibles à la betterave, et entre autres, la noctuelle des moissons (*Noctua segetum*), qui souvent produit des dégâts considérables, dont nous-mêmes avons eu occasion d'être témoin. Nous pensons qu'il sera utile, dans l'intérêt des cultivateurs et des fabricants, de reproduire un article très-important dû au célèbre naturaliste M. Blanchard, envoyé sur les lieux pour étudier la nature et les ravages de cet insecte :

« La noctuelle des moissons adulte est un papillon d'un brun rougeâtre, dont les ailes présentent une envergure d'environ quatre centimètres. Les ailes supérieures, d'une teinte générale brune ou fauve, un peu variable, suivant les individus, ont à leur base une double ligne ondulée, suivie d'une tache brune ; au centre, deux autres taches, l'une ronde bordée de noir, l'autre réniforme ; au-dessous, des lignes ondulées ; enfin, au bord, une série de taches noires, en forme de lunules. Les ailes postérieures sont d'un blanc opalin.

« Cette espèce paraît à l'état de chenille dans la première quinzaine du mois de juin, ce qui a été constaté de nouveau cette année (1865) par plusieurs cultivateurs de l'arrondissement de Valenciennes, mais il faut toujours remarquer que cette apparition qui s'effectue pendant la durée de deux ou trois semaines, doit être un peu avancée ou un peu retardée suivant que la température printannière a été plus ou moins élevée.

« Cette chenille acquiert toute sa croissance dans l'espace de cinq à six semaines. Parvenue à sa plus grande dimension, elle a alors environ de quatre centimètres à quatre centimètres et demi de longueur. Tout son corps est lisse, luisant et d'un gris verdâtre assez sombre, il porte sur chaque anneau deux rangées transversales de points verruqueux d'un noir brillant, surmontés d'un poil ; sa tête est noire, avec quelques impressions sur le sommet et les parties de la bouche d'une teinte brunâtre.

« Les chenilles de la noctuelle des moissons restent presque constamment cachées en terre, autour du collet de la racine qu'elles rongent ; elles voyagent même beaucoup pour se porter d'une plante à une autre sans se montrer à la surface, surtout pendant le jour ; en général, c'est seulement après le coucher du soleil que ces chenilles sortent de leur retraite et grimpent sur les feuilles, auxquelles elles ne font pas d'ordinaire de graves atteintes. Ces habitudes expliquent comment plusieurs agriculteurs avaient pu demeurer dans la confiance que leurs champs de betteraves étaient dans d'excellentes conditions, lorsqu'ils étaient au contraire dans une situation extrêmement fâcheuse. Si les betteraves étaient déjà volumineuses, malgré l'altération profonde des racines, le feuillage restait néanmoins d'une fort belle apparence. Des betteraves dont la partie supérieure était fort endommagée avaient poussé une multitude de radicelles, une sorte de chevelu qui permettait à la plante de puiser les sucs destinés à la nourrir.

« Dans le courant du mois de juillet, les chenilles de la noctuelle des moissons, arrivées au terme de leur accroissement, s'enfoncent dans la terre à une profondeur

de quelques centimètres, se creusent une loge de forme
ovalaire, dont elles enduisent les parois avec une sécrétion analogue à la matière soyeuse, et propre à retenir
les particules terreuses. Elles ne tardent pas à se transformer en chrysalides.

« Dans le mois d'août, on a vu éclore des papillons en
assez grand nombre, mais l'éclosion n'a certainement pas
été générale, ainsi que j'ai pu m'en convaincre; car, à
Paris, sur une quantité de chrysalides provenant de chenilles que j'ai rapportées de Valenciennes, je n'ai obtenu
au mois d'août qu'un nombre de papillons relativement
restreint ; les éclosions se sont arrêtées ; les autres n'eurent lieu qu'au printemps de l'année suivante. Il est
donc probable que, dans les étés dont la température
n'est pas très-chaude, on ne voit paraître aucun papillon pendant le mois d'août ; ce qui explique comment
des entomologistes citent le *Noctua segetum* comme n'ayant
qu'une génération par an, et comme d'autres affirment
qu'elle en a deux.

« M. Mariage, maire de Thiaut, qui s'est occupé avec
un grand zèle et une grande intelligence de la question
relative à l'insecte destructeur des betteraves, a fait une
observation intéressante au moment des éclosions du
mois d'août dernier. Parmi les chrysalides dont il a vu
sortir un insecte adulte, il a compté qu'un cinquième
d'entre elles lui avaient donné un ichneumon de Panzer
(*Ichneumon Panzeri,* sous-genre Amblytes de Gravenhorst),
dont tout le corps est noir, avec les deux premiers anneaux à la suite du pédicule de l'abdomen d'un rouge
ferrugineux. Ainsi, dans le cas où la proportion serait
à peu près la même pour toutes les chrysalides, les
quatre cinquièmes encore donneraient des papillons dont
la fécondité est connue, c'est-à-dire qu'en l'absence d'efforts combinés on verrait, malgré l'ichneumon, la dévastation se renouveler l'année suivante sur une très-grande
échelle.

« La *Noctua segetum* vit à l'état de chenille sur des

plantes fort diverses; le fait est depuis longtemps bien
connu des entomologistes; c'est un motif pour ne pas
attendre ici l'heureux résultat que l'on obtient pour
d'autres espèces nuisibles de l'alternance des cultures.
Cependant si la *Noctua segetum* est préjudiciable à plusieurs espèces de cultures, elle ne les attaque pas toutes
indifféremment.

« J'ai dû ainsi m'assurer avec le plus grand soin de la
présence ou de l'absence de l'insecte qui a été si funeste
aux betteraves et aux chicorées, dans presque tout le
nord de la France.

« Voici les principales observations que j'ai faites à ce
sujet dans l'arrondissement de Valenciennes. Aux portes
mêmes de Valenciennes, sur l'exploitation de M. Maurice,
les champs de betteraves étaient ravagés dans toute
leur étendue; les pièces de terre qui y confinaient, plantées en trèfle et en sainfoin, se trouvaient dans une excellente condition; il fut impossible d'y découvrir une
seule chenille.

« Sur le territoire d'Urtebize, les betteraves étaient
partout atteintes, tandis que les champs de blé voisins
étaient intacts, et j'ai pris soin de les examiner sur la
lisière pour m'assurer que rien n'était endommagé.

« A Denain, de semblables constatations ont été faites
sur les terres ensemencées en céréales, blé ou avoine.

« A Artres, un habile agronome, excellent observateur,
M. d'Haussy, me fit remarquer un champ de blé de la
plus belle apparence. L'année dernière, le terrain planté
successivement en betteraves, en carottes, etc., avait été
entièrement dévasté. Désirant ne croire à l'absence de
la chenille de la *Noctua segetum*, qu'après un examen
complet, le propriétaire m'invita à pousser mon investi-
gation aussi loin qu'il le faudrait, sans craindre de perdre
quelque peu de blé. Je trouvai toutes les racines examinées parfaitement intactes, aucune chenille ne put être
rencontrée dans le sol (15 septembre 1865).

« Quelques personnes m'avaient affirmé que la chenille des betteraves n'épargnait rien, pas plus les céréales que les autres cultures. On pouvait, en effet, en fournir des exemples, mais voici dans quelles conditions je les ai observés.

« Des terres avaient été plantées en betteraves ou chicorées dès le commencement du printemps ; ces betteraves et ces chicorées avaient été détruites rapidement par les chenilles de la noctuelle des moissons. Alors, sur ces terres infestées de chenilles qui étaient bien loin du terme de leur croissance, avaient été plantés, par exemple, des choux, et les autres crucifères exposés aux ravages de plusieurs espèces de chenilles différentes (*Picris brassica, Mamestra brassica, Hadena oleracea*) ne sont pas attaqués dans les conditions ordinaires par le *Noctua segetum*; mais dans des terres remplies de chenilles de cette espèce qui se trouvaient fort affamées, ils avaient été promptement détruits. A Marly, MM. Giraud-Cuvelier m'ont fait examiner une pièce de terre ensemencée en avoine, sur laquelle des betteraves avaient déjà poussé au printemps, pour être bientôt détruites; l'avoine, exposée aux atteintes des chenilles, qui n'avaient d'autre nourriture à leur portée, était rongée aux racines et alors complétement perdue.

« Dans des conditions semblables, les mêmes faits pouvaient être observés sur un grand nombre d'exploitations.

« Dès le moment où les agriculteurs avaient reconnu leur ennemi, plusieurs d'entre eux avaient songé à le détruire. Il était d'un grand intérêt, pour la suite de mes études, d'apprendre ce qu'ils avaient déjà essayé, et quels résultats ils avaient obtenus de leurs essais.

« Le lendemain de mon arrivée à Valenciennes, lorsque j'ai eu l'honneur de recevoir les personnes qui s'étaient préoccupées des ravages subis par les betteraves, j'ai cru pouvoir leur déclarer en toute assurance que je ne pouvais attendre aucun résultat sérieux de substances que l'on viendrait à répandre sur la terre. La chenille dévastatrice s'enfonce plus ou moins dans la terre, se loge facilement dans la racine et échappe ainsi au contact de ces substances. A cela, il faut ajouter que les substances qui ne sont pas nuisibles à la végétation doivent en général demeurer inoffensives pour la chenille. Les tentatives déjà faites que me signalèrent plusieurs des personnes qui assistaient à la réunion, vinrent confirmer mon opinion, fondée par la connaissance de l'organisation et des conditions d'existence des insectes qu'il s'agissait de combattre. Néanmoins, afin de ne conserver aucun doute relativement à une question aussi importante, j'ai tenu à constater moi-même, sur les lieux, la situation des champs où les expériences avaient été faites.

« Sur une exploitation située aux portes de Valenciennes, j'ai visité, en compagnie de M. le docteur Abel Stiévenart, leurs pièces de betteraves extrêmement ravagées. Dans l'une, d'une contenance de deux hectares, on avait, sur une grande étendue, couvert le collet de chaque betterave de plâtre imprégné d'acide chlorhydrique. En levant les platras, on trouvait en abondance les chenilles, qui semblaient avoir trouvé des abris à leur convenance. Le propriétaire constata avec nous que l'effet était absolument nul. La même observation eut lieu dans les endroits où l'on avait répandu en abondance des résidus infects de chair et d'os bouillis.

« Le 10 juillet, M. Stiévenart et moi, nous nous sommes rendus à Artres, où M. d'Haussy s'est empressé de nous faire voir, sur sa magnifique exploitation, combien avaient été sans effet les diverses matières répandues sur les terres, dans le but de faire périr les chenilles. Un champ de betteraves avait été couvert de suie, et les betteraves n'étaient pas moins ravagées qu'ailleurs. Sur d'autres terres, on avait répandu de la vinasse de distillerie, ou du purin, toujours sans résultat.

« A Denain, chez M. Crépin-Deslinsel, on avait fait aussi usage, en plusieurs endroits et sans aucun avantage, du purin, de la chaux, des cendres pyriteuses.

« Des citations semblables pourraient être fort multipliées. Qu'il me suffise de rappeler qu'un agriculteur de l'arrondissement de Cambrai, M. Ed. Boulanger, maire de Doignies, a employé, sans plus de succès, les décoctions d'aloès et de feuilles de noyer (*Gazette de Cambrai*, 12 juillet 1865).

« On m'a cité des cultivateurs qui, après avoir observé que la chenille de la *Noctua segetum* rongeait principalement le collet de la betterave, avaient eu l'idée de faire un petit monticule de terre sur chaque pied. Ils avaient été bientôt amenés à renoncer à cette pratique. Les betteraves ne pouvaient, en effet, se trouver préservées par les monticules de terres; les chenilles de la *Noctua segetum* se tiennent presque constamment cachées, et elles circulent dans la terre meuble avec la plus grande facilité; ce qui n'a pas échappé à l'attention de plusieurs des observateurs de l'arrondissement de Valenciennes.

« En supposant inévitable la présence de la chenille de la *Noctua segetum* dans les champs de betteraves, il est à présent reconnu que le préjudice qu'elle cause peut être plus ou moins grand; que les betteraves plantées les premières souffrent moins que celles qui ont été semées les dernières. Il a été reconnu que le fait était général.

« En poursuivant mes investigations, j'ai été bientôt frappé, en effet, de la différence que présentaient, sous le rapport de la dévastation, divers champs de betteraves infestés par un nombre de chenilles à peu près égal.

« Ainsi, chez MM. Giraud-Cuvelier, à Marly, nous avons visité une pièce de quatre hectares, ensemencée le 6 avril, qui avait médiocrement souffert, tandis que les pertes étaient beaucoup plus considérables dans une autre pièce de douze hectares, qui n'avait été ensemencée que le 28 avril.

« Sur l'exploitation de M. Maurice, à Valenciennes, une différence analogue a été remarquée entre deux pièces de terre ensemencées, l'une le 8 avril, l'autre le 25 du même mois.

« Chez M. d'Haussy, à Artres, les betteraves plantées dans les premiers jours d'avril étaient également dans de moins mauvaises conditions que celles dont la plantation avait été faite du 22 au 24, et dans un champ replanté vers le 15 mai, les betteraves étaient presque entièrement détruites. De semblables constatations ont eu lieu dans d'autres localités, et notamment, à Denain, sur les terres de MM. Deslinsel, Gouvion-Deroy, etc. Déjà plusieurs agriculteurs, par leur propre observation, en étaient venus à ne plus douter que les betteraves plantées de bonne heure *résistaient* mieux que les autres. Ils m'en avaient fait la remarque. Je puis citer MM. Crépin-Deslinsel et Baillet, à Denain ; M. A. Brabant, à Onnaing ; M. Delabel, à Jamars ; M. Mocq, à Hautchin ; M. Bénard, fabricant de sucre à Solemmes, etc., etc. La raison de cette différence devait leur échapper, mais l'explication était facile à trouver pour un naturaliste, et il importait qu'elle fût connue de tous les cultivateurs pour empêcher certains d'entre eux d'attribuer à des circonstances fortuites la différence dans l'étendue des ravages.

« Les papillons éclosent vers la fin de mai, ou dans les premiers jours de juin, un peu plus tôt ou un peu plus tard, suivant la température. Les œufs sont pondus bientôt après la naissance des papillons, et les jeunes chenilles paraissent ensuite au bout de huit ou neuf jours. Les betteraves plantées tard sont encore très-petites lorsque les chenilles commencent à les attaquer, elles se trouvent détruites dans un très-court espace de temps ; les betteraves plantées au commencement d'avril étant déjà grosses dans le mois de juin, les chenilles qui les rongent, les altèrent plus ou moins, mais ne les détruisent pas.

« Ce sera donc toujours une bonne mesure à prendre que de semer les betteraves aussitôt que le permettront les exigences des exploitations agricoles.

« Il est un autre palliatif, déjà mis en pratique sur quelques points par des agronomes de l'arrondissement de Valenciennes, dont il importe de tenir compte. Les chenilles de la *Noctua segetum* se déplacent beaucoup, surtout lorsque la nourriture vient à leur faire défaut. On les voit alors se porter à de grandes distances. Abandonnant des terres où elles ont à peu près détruit toute la végétation, elles émigrent pour atteindre des champs moins dévastés. A Denain, M. Crépin-Deslinsel avait fait pratiquer des rigoles larges d'environ 30 centimètres, profondes d'environ 1 mètre, à parois bien perpendiculaires ; dans ces rigoles des millions de chenilles étaient venues tomber et s'entasser les unes sur les autres. Incapables de remonter le long des parois des rigoles ; elles s'entre-dévoraient, s'écrasaient par leur propre poids, et périssaient, comme le témoignaient les exhalaisons répandues par leurs corps en putréfaction.

« MM. Hannette frères, à Monchoux, m'ont déclaré de leur côté, qu'ayant établi un ruisseau pour empêcher les chenilles de passer d'un champ dans un autre, ils en avaient récolté de 30 à 50 litres par jour.

« Je dois m'occuper encore de la valeur de quelques moyens qui ont été mis en pratique ou proposés pour la destruction de l'espèce nuisible.

« L'idée de faire recueillir les chenilles ne pouvait manquer de se produire. A Denain, M. Gouvion-Deroy et MM. Baillet frères, ont entrepris de faire ramasser les chenilles en deux ou trois reprises différentes. Le moyen de destruction est infaillible pour les individus que l'on parvient à saisir. Mais il y aurait déjà à examiner si beaucoup de cultivateurs seraient disposés à supporter les frais d'un *échenillage* à la main, qui doit être assez dispendieux, même dans le cas où un champ pourrait être entièrement débarrassé de ses hôtes malfaisants. Or, la connaissance des habitudes de l'insecte devait éloigner de moi toute pensée de recommander l'échenillage. Les larves de Noctuelle se tenant presque constamment en terre et parfois à une distance assez grande de la plante, il était évident que le plus grand nombre des chenilles devait échapper à une recherche même minutieuse. En effet, à Denain, MM. Stiévenart, Mariage, Crépin-Deslinsel, Baillet et quelques autres personnes ont constaté avec moi que les champs les mieux *échenillés*, pour être un peu moins malades que les autres, restaient encore infestés sur tous les points par une foule de chenilles.

« Je trouve aussi dans un article de M. Éd. Boulanger, maire de Doignies, inséré dans l'*Impartial de Cambrai*, que, « la chasse à la main fatigue trop les hommes et coûte trop cher. »

« Je crois avoir à peine besoin de rappeler les tentatives faites avec les *poulaillers ambulants*. A mon arrivée à Valenciennes, j'ai trouvé tout le monde à peu près fixé à cet égard ; les volailles dévorent les feuilles de betteraves en même temps que les chenilles. Celles qui ont mangé de trop grandes quantités de chenilles sont rendues malades et souvent ne tardent pas à périr.

« En présence de difficultés probablement insurmontables pour opérer la destruction des chenilles, plusieurs personnes ont été d'avis qu'il fallait songer à détruire l'espèce, lorsqu'elle est à l'état de papillon. M. Stiévenart (*deuxième séance, instituée à Valenciennes, pour l'étude de l'espèce nuisible aux betteraves*) estime que l'on atteindrait le but en allumant dans les champs, et d'une manière générale, des feux. On sait en effet que la lumière attire la plupart des insectes nocturnes. Un autre membre de la commission (troisième séance, 18 août) a rappelé à l'appui de l'avis émis par M. Stiévenart, la recommandation faite par Roberjot, d'allumer de grands feux clairs et élevés pour détruire la Pyrale de la vigne. Certes, si des personnes de l'arrondissement de Valenciennes veulent renouveler l'expérience pour le *Noctua segetum*, on en tirera cet avantage que tout le monde pourra être bientôt fixé sur la valeur du procédé qu'on recommande aujourd'hui. Mais, dès à présent, je crois

pouvoir déjà dire que j'ai lieu de ne pas fonder de grandes espérances de ce côté. On a essayé en effet de l'emploi des feux pour la destruction de la Pyrale. En 1837,
par exemple, les vignobles du Mâconnais étaient ravagés dans des proportions formidables; on se souvint de
la recommandation de Roberjot, et aussitôt se manifesta
l'espérance qu'en généralisant l'emploi des feux on arriverait à une prompte destruction de la Pyrale. Feux de
bois, feux de paille furent allumés le soir; on ne tarda
pas à reconnaître qu'avec de larges lampions, les papillons se noyant dans l'huile où la graisse fondue, étaient
détruits en plus grand nombre. Mais bientôt la dépense
parut considérable, et parut immense le travail nécessaire pour disposer, allumer, entretenir les feux. La durée de l'éclosion des insectes sous leur forme dernière,
étant d'environ trois semaines, la nécessité d'allumer une
grande quantité de lumières sur d'immenses étendues,
les plus décidés parmi les propriétaires de vignobles sen-
tirent faiblir leur résolution de tout exterminer à l'aide
d'un semblable moyen. M. Victor Audouin, chargé par le
ministre de l'agriculture d'étudier la pyrale de la vigne,
avait suivi les expériences avec le plus grand soin; il
en arriva promptement à conclure que l'emploi des feux
offrait une foule de difficultés et la probabilité d'un succès fort incomplet. En effet, s'il est vrai que beaucoup de
papillons nocturnes viennent se brûler aux lumières, il
est incontestable que *tous* n'y sont pas pris. Parmi les
papillons détruits par ce moyen, on oublie ensuite que
la plus grande part est détruite sans profit pour la culture. Les femelles, particulièrement, lorsqu'elles nais-
sent étant alourdies par leurs œufs, volent peu; on prend
donc, surtout à l'aide des feux, des insectes qui ont déposé leur ponte, des individus, en un mot, dont l'existence près de son terme est désormais indifférente.

« Si des observations suivies sur la pyrale de la vigne
ont conduit à considérer l'emploi des feux comme un
moyen presque impraticable sur une grande échelle, et

dans tous les cas d'une efficacité assez faible, que doit-on penser de ce moyen pour la destruction de la Noctuelle préjudiciable aux betteraves. Les lumières attirent beaucoup plus les Pyrales et les Phalènes que les Noctuelles. Celles-ci ayant des ailes moins amples que les premières, relativement au volume de leur corps, leur vol est moins fréquent, moins rapide, ce qui nous prouve d'avance que les Noctuelles, attirées par les feux, seront en quantité assez médiocre, comparativement au nombre des individus répandus dans les champs.

« Après avoir rappelé les diverses tentatives faites pour détruire la *Noctua segetum*, après avoir supputé ce que l'on doit attendre des moyens proposés pour la destruction de l'insecte, soit à l'état de papillon, soit à l'état de chenille, et avoir reconnu l'insuffisance de ces moyens, il importe au plus haut degré de nous préoccuper de la manière d'arriver sûrement à préserver la culture des ravages de l'insecte.

« Est-il possible d'arriver au but par des moyens vraiment pratiques? C'est avec assurance que je répondrai oui. Seulement, ce qui est absolument nécessaire, c'est de connaître les moindres détails de la vie de l'animal sous toutes ses formes. Déjà sous ce rapport nous sommes très-avancés, mais il reste néanmoins quelques faits à observer, peut-être quelques expériences à poursuivre, et avec les connaissances actuellement acquises, il sera facile de compléter les observations, et d'expérimenter avec de grandes chances d'obtenir d'heureux résultats. Ainsi nous savons que les jeunes chenilles se montrent dans les premiers jours de juin, qu'elles arrivent au terme de leur croissance vers le milieu de juillet, qu'elles se transforment alors en chrysalides et que des papillons paraissent dans le mois d'août; mais suivant toute apparence la plupart des papillons ne doivent éclore que l'année suivante dans le courant du mois de mai, un peu plus tôt ou un peu plus tard, suivant le degré de la température du printemps.

« Les papillons éclos au mois d'août donnent nécessairement lieu à une seconde génération de chenilles destinées à se transformer en chrysalides vers la fin de septembre. Seulement, ces chenilles, à cause de leur nombre moindre qu'au printemps, doivent, surtout en l'état des cultures, être moins dangereuses que celles de la première génération.

« La destruction directe des chenilles nous semble hors de toute possibilité ; la destruction à l'état de papillon paraît tout à fait impraticable.

« En présence de cette situation, il devient à peu près évident qu'il faut songer à la chrysalide, à l'éclosion des papillons et aux œufs.

« Je ne puis affirmer encore d'une manière absolue avec quel degré d'efficacité il sera possible d'agir pour détruire l'insecte lorsqu'il est à l'état de chrysalide. Cependant j'entrevois déjà une grande probabilité de succès si des efforts combinés sont obtenus de la part des agriculteurs.

« Lorsque au mois d'octobre commencent les labourages, il deviendra sans doute assez facile de mettre à découvert les chrysalides et de les faire enlever par des enfants. Ce serait dans tous les cas une opération beaucoup plus efficace que celle d'enlever les chenilles. Néanmoins j'aurai besoin de me rendre sur les lieux au moment où les terres nues devront être remuées, pour apprécier exactement les opérations auxquelles on pourra se livrer avec le plus d'avantage, ne me dissimulant pas ici la possibilité de certaines difficultés. Il est une expérience que j'ai le plus grand désir de tenter, car, si l'expérience était couronnée de succès, le résultat serait complet. Nous savons, et aujourd'hui plusieurs personnes de l'arrondissement de Valenciennes l'ont constaté, que les chrysalides de la *Noctua segetum* sont enfoncées dans la terre à une profondeur de quelques centimètres seulement. Pour que les papillons à peine éclos, puissent traverser la couche de terre qui les sépare de la surface,

Fabricant de Sucre.   18

il faut que cette terre soit très-meuble. Or, si un tassement superficiel de la terre peut être opéré sans de grands embarras pour la culture, les papillons, incapables de percer un sol résistant, devront périr sans avoir réussi à se montrer au dehors. J'ai demandé à divers agriculteurs s'ils croyaient à la possibilité de faire exécuter sans grand inconvénient un tassement superficiel du sol, en leur exposant l'avantage immense que j'étais fondé à espérer de cette opération. Plusieurs agriculteurs, à la vérité, au premier abord, ont cru voir des difficultés pratiques de nature à faire renoncer de suite à une semblable opération, mais l'idée a été accueillie de quelques-uns et je me trouve ainsi assuré de pouvoir constater les fruits que l'on doit en attendre. Dans le raffermissement de la couche superficielle du sol, on trouverait encore un autre avantage que celui d'empêcher la sortie des papillons. Lorsqu'il y aurait des chenilles, ces chenilles qui ne peuvent vivre à découvert pendant la chaleur du jour, parviendront difficilement à s'abriter et à circuler dans un sol trop ferme et de la sorte beaucoup d'entre elles viendraient à périr.

« Maintenant, si tous les moyens ayant pour but de détruire les chrysalides et d'empêcher la sortie des papillons ne réunissaient que d'une manière imparfaite, il nous resterait un moyen absolument sûr pour nous débarrasser de l'insecte nuisible; ce serait de recueillir les pontes au printemps avant l'éclosion des chenilles. Quelques opérations préalables seront seules nécessaires. Il suffira de bien reconnaître l'endroit où les pontes sont déposées. Les enlever restera une opération fort simple, comparativement à l'échenillage, et d'une efficacité absolue.

« Les papillons déposent leurs œufs en paquets sur les plantes, c'est seulement dans des circonstances tout à fait accidentelles qu'ils les laissent tomber au hasard. A la fin de mai, et dans les premiers jours de juin, comme les feuilles des betteraves ne sont pas encore très-dévelop-

pées, on est assuré de pouvoir faire aisément les observations préliminaires et entreprendre aussitôt le travail
capable de mettre le champ de betteraves à l'abri du
fléau, dont ils ont tant souffert cette année.

« C'est ainsi que je dirai, avec une confiance entière,
aux agriculteurs et aux industriels du Nord : Avec votre
concours qui, je le sais, ne me fera point défaut, le but
que vous poursuivez sera atteint, la calamité qui vous a
affligés ne se renouvellera pas, tant que votre vigilance
ne viendra point à s'endormir.

« On a beaucoup parlé dans ces derniers temps de la diminution ou de la disparition des animaux insectivores.
Cette disparition est, en effet, fort regrettable. Les oiseaux insectivores sont devenus rares dans un grand
nombre de localités; on ne saurait trop recommander
dans les campagnes d'entendre l'appel, déjà bien des fois
répété, de prendre grand soin de conserver ces créatures
secourables aux cultivateurs, et même de favoriser leur
développement autant que possible. Dans l'arrondissement de Valenciennes, j'ai observé avec surprise la ra-
reté des insectes carnassiers que l'on détruit partout avec
aveuglement. Il importe de les respecter. Les hérissons,
les musaraignes, les taupes, mammifères insectivores,
semblent aussi avoir été détruits. Le savant professeur
de chimie de Valenciennes, M. Pésier, a appelé dernière-
ment l'attention sur l'utilité des taupes. Ces animaux, en
effet, vivent d'insectes, mais je n'ose insister sur leur propagation, sachant que la manière dont ils remuent le sol
est considérée comme une cause de préjudice. »

Nous citerons aussi deux espèces d'hyménoptères, *la
mouche de la betterave (Pegomyia hyoscyami)* et l'*hylémie
des betteraves (Hylemya coarctata)* dont les larves en ron-
geant le parenchyme des feuilles des betteraves, peuvent
occasionner des dommages assez considérables aux plantes.

CHAPITRE II.

FABRICATION DU SUCRE DE BETTERAVE.

Lavage des betteraves.

On comprend la nécessité de débarrasser la betterave des parties qui ne contiennent que peu ou même point de sucre, ainsi que des pierres et de la terre qui y sont restées adhérentes en quantité plus ou moins grande suivant la forme de la racine.

En France, on retranche les parties inutiles au moment même de l'arrachage, ainsi que nous l'avons dit en parlant de la récolte ; mais les pierres et la terre ne peuvent être éloignées qu'au moyen d'un lavage.

Cette opération s'effectue ordinairement dans un cylindre creux de deux à trois mètres de long et de dix à douze décimètres de diamètre, tournant sur un axe et formé de tringles de bois ou de fer de un à quatre centimètres de largeur, séparées par des intervalles de 15 centimètres. Ce cylindre, un peu incliné, plonge du quart ou du tiers de son diamètre dans l'eau contenue dans une caisse qui se trouve dessous ; il est animé d'un mouvement de rotation de 12 à 15 tours par minute, qui fait frotter les racines les unes contre les autres et contre les tringles, ce qui en détache les pierres, la terre et les menues racines. Les betteraves sont déposées sur un plancher incliné sur lequel elles glissent et tombent dans la partie la plus élevée du laveur, pour sortir ensuite par l'autre extrémité au moyen d'une grille en hélice adaptée sur l'axe et les parois ; relevées ainsi par dessus les bords de la caisse, elles roulent sur un grillage incliné qui les conduit à la râpe par une table en pente légère.

Les pierres, les parties les plus lourdes de la terre et

les débris des petites racines se déposent rapidement au fond de la caisse, mais les parties légères restent en suspension dans l'eau, et l'ont bientôt rendue bourbeuse, ce qui exige qu'on la renouvelle souvent. D'un autre côté, le nettoyage du fond est une opération pénible et qui fait perdre beaucoup de temps.

Ces inconvénients ont engagé les constructeurs et les fabricants à remplacer cet appareil par d'autres plus convenables ; et dans beaucoup de fabriques on a adopté pour cela la vis d'Archimède disposée dans une caisse de manière à tourner sur un axe incliné. Dans cet appareil les racines tombent dans la partie inférieure de la caisse où les spires de la vis les saisissent et les font monter, tandis qu'un courant d'eau arrive en sens contraire de la partie supérieure. Par cette disposition, les betteraves se trouvent sans cesse en contact avec de l'eau claire qui entraîne toutes les impuretés hors de la caisse.

Ordinairement on ne se sert de la vis d'Archimède que pour rincer les racines déjà lavées dans le cylindre à claire-voie. On ne doit pas craindre qu'un trop long contact des racines avec l'eau, leur fasse perdre une partie de leur sucre, car on n'a jamais pu découvrir la moindre quantité de cette substance dans les eaux de lavage.

Les boues et les eaux provenant de ces appareils de lavage, coulent par des rigoles suffisamment profondes, dans des fossés où elles forment un dépôt épais contenant beaucoup de débris de racines et qui constitue un excellent engrais.

Lorsque les betteraves n'ont pas été privées de leur collet au moment même de la récolte, et c'est ce qui arrive ordinairement en Allemagne, on les fait tomber par un moyen quelconque de l'appareil laveur sur une table circulaire munie d'un rebord, et qui tourne lentement ; des femmes, assises autour de cette table, les saisissent une à une, et avec un couteau bien tranchant et pointu,

en retranchent le collet ainsi que les parties qui pourraient être gâtées.

Dans ce même pays, les betteraves préparées comme
nous venons de le dire, sont jetées dans une voiture légère pour être pesées sur la bascule, et ensuite transportées à la fabrique et emmagasinées jusqu'au moment
où elles devront subir les opérations de la fabrication
proprement dite.

Il est essentiel de ne pas les laisser trop longtemps ac-
cumulées en grands tas dans ces magasins, car elles pourraient facilement s'altérer, et par suite, fournir un jus
d'une couleur rouge foncé. Pour éviter ce grave inconvénient, le mieux est de former de chaque côté du magasin, deux tas séparés contenant toutes les racines que
l'on travaille dans une journée, de manière à défaire
chaque jour l'un des deux pendant que l'on reconstruit
l'autre. Il est facile de calculer les dimensions à donner
à ces magasins, en partant de cette donnée qu'un quintal métrique de betteraves occupe environ un espace de
60 à 62 décimètres cubes.

Les voitures ou tombereaux qui servent au transport
doivent être légères et commodes, on leur donne souvent
la forme qu'indique la figure 12; elles nous semblent
très-convenables; un ouvrier peut facilement les basculer pour les vider en soulevant la roue de derrière *c.*

Extraction du jus.

Lorsqu'on soumet à une pression suffisante les fruits
juteux, comme, par exemple, les raisins et les pommes,
on en exprime la majeure partie des sucs qu'ils contiennent; c'est ainsi que l'on procède dans la fabrication du
vin, du cidre, etc. Mais les racines succulentes, comme la
carrotte et la betterave, sont loin de se comporter de la
même manière; la dernière, comme nous l'avons vu,
contient une grande quantité d'eau; mais sa texture est
telle, ses cellules et ses vaisseaux sont formés de parois si

résistantes que même l'action énergique de la presse hydraulique ne parviendrait à en extraire que des quantités insignifiantes de jus; ajoutons, en outre, qu'une
betterave qu'on laisse tremper plusieurs jours dans l'eau,
n'abandonne jamais la moindre parcelle de son sucre à
ce liquide.

Il résulte de là que pour retirer le jus de la betterave
il faut, de toute nécessité, avoir recours à d'autres moyens,
ou ramollir le parenchyme par la coction, ce qui semble
présenter de graves inconvénients, mais qui, peut-être,
pourraient être écartés, soit le diviser, le déchirer au
moyen de râpes convenablement disposées ; c'est à ce
dernier procédé qu'on s'est généralement arrêté. Nous
verrons plus tard d'autres moyens proposés récemment
pour atteindre le même but.

Cependant le rapâge présente aussi des inconvénients ;
la petitesse extrême des cellules de la betterave (elles
n'ont guère qu'un dixième de millimètre de diamètre),
ne permet pas qu'elles soient toutes atteintes par les
dents de l'instrument, dont l'écartement est nécessairement beaucoup plus grand ; la partie qui échappe à leur
action est assez considérable, et le jus qui y reste engagé
est perdu pour le fabricant.

Nous ne parlerons pas de tous les systèmes de râpes
employés depuis l'origine de la fabrication du sucre de
betteraves, et qui sont généralement abandonnés maintenant; nous nous bornerons à rapporter en partie ce
que nous disions à ce sujet dans la première édition de
cet ouvrage.

L'idée qui se présentait la première pour faciliter une
plus grande division de la betterave, était de la cuire;
c'est aussi ce qu'avait pensé Achard, qui, après avoir
fait cuire les betteraves à la vapeur et les avoir réduites
en pâte, essaya de les exprimer. Mais la division extrême
de la pulpe, qui n'était plus à cet état qu'une bouillie
claire, présenta un autre inconvénient : il était alors
impossible de séparer le suc du parenchyme, celui-ci

passant à travers le tissu des sacs dans lesquels on enfermait la pâte pour la soumettre à la presse. Il a donc fallu en revenir au râpage des racines crues.

Les appareils qui dans les fabriques de sucre de betteraves et dans celles de fécule de pomme de terre, portent le nom de *râpes*, se composent d'une surface plane, cylindrique ou conique, suivant la disposition particulière de l'appareil, armée d'un système de lames de scie fixées perpendiculairement. Cette surface, mobile sur un axe, reçoit d'un moteur quelconque un mouvement très-rapide de rotation, au moyen duquel elle déchire les matières qu'on soumet à son action. Dans quelques machines à cylindre, la vitesse de celui-ci est telle qu'il fait jusqu'à 800 tours à la minute.

On a beaucoup varié la forme de ces râpes et la disposition des lames. Les dents de celles-ci répondent quelquefois à l'intérieur, d'autres fois à l'extérieur de la surface qui les porte. Quand cette surface est cylindrique, on lui donne une position horizontale; lorsque au contraire sa forme est conique, l'axe de ce cône est vertical.

Le but que l'on doit surtout chercher à atteindre dans une râpe, est la plus grande division de la betterave; car plus cette division sera parfaite, plus on retirera de jus, et par suite de sucre, d'une quantité donnée de racines. Mais il faut aussi que cette opération s'effectue dans un espace de temps assez court, et en dépensant le moins de force. Parmi toutes les râpes qui ont été proposées jusqu'ici, celles qui paraissent réunir au plus haut degré ces différents avantages, et que nous devons plus particulièrement citer, sont celles de MM. Burette, Thierry, Molard jeune et Odobbel.

La râpe de M. Burette, réunissant à la perfection du travail une grande simplicité et une modicité de prix qui la met à la portée des plus petites exploitations, sa valeur n'étant que de 400 francs, nous en donnerons une description succincte que nous empruntons au rapport fait sur cette machine à la Société d'encouragement, par M. *Pajot-Descharmes*, au nom du Comité des Arts mécaniques.

Un bâti solide en chêne, de forme oblongue, monté sur quatre pieds maintenus haut et bas par des traverses, constitue l'assemblage qui porte les diverses parties du nouveau mécanisme, presque toutes disposées sur la longueur des traverses supérieures. Ces parties se composent d'un cylindre plein et en bois préparé convenablement; il a 489 millimètres de diamètre. sur 217 millimètres de largeur, et est armé sur sa circonférence de 80 lames de scie, de 189 millimètres de longueur. L'axe de ce cylindre porte à l'une de ses extrémités un pignon en fer garni de 16 dents qui engrènent dans celles d'une roue pareillement en fer, garnie de 120 dents. Une manivelle de 489 millimètres. est montée à chacune des extrémités de l'axe de cette dernière roue. Sous ce cylindre est placé une espèce de coffre, incliné de manière à renvoyer la pulpe obtenue dans un baquet tenant lieu de récipient; sur la même face du bâti, et en avant de la circonférence de ce cylindre est ajouté sur un centre mobile une sorte de volet en bois, qui reçoit de l'axe du pignon, et à l'aide de bascules, un mouvement de va-et-vient, de sorte que l'intervalle existant entre le cylindre et ce même volet, pour le passage de la substance à râper, est alternativement resserré et ouvert. L'ouverture, toutefois, est limitée par une petite barre sur laquelle le volet, dans son recul, vient s'appuyer. Toutes les parties de la machine qui débordent le bâti, sont envelopées par une boîte surmontée d'une trémie devant contenir au moins 48 kil. de matières. Il résulte de cette espèce de cage que la trituration est opérée très-promptement sans éclaboussure et sans perte de matière.

Dans la râpe Thierry, il se trouve devant le cylindre dévorateur une boîte dont le fond fait un angle de 60° avec le plan tangent à ce cylindre, et une cloison verticale la partage en deux compartiments égaux dans lesquels deux enfants déposent les betteraves qu'un ouvrier presse contre

les lames du cylindre en poussant deux sabots ou poussoirs mécaniques.

Nous ajouterons quelques mots sur la râpe employée
par l'illustre Mathieu de Dombasle ; elle est la plus simple
et la plus économique de toutes celles qu'on a imaginées
jusqu'ici.

Ce célèbre agronome, considérant que les cylindres dont
on fait généralement usage sont en fer, et que les dents
ne forment qu'une seule pièce avec les lames plates qui
forment la surface ronde du cylindre, après avoir été
limées plusieurs fois, deviennent trop courtes pour l'être
de nouveau, a cherché à y remédier. Pour cela, il a fait
construire de nouveaux cylindres composés de disques
en bois de chêne, ayant 54 millimètres d'épaisseur, sur
623 millimètres de diamètre. Tous ces disques sont superposés en assez grand nombre pour que le cylindre
ait la longueur convenable qui est d'environ 406 millim.
On doit avoir le soin de placer le fil dans des directions
opposées à angles droits. Ces disques sont assujettis au
moyen de quatre boulons qui se trouvent placés à moitié
de la longueur du rayon. Après que le cylindre a été
tourné et monté sur son axe, on y incruste, sur toute la
surface et à 20 millimètres l'une de l'autre, des lames
dentées de 27 millimètres, sur environ 5 millimètres de
longueur de plus que le cylindre, afin que dépassant, dit-
il, un peu de chaque côté, on puisse facilement les faire
sortir au moyen d'un ciseau, ce qui donne beaucoup de
facilité pour les limer. Ces lames sont introduites à frottement dans des rainures pratiquées à la surface du cylindre parallèlement à son axe ; elles sont à 20 millimètres
de distance les unes des autres. Les dents qui doivent
être bien égales, ont leurs pointes sur une même surface
cylindrique et distantes entre elles de 5 à 6 millimètres ;
lorsqu'elles sont devenues trop courtes, on enlève avec
un *guillaume* un peu de bois entre les lames, ce qui rend
ces cylindres d'un très-long usage. De Dombasle s'est
servi de deux râpes semblables, assorties chacune d'un

cylindre de rechange, pendant quatre ans. L'auteur fait, au sujet de ces râpes, des observations très-judicieuses : il regarde les dimensions des dents de ces lames comme une chose très-importante, parce que c'est d'elles que dépend le degré de finesse de la pulpe, et par conséquent la quantité de suc qu'on peut extraire par la pression. Il pense aussi qu'il serait préférable de faire les dents plus petites et aplaties supérieurement, comme l'indiquait Achard.

Depuis la publication de ces passages, la fabrication du sucre indigène a subi des changements considérables, et les râpes, comme tout le reste du matériel, ont reçu d'importantes améliorations. Nous allons les faire connaître en décrivant deux systèmes en usage en Allemagne, et qui nous semblent satisfaire à toutes les conditions désirables.

Commençons par donner les détails de la construction de la râpe proprement dite ou cylindre dévorateur ; elle se compose :

1º D'un squelette en fer d'une seule pièce, consistant en deux disques *a, a* (fig. 13) et en un axe *b*, dont les extrémités sont munies de deux poulies *c, c,* sur lesquelles passent des courroies. Les circonférences des deux disques sont creusées à la partie intérieure de rainures dans lesquelles on fixe les extrémités des lames des scies, ainsi que les baguettes de bois qui les séparent.

Ce tambour repose sur un bâti en fonte par ses deux tourillons *m, m,* et est mis en mouvement par les deux courroies qui passent sur les poulies *c, c.* Pour que l'axe ne se dérange pas, et pour que l'usure soit égale sur ses deux côtés, il faut autant que possible que ces courroies tirent de bas en haut.

2º D'une garniture de lames de scies, dont les figures 14 et 15 représentent les extrémités en demi-grandeur naturelle. Les bouts *a, a', b, b',* viennent reposer de champ sur les saillies intérieures des rainures. Ces lames sont séparées les unes des autres par des baguettes de bois qui reposent également sur les saillies intérieures des rainures ; l'épaisseur de ces baguettes est moindre que la largeur des lames de toute la longueur des dents.

Les lames sont en fer ou en acier, les secondes durent plus longtemps, mais les premières présentent l'avantage d'être moins souvent brisées par les pierres ou autres corps durs, qui ne font en général que les courber. Le tranchant des lames de fer étant moins vif que celui de l'acier, elles exigent l'emploi d'un peu plus de force pour produire le même travail.

Les figures 14 et 15 représentent les deux principaux types de forme et de dimension des lames de scie employées dans les râpes. Dans la première, les pointes des dents sont à 2 millimètres de distance les unes des autres, tandis que dans la seconde elles le sont de 3 millimètres. Les lames de la première forme pénètrent plus profondément et plus facilement dans la racine, elles exigent moins de force, mais aussi elles donnent une pulpe plus grossière ; celles de la seconde râclent plutôt qu'elles ne coupent, et fournissent une pulpe mieux divisée, mais aussi elles exigent plus de force. Du reste, avec l'usage, la première forme finit par produire l'effet que produit la seconde, lorsqu'on commence à l'employer, et par demander plus de force.

Pour empêcher la pulpe d'être projetée au loin par l'action du cylindre, on enveloppe la partie supérieure de celle-ci d'un demi-tambour en tôle ; tandis que sa partie inférieure plonge dans une caisse pratiquée dans le fond du bâti, et dans laquelle vient se réunir la pulpe.

L'action de la main d'un ouvrier pour presser les racines contre les lames de la râpe, a été remplacée par la force plus grande et plus régulière d'un mécanisme particulier, comme on le voit dans la fig. 16, qui représente l'élévation d'une râpe de MM. Fesca et Cie.

a, cylindre dévorateur recouvert par son tambour.

b, boîte aux poussoirs.

c, trémie contenant les racines d'où elles tombent entre le cylindre et les poussoirs.

g, poulie recevant le mouvement de deux courroies sans fin, et le transmettant à toutes les parties de l'appareil.

km, *km*, leviers qui impriment un mouvement alternatif aux tiges *n, n* des poussoirs.

ii, deux manivelles qui font corps avec l'axe *o* mis en mouvement par la roue dentée *e*. Ces manivelles fixées aux extrémités de cet axe dans un même plan, mais en sens contraire, agissent sur les guides *k*, et impriment le mouvement alternatif aux tiges des poussoirs.

l, axe fixé à la partie inférieure ; il est garni de palettes qui, dans le mouvement transmis par une courroie qui passe sur les poulies *s, x*, remuent la pulpe réunie dans le fond de la caisse qui contient le cylindre et que ces mêmes palettes chassent ensuite au dehors.

Dans d'autres modèles, on a changé un peu la disposition de ce dernier système, servant à agiter la pulpe et la faire sortir de l'appareil. Nous ne croyons pas devoir nous arrêter à ces détails.

Lorsqu'on n'emploie qu'une râpe simple avec un seul poussoir mécanique, l'action de celui-ci est nécessairement intermittente, et lorsqu'il en existe deux, il n'y a jamais qu'une seule partie du cylindre qui fonctionne ; cette circonstance a donné l'idée à quelques constructeurs de remplacer leur action irrégulière par une force constante, et ce qui s'est présenté de plus simple, et qui aurait dû se présenter dès l'origine, c'est d'y employer le poids même d'une masse considérable de racines; cela a été réalisé d'une manière très-simple dans la râpe que M. Robert a le premier indiquée, et ensuite employée dans une fabrique à Seeloviz. Nous en donnons le dessin (fig. 17).

b, cylindre dévorateur.

aa, longue trémie en forme de cheminée que l'on charge de betteraves par l'espèce d'entonnoir *d*.

Fabricant de Sucre. 19

f, caisse destinée à recevoir la pulpe.

cc, tringle munie d'une poignée, servant à lever une plaque intérieure pour empêcher les betteraves de descendre, lorsqu'on reconnaît qu'un objet dur s'oppose à la marche de l'appareil.

ii, autre tringle munie également d'une poignée, et servant à soulever un levier chargé d'un poids et qui ouvre une plaque intérieure placée au fond de la trémie, ce qui permet d'enlever les corps durs qui se sont mêlés aux racines.

Le moteur qui fait tourner le cylindre pourrait également imprimer un mouvement de rotation à un système de palettes disposées au fond de la boîte à pulpe et servant à mélanger celle-ci et à l'expulser de l'appareil.

Nous ajouterons les observations générales suivantes :

La direction dans laquelle agit la force qui pousse les racines contre les lames du cylindre dévorateur, a une grande influence sur la quantité et la qualité de la pulpe produite; en effet, si l'on suppose qu'on représente par A le cylindre, et par M O N la trace d'un plan horizontal passant par son axe, lorsque la racine est poussée dans un plan passant par cet axe, et placé au-dessus du plan horizontal, la direction de la pression et celle du mouvement de la râpe font un angle droit. Si le plan incliné dans lequel agit la pression passe au-dessous de l'axe du cylindre, l'angle des deux forces est plus ou moins aigu; dans le premier cas, les lames raclent la racine plutôt qu'elles ne la coupent, et produisent une petite quantité de pulpe, mais très-fine; dans le second, les dents mordent davantage, d'où résulte une plus grande quantité de pulpe, mais moins divisée et d'autant moins que l'angle est plus aigu. Cette circonstance doit être prise en considération au moment où on fixe les coulisses dans lesquelles glissent les poussoirs.

Une autre considération importante est celle de la distance à laisser entre le plancher de ces coulisses et les lames du cylindre, afin que la pulpe qui tombe immédiatement dans la caisse inférieure ait toute le même degré de finesse; car si cette distance était trop grande, les lames pourraient entraîner de trop gros morceaux de racines, surtout pendant un mouvement de rotation très-rapide. On parvient à régler convenablement cette distance en fixant au bord du plancher qui regarde le cylindre, une règle que l'on peut approcher ou éloigner de la face de celui-ci, en ayant soin qu'elle lui soit exactement parallèle.

Il est évident qu'il faut que toutes les dents des lames de scie soient exactement de la même longueur, de manière à se trouver toutes sur une surface cylindrique ; cela permet d'en approcher beaucoup la règle indiquée ci-dessus, et par suite d'obtenir une pulpe très-homogène et très-fine.

C'est de cette finesse que dépend la quantité de jus qu'on peut retirer de la pulpe; elle va jusqu'à 84 pour 100 avec de la pulpe fine, et seulemnet à 80 avec de la pulpe plus grosse, la pression étant toujours la même.

M. Walkhoff signale tous les inconvénients qui résultent d'une trop grande vitesse de rotation du cylindre dévorateur ; ses recherches lui ont donné les résultats suivants comme étant les plus avantageux.

Avec des lames ayant des dents distantes de 3 millimètres, et une vitesse de 650 tours par minute, le cylindre râpe, en 24 heures, 146 kilog. de betteraves par décimètre carré de surface, et produit une pulpe très-fine. Dans ces conditions les poussoirs doivent donner 4,87 coups par minute.

Un séjour trop prolongé de la pulpe entre les dents du cylindre ou dans le récipient inférieur pouvant donner lieu à un commencement de fermentation, il est essentiel d'entretenir ces parties de l'appareil dans un état de grande propreté, c'est pourquoi on les nettoie toutes les six heures, et on les lave à l'eau froide.

A ces données, nous croyons devoir ajouter quelques renseignements que nous devons à l'extrême obligeance de M. Hette.

A la sucrerie de Bresles, la râpe est animée d'une vitesse de 1,000 à 1,100 tours par minute, et les poussoirs ne donnent que cinq coups dans le même temps.

On fait couler sur la râpe l'eau dans la proportion de 17 0/0 du poids de la betterave, on obtient ainsi 109 litres de jus à 4° Baumé.

On a employé successivement des presses de plus en plus fortes, pour extraire de la pulpe la plus grande quantité possible de jus ; la presse hydraulique étant celle qui permet d'obtenir les effets les plus énergiques, toutes les autres ont dû nécessairement lui céder le pas. Nous allons donc nous occuper immédiatement de cet important appareil, en commençant par faire connaître le principe d'hydrostatique sur lequel il repose.

Le célèbre Pascal découvrit, en étudiant les propriétés des corps à l'état liquide, qu'en vertu de l'indépendance de leurs molécules les unes par rapport aux autres, ils jouissent de la propriété de transmettre également la pression dans toutes les parties de leur masse.

Soit, un vase de forme quelconque complétement plein d'eau, pratiquons une ouverture circulaire en un point quelconque de sa paroi, adaptons dans cet orifice un piston mobile mais qui le ferme exactement; appliquons enfin, perpendiculairement à ce piston, une pression, par exemple, un poids de 10 kilogrammes. Cette pression se transmettra aussitôt dans tous les sens à travers toute la masse, l'équilibre, dans toutes les molécules qui composent celle-ci, serait impossible autrement, et sur chaque partie de la paroi de même étendue que l'orifice, celle-ci éprouvera de l'intérieur à l'extérieur une pression de 10 kilogrammes, par conséquent une pression double sur une étendue double, etc. ; ce que nous pouvons énoncer d'une manière générale, en disant que les pressions sont proportionnelles aux surfaces.

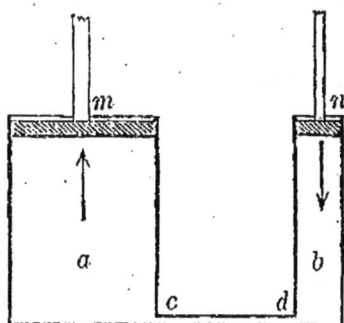

Fig. M.

Soient, maintenant a, b, fig. M, deux vases cylindriques de diamètres différents et communiquant entre eux par un tube horizontal c, d; supposons-les munis chacun d'un piston m, n, et tout l'espace compris entre ces pistons complétement rempli d'eau ; d'après le principe de Pascal, si nous exerçons une pression sur le plus petit n de ces pistons, elle se transmettra de bas en haut sur la base du plus grand m, en se multipliant dans le rapport de la surface de m à la surface de n. Supposons, par exemple, que la section de n soit d'un centimètre carré et celle de m d'un décimètre carré, c'est-à-dire cent fois plus grande, et qu'on exerce une pression de 100 kilogrammes sur la première, la seconde sera poussée de bas en haut avec une force de $100 \times 100 = 10,000$ kilogrammes.

Ces principes étant bien compris, on saisira facilement la description de la presse hydraulique.

La figure 18 représente l'appareil complet. Le petit piston s a ici la disposition d'un piston plongeur; le corps de pompe qui le contient descend dans l'eau du réservoir b b et est terminé par une tête d'arrosoir r; il porte, en outre, une soupape i s'ouvrant de bas en haut. Lorsque s monte, la soupape i s'ouvre et laisse entrer l'eau pressée par l'atmosphère, lorsque s descend, cette soupape se ferme, l'eau comprimée ouvre la soupape *d*, s'échappe par le tuyau *ttt* et va remplir le cylindre dans lequel se meut le grand piston *pp* qui, poussé de bas en haut, transmet la pression à l'objet placé entre les plateaux *n* et *e*. Il est inutile de s'arrêter à la description des pièces accessoires de l'appareil, la figure en indique suffisamment la forme et l'utilité.

Lorsqu'on a commencé à appliquer cet appareil à l'extraction du jus de la betterave, le petit piston, que pour plus de clarté nous appellerons le piston injecteur, recevait le mouvement et la pression d'un ou plusieurs ouvriers qui, suivant le besoin, pouvaient augmenter soit la vitesse, soit la pression ; mais actuellement, l'impulsion lui est donnée par une machine à vapeur dont l'action est uniforme.

Dans cette fabrication, l'objet à presser, c'est-à-dire la pulpe contenue dans des sacs disposés en pile, comme nous le dirons plus bas, entre les plateaux de la presse, offre très-peu de résistance au commencement, il n'est donc pas nécessaire que le plateau inférieur reçoive une forte poussée mais qu'il monte vite ; on obtient de la machine ces résultats en remplaçant l'action intelligente de l'homme par une disposition fort ingénieuse que nous allons faire connaître. Deux pistons injecteurs, fig. 19, de diamètres différents (le plus grand *a* est seul représenté dans la figure) contenus dans deux corps de pompes distincts, sont mis en mouvement simultanément par une même bielle *t* et lancent l'eau dans le grand corps de pompe par un tuyau commun ; le plateau de la presse monte donc rapidement ; mais la résistance de la pulpe va sans cesse en augmentant, et par suite aussi la pression du liquide, la réaction de celui-ci sur les deux pistons doit donc être en rapport des carrés de leur diamètre. Le retour de l'eau dans le réservoir est empêché dans les deux corps de pompe par une soupape fixée à l'extrémité de la tige *n* qui vient s'articuler sur le levier *k* qui tend à soulever le poids *h* suspendu à l'extrémité d'un autre le-

vier *i*. De l'autre côté du corps de pompe et sous le
tuyau qui conduit l'eau dans la presse, se trouve une seconde soupape *f* qui, au moyen de la tige *m*, transmet
la pression du liquide sur le bras de gauche du levier *k*.
Or, la grandeur du poids *h* et les surfaces pressées, sont
calculées de manière que lorsque la pression de l'eau
dans l'appareil a atteint un certain maximum, l'action
de la soupape *f* sur le levier *k* l'emporte sur celle du
poids *h*, la soupape d'aspiration *d* remonte, cesse de
fermer et l'eau retourne dans le réservoir *c* par le tuyau *n*.
Chacun des corps de pompe des deux pistons d'injection
est muni d'un appareil semblable, mais le poids *h* de celui qui appartient au plus gros piston est moindre que
le poids de celui qui appartient au petit, l'ouverture de
ce dernier n'a donc lieu qu'un certain temps après le
premier, le petit fonctionne seul. Mais enfin par la pression maximum que l'on veut exercer sur la pulpe, l'eau
de ce petit piston rentre aussi et la presse cesse d'agir.

On peut adapter à un même axe coudé plusieurs manivelles et faire marcher simultanément toutes les presses d'un établissement.

La pulpe, pour être soumise à la presse, est enfermée
dans des sacs de toile ou de laine, sans être trop serrée,
afin que le liquide puisse s'échapper facilement, car s'il
éprouvait trop de difficulté, les sacs pourraient crever sous
la pression. La dimension de ces sacs est déterminée par
celle du plateau de la presse, en laissant un excédant de
longueur pour le pli que doit former le sac. La quantité
de pulpe que l'on met dans chaque sac doit être telle
qu'elle forme, lorsqu'elle est étendue, une couche qui
n'excède pas 40 à 45 millimètres d'épaisseur.

Anciennement les sacs étaient en grosse toile, ou même
en ficelle; depuis on a employé de l'étoffe de laine.

En France, on emploie maintenant des sacs proprement dits que des ouvriers remplissent de pulpe au
moyen de pelles ou grandes cuillères, quelquefois même
de pompes, mues par la vapeur.

En Allemagne, on procède de la manière suivante. Sur une table en fonte ayant la forme d'un entonnoir très-évasé, un ouvrier dispose des barres en fer et sur ces barres une plaque de tôle sur laquelle il pose un cadre de fer un peu plus petit, et enfin sur ce cadre il étend un carré d'étoffe de laine dont il laisse les bords pendre par-dessus ceux du cadre; un second ouvrier répand sur ce drap une pelletée de pulpe que le premier aussitôt étale en une couche égale dans toute l'étendue de l'intérieur du cadre et rabat ensuite les bords par-dessus. Il enlève ensuite le cadre, place une nouvelle plaque de tôle sur le sac qu'il vient de former, il remet dessus le cadre, y place un nouveau carré d'étoffe et ainsi de suite, jusqu'à ce qu'il ait formé une pile qui ordinairement ne se compose que de 30 à 33 sacs. Le jus qui s'écoule de la pile s'en va par un tuyau dans une rigole qui le conduit dans les chaudières de défécation.

La table se trouve à côté de la presse et de niveau avec son plateau inférieur, sur lequel on fait glisser la pile que l'on vient de monter. Aussitôt la presse fonctionne et nous avons vu de quelle manière on est parvenu à modérer son action sur la pulpe.

Aussitôt que la presse cesse de fonctionner, on ouvre le robinet d'un tuyau qui communique avec son corps de pompe, pour faire rentrer l'eau dans le réservoir et pour faire descendre le plateau avec la pile.

Le plateau de la presse est creusé sur tout son périmètre d'une rigole dans laquelle se rend le jus qui sort des sacs et d'où ensuite il s'écoule par un tuyau à tirage dans un canal qui le conduit aux chaudières à déféquer ou dans des réservoirs particuliers.

Le mécanisme qui modère la pression est remplacé quelquefois par une presse préparatoire qui n'exprime qu'une partie du jus; les piles de sacs sont ensuite placées sur les plateaux d'autres presses qui agissent avec plus de force.

Quelle que soit la force d'une presse hydraulique, elle

ne peut donner en moyenne qu'une quantité de jus représentant les 80 pour 100 du poids de la pulpe, le maximum peut aller à 84. L'action simultanée des deux pistons injecteurs réduit la hauteur de la pile de sacs à peu
près aux 3/5, pendant ce temps il en sort à peu près 60
0/0 de jus. Le tableau suivant indique les quantités de
jus sorties de cinq en cinq minutes en opérant à chaque
fois sur environ 600 kilogrammes de pulpe.

Durée de la pression en minutes.	Quantité de jus en centièmes du poids de la pulpe.	
1m à 5m	60	à 75
5 10	7 5	3
10 15	4.5	2.3
15 20	2.6	1.1
20 25	1.6	1.0
25 30	0.8	0.6
30 35	0.4	
Total.	83.4	à 83

Mais ces résultats doivent dépendre de la richesse saccharine de la betterave, car plus le jus est sucré, plus sa
densité est grande, ainsi que sa viscosité; le tissu de la
racine est aussi plus compact et le jus a plus de difficulté
à s'en écouler; c'est ce qui résulte d'une suite d'expériences faites par M. Walkhoff qui ont donné les résultats
suivants, la pression étant la même dans toutes.

Densité du jus.	Quantité de jus obtenue.
9° Baumé.	78.8 pour 100
8°,4.	80
7°,4.	83
6°,21.	85

Ces nombres font bien comprendre l'avantage que l'on
obtient en faisant couler constamment sur la râpe un
filet d'eau qui, en même temps qu'il rend le jus plus liquide, en extrait une plus grande quantité par déplacement. Par ce moyen le volume du liquide obtenu se
trouve ordinairement augmenté de 20 pour 100;

Cependant, on reproche à ce procédé d'augmenter la durée et les frais de la fabrication à cause de la plus grande quantité d'eau à évaporer; mais ces inconvénients se trouvent amplement compensés par la facilité du travail et par un rendement plus considérable en sucre.

On a proposé plusieurs moyens pour obtenir la plus grande quantité possible du jus contenu dans la pulpe au moyen de la presse hydraulique, mais nous ne croyons pas nécessaire de nous y arrêter.

Depuis quelque temps on a fait beaucoup de tentatives dans le but de remplacer l'action des presses hydrauliques par d'autres moyens d'extraction du jus de la pulpe, et on ne peut pas nier que l'emploi de ces machines présente de nombreux inconvénients; toutes les manœuvres qu'elles exigent, l'emploi des sacs, des claies, etc., le temps assez long pendant lequel la pulpe reste exposée à l'action de l'air qui est si funeste au sucre, occasionnent beaucoup de main-d'œuvre et de dépense en même temps qu'une perte considérable de temps et de sucre.

Plusieurs de ces essais ont été couronnés d'un plein succès et ne tarderont pas à être généralement adoptés; mais quelques-uns d'entre eux exigent la connaissance de certaines opérations qui ne pourront être étudiées que plus loin; nous sommes par conséquent obligé d'en renvoyer la description à un autre chapitre.

Extraction du jus par macération ou par déplacement.

Avant de décrire cette seconde méthode d'extraire le jus, nous croyons utile de faire connaître un phénomène de physique qui présente un grand intérêt, et joue un rôle important dans cette opération et dans une autre que nous aurons à faire connaître plus tard.

Lorsqu'on sépare deux liquides différents, soit par une membrane, soit même par une plaque très-mince d'une substance minérale poreuse, on voit bientôt se manifester ce phénomène, qui, comme la capillarité, avec laquelle

il a d'ailleurs des rapports intimes, semble en contradiction avec les lois ordinaires de l'hydrostatique : les
deux liquides forment, à travers l'obstacle qui les sépare,
deux courants de sens contraire et d'intensités différentes, de telle sorte que le volume de l'un augmente, tandis que celui de l'autre diminue d'autant. Ce phénomène
qui intervient souvent dans les fonctions organiques
aussi bien des animaux que des végétaux, a reçu le
nom d'*endosmose*.

Pour rendre ce que nous venons de dire plus intelligi-
ble, décrivons l'appareil très-simple, l'*endosmomètre*
imaginé par Dutrochet, qui, le premier, s'est occupé de
ces phénomènes. Il se compose d'une petite cloche en
verre, dont l'ouverture est fermée par une membrane,
par exemple par un morceau de vessie, et qui à son
sommet est surmontée d'un long tube en verre. On emplit
la cloche jusqu'à la naissance du tube d'un certain liquide,
par exemple d'une dissolution de sucre, et on la plonge
dans un vase contenant un liquide différent, par exemple
de l'eau pure, en ayant soin que le niveau de ce dernier
se trouve également à la naissance du tube placé verticalement. Bientôt on aperçoit que le liquide intérieur s'élève
assez rapidement, tandis que le niveau de l'eau extérieure
s'abaisse ; mais on pourra constater en même temps que
la densité de la dissolution sucrée diminue sans cesse, et
qu'au contraire l'eau extérieure se charge de sucre.

On s'est servi, à l'origine de ces recherches, de deux
expressions différentes pour indiquer le double courant ;
ainsi dans l'exemple que nous venons de choisir, on
disait qu'il y avait *endosmose* de l'eau pure vers l'eau sucrée, et *exosmose* de l'eau sucrée vers l'eau pure ; mais
la seule dénomination d'*endosmose* suffit pour désigner
le phénomène dans son entier, car s'il y a endosmose
d'un côté, il y a nécessairement exosmose de l'autre.
Dans les derniers temps, on a cru devoir remplacer le
mot *endosmose* par le mot *osmose*, ayant absolument la
même signification.

La nature de la lame qui forme la séparation entre les deux masses liquides; l'état physique de ses deux faces; la nature des deux liquides; leur état de dilution; la présence de certaines substances étrangères, et enfin la température, ont une grande influence sur la marche et les résultats de l'osmose.

Le procédé d'extraction du jus dont nous allons nous occuper, n'est, à proprement parler, qu'un lavage méthodique; nous en devons les premières applications au célèbre industriel allemand, Schutzenbach, qui le premier aussi a eu l'idée d'employer la force centrifuge à la séparation du jus de la betterave.

L'appareil employé par Schutzenbach se compose tout simplement de douze cuves en tôle, étagées en gradins les unes au-dessus des autres, de sorte que le fond de la seconde soit de 10 à 12 centimètres plus bas que celui de la première et ainsi de suite. Le fond de chacune de ces cuves est légèrement incliné vers un point latéral où se trouve un tuyau à robinet qui permet de faire passer le liquide contenu dans la cuve dans une rigole commune à tous. Au-dessus de ce fond se trouve un faux-fond ou diaphragme percé d'un grand nombre de trous, il est destiné à soutenir la pulpe et à permettre la sortie du liquide qu'elle contient. Près du haut du vase se trouve un diaphragme pareil, mais formé de deux pièces que l'on peut enlever à volonté pour l'introduction de la pulpe. Un axe vertical qui reçoit le mouvement de rotation d'un arbre de couche communiquant avec la machine à vapeur, fait tourner, au milieu de la pulpe mêlée d'eau, un agitateur composé de deux bras horizontaux auxquels sont attachées des tiges verticales; ce même axe fait tourner des barres horizontales auxquelles sont attachées des brosses qui en frottant sur les deux faux-fonds du bas débarrassent leurs trous de la pulpe qui pourrait les obstruer. Enfin, un tuyau vertical part extérieurement de l'espace compris entre les fonds inférieurs, et porte vers le milieu de sa hauteur un tuyau horizontal que l'on peut ouvrir ou fermer au moyen d'une soupape que l'on manœuvre en tournant une manivelle. Lorsque le robinet des tuyaux de décharge inférieurs est fermé, le liquide de la cuve monte dans ce tuyau vertical et si la soupape que nous venons d'indiquer est plus ou moins levée, passe en quantité plus ou moins grande dans la cuve qui se trouve immédiatement au-dessous. Le liquide que l'on fait couler de la cuve qui se trouve au bas de l'appareil passe par un tube horizontal dans un réservoir placé sous la cuve la plus élevée dans laquelle ont la fait monter au moyen d'une pompe.

Le diamètre intérieur de ces cuves est d'environ 1^m.55 à la partie supérieure, et de 1^m.48 à la partie inférieure; leur hauteur est de 0^m.86. Leur capacité peut facilement se déduire de ces données. Chacune reçoit la pulpe de 400 kilogrammes de racines, additionnée d'environ le double de son poids d'eau.

Au commencement du travail, on introduit dans les cuves que l'on veut emplir un peu d'eau, et ensuite la pulpe. Pendant cette opération il est essentiel que l'agitateur fonctionne continuellement, car la pulpe étant plus lourde, tend à se séparer de l'eau et à se déposer sur le diaphragme inférieur dont elle obstruerait les trous, si elle n'était sans cesse balayée par les brosses de paille de maïs. Mais sa vitesse de rotation doit être dirigée convenablement, car une trop grande déterminerait la formation violente de beaucoup d'écume, et, au contraire, une trop faible ralentirait le déplacement du jus ; l'expérience prouve que la vitesse de rotation la plus convenable est de 20 à 24 tours par minute. Par la suite du travail, lorsque le déplacement du jus est déjà très-avancé, on peut arrêter l'agitateur, car le parenchyme de la racine est alors plus léger que l'eau, et vient à la partie supérieure. Malheureusement il arrive constamment que beaucoup de ces parties ligneuses passent par le diaphragme inférieur, ce qui occasionne la formation de beaucoup d'écume lors de la défécation.

Fabricant de Sucre. 20

Cette circonstance fait qu'il est nécessaire de faire passer le liquide dans une autre cuve dont le diaphragme produit une espèce de première filtration. En outre, il paraît utile de ne pas faire la pulpe trop fine, bien que cela ait le grave inconvénient de rendre plus difficile le déplacement de tout le jus sucré.

Le jus étendu d'eau de la première cuve coule dans la seconde par le tuyau vertical et en déplace le liquide plus riche que celle-ci contient; celui-ci, à son tour, coule dans la troisième, et en déplace le liquide encore plus concentré, et ainsi de suite, jusqu'à ce que l'eau ait passé sur huit à dix cuves. Pour éviter autant que possible le mélange des différents liquides, il est bon d'entretenir leur niveau à quelques millimètres au-dessus du diaphragme supérieur, qui forme ainsi une espèce de séparation entre le liquide inférieur plus lourd et le liquide supérieur plus léger.

Supposons que le liquide soit arrivé à la huitième cuve lorsque la pulpe contenue dans la première est épuisée. On ouvrira le robinet de décharge de cette huitième cuve pour en tirer 60 à 65 kilogrammes de jus que la rigole conduit à un réservoir; on ferme ensuite le robinet et on fait passer le reste du jus dans la cuve suivante où il va se concentrer, car elle contient de la pulpe neuve; on ouvre ensuite un trou d'homme placé au bas de la première pour en retirer la pulpe épuisée et la remplacer par de la neuve, et ainsi de suite.

Ce procédé présente sans doute plusieurs avantages, mais aussi des inconvénients dont le plus grand est l'énorme quantité d'eau qu'il ajoute au jus, ce qui augmente considérablement les frais et la durée de la concentration. Faisons remarquer qu'il présente moins d'inconvénients lorsqu'on travaille avec des racines riches en sucre, que dans le cas contraire; aussi le voyons-nous adopté par quelques fabriques en Allemagne et en général très-peu goûté en France où la betterave est ordinairement d'une qualité moins saccharifère.

M. Walkhoff a pris un brevet pour l'invention d'un nouveau procédé d'extraction du jus qui d'après lui offrirait tous les avantages suivants :

1. Le jus est extrait avec la plus grande économie possible.

2. La fabrique n'a pas besoin de se procurer de nouvelles presses, elle peut se servir de celles dont elle a fait usage, ou en établir une qui, pour un sacrifice de 12,000 à 15,000 francs, lui assurera un bien plus grand avantage que toute autre méthode.

3. Pendant l'extraction le jus ne se trouve mêlé que de 12 à 15 pour 100 d'eau, et par conséquent d'une quantité de ce liquide bien inférieure à celle qu'on emploie dans tous les autres procédés.

4. Ce procédé est celui qui donne le plus de garantie de réussite, et qui assure un rendement de jus au moins aussi considérable que celui que donnent les autres et cela avec des ouvriers ordinaires.

5. Dans ce procédé, il n'est question ni d'écume sur le jus, ni d'une augmentation de dépôt dans la défécation.

6. Le résidu de la pulpe, bien que ne contenant que très-peu de sucre, peut très-bien servir à nourrir le bétail.

On a imaginé encore bien d'autres méthodes d'extraire le jus de la pulpe, mais nous pensons que celles que nous venons de décrire, la première surtout, sont les seules réellement utiles.

L'idée d'extraire le jus par l'action de l'eau chaude s'est présentée naturellement la première, il y a déjà longtemps, puisqu'elle semble remonter à Marggraf lui-même; mais elle n'a été réellement appliquée qu'en 1821 par Dombasle. Nous ne croyons pas nécessaire d'entrer dans des détails relativement à ce procédé, car malgré sa simplicité apparente et la grande économie qu'il semble promettre, l'expérience a prouvé son infériorité sur les autres, infériorité causée en grande partie par les altérations que le long contact de la pulpe avec l'air amène dans le sucre et par l'action que l'eau chaude exerce sur la pectose de la pulpe qu'elle transforme en pectine, laquelle communique au jus et par suite au sucre un état gras et gluant.

Pelletan, en imaginant son lévigateur qui a eu la vogue pour quelque temps, a été le véritable auteur de la macération à froid appliquée ensuite en grand sous une autre forme par Schutzenbach, ainsi que nous l'avons vu plus haut ; mais l'appareil Pelletan a disparu à son tour.

Hallette et Boucherie ont modifié l'appareil de Pelletan, mais ces changements n'ont pas eu plus de succès que l'idée primitive.

MM. Martin et Champonnois se sont servi d'un grand tube en siphon renversé dans lequel tourne sans cesse une chaîne sans fin à laquelle sont adaptées des rondelles métalliques de même diamètre que le tube ; ces rondelles montent la pulpe que lave sans cesse un courant d'eau dirigé en sens contraire.

En Russie, Schiskoff a fait aussi une tentative infructueuse de macération à l'eau chaude dans de petits vases ouverts.

La seule fabrique d'Allemagne où la macération de la betterave fraîche à l'eau chaude se fait encore en grand, est celle de M. Robert à Seelowitz en Moravie. Dans la méthode suivie ici, les racines ne sont pas réduites en pulpe, mais au moyen d'une machine très-bien combinée, elles sont coupées en cossettes parallélipédiques de différentes longueurs ; de cette machine les cossettes passent dans les vases de macération qui sont des cylindres en fer. Dans chacun de ces cylindres (dont le nombre peut varier de 6 à 20) la vapeur circule dans un serpentin reposant sur le fond et à une petite distance duquel se trouve un faux-fond en tôle percé de trous et qui est destiné à soutenir les cossettes. Un trou d'homme est pratiqué au couvercle supérieur et un second à la partie inférieure de la paroi latérale ; le premier sert à charger le vase et le second à en retirer les cossettes épuisées. De

plus la partie inférieure de chaque vase communique
avec la partie supérieure du vase suivant au moyen d'un
tuyau qui porte une soupape que l'on peut à volonté ouvrir ou fermer plus ou moins ; on parvient ainsi à régler
un courant de liquide d'une vitesse convenable, passant
successivement par les différents vases, depuis le premier jusqu'au dernier, ou pour mieux dire de celui dont
la pulpe épuisée vient d'être remplacée par de la pulpe
fraîche jusqu'à celui où le liquide a acquis une densité
peu inférieure à celle du jus pur de la betterave et dont on
fait couler une partie dans la chaudière à déféquer.

Le constructeur de cette machine a fourni à M. Walkhoff les renseignements suivants.

Son établissement coûte bien moins que celui des presses nécessaires pour travailler la même quantité de racines. L'entretien et les réparations méritent à peine d'ê-
tre mentionnées. Elle exige très-peu de vapeur et très-
peu de main-d'œuvre ; environ le tiers de ce qui est
nécessaire au travail avec les râpes et les presses. Un ser-
rurier suffit pour l'entretenir en bon état. Mais cette opération exige de l'eau et de la régularité dans l'ordre de
l'épuisement des vases qui ne pourrait être interrompu
sans perte. Les cossettes épuisées pèsent jusqu'à 58 pour
100 du produit primitif de la betterave. La conduite de
ces opérations ne peut être bien comprise que par des
ouvriers intelligents et instruits. En général la macération par l'eau chaude a été peu étudiée, ses principes sont
à peines connus et presque nulle part mis en pratique
suivant les indications d'une théorie déterminée. Les
plaintes de ceux qui l'ont mise en pratique sans suivre
une direction déterminée sont très-nombreuses. Suivant
eux la betterave n'est pas complétement épuisée ; le jus
qu'on obtient étant mêlé à une grande quantité d'eau,
exige une longue évaporation ; sa purification est inégale
et incomplète, les produits qu'on en obtient sont inférieurs en qualité et en quantité, et enfin le travail des
écumes dont la quantité est considérable occasionne de

grandes difficultés. Il est certain que par une mauvaise manipulation ces plaintes peuvent être complétement fondées; mais elles perdent toute leur importance lorsque l'opération de la macération est conduite convenablement. Pour faire disparaître tous ces inconvénients, il suffit d'entretenir toute la batterie à une température constante de 83 à 85 degrés centigrades et de régler le courant sous une pression faible mais constante, de manière que le liquide se déplace par couches et qu'il ne coule pas plus vite à travers les cossettes que ne peut se séparer le liquide visqueux de leur tissu cellulaire. Lorsque la température que nous avons indiquée est régulièrement établie dans l'appareil, toute décomposition est évitée. La lenteur et la régularité de ce lavage méthodique rendent toujours possible l'extraction de la totalité du jus de la betterave, et en outre offrent le grand avantage sur le procédé des presses, que lorsque les betteraves sont très-riches en sucre, on trouve que, malgré la grande quantité d'eau que l'on est obligé d'employer pour le déplacement du jus, celui-ci en a reçu une quantité moindre que lorsque pour en extraire la même quantité on a fait couler l'eau sur la râpe.

Les résidus de cette macération contiennent toute l'albumine de la betterave à l'état coagulé; or, ce principe est un des plus nourrissants de cette racine, ils contiennent en outre tout son tissu cellulaire désagrégé par la coction et par suite rendu plus assimilable; il est donc indubitable que ces résidus provenant d'une certaine quantité de racines épuisées par la macération doivent fournir aux animaux un aliment plus nourrissant que ceux qui proviennent d'une quantité de racines traitées par les presses.

Malgré tout, M. Walkhoff ne paraît pas bien persuadé de tous ces avantages; et il ajoute la remarque importante que, même en admettant la haute qualité nutritive des résidus frais obtenus par ce procédé, il ne faut pas oublier que, malheureusement, il n'est pas possible de les conserver.

Schützenbach avait imaginé, il y a déjà bon nombre d'années, la macération des cossettes desséchées ou pour mieux dire légèrement torréfiées par l'air chaud ; mais ce procédé qui semblait réunir quelques avantages, présentait aussi de très-graves inconvénients, entre autres celui de fournir un sucre très-coloré et plus ou moins altéré et des marcs impropres à l'alimentation des animaux et ne pouvant servir tout au plus que d'engrais.

Suivant le docteur Grouven, 100 parties de ce marc contiendraient :

	Frais.	Fermenté.
Eau..................	79.60	74.80
Principes protéiques........	2.33	3 30
Sucre.................	»	»
Graisse...............	0 13	0 10
Extractif..............	1.73	2.93
Substances organiques sans azote	4.70	8.11
Tissu ligneux...........	4.30	4.00
Cendres..............	5.87	6.17
Sable et argile..........	1.34	0.59

D'après cela, le procédé que nous venons d'indiquer n'a pu obtenir qu'un très-faible succès.

Rappelons en passant que le sucre cristallisable est contenu à l'état de parfaite pureté dans le tissu de la betterave ; mais que plusieurs causes peuvent l'altérer et le convertir en sucre de fruits incristallisable déjà dans la racine même. Une longue ébullition du jus ou d'une dissolution aqueuse de sucre, transforme aussi une grande partie de celui-ci en sucre incristallisable. Ainsi, par exemple, après 48 heures d'ébullition, la dissolution ne cristallise plus ou seulement très-lentement et en petite quantité.

Procédé de M. Walkhoff.

Quelque forte que soit une presse hydraulique, elle ne saurait jamais extraire la totalité du jus que la pulpe contient, le maximum qu'elle fournit est les 80 à 82 centièmes du poids de la betterave, au lieu des 95 qui s'y trouvent; les autres 5 centièmes restent engagés dans le tissu ligneux et les cellules non-déchirées qui constituent la presque totalité du tourteau. Déjà depuis longtemps on avait conçu l'idée de chercher à éviter cette perte, au moins en partie, au moyen d'une plus grande division de la masse restante et d'un lavage ou macération; plusieurs fabricants et mécaniciens ont fait des tentatives dans ce but; mais nous pensons que le procédé mis en pratique par M. Walkhoff, en Allemagne, réunit tous les avantages des anciens, et évite tous les inconvénients qu'ils pouvaient présenter.

Ce procédé que nous allons décrire d'après ce qu'en dit l'auteur lui-même, en omettant tous les détails et toutes les réflexions qui nous ont semblé superflus pour son intelligence, mérite toute l'attention de nos fabricants et nous paraît avoir beaucoup d'avenir.

M. Walkhoff commence par soumettre la pulpe, râpée comme de coutume, à l'action des presses hydrauliques ordinaires, mais ensuite il soumet le résidu à un nouvel appareil destiné à l'ameublir de nouveau, et à lui procurer un plus grand degré de division, enfin il fait subir à la pulpe ainsi divisée l'action de l'eau et de la pression dans un appareil de son invention auquel il a donné le nom de *presse-filtre* (1).

L'auteur avoue que l'idée de sa nouvelle machine à déchirer la pulpe lui a été suggérée par une ancienne

(1) Nous avons ainsi traduit le mot allemand *Filter-presse*; d'abord parce que c'est l'esprit de cette langue, et ensuite pour ne pas confondre cet appareil avec les filtres-presses généralement employés dans nos fabriques.

râpe construite par Pichon et Mayaux, et dont Ch. Derosne fit un rapport à la Société d'encouragement de Paris, le 8 janvier 1812. Dans ce rapport Derosne s'exprimait ainsi :

« Je regarde cette machine comme la plus parfaite qui ait encore paru dans ce genre. Elle me paraît réunir tous les avantages des machines connues jusqu'à présent, sans avoir aucun de leurs inconvénients ; car, non-seulement la pulpe qu'elle fournit est d'une excellente qualité, et le cylindre triturateur n'a pas l'inconvénient de s'engorger, mais encore la force employée pour mettre la machine en mouvement m'a paru, comparativement au produit obtenu, extrêmement inférieure à celle qu'exigent les autres machines proposées pour le même usage.

« Cette machine a râpé en ma présence 400 kilog. de betteraves en une heure, en n'employant que la force de deux hommes pour tourner la roue ; et celle d'un enfant pour fournir les betteraves. »

Cet appareil, qui n'était au fond qu'une *cardeuse*, a été modifié et perfectionné par M. Walkhoff, ainsi que nous allons le montrer.

La lettre *a* (fig. 20) représente un tambour ou cylindre dont la surface, au lieu de cardes, présente un grand nombre de pointes de fer, et *b* est un rouleau de bois sur la surface duquel sont implantés en spirale, de manière à former comme une vis d'Archimède, de longs bras, également en fer, et ayant la forme de lames de couteau. Ces deux cylindres reçoivent un mouvement de rotation de même sens autour de leurs axes horizontaux, de manière que les deux faces par lesquelles ils se regardent tournent en sens contraire ; leur vitesse de rotation est de 450 à 500 tours par minute. *d* est une pièce solide, ayant la forme d'une surface cylindrique qui peut tourner autour d'un axe *k*, et par conséquent être rapprochée ou éloignée de celle du tambour, au moyen du boulon *g* que l'on retire dans le second cas. Cette pièce

est armée de fortes dents tranchantes en fer, entre lesquelles passent les pointes dont le tambour est armé.

La pulpe retirée des presses est immédiatement versée
dans l'auge dans laquelle tourne le rouleau *b*, dont les
lames coupent d'abord les agglomérations trop grosses,
et en entraînent les parties vers la surface du tambour,
dont les pointes les saisissent et les forcent à passer entre
les dents de la pièce *d*, où elles sont déchirées en parcelles très-fines.

Lorsque des pierres ou d'autres obstacles viennent à
s'engager entre les deux cylindres, une disposition particulière permet de faire reculer *b* sans arrêter la machine, et d'enlever la pulpe et les corps durs qui s'y
trouvaient accidentellement.

La pulpe finement divisée qui sort de cette râpe est
reçue dans des vases légers en tôle, pour être portée aux
presses-filtres.

Le presse-filtre de M. Walkhoff est un vase en fer
(fig. 21), reposant sur des supports solides *a,a* par deux
tourillons creux *b,b* autour desquels on peut la faire
basculer. L'eau venant d'un réservoir placé à une hauteur plus ou moins grande au-dessus de cet appareil,
entre par un tuyau qui pénètre dans le tourillon *b*,
passe dans le tuyau recourbé *c*, et entre dans un tube
circulaire percé d'un grand nombre de trous qui se
trouve sur le fond de ce vase. A une petite distance au-
dessus de ce tuyau circulaire est placé un faux-fond percé
de trous, destiné à soutenir la pulpe dont on emplit
l'appareil. A la partie supérieure se trouve un couvercle
également percé de trous, muni d'une poignée et assujetti sur un rebord au moyen de vis de pression ; et
pour éviter le passage de la moindre parcelle de pulpe,
on place sous ce couvercle un tamis formé de fils métalliques, semblables à ceux qu'on emploie dans les turbines.

Le tuyau à robinet *n* adapté au fond inférieur sert à
laisser écouler l'eau à la fin de chaque opération, et un
tuyau qui part du bord supérieur de l'appareil sert à la

sortie du jus déplacé ; il est aussi muni d'un robinet qui sert dans le cas où on travaille avec des presses-filtres fermées.

Pour éviter l'emploi d'une trop grande quantité d'eau, on applique au fond inférieur de chaque vase un tuyau recourbé qui se termine par un entonnoir à la moitié ou aux deux tiers de la hauteur du vase. Une rigole qui se place facilement sous le tuyau *m* d'un vase, peut conduire le liquide qui s'en écoule dans l'entonnoir du tuyau du vase suivant.

La manœuvre de ces appareils est très-simple : On introduit de la pulpe déchirée dans l'espace compris entre les deux faux-fonds, en ayant soin de la tasser le moins possible, afin que l'eau puisse pénétrer dans toutes ses parties. Dans une fabrique qui opère journellement sur 1,500 quintaux de betteraves, cette première opération exige cinq ouvriers ; mais on peut les réduire à deux seulement, en plaçant la machine à déchirer au-dessus des filtres, de manière que la pulpe qui en provient tombe dans un vagon qui, poussé sur des rails, la transporte immédiatement à l'orifice des filtres.

La hauteur de pulpe qu'il faut mettre au-dessus du faux-fond inférieur dépend de la quantité dont elle se gonfle en s'imbibant d'eau ; on peut poser en principe qu'en général la pulpe pressée provenant de bonnes betteraves très-saines, se gonfle moins que celle provenant de betteraves de mauvaise qualité. Dans ce dernier cas il faut laisser sous le faux-fond supérieur un vide de 8 à 16 centimètres, car autrement le gonflement considérable de la masse rend difficile le passage de l'eau et l'écoulement du jus déplacé.

Lorsque le vase a reçu la quantité voulue de pulpe, on pose légèrement sur celle-ci le tamis de fil métallique, on adapte le couvercle percé à l'orifice, et on ouvre le robinet *d* assez pour que toute la capacité du vase se trouve remplie d'eau dans l'espace de 15 à 20 minutes.

L'eau arrivant par le fond pousse devant elle le jus, et

peu à peu se mêle plus ou moins avec lui et le fait sortir par le tuyau *m* avec une densité qui, au commencement, diffère peu de la densité normale. L'ouvrier chargé de cette opération aura bientôt appris à régler l'ouverture du robinet, de manière à ce que l'eau pousse le jus jusqu'au tuyau *m*, dans un temps déterminé, ce qui du reste dépend du diamètre du robinet; le mieux serait que celui-ci fût complétement ouvert.

La pulpe pressée étant plus légère que l'eau, se trouve soulevée par le courant de celle-ci, et avec elle monte aussi le tamis en tissu métallique, jusqu'à ce qu'enfin il vienne s'appliquer sous le couvercle, et comme il ne laisse passer la moindre parcelle de tissu, le liquide sort de l'appareil après avoir subi une véritable filtration, et, par suite, parfaitement clair.

Le temps qu'il faut à la masse pour être complétement épuisée, doit dépendre nécessairement de la rapidité avec laquelle elle se laisse pénétrer par l'eau, mais on peut admettre qu'en moyenne il est de 20 minutes. On comprend, du reste, que l'opération est terminée aussitôt que le liquide qui s'écoule marque 0° à l'aréomètre; mais on peut l'arrêter déjà lorsqu'il marque encore 10° à 20°. Mais on a déjà vu que pour éviter l'excès d'eau on peut se servir des rigoles qui permettent de conduire le liquide, lorsqu'il sort affaibli, d'un vase dans un autre où il se concentre davantage en passant à travers de la pulpe neuve. En tout cas, pour vider les filtres épuisés, on ferme le robinet *d*, on ouvre celui de *n*, et lorsque toute l'eau s'est écoulée, on enlève le couvercle supérieur ainsi que le tamis, et on fait basculer le vase pour faire tomber le contenu, soit sur le sol, soit dans une voiture qui doit l'emporter.

Lorsqu'on emploie des presses-filtres fermées, ce qui est toujours préférable, on dispose ces appareils comme l'indique la figure 22, et leur manœuvre, qui du reste ne diffère de celle des précédentes qu'à partir du moment où le liquide qui s'écoule de *m* commence à devenir plus faible, demande un peu d'attention.

La figure 23 montre deux presses *a*, *b*, et le réservoir *x* qui alimente celle de gauche. Ces presses diffèrent des précédentes en ce que, à un moment donné, elles peuvent être fermées par un couvercle creux qu'on adapte solidement, et par un tube *s* qui part latéralement de leur partie supérieure, et pénètre dans le tourillon creux de gauche, qui par un tuyau horizontal *c e* à deux robinets communique avec le tourillon de droite du vase suivant.

Lorsque la densité du liquide qui sort de *m* est descendue, je suppose de 8° à 4° ou 5° de Baumé, on ferme le robinet de ce tube, on adapte le couvercle, on ouvre le robinet de celui-ci pour laisser échapper l'air, on ouvre le robinet de droite du tube de communication *b* et le liquide affaibli passe dans le vase A, et de celui-ci aux suivants.

Des considérations particulières sur la manière dont l'eau imbibe la pulpe et la traverse, ainsi que l'expérience, ont convaincu l'auteur qu'il ne fallait pas donner aux presses un diamètre supérieur à 0m.6. Avec une presse de ce diamètre, on peut traiter en 24 heures la pulpe de 80 quintaux de betteraves; il en faut donc 6 pour une fabrique qui en travaille journellement 500 quintaux.

La hauteur la plus convenable à laquelle il faut placer les réservoirs qui alimentent les presses, semble comprise entre 3 et 5 mètres; et la température de l'eau et celle de l'air dans les ateliers, à l'automne, et s'il est nécessaire de chauffer en hiver, ne doit pas dépasser 30 à 32 degrés centigrades.

De la comparaison d'un grand nombre de résultats obtenus avec ces appareils, M. Walkhoff a pu déduire ces principes généraux fort importants : le degré et la quantité de mélange de jus et d'eau fournis par les presses-filtres, sont d'autant plus considérables que l'action préalable des presses hydrauliques a été plus énergique. Ces résultats sont consignés dans le tableau suivant.

Quantité de jus fourni par la pulpe avant de passer dans les presses-filtres	Jus de même densité fourni par les presses-filtres.	Quantité totale de jus de densité normale retiré de 100 de betteraves.
84 p. 100	8 p. 100	92 p. 100
80 —	11 1/2	91 1/2
70 —	18 —	88 —
60 —	24 —	84 —

Malgré le grand nombre d'appareils nouveaux introduits dans la fabrication du sucre indigène, elle exige toujours beaucoup de main-d'œuvre; cette considération d'une importance si grande a engagé M. Walkhoff à chercher de nouvelles simplifications à ses appareils, et il a atteint son but dans les deux inventions que nous allons faire connaître.

Le premier de ces appareils, fig. 24, se compose d'une grande roue à palettes ou à augets percés de trous nombreux, elle a environ 2 mètres de diamètre, et fait 14 tours par heure, dans le sens qu'indique la flèche. Devant cette roue se trouve la machine à déchirer la pulpe a b, on y voit le tambour armé de pointes b, le rouleau à lames de couteau a, et les dents tranchantes. La pulpe broyée par cette machine glisse sur un coursier et vient remplir les augets; un courant d'eau venant de e parcourt les augets en sens contraire, lave la pulpe et sort par f où il est reçu par une rigole qui le conduit aux chaudières de défécation; la pulpe épuisée tombe dans la rigole h. Le robinet o sert à faire sortir tout le liquide de l'appareil.

Cet appareil très-simple procure l'extraction la plus complète du jus, et avec la moindre quantité d'eau, c'est-à-dire les 5 centièmes du poids des racines.

L'inventeur pense qu'en combinant cet appareil avec

un moyen de pression quelconque, pouvant fournir au moins 75 centièmes de jus, et versant les résidus immédiatement dans l'auge *a*, on réaliserait les résultats suivants : l'extraction la plus complète du jus avec le moins d'eau, le moins de temps et le moins de dépenses possibles.

Le second appareil (fig. 25) consiste en un grand tube ayant la forme d'un siphon renversé dans lequel se meut une espèce de noria formé d'une chaîne sans fin, tournant dans le sens de la flèche et à laquelle sont fixées par le centre des écuelles *d*.

Un appareil à déchirer la pulpe semblable au précédent, est placé à la partie supérieure de la petite branche ; la pulpe qui en sort glisse sur un coursier, tombe sur les écuelles qui l'entraînent de droite à gauche, tandis qu'un courant d'eau qui arrive par le tuyau *e* parcourt le siphon de gauche à droite, déplace le jus de la pulpe, et sort par le tuyau à robinet *ff* ; la pulpe épuisée arrive sur le plan incliné placé au sommet de la longue branche et glisse dans la rigole qui se trouve dessous.

La hauteur du siphon, depuis le bas du coude jusqu'au sommet de la grande branche, est d'environ 3 mètres, et sa largeur d'à peu près la moitié.

Méthode d'extraction du jus par l'action de la force centrifuge.

Nous donnerons encore une description succincte d'un autre procédé d'extraction qui est fondé sur la *force centrifuge*, et qui a été appliqué en grand dans quelques fabriques d'Allemagne. Mais pour que nos explications puissent être bien comprises, il faut que nous commencions par définir cette force et en indiquer l'origine.

La matière possède une propriété générale, un caractère qui lui est inhérent, et qu'on appelle l'*inertie*, en vertu de laquelle un corps quelconque qu'une force a lancé suivant une direction rectiligne, continue à mar-

cher constamment avec la même vitesse, ce qui veut dire
que dans des temps successifs égaux, il parcourt toujours des espaces égaux. Si nous voyons le contraire
avoir lieu à la surface de la terre, cela doit être attribué
à des obstacles que les corps en mouvement y rencontrent sans cesse, et qui semblent user plus ou moins rapidement la force qui les anime. Mais nous savons aussi
qu'à mesure qu'on diminue ces obstacles ou résistances,
la même impulsion produit un mouvement qui se prolonge de plus en plus longtemps; les chemins de fer ne
sont qu'une application de ce principe; et trop souvent
l'expérience nous prouve qu'il nous est impossible d'arrêter tout à coup un convoi qui se trouve en présence
d'un danger imminent.

Il résulte de là que lorsqu'un corps est astreint à tourner autour d'un centre auquel il est invariablement attaché par un lien quelconque, par une corde par exemple,
ce corps tend sans cesse à s'éloigner du centre du cercle
qu'il décrit pour s'échapper suivant la tangente à ce
cercle menée au point où il se trouve au moment où on
le considère; c'est cette tension que le corps exerce sur
la corde qui le retient, que l'on appelle force *centrifuge*.
Cette tension augmente avec la vitesse de rotation, tout
restant égal d'ailleurs, c'est-à-dire qu'elle augmente avec
le nombre de circonférences que le corps décrit en un
temps donné; et elle peut devenir assez grande pour
vaincre la résistance du fil, quelque grande qu'on la
suppose. C'est sur la force centrifuge que sont fondés la
fronde, et une foule de jeux qui frappent d'étonnement
les personnes peu versées dans les connaissances des lois
de la mécanique.

Cela posé, admettons que dans une cage cylindrique
dont la surface convexe est formée d'un tissu métallique
serré, et que l'on fait tourner rapidement autour de son
axe placé verticalement, on introduise une étoffe mouillée, l'étoffe et l'eau dont elle est imprégnée seront pous-
sées avec force contre le tissu métallique qui arrêtera la

première, mais qui ne pourra pas empêcher la seconde de se diviser en très-petites gouttelettes qui s'échapperont à travers ses mailles.

C'est, en effet, ce que l'on pratique fréquemment pour séparer un liquide d'un solide, comme, par exemple, pour sécher le linge, et par la suite nous verrons une application très-heureuse à l'égouttage des grains de sucre qui se sont formés au milieu du sirop.

Le même principe peut être utilisé pour extraire de la pulpe de la betterave la majeure partie du jus qu'elle contient; et c'est, en effet, ce qui a été réalisé d'abord en Allemagne, en s'appuyant sur les nombreuses expériences de M. Frickenhaus, qui ont prouvé que l'on peut augmenter considérablement la quantité de jus obtenu par ce procédé, en ajoutant à la pulpe une certaine quantité d'eau, de manière à combiner le pouvoir que possède celle-ci de déplacer le jus, et l'action de la force centrifuge produisant l'effet d'une presse.

La figure 26 représente une des meilleures machines à force centrifuge, vulgairement appelées *toupies* et *turbines*, destinée à l'extraction du jus de la betterave; elle sort des ateliers de MM. Seele et Cie, de Brunswick.

Cet appareil se compose essentiellement d'un tambour *a* en forte tôle de 6 à 7 millimètres d'épaisseur; en vertu de son poids considérable, son mouvement très-rapide de rotation se trouve régularisé comme celui d'un volant de machine à vapeur.

Ce tambour ou cylindre, dont la face latérale est garnie d'une toile métallique formant un véritable tamis, est fixé sur l'axe vertical *b*, au moyen d'un cône creux *c*. L'extrémité de l'axe est taillée en pas de vis et perce le sommet du cône contre lequel elle est fortement serrée, au moyen d'un écrou muni d'un anneau *d*. L'anneau sert à enlever, au besoin, le tambour avec son axe.

Le tambour que nous venons de décrire et qui est, à proprement parler, la machine à force centrifuge, est enveloppé d'un second tambour ou manteau en tôle mince destiné à retenir le jus qui s'échappe par les mailles du tamis. Le plancher sur lequel ce manteau repose est en fonte, il est incliné vers un bec par lequel le liquide s'écoule dans une rigole. Il porte sous sa face inférieure un appareil destiné à guider le mouvement de l'axe, et à le ramener constamment dans la verticale ; il est posé sur trois fortes colonnes en fonte *g*, *g*, fixées sur un pied *ii* également en fonte, et qui repose sur une construction en pièces de chêne très-solides.

Le bout inférieur de l'axe est muni d'une pièce additionnelle enchâssée dans une cavité conique ; cette pièce, faite d'un alliage très-dur contenant de l'antimoine, repose dans une crapaudine faite du même métal.

L'axe reçoit le mouvement de rotation d'une courroie croisée qui passe sur la poulie, tournant sur le support *k*, et vient s'enrouler sur le manchon *m* fixé sur l'axe.

Lors de la mise en mouvement, la vitesse croît graduellement pendant les 5 à 6 premières minutes, au bout de ce temps elle a acquis son maximum, qui est de 1,000 à 1,200 tours par minute.

Les dimensions du tambour *a* sont ordinairement $0^m.9$ à 1 mètre de diamètre, et moitié à peu près de hauteur, c'est-à-dire de surface en toile métallique.

La pulpe introduite dans le tambour laisse d'abord échapper rapidement son jus, mais bientôt cet écoulement se ralentit considérablement ; c'est ce qui se déduit d'un grand nombre d'expériences, dont les résultats se trouvent consignés dans le tableau suivant ; la vitesse était de 1,000 tours.

Dans la 1re minute, jus écoulé.	40,45 0/0
Dans la 2e.	8,50
Dans la 3e.	5,20
Dans la 4e. . , ...	2,75
Dans la 5e.	2,10
De la fin de la 5e à la 10e inclusivement.	5,70
De la fin de la 10e à la 14e exclusivement	0,30

Quantité totale de jus en 13 min. = 65,00 0/0

En portant à 1,200 le nombre de tours par minute, la quantité de jus n'augmente que très-peu.

On voit par ces résultats que l'effet définitif des appareils à force centrifuge est bien inférieur à celui des presses hydrauliques.

Mais le produit en jus augmente assez notablement si on ajoute à la pulpe une certaine quantité d'eau, en partie sur la râpe et en partie sur la turbine même pendant qu'elle fonctionne.

Cette quantité d'eau ajoutée à la pulpe doit varier avec la constitution naturelle du jus ; elle peut aller de 50 à 60 centièmes du volume de celui-ci, dont le tiers ou le quart sur la râpe et le reste dans la toupie.

Ce dernier est lancé dans le tambour une à deux minutes après qu'on y a introduit la pulpe ; il y arrive par un tube muni de plusieurs rangées de trous, ordinairement quatre, distancés entre eux de manière à ce que les petits jets qui en sortent se rencontrent avant d'atteindre la surface du tamis et forment des nappes liquides continues, perpendiculaires à sa surface. L'addition d'eau dans la toupie n'est pas continue, elle doit se faire à peu près de minute en minute.

Cette opération est d'ailleurs très-délicate et exige beaucoup d'attention et d'intelligence de la part de l'ouvrier qui la dirige ; c'est de lui que dépend sa réussite, ce qui est toujours un grave inconvénient.

La couleur des pulpes qui proviennent de ce traitement indique leur état ; plus elles sont blanches en sortant de l'appareil, plus elles exigent de temps pour se colorer en brun rougeâtre au contact de l'air et moins elles retiennent de jus primitif.

Par une addition totale d'eau de 30 pour 100 du jus primitivement contenu dans la pulpe on obtient environ les 80 centièmes de celui-ci et 10 centièmes de plus par une addition de 50 pour 100 d'eau. Mais les frais qu'entraîne l'évaporation de ces 20 pour 100 d'eau de plus ne sont pas compensés par la valeur du sucre contenu dans les 10 pour cent de jus qu'on obtient en sus.

Le jus qui sort de l'appareil est toujours chargé d'une mousse épaisse formée de très-petites bulles ; on s'en débarrasse en disposant la rigole par laquelle il s'écoule de manière que le liquide qui coule dans le fond puisse parvenir seul aux chaudières et que la mousse se trouve retenue ; on la rejette ensuite dans la toupie avant d'y ajouter l'eau, ou dans une cuve où l'on fait arriver de la vapeur qui la détruit.

Les mailles du tissu métallique, faisant l'office de tamis, se trouvent bientôt obstruées par des parcelles de pulpe ; cela exige que ce tissu soit changé toutes les six heures pour être nettoyé. On y parvient en le tenant plongé pendant quelque temps dans de l'eau bouillante à laquelle on ajoute un peu de chaux ou mieux de carbonate de soude, et le brossant ensuite sous un fort jet d'eau. Dans une campagne on use deux à trois de ces garnitures de toiles métalliques.

La facilité avec laquelle on peut nettoyer et réparer ces appareils leur donne un grand avantage sur les presses qui exigent un grand nombre de sacs dispendieux et embarrassants et des réparations souvent considérables et par suite coûteuses ; aussi voyons-nous qu'en Allemagne des fabriques très-considérables de sucre ont adopté ce système.

Les pulpes épuisées provenant des turbines, sont bien plus aqueuses que celles que fournissent les presses, et contiennent environ 2,4 pour 100 de sucre, mais se conservent aussi bien que ces dernières et les bestiaux les mangent avec la même avidité. Le docteur Grouven évalue que 7 parties de ces pulpes équivalent à 4 de celles des presses.

A cause de cet excès d'eau, il est bon de conserver ces résidus mêlés avec de la paille hachée très-menue ; et on y ajoute aussi habituellement du sel. On doit les donner aux bestiaux mêlés avec une autre nourriture riche en matières azotées.

Ces résidus des toupies fermentent presque aussi rapidement que ceux des presses et acquièrent de même l'odeur du vinaigre; ce qui nous prouve qu'elles sont tout aussi riches en sucre.

Défécation.

Quel que soit le procédé que l'on ait employé pour extraire le jus de la betterave, il faut commencer par le soumettre à une véritable épuration, car, comme nous le savons, ce jus n'est pas une simple dissolution de sucre, mais ce corps s'y trouve mêlé à un grand nombre d'autres substances, dont quelques-unes se corrompent avec une grande rapidité, et peuvent amener des altérations profondes dans les propriétés du sucre lui-même. En outre, l'action des machines a dû nécessairement introduire dans le liquide de nombreux débris qui y restent suspendus et lui donnent un aspect trouble. Il est donc urgent, avant d'entreprendre la séparation du sucre, d'en éloigner la majeure partie de ces impuretés. C'est là le but que l'on se propose d'atteindre en pratiquant l'opération appelée *défécation*. C'est sans contredit l'une des plus importantes de toute la fabrication, et dont dépend la qualité des produits qu'on doit obtenir définitivement.

On peut utiliser beaucoup de substances différentes pour opérer cette séparation ; mais celle à laquelle on a recours le plus souvent, c'est la chaux, qui réunit un grand nombre d'avantages, tout en présentant aussi quelques inconvénients. C'est donc par la défécation ordinaire à la chaux que nous commencerons l'étude de cette grande phase de la fabrication du sucre.

L'action de la chaux sur le liquide doit avoir lieu à une température assez élevée, c'est pourquoi ce dernier est conduit dans une grande chaudière en cuivre, la *chau-*

dière à déféquer, soit par la différence de niveau existant naturellement entre les différentes parties de la fabrique, soit par un monte-jus.

Ce dernier appareil n'est autre chose qu'un grand vase en tôle très-forte; un tuyau vertical qui s'ouvre très-près du fond inférieur traverse le fond supérieur pour se rendre à la chaudière. Lorsque le vase est plein de jus, on ouvre un tuyau à vapeur qui arrive par le fond supérieur; la pression que la vapeur exerce sur la surface du jus oblige celui-ci à monter dans le tube vertical et par suite à couler dans la chaudière.

La capacité des chaudières à déféquer peut varier considérablement suivant les besoins et l'importance de la fabrique, elle descend de 25 hectolitres à 10, et même au-dessous. Mathieu de Dombasle en employait qui ne contenaient que 2 hectolitres. Dans les grandes exploitations où l'on serait obligé de traiter au-delà de 10 à 12 hectolitres de jus à la fois, il serait peut-être préférable d'avoir deux chaudières à déféquer.

Dans tous les cas, ces chaudières se composent de deux parties de formes différentes, savoir, d'une partie supérieure cylindrique, et d'un double fond sensiblement hémisphérique, ainsi que le montre la figure 27. Dans le double fond se rendent un tuyau à vapeur et un tuyau de retour.

Un grand robinet à trois voies traverse verticalement la chaudière, ainsi que l'espace compris entre les deux fonds, et permet d'en faire sortir à volonté soit les parties supérieures du contenu, soit les parties inférieures, suivant celle des trois voies qu'on ouvre.

Il faut avoir soin de faire arriver le jus dans la chaudière aussitôt qu'il a été extrait de la racine; éviter soigneusement un séjour prolongé dans une partie quelconque des appareils interposés entre elle et les appareils d'extraction, et autant que possible donner à ces récipients des formes arrondies faciles à nettoyer.

Une fois que la chaudière à déféquer a reçu la quantité voulue de liquide, on ouvre les robinets des tuyaux qui communiquent avec le double fond, afin de faire monter rapidement sa température à 70° et 75° et à ce moment on ajoute le lait de chaux.

Il serait difficile d'indiquer d'une manière précise la quantité de chaux à ajouter au jus dans chaque cas particulier; elle varie nécessairement suivant la nature du liquide et suivant que la saison est plus ou moins avancée. Au commencement de la fabrication qui a lieu, terme moyen, du 20 septembre au commencement d'octobre, plus tôt ou plus tard, suivant le temps qu'il a fait pendant l'été, cette quantité est, au plus, de 3 kilogrammes par 10 hectolitres de jus; on l'augmente ensuite graduellement de manière à la porter jusqu'à 10 kilogrammes vers la fin de la campagne.

Il faut s'assurer d'avance de la pureté de la chaux que l'on veut employer, l'éteindre avec dix fois son poids d'eau bouillante ou du moins très-chaude, et la passer à travers un tamis métallique numéro 60 pour en séparer les fragments de pierre et les morceaux de chaux non cuite qu'elle pouvait contenir.

On délaie la chaux dans l'eau en l'agitant fortement pour que la totalité reste en suspension, et on y ajoute de l'eau jusqu'à ce qu'un aréomètre de Baumé, que l'on y plonge, marque 10°, à ce moment chaque litre de lait contient 100 grammes de chaux, il est, par conséquent, facile de calculer le nombre de litres qu'on en doit verser dans la chaudière en suivant les indications précédentes.

Cette préparation doit être surveillée attentivement, et on ne doit l'exécuter sur moins de 200 kilogrammes de chaux à la fois; et dans quelques fabriques on fait en une seule fois toute la quantité de lait de chaux nécessaire pour la campagne entière.

Après avoir ajouté la chaux, on laisse circuler encore la vapeur dans le double fond jusqu'à ce qu'on ait atteint la température de l'ébullition, mais pour éviter que les flocons d'albuminate de chaux qui se sont formés soient divisés et délayés dans le liquide par le mouvement de bouillonnement, on arrête celui-ci aussitôt qu'il se manifeste en empêchant l'arrivée de la vapeur et laissant rentrer l'air entre les deux fonds par le tuyau.

Dans une bonne défécation il se dégage dès le commencement l'odeur caractéristique de l'ammoniaque; on voit des flocons bien détachés flottant dans un liquide parfaitement clair, puis il se forme des écumes de couleur brun verdâtre qui ne s'attachent point aux bords de la chaudière, prennent graduellement de la consistance et se fendillent en laissant échapper de la vapeur.

La production des écumes dans le traitement du jus est un grand embarras; jusqu'ici on les brisait en jetant à la surface du liquide une matière grasse, beurre, huile, etc.; ce procédé présente le double inconvénient d'introduire dans le jus des matières étrangères qui peuvent donner naissance à des composés nuisibles, et occasionner une dépense considérable qui, dans les grandes usines, peut s'élever de 10 à 12,000 francs dans une seule campagne.

Trois moyens ont été imaginés dans les derniers temps pour éviter les inconvénients que nous venons de signaler; l'un, qui nous paraît très-efficace, a été proposé par M. Evrard, professeur de chimie à Douai; nous l'avons vu fonctionner avec un plein succès à la sucrerie de Bresles (Oise). Ce procédé, dont l'inventeur a concédé le privilége à MM. Perrier-Possoz et J.-F. Caïl et Cie, consiste tout simplement à projeter à la surface du jus un jet horizontal de vapeur au moment où la mousse s'y produit et s'élève. Ce jet est formé par un tuyau percé de quatre trous-vapeur s'ouvrant au milieu de la chaudière.

Le second moyen, dû à M. Morelle jeune, est fondé sur un principe différent. En effet, il consiste à injecter dans la chaudière, un peu au-dessus du liquide à évaporer ou à cuire, un jet de même liquide, sous une pression d'environ deux mètres d'eau, de manière à produire une nappe en parasol qui brise les bulles de mousse en exerçant sur elles une action dissolvante.

Enfin le troisième appareil, le brise-mousse Quarer, auquel l'inventeur attribue une grande supériorité, est un appareil purement mécanique; en effet, il consiste simplement en un arbre armé de lames posé horizontalement au-dessus de chaque chaudière et tournant sur son axe.

Si le liquide restait trouble, ce serait un signe qu'on a mis trop peu de chaux, il faudra donc en ajouter de nouveau, par petites portions, jusqu'à ce qu'on soit parvenu à la limpidité voulue.

Il ne faut pas redouter un excès de chaux qui est loin de nuire à l'opération; mais celle-ci terminée il est indispensable d'enlever ce qu'on en a mis de trop. On s'est servi pour cela quelquefois de l'acide sulfurique; mais cette pratique ne doit pas être suivie, elle est évidemment mauvaise; car on sait avec quelle facilité les acides forts, même lorsqu'ils sont très-dilués, font passer le sucre cristallisable à l'état de sucre incristallisable.

M. Boucher se sert dans le même but d'alun ammoniacal, qui en réagissant sur la chaux, produit du sulfate de cette base et de l'hydrate d'alumine, qui en se séparant dans le liquide y produit une véritable clarification. L'ammoniaque se dégage. Il faut cependant éviter d'introduire dans le jus un excès de ce sel.

La chaux qu'on ajoute au jus de la betterave neutralise les différents acides que celui-ci contient, décompose les sels de potasse, de soude et d'ammoniaque. Elle forme des composés insolubles avec l'albumine, la matière gommeuse, la matière azotée soluble, la caséine, les matières grasses, et les matières colorantes. La potasse et la soude provenant de la décomposition des sels, ainsi que l'excès de chaux qui peut se trouver dans le liquide, forment des sucrates solubles qui restent dans celui-ci.

L'albuminate de chaux forme une espèce de réseau

qui se mêle aux écumes et qui, agissant comme un filtre intérieur, entraîne tous les débris de cellules, etc., et, opère une véritable clarification.

Dans cette opération, le jus perd environ 1° de sa densité à l'aréomètre de Baumé ; ainsi, par exemple, s'il pesait 6° avant la défécation, il ne pèsera plus que 5° après.

Le procédé que nous venons de décrire est celui qui a été généralement employé jusqu'aux derniers temps ; mais dès l'origine de la sucrerie indigène, un savant qui a contribué aux progrès de cette industrie, Hermbstedt, professeur de Technologie à Berlin, avait indiqué une méthode un peu différente qui nous semble présenter quelque avantage sur l'actuelle, et qui mériterait d'être étudiée de nouveau ; voici, à peu près, en quoi elle consistait :

La chaudière à déféquer, à laquelle on pourrait donner la forme actuelle, était remplie aux trois quarts de jus que l'on portait aussitôt à l'ébullition, afin de déterminer la coagulation de l'albumine végétale sous forme d'écumes volumineuses ; on enlevait ces écumes pour les jeter dans un panier qui était suspendu au-dessus de la chaudière dans laquelle il s'égouttait. Lorsque la production des écumes cessait, on saturait le jus avec de la chaux éteinte que l'on ajoutait jusqu'à ce que le liquide cessât de rougir le papier de tournesol et que celui de curcuma fût légèrement coloré en brun.

Faisons remarquer que dans le procédé actuel l'albumine étant coagulée après l'addition de la chaux, qui se fait à une température inférieure à celle de l'ébullition, se redissout en partie dans cet alcali et ne peut pas être éliminé par la filtration.

La défécation proprement dite doit être complétée par une filtration sur le noir animal qui élimine définitivement du jus les matières devenues insolubles, en même temps qu'elle contribue à le décolorer.

Dans le procédé ordinaire de fabrication du sucre de

betteraves, l'opération de la filtration s'effectue dans de grands cylindres en tôle (fig. 28), qui peuvent également servir dans des fabriques de sucre de canne et dans les raffineries. Ils ont au moins 1 mètre de diamètre, et de 2 à 4 mètres de hauteur et peuvent contenir de 3,000 à 4,000 kilogrammes de charbon animal en grains, ayant déjà servi à décolorer les sirops concentrés à 25° de l'aréomètre. Le faible excès de chaux resté dans le jus se trouve retenu par le noir, qui, comme nous savons, peut se charger des 8 à 10 centièmes de son poids de carbonate de cette base. Ces cylindres sont ordinairement fermés à leurs deux extrémités; l'extrémité inférieure est munie d'un double fond $b\,b$ en tôle percé d'un grand nombre de petits trous, comme une écumoire. Sur un côté du cylindre, immédiatement au-dessus du double fond, est pratiqué un trou d'homme f d'environ $0^m.7$ de diamètre, servant à enlever le noir animal lorsque son pouvoir décolorant est épuisé. Il est fermé par un obturateur maintenu par une bride à charnière et à vis de pression. Le fond supérieur est également muni d'un trou d'homme h, mais qui n'a que $0^m.55$ de diamètre, et qui sert à introduire le noir; il est fermé, comme le précédent, par un obturateur.

Sur le côté du fond inférieur du cylindre qui est opposé au trou d'homme, s'insère un tuyau c' terminé par un robinet e, et en arrière de ce robinet se trouve un autre tuyau d, qui s'élève verticalement à peu près jusqu'au milieu de la hauteur du cylindre et qui est terminé à la partie supérieure par une pièce recourbée, mobile dans une boîte à étoupe. Enfin, du centre du fond supérieur s'élève un tuyau vertical $r\,r'$, ouvert à sa partie supérieure et sur un côté duquel s'insèrent quatre tuyaux horizontaux munis de robinets i, j, k, l.

Pour charger cet appareil, on commence par étaler sur le double fond une toile de coton claire, préalablement mouillée et tordue légèrement, puis, par le trou h, on introduit du noir en grains, mouillé avec le quart de son poids d'eau, que l'on stratifie par couches d'environ 0ᵐ.25 d'épaisseur, tassées avec soin, pour éviter autant que possible la formation de fausses voies, qui pourraient empêcher, en partie, l'action du noir sur le jus. On emplit ainsi le cylindre jusqu'à environ 0ᵐ.40 du fond supérieur; on unit la surface supérieure du noir, on la recouvre d'une toile humide et enfin on place sur celle-ci une plaque métallique percée de trous, comme celle qui forme le faux-fond inférieur.

Le jus arrive dans le filtre par l'un des tuyaux i, j, k, l, dont on ouvre le robinet; il vient, soit directement de la chaudière à déféquer, soit d'un réservoir interposé. Il coule par un robinet à flotteur en formant un courant assez fort pour former constamment une couche à la surface du noir; cette condition est nécessaire pour éviter les fausses voies.

L'air chassé par l'arrivée du liquide s'échappe par le tuyau $r r'$; bientôt l'eau, dont on avait mouillé le noir, cède la place au jus et s'écoule par le robinet e, que l'on a soin de fermer dès que le jus sucré arrive, on fait couler celui-ci par le bout du tuyau d, en ayant soin de tourner la pièce mobile de manière à faire tomber le liquide dans l'un des caniveaux métalliques m, n, p qui doivent le conduire chacun dans un réservoir particulier.

Telle est à peu près la marche de la méthode de défécation généralement employée, il y a encore peu d'années; mais depuis quelque temps beaucoup d'autres ont été mises en pratique, ou simplement proposées; quelques-unes présentent des avantages incontestables, et peuvent être considérées comme des procédés tout à fait distincts de fabrication; nous allons donc passer à la description de celles reconnues les meilleures par la pratique, et nous décrirons sommairement dans un autre chapitre deux de celles qu'on a imaginées dans les dernières années et qui nous semblent réunir le plus de chances de succès.

Procédé de M. E. Rousseau.

En augmentant convenablement la quantité de chaux qu'on ajoute au jus sucré dans l'opération de la défécation, on pourra non-seulement précipiter la majeure partie des matières étrangères au sucre, mais aussi transformer la totalité de celui-ci en un saccharate soluble qui restera dans le liquide, et dont on pourra ensuite, après la séparation des matières rendues insolubles, c'est-à-dire, après la défécation proprement dite, séparer par un réactif convenable, la chaux et mettre le sucre en liberté. Telle avait été l'idée mise à exécution, il y a déjà longtemps, par Barruel. M. Basset, dans son *Guide pratique du fabricant de sucre*, cite un passage remarquable dû à ce chimiste, dans lequel il indique les différents rôles que la chaux joue dans l'opération de la défécation, et sans parler positivement d'une combinaison de cette base avec le sucre, il dit clairement que pour obtenir celui-ci, il faut neutraliser la base par un acide et il donne la préférence à l'acide carbonique ; il termine en disant : « ce procédé qui est très-simple et peu coûteux, réussit constamment, j'en garantis l'exactitude et le succès. »

Depuis, M. Kuhlmann s'est aussi occupé de cette question, et le 19 janvier 1838, il a proposé l'emploi d'un excès de chaux pour éviter les altérations du jus et mieux épurer le sucre. Mais on ne doit pas oublier que c'est à MM. Pelouse et Péligot que nous devons la connaissance de la véritable manière dont la chaux se comporte avec le sucre.

En 1848, M. E. Rousseau a repris ces recherches, et réunissant ses efforts à ceux de M. Cail, le célèbre constructeur d'appareils, et de M. Lequiène, fabricant très-expérimenté, est parvenu à créer un procédé applicable en grand, qui réunit plusieurs avantages considérables, et pour lequel il a pris un brevet en s'associant avec son frère. Ce procédé est actuellement exploité par plusieurs

fabriqués qui ont obtenu la concession de son inventeur.

Les premières opérations de ce nouveau procédé ne
diffèrent en rien de celles de l'ancien, mais à la défécation, on emploie une quantité de chaux bien plus considérable, à peu près six fois autant, environ 25 kilogrammes par 1,000 litres de jus. Par ce moyen, on agit sur
les matières étrangères, et de plus, comme nous l'avons
dit plus haut, on convertit tout le sucre en un composé
qui, suivant que la température sera plus ou moins élevée, pourra contenir trois ou seulement deux équivalents
de chaux pour un de sucre. Le premier est plus stable
que le second. Enfin, on sature la chaux par l'acide carbonique.

Les appareils dans lesquels on effectue ces différentes
opérations sont au nombre de six, savoir : 1º une chaudière à déféquer (fig. 29) semblable à celles dont nous
avons donné la description ci-dessus, mais qui n'est pas
indiquée dans la figure ; 2º une caisse à double fond
percé de trous et recouvert d'une toile pelucheuse sur
laquelle on étend une couche de noir en grains de 0ᵐ.25
d'épaisseur ; 3º une ou plusieurs chaudières à déféquer
l, chauffées comme la première ; 4º une machine soufflante a, composée d'un cylindre dans lequel se meut un
piston ; 5º un cylindre en tôle b, hermétiquement fermé
et avec lequel communique la machine soufflante au
moyen d'un tuyau qui s'ouvre au-dessus de la grille ;
6º un vase laveur c, d, qui communique d'un côté avec
le fourneau, et de l'autre avec les chaudières à déféquer
par des tuyaux terminés en pomme d'arrosoir et qui
plongent presque jusqu'au fond des chaudières.

Le jus est introduit dans la première chaudière à déféquer, et sa température est portée à 60º ou 65º, on y
ajoute ensuite par chaque 1,000 litres de jus, 25 kilogrammes de chaux qu'on éteint préalablement et on délaie dans cinq à six fois son poids d'eau chaude. Après
cela on fait arriver de nouveau la vapeur pour élever la

température du liquide à 92° et 95°, en ayant soin d'éviter qu'elle arrive à l'ébullition. Le jus ainsi chargé de chaux passe de la chaudière dans la caisse à double fond d'où, après avoir traversé la couche de noir, il s'écoule limpide, mais légèrement coloré en jaune et se rend dans les chaudières où doit s'opérer l'élimination de la chaux par l'acide carbonique.

Ce gaz est produit dans le fourneau en tôle que l'on a empli d'un mélange de coke et de charbon de bois préalablement allumé ; ce mélange doit peser environ le cinquième de la chaux employée. La machine soufflante, mise en mouvement, lance dans le fourneau une grande quantité d'air qui, en traversant le combustible enflammé, donne naissance à l'acide carbonique que la pression même de la machine oblige à traverser l'eau du vase laveur et le jus contenu dans les chaudières. Dans ce contact, il s'empare de la chaux et forme avec cette base un carbonate insoluble, tandis que le sucre, mis en liberté, reste en dissolution. La saturation est bientôt complète, et l'excès d'acide carbonique s'échappe en partie dans l'air. Lorsque la mousse cesse de se former, que le liquide ne présente plus de viscosité, on le porte à l'ébullition pour faire dégager les dernières parties d'acide carbonique.

Enfin en ouvrant le robinet du fond au moyen de la tige *f k*, on fait couler le liquide trouble qui, par l'entonnoir à caniveau *l*, se rend dans des filtres ordinaires à noir en grains. Le précipité grenu de carbonate de chaux n'entrave pas la filtration. Le jus filtré marque de 30 à 31 degrés à l'aréomètre ; il est presque incolore.

Les opérations qui suivent sont les mêmes que celles de la méthode ordinaire.

Par ce procédé, on obtient une plus grande proportion de sucre blanc dans les formes, et la saveur en est plus agréable que celle du sucre obtenu par la méthode ordinaire. Ce procédé présente en outre l'avantage de diminuer d'à peu près un cinquième la dépense de noir.

Malgré ces avantages, on lui adresse quelques reproches et d'abord celui d'exiger un appareil spécial qui ne remplit pas toujours son but, car si la charge de charbon au-dessus de la prise de l'air est peu considérable, le combustible a besoin d'être renouvelé souvent, et dans le cas contraire, il se produit beaucoup d'oxyde de carbone qui communique au jus une odeur désagréable, sans faire disparaître celle de la betterave. En outre, toutes les matières étrangères ne sont pas précipitées et les sucres bruts que l'on obtient ne dépassent jamais la qualité de *bonne ordinaire*. Les jus limpides avant ou après leur passage sur le noir contiennent encore de la chaux, car le courant d'acide, même continué pendant plusieurs heures, ne décompose pas complétement le sucrate de chaux.

En traitant de la fabrication de la chaux, nous avons indiqué comment on pouvait disposer les fours, afin d'utiliser l'acide carbonique qui s'en échappe; on a donc supprimé dans beaucoup de fabriques le fourneau pour le remplacer par un de ces fours qui fournit à la fois la chaux et l'acide carbonique qui sert à la neutraliser.

Les inconvénients que nous avons signalés ci-dessus ont engagé M. Rousseau à faire de nouvelles recherches à la suite desquelles il a cru pouvoir indiquer un autre procédé fondé sur les propriétés du sesquioxyde de fer et du plâtre; mais les essais faits en grand aussi bien aux colonies qu'en France n'ont pas répondu aux espérances de l'inventeur, et maintenant ce procédé paraît totalement oublié.

Procédé Périer et Possoz.

Depuis quelques années, MM. Périer et Possoz, auxquels s'est adjoint le célèbre constructeur de machines, M. Cail, ont pris des brevets pour l'invention d'un nouveau procédé d'épuration des jus sucrés. La simplicité des opérations qu'il exige, l'économie considérable qu'il procure, la beauté des produits, et enfin la modicité de la rétribution demandée par les inventeurs pour sa concession, lui promettent un brillant avenir, et déjà un grand nombre de fabricants se sont empressés de l'adopter.

Dans l'exposé de ce procédé remarquable, nous prendrons pour guides les notices publiées par ces Messieurs, mais pour abréger autant que possible les descriptions, sans pourtant rien omettre d'essentiel, et pour éviter des interruptions toujours nuisibles à l'intelligence, nous nous permettrons d'en changer un peu l'ordre en commençant par l'indication de la préparation des substances, et des réactifs dont l'emploi est nécessaire dans le cours des opérations.

« *Préparation et titrage du lait de chaux.* — Ce mélange d'eau et de chaux doit contenir environ 20 kilogrammes de cette dernière par hectolitre; mais comme la chaux ordinaire contient toujours plus ou moins d'impuretés, il convient de verser 225 kilogrammes de chaux vive ordinaire dans un vase où l'on ne veut faire que dix hectolitres de lait.

« On se sert de deux bacs d'extinction qui fonctionnent alternativement; ils portent deux jauges, l'une pour la chaux, l'autre pour le liquide. On éteint d'abord en bouillie épaisse avec de l'eau, et on achève de délayer, soit encore avec de l'eau, soit, ce qui vaut mieux, avec du jus déféqué et ayant déjà subi la première carbonatation.

« Dès qu'un bac est rempli de chaux éteinte et bien délayée, on laisse couler ce mélange sur un crible en toile métallique, n° 12, destiné à retenir les parties de chaux mal délayées. Ce crible est placé sur un récipient qui alimente à son tour une bluterie mue mécaniquement.

« Le lait de chaux tamisé finement par cette dernière, qui est formée par une toile métallique très-forte, et cependant très-fine, tombe dans un réservoir où on le maintient agité. Enfin ce dernier réservoir distribue par des tuyaux le lait de chaux dans les chaudières à déféquer et à carbonater.

« Un tamisage très-fin est une chose bien essentielle, car la chaux se dissout d'autant plus vite qu'elle est mieux divisée. Très-souvent, dans les écumes de défécation pressées, on retrouve intactes et non utilisées beaucoup d'agglomérations de chaux ; et même dans les carbonatations, ces agglomérations ne se dissolvent pas, et sont simplement carbonatées à la surface avant d'avoir pu être dissoutes et utilisées.

« *Titrage du lait de chaux.* — L'emploi de l'aréomètre de Baumé n'est qu'un moyen très-incertain de déterminer la quantité de chaux utilisable contenue dans un lait ; pour arriver à cette connaissance, il faut nécessairement avoir recours à l'essai suivant.

« A dix centimètres cubes du lait à essayer, mesurés exactement dans une pipette jaugée, on ajoute 200 grammes d'eau dans laquelle on a fait dissoudre 50 grammes de sucre blanc ; on mêle bien en agitant simplement le flacon pendant une à deux minutes, et on filtre au papier. La chaux pure bien délayée se dissout seule. On lave le filtre et à la dissolution filtrée on ajoute quelques gouttes de tournesol pour lui donner une teinte bleue bien visible.

« D'un autre côté, on prépare une liqueur calcimétrique titrée en pesant exactement 172gr.50 d'acide sulfurique pur monohydraté (p. sp. 1,842 à 15° centigrades), auxquels on ajoute la quantité d'eau nécessaire pour former le volume d'un litre à cette même température de 15°. Dix centimètres cubes de cette liqueur saturent exactement un gramme de chaux pure. On emplit de cette liqueur une burette divisée en dixièmes de centimètres cubes, et on en verse goutte à goutte dans un verre dans lequel on a mis 10 centimètres cubes du lait préparé comme nous l'avons dit plus haut, jusqu'à ce que la couleur du tournesol passe au rouge. Supposons que pour atteindre ce point, il ait fallu employer 200 divisions de la burette ou 20 c. c.; comme d'après ce que nous avons dit, ces 20 c. c. de liqueur d'essai correspondent à 2 grammes de chaux, il faudra en conclure que la richesse du lait essayé est de 20 pour 100 de chaux utilisable. »

Liqueur d'épreuve des carbonatations. — Les inventeurs du procédé emploient trois liqueurs titrées différentes pour reconnaître l'état de leurs carbonatations. La première, qu'ils appellent liqueur *ferro-métrique*, se prépare tout simplement en dissolvant 5 grammes de prussiate rouge de potasse (ferricyanure de potassium) cristallisé et pur dans 995 grammes d'eau distillée froide. Il est inutile de filtrer cette dissolution, mais comme à la longue elle se décompose et perd sa précision, il est convenable de n'en préparer que peu à la fois.

Les deux autres liqueurs, désignées seulement par les titres de *liqueur d'épreuve* n° 1 et *liqueur d'épreuve* n° 2, ne sont autre chose que des dissolutions d'un sel de protoxyde de fer, sulfate ou chlorure (le dernier est préférable) dans deux quantités différentes d'eau distillée et privée d'air par l'ébullition.

La dissolution n° 1, que nous supposons faite avec du protochlorure de fer, doit avoir une densité d'environ 1,004, à la température de 15° centigrades. Avant de s'en servir, on la laisse en contact pendant une huitaine de jours au moins, avec des rognures de tôle ou autre menue ferraille. Lorsqu'on est certain qu'elle est bien saturée de fer, on en mesure 10 c. c. avec une pipette jaugée, on les verse dans un verre à expériences, puis avec une éprouvette graduée on cherche combien il faut y ajouter de liqueur ferro-métrique pour qu'elle cesse de bleuir ; mais comme il faut arriver à une solution de fer telle que 10 c. c. de cette dernière en décomposent exactement 10 c. c., il sera nécessaire de faire plusieurs essais successifs pour parvenir à une neutralisation exacte. Pour atteindre ce point, on commence par employer une certaine quantité de liqueur ferro-métrique, par exemple, 10 c. c. que l'on mêle bien à la dissolution de fer, puis avec une baguette de verre on dépose une goutte de ce mélange sur du papier à filtrer blanc ; cela produit une tache bleue entourée d'une auréole incolore ; alors si on pose sur cet espace et de l'autre côté du papier une goutte de liqueur ferro-métrique, et qu'il se produise encore une coloration bleue, on continuera à ajouter au mélange de la liqueur ferro-métrique, jusqu'à ce qu'enfin cette coloration cesse de se produire.

Supposons que pour atteindre cette neutralisation complète il ait fallu employer 144,5 divisions de la burette, soit $14^{c.c.}45$; un calcul fort simple nous permettra de déterminer la proportion d'eau pure à ajouter à la liqueur ferreuse pour l'amener au titrage voulu. En effet, nous dirons : si $14^{c.c.}45$ de liqueur ferro-métrique neutralisent $10^{c.c.}$ de la dissolution ferreuse, un seul en neutralisera $\dfrac{10}{14.45}$ et 13 en neutraliseront $\dfrac{130}{14.45} = 9$ à peu de chose près ; donc à $9^{c.c.}$ de la dissolution ferreuse à titrer, il faudra ajouter $1^{c.c.}$ d'eau pour avoir $10^{c.c.}$ d'une dissolution que saturent exactement $13^{c.c.}$ de liqueur ferro-métrique.

On conserve cette liqueur d'épreuve dans des vases bien bouchés en grès ou en bois, dans lesquels on place de la ferraille légère afin d'entretenir le sel au *minimum* d'oxydation.

La liqueur d'épreuve n° 2 s'obtient en ajoutant à un litre de la liqueur n° 1, 7 litres d'eau distillée qu'on a fait bouillir pour la priver d'air et ensuite refroidir à la température de 15° C. On conserve cette liqueur avec de la ferraille, comme nous l'avons dit de la précédente.

Défécation du jus sucré. — Dans le nouveau procédé, cette opération ne diffère pas essentiellement de ce que l'on pratique ordinairement ; elle est toujours fondée sur l'action de la chaux ; cependant les inventeurs indiquent quelques détails pratiques qu'il est utile de faire connaître.

Le jus ayant été conduit dans les chaudières à déféquer, on en élève la température à environ 60°, et on y ajoute, par petites portions, en huit ou dix fois, un lait de chaux contenant une quantité réelle de cet alcali qui, suivant la qualité de la betterave, peut varier des 4 aux 8 millièmes de celle du jus, ce qui revient à 2 à 4 litres d'un lait contenant 20 0/0 de chaux réelle par hectolitre de jus.

L'introduction du lait de chaux doit s'effectuer rapidement, elle doit durer d'une à deux minutes au plus, et pendant ce temps il est essentiel de bien brasser, afin de mélanger intimement le lait et le jus. Après cela, on fait arriver la vapeur pour élever graduellement la température à 65 et 70° et enfin jusqu'au point où l'ébullition va commencer. A ce moment on arrête la vapeur, on laisse éclaircir et on tire à clair.

Par ces précautions d'ajouter la chaux par petites portions et de bien mélanger, on obtient un jus qui, après le repos, est mieux déféqué et moins coloré que par les procédés ordinaires. Cependant quelques soins que l'on prenne, le jus entraîne toujours, pendant la décantation, des particules légères d'écume, et il est très-utile de le faire passer sur un débourbeur. Il est surtout important de faire subir cette filtration au liquide coloré qui provient du pressage des écumes, ce n'est que par ce moyen qu'on peut espérer travailler convenablement, obtenir des jus limpides et éviter la fermentation, qui, faute de ces soins dès le début, peut se déterminer aisément dans les vases à dépôt et dans les autres parties du travail.

Première carbonatation. — Après ces premières opérations, le jus est envoyé dans des chaudières munies d'un serpentin de vapeur ou d'un double fond, servant à le chauffer lorsque sa température s'est abaissée au-dessous de 70°. En outre, un tuyau de distribution

amène dans ces chaudières l'acide carbonique qui s'é-
chappe par les trous dont il est muni ; et même il est
très-utile de placer au-dessus des diaphragmes de tôle
mince, également percés de trous, qui facilitent considérablement la combinaison de la chaux avec le gaz, lequel, lorsqu'on néglige cette précaution, étant lancé
avec force par la machine, s'échappe aux trois quarts
dans l'air sans produire aucun effet. Les inventeurs assurent avoir constaté que l'emploi de six de ces diaphragmes diminue de moitié la durée des carbonatations.

Les robinets ou soupapes de vidange de ces chaudières
doivent être appliqués directement contre les parois et
non pas à la suite de tuyaux, comme quelques fabricants
semblent le préférer, car ces tuyaux s'emplissent de
chaux qui échappe alors à la carbonatation.

Dès que la chaudière est pleine aux deux tiers, on y
laisse arriver l'acide carbonique, et on y ajoute une
très-petite quantité d'huile de palme ou autre graisse
n'ayant pas de mauvais goût, afin d'abattre la première
mousse, et aussitôt qu'un trouble se manifeste dans le
liquide, on ajoute la dose de lait de chaux mesurée d'a-
vance dans un baquet, pour chaque carbonatation. Cette
dose varie nécessairement avec la qualité de la betterave ;
pour celles qui sont très-chargées de matières azotées
et extractives, il convient d'employer 15 kilogrammes
de chaux réelle par 1,000 litres de jus défécqué, soit
15 litres d'un lait à 20 0/0 de chaux. Lorsque les betteraves sont de très-bonne qualité, cette quantité peut
être considérablement diminuée.

On pourra reconnaître dans chaque cas la quantité de
chaux qu'il faut ajouter, en recherchant celle qui est
nécessaire à un litre de jus épuré par deux carbonatations pour qu'il cesse de précipiter par l'oxalate d'ammoniaque.

La dose de chaux nécessaire à une carbonatation doit
être ajoutée au jus par petites portions, ou mieux en un
filet continu. On arrive facilement à un bon résultat en

plaçant sur la chaudière le baquet chargé de tout le lait; un orifice de deux centimètres environ de diamètre percé dans le fond, et que l'on peut ouvrir ou fermer plus ou moins au moyen d'un bâton qu'on y engage, permet de régler convenablement l'écoulement pour que le précipité de carbonate qui se produit présente pendant tout le temps un aspect cailleboté ou granulé.

Une fois que toute la chaux a été introduite, il faut s'assurer du moment où la carbonatation est terminée, car si l'acide carbonique est arrêté trop tôt, le dépôt de carbonate de chaux se fait mal et le jus reste trouble, si, au contraire, on dépasse le point de saturation, l'acide carbonique redissout les matières organiques que la chaux avait précipitées, et on ne peut plus les précipiter que par une forte proportion de charbon animal. Dans ce cas, le jus est coloré en bistre et produit des cuites moins faciles et plus colorées. Il arrive souvent que l'examen attentif de la manière dont s'opère le dépôt ne suffit pas pour reconnaître où en est la carbonatation. Il faut alors avoir recours aux réactifs; pour cela on prend une certaine quantité du jus, par exemple 10 centimètres cubes, que l'on mélange dans un verre à expériences avec 30 centimètres cubes de la dissolution d'épreuve nº 1, puis on dépose une goutte de ce mélange sur un papier blanc non collé et on y ajoute une goutte de liqueur ferrométrique; si par ce contact il se produit une coloration bleue ou verte, on peut être certain que cette dernière indique le point d'arrêt le plus convenable, tandis que la première indique qu'il y a un excès d'acide carbonique. Lorsqu'on arrête l'opération au vert, il reste encore dans le jus de 2 à 5 millièmes de chaux; en outre, le jus a, dans ce cas, une nuance très-pâle, et est très-limpide quand on a employé la dose de chaux utile selon la qualité de la betterave.

Ajoutons une remarque importante. Lorsqu'on a employé beaucoup de chaux à la première carbonatation, par exemple 15 millièmes ajoutés graduellement, il convient d'arrêter le gaz alors que la liqueur ferro-métrique produit la tache verte par le mélange d'un volume de jus avec trois volumes de liqueur d'épreuve n° 1.

Quand on n'a employé que 10 millièmes de chaux, il convient en général d'arrêter le gaz quand la tache verte se produit par un mélange de un volume de jus et de deux volumes de liqueur n° 1.

Enfin, si l'on n'a ajouté que 5 millièmes de chaux, il faut arrêter l'acide carbonique quand la tache verte se produit par le mélange d'un volume de jus avec un volume de liqueur n° 1.

On peut conclure de ces observations que mieux le jus a été épuré par de fortes doses de chaux, mieux le dépôt de carbonate de chaux se fait, malgré la présence de notables proportions de chaux dissoute, lesquelles empêchent le carbonate de chaux de se déposer quand le jus est mal épuré et est encore chargé de matières albumineuses et extractives.

La première carbonatation est arrivée au point voulu, et la température du jus étant d'environ 75°, on vide chaque chaudière dans un vase à déposer. Après 20 à 25 minutes de repos, le jus étant éclairci, on le décante au moyen de robinets de soutirage, ou mieux de tubes de décantation articulés ; puis on le fait couler sur les débourbeurs, afin de retenir les portions de dépôt qui se trouvent en suspension, surtout à la fin du soutirage. Ces débourbeurs sont d'une grande utilité, ils évitent d'envoyer dans les chaudières de deuxième carbonatation des jus troubles et chargés de dépôt, lequel se redissoudrait ultérieurement par l'excès d'acide carbonique nécessaire à cette deuxième carbonatation.

Deuxième carbonatation. — Le jus qui sort des débourbeurs est envoyé par un monte-jus dans un réservoir qui le distribue aux chaudières de deuxième carbonatation. Ces chaudières sont disposées exactement comme celles de la première ; dès qu'elles sont pleines, on y fait arriver un excès d'acide carbonique qui agit sur les 2 à 5 millièmes de chaux que ce jus a retenus; mais si, par un excès de carbonatation de la première, ces proportions de chaux ne s'y trouvaient plus, il serait utile d'y en introduire de nouveau de un à quatre millièmes.

On reconnaîtra que cette dernière carbonatation est terminée lorsque 10 centimètres du jus trouble mélangé avec autant de liquide d'épreuve n° 2 produit une tache bleue avec une goutte de solution ferrométrique.

Lorsque la deuxième carbonatation est ainsi complétement achevée, on fait bouillir pendant quelques instants, afin de chasser tout l'excès d'acide carbonique, puis on fait couler dans les déposoirs. Après 20 à 30 minutes de repos, on décante le jus bien éclairci, au moyen de robinets de soutirage, ou mieux de tubes de décantation, et on fait couler sur les filtres.

Après chaque soutirage, les dépôts provenant des deux carbonatations sont immédiatement évacués dans deux vases où un barbotage de vapeur les lave et les réchauffe; on laisse reposer le carbonate et on envoie l'eau de lavage sur les débourbeurs avec le jus de la première carbonatation.

Cette précaution d'enlever des chaudières de carbonatation les dépôts immédiatement après le soutirage du jus est indispensable, en l'omettant on s'exposerait à provoquer la fermentation dans ces vases et dans les filtres.

Les jus épurés par ces procédés peuvent être évaporés et cuits sans filtration au noir animal; mais comme les filtres à noir existent dans toutes les fabriques et constituent en définitive une excellente manière de filtrer, MM. Périer et Possoz se bornent à diminuer considérablement les quantités de noir employé précédemment, et plusieurs de leurs clients ont pu en économiser jusqu'aux neuf dixièmes; mais la petite masse mise en œuvre était toujours maintenue en bon état de noir bien lavé et bien revivifié.

Le jus filtré est ensuite cuit selon les règles ordinaires, soit dans les chaudières à air libre, soit dans les appareils fonctionnant par le vide et avec la cuite en grains; ces derniers moyens permettent surtout de réaliser tous les avantages résultant de jus bien épurés.

Plus tard MM. Périer et Possoz ont reconnu qu'avant de procéder à l'évaporation des jus entièrement privés de chaux libre ou combinée, il était très-avantageux de neutraliser l'alcalinité qu'ils doivent à la présence de certains sels de soude, de potasse et d'ammoniaque sous divers états, et entre autres à l'état de carbonate.

En moyenne, 1,000 litres de jus contiennent au moins 750 grammes de ces substances alcalines combinées avec l'acide carbonique et avec des matières organiques. Pendant la concentration du jus, ces alcalis, sous l'influence de la chaleur, altèrent certaines matières organiques accompagnant le sucre cristallisable et produisent des combinaisons visqueuses et colorées qui nuisent à la cristallisation. Mais en convertissant ces sels alcalins en sels neutres et surtout en sulfites, on obtient, au contraire, une cristallisation abondante d'un sucre blanc et nerveux, réunissant toutes les qualités désirées.

L'acide sulfureux et les sulfites ajoutés au jus au sortir des filtres étant très-avides d'oxygène, préservent de l'oxydation les matières organiques qui auraient été altérées par l'influence des carbonates alcalins et de la chaleur. Il est bon de recevoir le jus sortant des filtres alternativement dans deux réservoirs de bois doublés de plomb et dans lesquels on mélange au jus filtré une solution titrée d'acide sulfureux, en quantité reconnue nécessaire.

Cette quantité, variable selon les localités et l'espèce de betterave, se détermine de la manière suivante : On verse dans une petite terrine un litre de jus mesuré exactement, puis avec une burette graduée en dixièmes de centimètres cubes, on y ajoute, goutte à goutte, une solution titrée d'acide sulfurique jusqu'à ce qu'une goutte de ce mélange, appliquée avec une baguette de verre sur du papier de tournesol lilas, cesse d'en faire passer la couleur au bleu. Le nombre de divisions de la burette qu'il a fallu employer pour atteindre cette limite donne la quantité demandée. Supposons par exemple, que le nombre de divisions employées soit de 10 cent. cub.; on en conclura qu'il faut 10 litres de solution titrée par 1,000 litres de jus; mais l'expérience a prouvé qu'il valait mieux n'employer que les 4/5 de la quantité ainsi trouvée, par conséquent, dans l'exemple supposé, il faudrait seulement 8 litres de solution titrée par 1,000 litres de jus.

Évaporation.

Le jus ayant été bien purifié, il faut le soumettre à l'évaporation pour en chasser la majeure partie de l'eau et pouvoir en extraire le sucre qu'il contient. Ordinairement cette opération se divise en deux parties distinctes : dans la première, qui est l'*évaporation* proprement dite, le jus est réduit aux 0,22 de son volume primitif, et dans la seconde, appelée *cuite*, il est réduit seulement au 0,1.

Pour effectuer l'évaporation, on a d'abord employé des chaudières à feu nu ; mais les inconvénients très-graves et très-nombreux que présente ce procédé l'ont fait bientôt abandonner, et on a généralement adopté des chaudières chauffées par la vapeur.

On a beaucoup varié la forme et la disposition de ces appareils, nous nous bornerons à décrire ceux qu'on emploie actuellement et nous commencerons par le plus simple d'entre eux, la chaudière évaporatoire de M. Hallette, représentée dans la figure 30. Elle a environ 2 mètres de diamètre et 0m.80 de profondeur. Sur son fond repose un tube en cuivre, tourné en spirale. La vapeur prise sur le conduit principal *d d* pénètre dans ce tube par *i* avec une pression qui est ordinairement de 3 atmosphères, c'est-à-dire à la température d'environ 150°, et elle en sort liquéfiée par le tuyau *e*. Le jus qui s'élève à plusieurs centimètres au-dessus du serpentin, entre rapidement en ébullition et la vapeur qui s'en dégage s'échappe par un large tuyau adapté au couvercle et qui traverse le toit de l'atelier. Lorsque l'aréomètre indique une densité correspondant à 50 0/0 de sucre, on fait couler le jus par le robinet *f* et on le remplace aussitôt par du nouveau.

Les conditions essentielles pour que ces chaudières fonctionnent convenablement sont : 1° que la surface du serpentin soit suffisamment étendue pour vaporiser une quantité déterminée d'eau, et 2° que la conductibilité de cette même surface soit la plus parfaite possible, ce qui exige évidemment qu'on l'entretienne très-propre à l'extérieur en la débarrassant souvent des dépôts calcaires qu'y forme la dissolution de sucre à mesure qu'elle se montre; on y parvient facilement en la lavant avec une dissolution très-faible d'acide chlorhydrique, mais il faut avoir soin de faire disparaître la moindre trace de ce dernier, car on sait combien la présence des acides en général est nuisible au sucre.

Mais quelque bien combinée que soit une chaudière à air libre, elle expose toujours la dissolution sucrée portée à une haute température à l'action décomposante de l'air, qui noircit le jus et occasionne une production abondante d'écumes pendant la cuite. Le même inconvénient doit avoir lieu dans tous les appareils évaporatoires, quelle qu'en soit la forme, dans lesquels les jus se trouvent en contact d'un côté avec une surface fortement chauffée et de l'autre avec l'air.

Pour obvier à cette difficulté on a imaginé des appareils à évaporer dans le vide; l'idée en est due à Howard qui a construit les premiers de ces appareils pour l'usage des raffineries.

On sait que la température d'ébullition d'un liquide baisse à mesure que la pression extérieure diminue, d'où il suit que dans un vide partiel cette température est

notablement plus basse que sous la pression entière de
l'atmosphère et la vaporisation plus rapide, mais cela
ne procure pas une économie appréciable de combustible, car, on sait aussi que la somme des chaleurs sensible et latente de la vapeur d'eau n'augmente que d'une
trentaine d'unités, depuis la température de 0° jusqu'à
celle de l'ébullition. Néanmoins ces appareils sont main-
nant employés avec beaucoup d'avantage et nous croyons
utile de donner la description d'un des plus perfectionnés dans lequel se trouve combinée d'une manière fort
ingénieuse l'action d'une pompe et le vide barométri-
que.

i, fig. 31, est la chaudière évaporatoire dont la partie
inférieure est occupée par des tubes en serpentin qui reçoivent par *f'*, *f'* la vapeur provenant des machines où
elle a déjà produit son effet mécanique. Sur le tuyau qui
conduit la vapeur des machines aux serpentins se trouve
adaptée une soupape de sûreté chargée de manière à ce
que la tension ne puisse pas dépasser une certaine limite. Du couvercle de cette chaudière part un long tube
vertical *d* qui s'ouvre à la partie supérieure dans une
espèce de boîte *w*, sous une calotte *v*; cette boîte communique par le tuyau *z s* avec une seconde boîte *m*, dans
laquelle se rend un tuyau vertical *h'* dont l'extrémité est
percée de trous et destinée à injecter de l'eau froide.
Dans le tuyau de communication se trouve un diaphragme
qui ne s'élève qu'au tiers de son diamètre et qui sert à
retenir le liquide qui pourrait se condenser dans ce tuyau,
liquide que l'on peut retirer par le robinet. Du fond de *m*
descend un tuyau vertical *a a* qui plonge dans un réservoir d'eau *e* placé à plus de 10 mètres plus bas ; enfin
de la partie latérale supérieure de *m*, part un tube *t* qui
descend verticalement et communique avec une pompe à
air *c* placée au niveau de l'appareil évaporatoire.

Le jus à évaporer arrive directement des filtres dans
la chaudière *i* par un tuyau fermé, et après l'évaporation
il sort par les orifices *g* pour se rendre dans un corps de

pompe ou dans un monte-jus. Aussitôt que l'appareil a reçu la quantité voulue de jus, on en extrait l'air au moyen de la pompe et on fait arriver la vapeur dans les serpentins.

Les vapeurs qui proviennent du jus montent par le tuyau d en entraînant avec elles des gouttelettes liquides qui, arrivées sous la calotte v, retombent en partie au fond de la boîte w d'où on peut les retirer par le tube x. La vapeur passe ensuite dans la boîte m où, se trouvant en contact avec le jet d'eau froide arrivant du tube b', elle est en majeure partie liquéfiée et tombe par le tuyau $a\,a$ dans le réservoir.

L'appareil représenté par le dessin a été construit par M. Boisig, constructeur allemand ; il réunit tous les avantages de la simplicité, de la solidité, de la facilité à manier, du bon marché, et agit puissamment.

Pour les jus de bonne qualité, on peut compter que 1 mètre carré de surface de chauffe vaporise 126 à 127 kilogrammes d'eau par heure.

Dans tous les appareils à évaporer dans le vide, la chaudière est munie à sa partie supérieure de différents appareils accessoires que nous allons faire connaître :

1° Deux ouvertures fermées par des disques de verre épais, maintenus par de fortes armatures ; l'un de ces disques doit recevoir la lumière du jour ou d'une lampe dirigée par un réflecteur ; 2° un robinet qui permet d'introduire du beurre dans l'intérieur lorsque le liquide s'élève en mousse ; 3° un appareil servant à vérifier la densité du jus ; 4° un thermomètre ; 5° un baromètre ou manomètre.

L'idée très-ingénieuse de réunir plusieurs appareils évaporatoires dans lesquels les serpentins qui conduisent la vapeur étaient remplacés par des tubes droits horizontaux plongés au milieu du jus à évaporer et combinés de manière que la vapeur produite par le jus de l'un serve au chauffage du suivant, fut exécutée pour la première fois en Amérique par M. Rillieux. Cet appareil a reçu depuis de grandes et heureuses modifications, en France par MM. Cail et Cie, en Allemagne, par M. Robert, habile constructeur qui livre des appareils qu'une expérience déjà suffisamment longue autorise à considérer comme les meilleurs.

Nous allons décrire ces appareils remarquables que l'on désigne généralement par le nom d'appareils à *triple effet*, en prenant pour exemple celui de M. Robert.

Il se compose de trois grands vases cylindriques, fig. 32, clos et placés verticalement. A peu de distance au-dessus du fond bombé, fig. 33, de chacun d'eux est disposée une plaque dans laquelle sont fixés, en nombre considérable, des tubes verticaux qui s'élèvent jusqu'à un second diaphragme fixé à peu près au milieu de la hauteur du vase. Le jus qui pénètre au fond du premier vase par le tuyau *a* monte dans les tubes verticaux, s'élève jusqu'au-dessus du second diaphragme d'où il coule par le tuyau *b* au fond du second vase, et ensuite de celui-ci dans le troisième par un tuyau disposé exactement de la même manière ; enfin, de ce dernier vase, le jus coule par le tuyau *f* dans le monte-jus *g* auquel est adapté le tube *i* qui sert à y faire le vide.

Pendant que le jus passe ainsi d'un vase dans le suivant, la vapeur qui vient des machines pénètre par la soupape *k* dans l'espace compris entre les tubes verticaux du premier vase d'où elle s'échappe ensuite à l'état d'eau par l'orifice *k'*.

La vapeur que fournit le jus contenu dans le premier vase monte dans le dôme I et passe dans la colonne I' dont l'intérieur est en grande partie occupé par un large tube vertical s'ouvrant à la partie supérieure et destiné à conduire la vapeur dans l'espace compris entre les tubes verticaux du second vase. C'est par une disposition pareille que la vapeur du second passe dans la troisième, et de celui-ci enfin dans une troisième colonne qui la conduit au condenseur, dans lequel elle est liquéfiée par un jet d'eau lancé par le tuyau *o*. Ce condenseur communique avec la pompe à faire le vide au moyen du tuyau q.

Les vapeurs condensées dans les espaces intertubulaires du second et du troisième vase peuvent être dirigées vers le condenseur n, mais il vaut mieux les extraire au moyen de pompes particulières.

Un tuyau $h\,h\,h$ placé sous les vases sert à les vider tous les trois.

Suivant M. Walkhoff, il est plus avantageux de faire marcher le jus dans les tuyaux de haut en bas que de bas en haut.

Chaque vase est muni dans sa moitié supérieure et postérieure dans le dessin, d'un trou d'homme y; à la partie antérieure, on voit un disque de verre s pour observer l'ébullition ; une disposition r propre à retirer et à examiner une petite quantité de jus; un tube à niveau p, un thermomètre u, un baromètre v, un robinet à beurre t, et un robinet à air t. Sur les colonnes placées entre les vases, on voit des tubes à niveau x, et des tubes en siphon z servant à retirer le liquide entraîné par les vapeurs et qui pourrait s'y condenser.

La température d'ébullition du jus diminue progressivement du premier vase au troisième, et par conséquent, aussi la pression correspondante de la vapeur. Supposons que la vapeur venant de la machine ait une température de 106°,25 et qu'en cédant sa chaleur latente au jus du premier vase le fasse bouillir à 97°,5; les vapeurs passeront avec cette température dans le second vase où elles feront bouillir le jus à 85°, et les vapeurs de ce vase en passant dans le troisième pourront y faire bouillir le jus à 62°,5.

Les avantages que présente l'appareil à triple effet sont considérables : d'abord la quantité d'eau d'injection nécessaire à la condensation de la vapeur n'est que le tiers de celle qu'exigent les appareils simples. Le jus y arrive directement des filtres, s'y évapore rapidement, sans interruption, et y est complétement soustrait à l'action nuisible de l'air. L'économie de combustible résulte évidemment de ce que toute la chaleur est prise à la vapeur provenant d'une machine à vapeur sans condensation où elle a produit tout son effet mécanique.

L'eau provenant de la condensation des vapeurs fournies par le jus du premier et du second vase, et qui passent, comme nous l'avons vu, dans les espaces compris entre les tubes verticaux du second vase et du troisième, contient une assez grande quantité d'ammoniaque qui présente le grave inconvénient d'attaquer fortement les tubes de ces vases. On peut garantir les tubes en cuivre de cette action corrosive de l'ammoniaque en les couvrant d'une légère couche de zinc, métal plus attaquable.

Les tubes droits dans lesquels circule le jus présentent quelques inconvénients dépendant surtout de la dilatation. Les tubes en spirale donnent, à surface égale, plus de vapeurs, présentent plus de solidité, et comme la vapeur circule dans leur intérieur, celui-ci n'a pas besoin de nettoyage et celui de la surface extérieure est très-facile. Cela a conduit plusieurs constructeurs à faire des appareils dans lesquels le système de tubes droits est remplacé par une série de tubes en spirale superposés.

Pour reconnaître la marche de l'opération, l'ouvrier qui la dirige *pèse* de temps à autre le sirop, c'est-à-dire, en prend la densité à l'aréomètre de Baumé; lorsque cette densité est arrivée à 25°, ou que la température du liquide s'est élevée à 103 ou 104 degrés, il arrête la vapeur et laisse couler le sirop dans un réservoir placé au-dessus des grands filtres chargés de noir à travers lesquels on le fait passer encore une fois. De ces filtres le sirop plus ou moins décoloré se rend dans un réservoir où il reste en attendant qu'on le reprenne pour la cuite.

Cuite.

Si on soumet le sirop concentré à une nouvelle évaporation, on le voit s'épaissir de plus en plus; les ouvriers reconnaissent facilement ces différents degrés successifs de concentration à des caractères empiriques qu'il est utile d'indiquer, et ils appellent *preuves* les essais qu'ils font pour cela.

Ainsi que nous le disions dans notre ancienne édition, le principal mérite d'un ouvrier chargé de cuire les sirops, est de saisir d'une manière précise et constante le point de cuite convenable, suivant les différentes qualités de sucre. Il lui faut beaucoup d'habitude, de tact et d'attention pour ne pas s'y tromper, la formation du grain étant tout-à-fait dépendante d'une cuisson plus ou moins parfaite. Ainsi, lorsque le sirop n'est pas assez concentré, le grain ne se formera qu'en très-petite quantité, et celle de sirop qui s'écoulera sera d'autant plus abondante. Si au contraire la cuisson est trop forte, le sucre se prendra en masse, les parties liquides s'en détacheront difficilement, et pourront même être engagées de telle sorte dans son intérieur à ne pas s'en séparer.

Il y aurait avantage à déterminer le point de cuite au moyen du thermomètre, ou tout au moins à le faire servir à annoncer que le point de cuite approche, et qu'il est temps de prendre la preuve.

On distingue cinq sortes de *preuves* : 1º la *preuve au filet*; elle se prend en déposant une goutte de sirop entre le pouce et l'index, et lorsqu'elle est refroidie, on écarte brusquement les deux doigts, ce qui l'allonge en un filet délié; 2º on a la *preuve au crochet*, lorsque le filet se rompt et forme en remontant un petit crochet. Les ouvriers distinguent deux degrés de concentration correspondant au *crochet léger* et au *crochet fort*; 3º la *preuve au soufflé*, elle se prend de la manière suivante: l'ouvrier trempe une écumoire dans le sirop, la relève dans une position verticale, et souffle fortement à travers les trous; l'air ainsi lancé forme des bulles en s'engageant dans le liquide visqueux, et suivant qu'il se dégage de l'écumoire seulement quelques bulles ou un grand nombre, on reconnaît que la cuite est au *soufflé léger* ou le *soufflé fort*. La preuve au soufflé s'emploie principalement pour les candis ; 4º la *preuve au cassé*, que l'on subdivise en *petit cassé* et *grand cassé*, ne s'emploie guère que dans la fabrication des sucres d'orge et de quelques autres produits des confiseurs. La première se prend en plongeant dans le sirop un doigt après l'avoir mouillé, et le trempant aussitôt après dans l'eau froide ; il se forme alors une espèce de dé à coudre que l'on retire, on le roule en boule entre les mains, et on le jette sur le carreau où il se casse en se déformant. La seconde ne diffère de cette dernière que par la dureté de la boule de sucre et la manière dont elle se casse ; 5º enfin, la *preuve au cassé sur le doigt*, dans celle-ci le sucre se prend en masse solide autour du doigt, en formant, comme dans le cas précédent, une sorte de doigtier cassant.

M. Payen a donné dans un tableau que nous reproduisons les températures et les proportions de sucre et d'eau correspondant aux différentes preuves que nous venons d'indiquer.

PREUVES.	TEMPÉRA-TURE.	100 CONTIENNENT	
		Sucre.	Eau.
Filet..	109º	85	15
Crochet. . . léger.	110º5	87	13
fort.	112º	88	12
Soufflé (1). . léger.	116º	90	10
fort.	121º	92	8
Cassé . . . . petit	122º	92.67	7.33
grand..	128º5	95.75	4.25
Cassé sur le doigt.	132º5	96.55	3.45

(1) On peut faire passer au dehors de la chaudière une cuite du degré dit le *crochet* au degré dit le *soufflé*, en battant vivement avec une

En France on a cuit longtemps dans des chaudières à air libre, pareilles à celles qui servaient à l'évaporation, et cette méthode est encore en usage dans plusieurs fabriques, car les sucres qu'elle fournit ont un grain nerveux, détaché, et sont plus estimés par les raffineurs. Mais la température élevée (120° à 130°) à laquelle cette opération a lieu, exposant le sucre prismatique à de graves altérations, on a généralement adopté les chaudières à évaporer et à cuire dans le vide. Nous allons donner encore la description d'un appareil spécialement destiné à la dernière de ces opérations et qui nous paraît réunir toutes les bonnes conditions désirables. Cet appareil, qui sort des ateliers de M. Fr. Zickerick de Wolfenbüttel, est représenté par la figure 34.

V est la chaudière à cuire munie de son dôme D, lequel communique avec le condenseur C, au moyen du tube R. Les trois tubes z^2, z^3, z^4, communiquent avec l'intérieur de la chaudière, et vont plonger dans des bassins placés plus bas et contenant les différents liquides que l'on veut cuire ; au moment où on fait le vide dans la chaudière, on pourra y faire monter tel ou tel autre de ces liquides en ouvrant le robinet du tube correspondant ; ainsi que le robinet z^0 et le tube z, le tube z' fournit simplement de l'eau pour le nettoyage de l'appareil. La vapeur qui arrive par le tuyau d passe en partie dans le serpentin s par la soupape d_1, et en partie dans le double fond b, par la soupape d_2, tandis que l'eau provenant de sa condensation s'échappe de b par b', et de s par s_1. l est un robinet à air, servant à la sortie de la vapeur contenue dans le double fond et à la rentrée de l'air ; a, orifice par lequel on retire la cuite en ouvrant la soupape à levier h h' c ; T, entonnoir par lequel la cuite tombe dans le rafraîchissoir K ; p, éprouvette servant à

spatule, le liquide pendant 30 à 60 minutes ; c'est le moyen qu'on a proposé d'employer pour faire cristalliser en masses dures et expédier des colonies aux raffineries de France le sirop brut de canne. (Voyez la fabrication de ce sucre).

prendre la preuve; *t*, thermomètre; *m*, baromètre; *g*, robinet à air et à graisse; *u* et *u'*, plaques de verre qui permettent de voir l'intérieur de l'appareil; *y*, trou d'homme. Les parties de sirop cuit qui malgré le rétrécissement du tube *n* et la présence de la calotte *f* pourraient s'introduire dans ce tube, retombent dans le vide par les orifices *k*, *k*, etc. Le condenseur C se compose de trois parties : 1º le cylindre H, servant à retenir les parties de liquide qui pourraient passer accidentellement par R ; 2º le condenseur tubulaire proprement dit J, dans lequel la majeure partie de la vapeur se condense en traversant un grand nombre de tubes de laiton refroidis par un courant d'eau qui arrive par le tube *e'* et ressort par le tube *e* ; 3º la pièce d'injection C₁, dans laquelle les vapeurs achèvent de se condenser en venant en contact avec la nappe d'eau froide, ayant la forme d'un entonnoir *o*, et qui s'en va dans la pompe à air par les tubes *x*, *x*. Pour produire cette nappe, on a élargi la paroi de l'orifice supérieur du tube *w'*, en la renversant pour lui donner la forme d'un entonnoir, et on a placé dessus, à une distance qu'on peut faire varier à volonté au moyen de la tige à bouton *o*, l'espèce de calotte *v* ; un courant d'eau qui descend par le tube *w w*, et remonte par *w₁*, s'échappe par l'intervalle qui se trouve entre la calotte *v* et l'entonnoir.

Cet appareil peut cuire dans l'espace de 2 heures et demie à 3 heures, 65 quintaux de sirop à 25º Baumé, et les réduire à 33 quintaux et demi à 47º Baumé.

Il n'y a encore qu'un petit nombre d'années que la cuite avait uniquement pour but de concentrer assez le sirop, pour que par le refroidissement il laissât déposer une partie de son sucre sous forme de petits cristaux confus et généralement plus ou moins colorés ; mais des progrès immenses qui constituent une véritable révolution dans l'industrie sucrière ont été réalisés dans les derniers temps. Après avoir décrit ce qui se faisait anciennement, et se fait encore dans quelques fabriques, nous indiquerons avec détail les procédés les plus récents.

Dans l'ancien procédé on opère de la manière suivante : lorsque le sirop est arrivé au point convenable de concentration, qui est ordinairement la preuve du *crochet*, on le coule dans une grande chaudière ou bac en cuivre, nommé *rafraîchissoir;* sa capacité doit pouvoir contenir au moins quatre cuites. La disposition la plus convenable consiste à disposer les appareils de manière que le sirop puisse couler immédiatement de la chaudière à cuire dans le rafraîchissoir placé dans une pièce voisine, qui porte le nom d'*empli.*

A mesure que de nouvelles cuites arrivent dans le rafraîchissoir, on les agite avec une grande spatule de fer pour les mélanger entre elles, et on laisse ensuite le liquide descendre à 70° ou même 60°. Le fond du rafraîchissoir se couvre d'une couche épaisse de cristaux qui ont peu de consistance, les parois se tapissent également de petits cristaux, et la surface du liquide ne tarde pas à se prendre en croûte. Lorsque cela a lieu, on a soin d'y faire une ouverture, et l'on verse les cuites avec précaution, le liquide coule par l'ouverture au-dessous de cette croûte, et la soulève sans la rompre ; elle sert ainsi de couvercle au rafraîchissoir, et le refroidissement s'opère plus lentement.

Pour déterminer la cristallisation, ou, comme on le dit, la formation du grain, lorsqu'on traite des sirops peu riches, on met quelquefois dans le rafraîchissoir, avant d'y verser la première cuite, une légère couche de sucre brut. On sait, en effet, qu'un corps solide, placé au milieu d'une dissolution, est un véritable noyau autour duquel viennent se réunir les molécules de la substance cristallisable.

La température du sirop étant descendue au point convenable, on procède à l'empli des formes ; celles-ci sont de grands vases coniques ordinairement en terre cuite (voyez plus loin au raffinage), dont le sommet est

percé d'un trou qui a environ 20 millimètres de diamètre; elles peuvent contenir de 45 à 50 litres de sirop. Ce
sont les mêmes formes que nous connaîtrons plus tard,
en traitant du raffinage, sous le nom *de grandes bâtardes*
ou *formes à vergeoises*.

Quelques heures avant de les emplir, on les immerge
dans un grand bassin plein d'eau, dit *bac à formes*, d'où
on les retire pour les laisser égoutter peu de temps
avant l'instant où on doit y verser le sirop. On bouche
leur ouverture avec du vieux linge, ou mieux avec un
bouchon de liége.

Ainsi préparées, les formes sont portées dans l'empli
et rangées sur deux lignes, la pointe en bas contre un
des murs de cet atelier, c'est ce qu'on appelle le *plantage*.
On les soutient dans cette position par d'autres formes
placées sur leur base. A ce moment, un ouvrier détache
avec la spatule en fer le grain qui s'est attaché au fond
et sur les parois du rafraîchissoir, et agite pour le mêler avec la masse qui est restée fluide, il continue à agiter
jusqu'à ce que le rafraîchissoir soit totalement vidé.

L'ouvrier chargé de verser le sirop dans les formes
présente au rafraîchissoir un bassin de cuivre qu'il tient
par ses deux anses. Ce bassin, appelé *bec de corbin*,
porte un bec en forme de grande gouttière fort large,
par lequel on verse le sirop dans les formes sans craindre de le répandre. Il peut contenir de 12 à 15 litres de
sirop. Un autre ouvrier puise avec une louche le sirop
dans le rafraîchissoir, et en remplit aux deux tiers le
bec de corbin. Le bassin étant chargé, l'ouvrier va le
verser dans les formes, en ayant soin de partager cette
première charge entre deux ou trois; il en est de même
de la seconde qu'il verse dans les formes suivantes, et
ainsi successivement jusqu'à ce que toutes aient reçu une
quantité à peu près égale de sirop; c'est ce qu'on appelle
une *ronde*. Lorsqu'il a terminé une première ronde, il
en fait une seconde, c'est-à-dire qu'il recommence à répartir de nouvelles charges dans toutes les formes, ainsi

qu'il l'a fait à la première fois, et il continue de cette façon jusqu'à ce qu'elles soient toutes remplies, ou que le
rafraîchissoir soit vide. Quelques heures après que la
manœuvre de l'empli des formes a été exécutée, il se
produit une croûte à la surface du liquide qui se présente
à la partie supérieure du cône; lorsque cette croûte a
acquis une certaine consistance, on la perce avec une
spatule de bois, large environ de 54 millimètres que l'on
enfonce dans l'intérieur de la forme, et avec laquelle on
agite le sirop pendant quelques minutes; on a soin, dans
cette opération, de détacher les cristaux qui sont adhé-
rents aux parois de la forme, et de les ramener le plus
possible dans le centre. On abandonne ensuite la cristallisation à elle-même, elle ne tarde pas à se faire dans
toute la masse. On doit, pendant toutes ces opérations,
maintenir la température de l'empli entre 15° à 20°.

Les caractères qui servent à reconnaître si le sucre est
de bonne qualité, s'il a été bien cuit, si l'empli a été fait
à la température convenable, sont les suivantes : la surface de la masse cristallisée doit être sèche et présenter
un aspect brillant; par l'effet de la contraction du sirop,
en se solidifiant, il a dû se produire à cette surface une
légère dépression, des crevasses s'y sont formées. Trente-
six heures environ après l'empli, la température des
formes n'étant plus qu'à 20° à peu près, on les transporte
dans une partie de la fabrique appelée la *purgerie*. On a
disposé préalablement dans cette pièce un nombre de
pots égal à celui des formes que l'on a remplies. Ces
pots sont en terre; ils doivent avoir une assiette large, et
leur ouverture assez grande pour recevoir la pointe de
la forme à quelques centimètres de profondeur; ils peuvent contenir environ les deux tiers de la mélasse qui
doit s'écouler des pains, c'est-à-dire de 15 à 20 litres.

Ce que l'on vient de lire est extrait de la dernière édition de notre ouvrage, depuis cette époque, les pots ont
été généralement remplacés par les *planchers lits de pains*,
dont on trouvera la description à la partie de ce manuel
qui traite du raffinage.

Après avoir retiré le bouchon qui ferme l'ouverture pratiquée à la pointe de la forme, on place celle-ci sur un pot (ou sur le *plancher*). La mélasse qui s'écoule au premier moment de l'opération est assez abondante pour qu'il soit nécessaire de visiter fréquemment les pots, afin de changer ceux qui seraient pleins. Dans les quinze premiers jours, les pains donnent à peu près les deux tiers de la mélasse qu'ils contiennent. Pour faciliter leur écoulement, en entretenant leur fluidité, on soutient la température de la purgerie à 12° ou 15°.

Pour hâter la séparation des dernières mélasses, qui ne se fait que très-lentement, on porte les formes dans une autre pièce que l'on peut élever à une température de 40° à 50°; là on les place sur de nouveaux pots, après avoir enfoncé dans la pointe du pain un poinçon en fer pour la percer, dégager l'ouverture, et faciliter l'écoulement de la mélasse; cette opération se renouvelle toutes les fois qu'on s'aperçoit qu'une forme ne coule pas. Après avoir séjourné encore quinze jours dans cette seconde pièce, les pains sont secs, et on peut les retirer. Pour cela, après avoir dégagé avec un couteau la base du pain des parois de la forme, on enlève celles-ci de dessus les pots, on les pose sur le plancher de la pièce, leur pointe en haut, et on les laisse dans cette position pendant une couple d'heures. Alors, saisissant la pointe de la forme, on lui imprime un balancement qui fait détacher le pain, et tomber par son propre poids; c'est là ce qu'on appelle *locher* les pains; on enlève alors la forme.

L'aspect que présente le pain est celui d'un cône d'une couleur rousse, dont la teinte va graduellement se fonçant de la base à la pointe. Toutes les têtes des pains, qui conservent toujours de l'humidité et une portion de mélasse qui les colore et les rend visqueuses, sont coupées et jetées dans une même forme pour s'égoutter; on les fait rentrer dans le sirop en clarification. Les mélasses qui s'écoulent des formes sont réunies pour être concentrées et cuites de nouveau, afin d'en retirer tout le

sucre cristallisable qu'elles ont entraîné, et qui s'élève
quelquefois au sixième du sucre que l'on a déjà obtenu.
Dans quelques fabriques, on recuit les mélasses à mesure de leur écoulement; dans d'autres, on les conserve
pour ne les traiter que lorsque les travaux d'extraction
sont achevés. Pour cela, on les met dans des réservoirs,
ou même des tonneaux placés dans des caves ou des endroits frais, pour y être reprises plus tard. Cette dernière méthode a l'avantage de ne pas exiger des appareils particuliers, de ne pas interrompre la série des opérations, mais elle exige des vases pour renfermer les
mélasses, et des magasins pour les conserver. En outre,
suivant que la saison est plus ou moins favorable, les
mélasses courent le risque de subir des altérations; dans
tous les cas, on les traite de la même manière, c'est-à-
dire qu'elles sont évaporées pour présenter les mêmes
caractères que le sirop de première cuite; leur cuite doit
être poussée un peu plus loin que celle du sirop neuf,
les pains qu'elles fourniront exigeront aussi un peu plus
de temps pour leur épuration. Quelques fabriques sont
dans l'usage de les clarifier avec un peu de noir animal;
mais alors si elles marquaient plus de 24° à l'aréomètre,
il faudrait y ajouter de l'eau pour les ramener à cette
densité; sans cette précaution, il deviendrait très-difficile de les filtrer. Les mélasses que l'on obtient d'une
seconde cristallisation ont une saveur âcre, et ne peuvent
servir qu'à la distillation.

On désigne en général par les noms de sucre de *premier
jet* le sucre que fournit immédiatement la cuite, et par
ceux de sucre de *second*, *troisième*, etc., *jet*, ceux fournis successivement par les sirops d'égouttage.

Depuis la publication, déjà ancienne, de ce que l'on
vient de lire, grand nombre de fabricants ont remplacé
les chaudières à air libre par des appareils à cuire dans
le vide; or, dans ceux-ci l'opération ayant lieu à une
température bien plus basse, le sirop qu'on en retire, au
lieu d'être conduit dans un rafraîchissoir, l'est dans un

réchauffoir, lorsque, toutefois, la cristallisation se fait comme nous l'avons exposé précédemment. C'est un bac muni d'un double fond dans lequel on fait circuler de la vapeur pour élever la température à + 80°.

Souvent le sucre brut obtenu comme nous l'avons dit, reçoit un commencement d'un véritable raffinage par le clairçage. Cette opération, qui sera traitée avec plus de détails dans d'autres chapitres, consiste à verser sur le sucre contenu dans la forme du sirop saturé de sucre cristallisable, qui, en traversant le pain, ne dissout que le sucre incristallisable contenu entre ses cristaux. Quelquefois, pour obtenir du sucre très-blanc, on répète cette opération jusqu'à trois fois ; dans ce cas, la première clairce est faite avec du sirop de sucre un peu blond, la seconde avec du sirop de sucre assez pur, et enfin la troisième avec du sirop de sucre très-blanc. Ces claircages et ces égouttages durent de vingt à quarante-cinq jours, suivant que le sucre contenu dans les formes est d'une qualité plus ou moins élevée.

Actuellement, dans les grandes fabriques, l'égouttage si long et si incomplet dans les formes est généralement remplacé par l'égouttage forcé par la force centrifuge dans les turbines. Le sirop est conduit immédiatement des rafraîchissoirs dans ces appareils, dont la manière d'agir a été suffisamment expliquée lorsque nous avons traité de l'extraction du jus.

Lorsque les sucres soumis à l'action de la turbine sont de qualité inférieure et très-colorés, on achève de les débarrasser du sirop qui adhère à la surface des grains en injectant dans l'appareil, vers la fin de l'opération, un courant de vapeur.

Il va sans dire que les sirops obtenus par ce procédé sont soumis à de nouvelles opérations pour en retirer comme dans l'ancien procédé des sucres de second, troisième et même quatrième jet.

Nous verrons dans une autre partie de cet ouvrage comment M. Dubrunfaut est parvenu à extraire une

grande partie du sucre restée dans les mélasses en appliquant de la manière la plus heureuse le phénomène
de l'osmose; et comment cette même opération peut-être
employée pour purifier les produits inférieurs.

Cuite en grain.

L'une des améliorations les plus importantes introduites depuis quelques années dans la production du
sucre à l'état brut est, sans contredit, la *cuite en grain*.
Des fabricants très-distingués, en tête desquels nous
devons nommer M. F. Lalouette, de Barberie, ont eu
l'heureuse idée de chercher à produire la cristallisation
du sucre dans l'appareil même où on opère la cuite;
leurs tentatives ont été couronnées d'un succès complet;
ils sont parvenus à obtenir des grains d'une pureté et
d'une netteté parfaites, et ayant plus de deux millimètres
de côté et 1/2 d'épaisseur. Ce résultat, que nous considérons comme faisant époque dans l'industrie du sucre indigène, et devant y amener des modifications profondes,
repose sur les principes que nous allons examiner.

En décrivant le procédé suivi jusqu'ici pour obtenir le
sucre brut ordinaire, nous avons dit qu'on poussait la
cuite jusqu'au point où étant retirée de la chaudière et
abandonnée au refroidissement, elle commençait à laisser
déposer des grains cristallisés; mais qu'on empêchait
la formation régulière de ces cristaux (du candi) en agitant continuellement la masse (le *mauvage*). A ce moment que l'on reconnaît à la preuve du *filet*, le sirop
reste encore limpide et homogène, mais si on le laisse
dans la chaudière pour continuer à le cuire, il arrivera
bientôt un moment où il se trouvera sursaturé à la température qu'il possède, et si ce n'était son extrême viscosité, il devrait nécessairement déposer des cristaux;
mais pour cela il faut lui ajouter une petite quantité, environ deux pour cent de son volume, de sirop plus liquide à 25° Baumé. La concentration continuant encore

le même état de la cuite se présentera de nouveau, et il faudra avoir recours à une addition semblable de sirop plus léger, et ainsi de suite, jusqu'à ce qu'il ne reste plus dans l'appareil qu'une masse qui refuse de fournir une nouvelle quantité de cristaux, et qui est chargée de toutes les matières étrangères contenues primitivement dans le jus et de tout le sucre incristallisable qui a pris naissance pendant les différentes opérations de la fabrication. A ce moment, qui arrive à peu près après une vingtaine d'additions de sirop faible, la cuite ne contient plus que les 5 à 6 centièmes de son poids d'eau, au lieu de 10 à 12 centièmes qu'elle en contient ordinairement, et sa viscosité est telle que sans l'addition d'une quantité convenable de sirop faible, il serait impossible d'en extraire des cristaux par l'action de la force centrifuge.

L'instant où il est nécessaire d'arrêter la cuite en grains, ne peut pas être exactement le même pour toutes les variétés de jus, car la présence d'une quantité considérable de matières étrangères, s'oppose à la formation des cristaux de sucre, celle-ci cesse même complétement lorsque la proportion de ces substances s'élève à 30 centièmes du poids de la masse ; est déjà difficile pour 25 0/0 ; elle s'opère dans les conditions normales par 15 0/0 de matières étrangères, et par conséquent, 85 0/0 de sucre.

La cuite en grains dure de 10 à 12 heures, et peut fournir jusqu'à 85 0/0 de sucre de premier jet, au lieu de 65 qu'on obtient par les procédés ordinaires.

L'opération que nous venons de décrire rapidement, exige de la part de l'ouvrier qui la dirige, beaucoup d'habitude, de l'intelligence et une attention soutenue. Il doit constamment chercher à obtenir dans son sucre brut les qualités qu'on y recherche, savoir : un grain fort et nerveux présentant une surface bien sèche, ce qui est une preuve qu'il a été débarrassé des matières étrangères. Une condition de bonne réussite consiste à graduer successivement la cuite, la conduire d'abord lentement pour la serrer ensuite de plus en plus.

La composition de la masse que nous continuerons à appeler la *cuite*, peut varier considérablement dans les proportions des substances qui en font partie, suivant la nature du jus, celle du sol et des engrais. Il faut surtout avoir égard aux sels et aux substances organiques ; on sait, en effet, que la présence de ces corps autres que le sucre, peut immobiliser, ou rendre incristallisable, un poids de ce dernier au moins égal au leur.

Les proportions des substances qui la composent essentiellement, oscillent entre les limites ci-après :

Sucre. . . . . 73 à 84 p. 100.
Matières étrangères. . . . . . . 16 à 6
Eau. . . . . 11 à 10

La proportion de cette dernière substance peut se réduire à 5 0/0 dans le cas de la *cuite sèche*.

Il est impossible d'obtenir en une fois toute la masse de sucre cristallisable, il faut nécessairement faire plusieurs cristallisations successives qui fournissent ce qu'on appelle sucre de second jet, sucre de troisième jet, etc.

On peut employer trois genres différents d'appareils pour séparer les cristaux du sirop avec lequel ils sont mêlés ; ce sont : 1° les formes, analogues à celles dont nous avons déjà parlé ; 2° les caisses, et 3° les turbines que nous connaissons.

Formes. — Pour que le sirop puisse s'écouler librement des formes, il faut y laisser à peu près 11 0/0 d'eau, ce qui correspond à 67 de sucre *vert*. Disons en passant que les cristaux de celui-ci sont en réalité incolores, que la teinte plus ou moins foncée qui semble leur appartenir, n'est que superficielle, elle est due à une couche de matière organique qui adhère à leur surface.

Les grandes formes dites *lumps* et *bâtardes*, sont celles qui répondent le mieux au but que l'on se propose, car leur hauteur considérable détermine dans la masse liquide mêlée au sucre une forte pression hydrostatique, qui au commencement facilite considérablement l'écoulement ; mais il arrive un instant où cette pression est contrebalancée par l'attraction capillaire, il reste alors à la pointe du pain une partie humide et colorée d'environ 8 centimètres de hauteur. Mais, soit par l'application de l'égouttage forcé, soit, mieux, par une augmentation artificielle de la pression atmosphérique, on parvient facilement à faire disparaître cette partie colorée.

Caisses. — Ces caisses ont été d'abord employées par Schützenbach à la préparation de quelques qualités très-inférieures de sucre brut. Elles sont de forme carrée, peu profondes, munies d'un faux-fond en tissu métallique et d'un tuyau latéral inséré entre les deux fonds, et qui sert à l'écoulement du sirop. On a bientôt reconnu les graves inconvénients que présentaient ces caisses ; on les a généralement abandonnées pour en adopter de beaucoup plus grandes de forme pentagonale, qui peuvent contenir jusqu'à 100 kilog. de matières, et qui n'ont pas de faux-fond (fig. 35). Mais en réalité, ces caisses rendent les mêmes services que les grandes formes, et ne sont bien utiles que dans la préparation des produits secondaires.

Turbine. — Cet appareil est le plus employé des trois et, en effet, c'est celui qui présente les plus grands avantages tant sous le rapport de l'énergie avec laquelle il fonctionne, que sous celui de la rapidité. Il produit l'effet d'une forte pression, qui pousse la partie liquide à travers les mailles du tissu métallique, et en détermine en quelques minutes l'écoulement qui autrement durerait des jours entiers ; de plus il laisse les cristaux secs. On a prétendu, mais à tort, que cet appareil en imprimant aux cristaux un mouvement curviligne, déterminait le frottement des uns contre les autres, et par suite une espèce de trituration, l'expérience ne confirme nullement cette supposition.

CHAPITRE III.

DE QUELQUES NOUVEAUX PROCÉDÉS DE FABRICATION
DU SUCRE DE BETTERAVE.

Nous regrettons vivement que la nature de cet ouvrage ne nous permette point de décrire avec détail les procédés nombreux, très-divers et souvent très-ingénieux qui ont été successivement appliqués, ou seulement proposés pour l'extraction du sucre indigène, il faut que nous nous contentions de nous occuper seulement et sommairement de deux d'entre eux qui nous paraissent promettre des avantages réels. Nous commencerons par celui de M. Kessler.

Pour bien faire comprendre les principes sur lesquels repose ce nouveau mode de fabrication du sucre indigène, nous pensons qu'il est utile de faire connaître à nos lecteurs la note que ce savant industriel a présentée à l'Académie des sciences, le 5 novembre 1866.

Note. — « Sur quelques notions nouvelles concernant l'action des acides sur les jus sucrés, et sur le parti qui en a été tiré en sucrerie.

« On connaît l'action déféquante de l'acide sulfurique sur le jus de la betterave.

« Quand on ajoute à du jus de betterave d'une densité ordinaire de l'acide sulfurique à 66 degrés, il se forme un précipité abondant qui continue à se produire par de nouvelles additions d'acide, jusqu'à ce qu'on ait atteint la quantité de 2,5 millièmes en poids.

« La plupart des acides produisent le même effet à des doses variables; mais la séparation du dépôt est d'autant moins nette que leur énergie est plus faible.

« Par l'application de la chaleur, ces dépôts montent à la surface du jus, et il est facile de les séparer sous forme d'écume. C'est ce que l'on a essayé maintes fois de faire, surtout à l'origine de la sucrerie indigène ; mais on a dû y renoncer parce que cette sorte de défécation par les acides n'est pas assez complète, puis parce que, outre le cal formé par le sulfate de chaux, elle avait le défaut de rendre le sucre incristallisable.

Cependant, à côté de ces faits bien connus, j'en ai remarqué d'autres dont l'ensemble m'a fait penser que l'on doit en rappeler de cet insuccès, et que les acides, au contraire, sont appelés à jouer un rôle important dans la fabrication du sucre.

« Aujourd'hui que la troisième campagne des diverses sucreries que j'ai fondées pour l'application de ces faits confirme complétement cette prévision, je crois le moment venu de les faire connaître.

« J'ai remarqué que :

« 1° Les acides employés à froid à des doses même bien supérieures à celles nécessaires pour la défécation du jus, n'intervertissent nullement le sucre qu'il renferme, et il suffit, par conséquent, de les saturer par une base avant de le chauffer, pour éviter ce genre d'altération.

« 2° Au contraire, les acides arrêtent la fermentation visqueuse, et sans doute aussi les évolutions d'autres ferments. Ils agissent comme antiseptiques puissants, et s'opposent ainsi, d'une part, à la production de la substance glaireuse que l'expérience m'a démontré être l'une des causes les plus graves du mauvais travail en sucrerie, de l'autre, ils empêchent la destruction du sucre par les ferments auxquels il est livré dès que la râpe a déchiré ses cellules; destruction plus rapide et plus considérable qu'on ne pense.

« L'expérience suivante, facile à répéter, rend tangible cet effet antiseptique des acides: Que l'on prenne une partie de jus de betteraves, qu'on l'amorce avec 5 pour 100 du même jus devenu glaireux spontanément, et qu'on sépare ce liquide par moitié dans deux vases différents.

« Que l'on ajoute 2.5 à 3 millièmes de son poids d'acide sulfurique à 66 degrés à l'un de ces vases. Le lendemain on remarquera que le jus non-acidifié sera devenu trouble et visqueux ; tandis que l'autre sera resté fluide et limpide au-dessus et autour du dépôt provenant de défécation.

« Les essais suivants que j'ai faits il y a deux ans, etc.

« Il ressort de ces essais que, contrairement aux idées admises, les acides, au lieu d'intervertir le sucre à froid dans les jus, le préservent contre l'action destructrice des ferments.

« Les mêmes expériences répétées à des époques plus avancées de la conservation de la betterave, ont donné des résultats encore plus concluants.

« Les acides les plus énergiques préservent mieux le sucre que les plus faibles ; mais il convient de faire observer que parmi ces derniers, ceux qui, dans le tableau précédent ne paraissent avoir exercé aucune action conservatrice, n'en ont pas moins produit un résultat très-favorable pour le travail du jus, en l'empêchant de devenir visqueux.

« 3° Il est facile d'éviter l'inconvénient du cal par un choix mieux entendu des substances acides.

« Les acides fluorhydrique, hydrofluosilicique, l'acide phosphorique et plusieurs de leurs combinaisons acides, comme : le fluosilicate de magnésie que j'ai obtenu cristallisé avec une grande facilité, les fluosilicates d'alumine, de manganèse, les biphosphates de chaux, de magnésie et d'alumine, le phosphate de chaux dissous ou attaqué par l'acide fluorhydrique (acide phosphorique), par l'acide hydrofluosilicique, par l'acide hydrochlorique, par l'acide nitrique, ne produisent jamais de cal et peuvent être maniées sans danger pour les ouvriers et pour les pulpes.

« 4° La défécation par les acides se complète facilement par la précipitation au sein du jus de certains corps en général plus ou moins basiques, comme la magnésie, les silicates et les aluminates de chaux, la combinaison de l'empois avec cette base, les phosphates insolubles, les fluorures de magnésium, de calcium et d'aluminium, etc.; et l'on trouve dans les acides susmentionnés un moyen fort simple de faire apparaître ces dépôts. Il suffit de les saturer avec de la chaux ordinaire ou dolomitique, ou de dissoudre auparavant, dans le jus acidulé, les corps basiques que l'on veut précipiter.

« On effectue ainsi, dans le travail en grand, une sorte d'analyse séparant d'abord les acides insolubles organiques mis en liberté par ceux que l'on ajoute; puis les acides solubles en même temps que les composés neutres ou basiques susceptibles de former avec la chaux ou la magnésie des combinaisons peu solubles.

« Un des avantages que l'on y trouve, c'est d'obtenir une défécation des plus complètes au sein d'un jus sans aucun excès de chaux, en sorte qu'on peut immédiatement l'évaporer et le cuire, sans avoir besoin de le saturer ni de le passer sur du noir.

« On trouve donc dans les acides des antiseptiques puissants qui, possédant sur la chaux le grand avantage de pouvoir être ajoutés à la pulpe sans danger pour les animaux, préservent le sucre contre toute fermentation, aussitôt la betterave râpée, et permettent d'en retirer, en une seule opération, au lieu de deux, un jus tout déféqué, lequel, par une deuxième opération qui correspond à la saturation par l'acide carbonique (mais bien plus simple et plus régulière puisqu'elle consiste dans l'addition d'un simple lait de chaux), donne de suite un jus suffisamment pur pour abandonner tout autant de sucre à la cristallisation que s'il avait passé sur des masses de noir.

« La campagne actuelle étant la troisième pendant laquelle l'emploi des acides a été effectué sur une grande échelle; la seconde, que diverses usines montées par moi spécialement pour l'application de ce procédé, parcourent particulièrement, et le succès de leurs opérations, l'économie et la sûreté de leur travail ayant justifié mes convictions et les données théoriques qui les ont fait naître, je viens appeler l'attention de l'Académie sur cette méthode pendant qu'on peut la voir employée. »

Ce qui précède étant bien compris, nous allons indiquer succinctement les différentes opérations dont se compose ce nouveau mode de fabrication du sucre.

On réduit en poudre fine les nodules de phosphate de chaux naturel, et on les traite par l'acide sulfurique qui s'empare d'une partie de leur chaux et les réduit à l'état de phosphate acide soluble. On fait avec ce dernier une dissolution marquant 4°,5 à l'aréomètre de Baumé, ce qui correspond à une densité de 1,045.

La pulpe obtenue comme à l'ordinaire est immédiatement arrosée sur la râpe avec cette dissolution, puis on l'étend sur des claies mobiles en bois, placées dans des fosses rectangulaires en ciment, dites *tables de déplacement*, de 7 à 8 mètres de surface, et de 20 centimètres de profondeur. Le jus s'écoule d'abord de lui-même, mais on achève d'en épuiser la pulpe par un lavage régulier qui ne dure que quelques heures.

La densité du liquide qui s'écoule est de 4°,5 au commencement et seulement 1°.5 à la fin, la moyenne du mélange est d'environ 3°.8

La défécation de ce jus s'opère dans des chaudières semblables à celles que nous avons décrites en commençant ; on la fait à froid, en y versant la quantité de lait de chaux nécessaire pour neutraliser tout l'acide sulfurique qu'on y avait introduit, et par conséquent, pour ramener le phosphate de chaux à l'état insoluble. On reconnaît que la saturation est complète ou que la chaux se trouve un peu en excès, lorsque le liquide ramène au bleu le papier de tournesol rougi par un acide. A ce moment on ajoute au jus une nouvelle quantité de lait de chaux, environ 24 litres à 16° Baumé pour 17 hectolitres de jus, ce qui amène à 2 ou 3 grammes par litre de jus la quantité totale de cet alcali.

Après ce traitement, on peut sans crainte élever la température du jus jusqu'à 80°, car l'acide étant complétement saturé, ne peut plus transformer le sucre cristallisable en glucose.

Il reste toujours dans le liquide une certaine quantité de chaux, formant des composés solubles avec des substances organiques ; pour la précipiter, M. Kessler ajoute au jus 250 grammes de sulfate de magnésie par 12 hectolitres, la chaux passe à l'état de sulfate qui, comme on sait, est presque insoluble, le plâtre et la magnésie, en se précipitant, entraînent avec eux les substances organiques.

On filtre le jus déféqué à travers des sacs en toile de coton serrée, suspendus les uns à côté des autres dans un cadre ; cette filtration s'opère très-rapidement. Lorsque les sacs sont pleins du dépôt et bien égouttés, on les comprime dans une presse à écumes ordinaire, et le jus qui en sort est ajouté au jus filtré.

L'évaporation et la cuite s'effectuent dans des chaudières à air libre ; le produit de la cuite est mis dans des bacs pour cristalliser, et on le passe ensuite à la turbine. On obtient ainsi des sucres de 1er, 2me et 3me jet, dont la nuance est peu élevée, et le grain bien sec ; de plus, la saveur de ces sucres est telle que les produits paraissent pouvoir être vendus directement au commerce, ce qui constituerait un grand avantage.

On a prétendu que la méthode d'extraction du jus par déplacement fournit une pulpe aqueuse et épuisée de matières nutritives ; mais M. Kessler répond que cette pulpe est, en effet, très-pauvre en sucre, car son procédé permet d'extraire bien plus complétement ce principe ; mais qu'en revanche elle contient toutes les matières animales et albuminoïdes précipitées par le phosphate de chaux, tandis que celle obtenue par les procédés ordinaires n'en contient qu'une quantité proportionnelle à celle du jus qu'elle retient.

Quant à la grande quantité d'eau contenue dans la

pulpe, il est facile d'en chasser la majeure partie par l'installation à l'extrémité des tables de déplacement, d'une presse à cylindre se chargeant à la pelle et sans sacs. Dans le cas où on a besoin de la conserver, on n'a qu'à la mettre dans des silos étroits où elle s'égoutte parfaitement.

On a également reproché à ce procédé l'emploi des appareils à évaporer et à cuire à l'air libre, surtout sous le rapport de l'économie. Cependant, si nous nous en rapportons à un premier compte fourni par l'inventeur, le sucre obtenu par son procédé ne reviendrait qu'à 31 fr. 11 les 100 kilog. Mais un autre compte fourni par l'usine de M. Daumiette pendant la campagne 1865-66, le prix des 100 kil. serait de 40 fr. 74.

Procédé de M. Robert, de Massy

M. Robert, de Massy, fabricant de sucre et cultivateur très-distingué, a imaginé un procédé nouveau d'extraction du sucre, qui supprime les presses ainsi que les accessoires, et tout le personnel qu'elles exigent, et qui, affirme-t-il, permet d'obtenir les 93 centièmes du jus de la betterave, et réaliserait une économie de 14 à 15 fr. par sac de sucre.

Les différentes opérations dont se compose ce nouveau procédé, sont les suivantes :

La pulpe, au sortir des râpes, est introduite dans une chaudière particulière, dans laquelle on y ajoute une quantité de lait de chaux à 20 degrés de l'aréomètre, équivalant à 7 kilogrammes de chaux vive par 1,000 kilogrammes de racines, et on élève la température de ce mélange à 50 ou 60 degrés centigrades au moyen d'un barboteur de vapeur. De cette chaudière, la pulpe passe un monte-jus qui l'envoie dans l'appareil d'expression.

Nous allons décrire cet appareil d'après une note que nous trouvons dans le n° 332 du *Technologiste* (Mai 1867).

Dans le mode de pression, d'après ce système, on fait

agir l'eau ou les gaz immédiatement sur la substance qu'il s'agit de presser, en laissant de côté tous les organes intermédiaires qui sont employés, ainsi que les presses hydrauliques et autres appareils analogues pour la transmission de la force.

A cet effet, on introduit une enveloppe, une paroi ou un diaphragme entre la matière qui doit, par la pression, abandonner des liquides et l'agent (eau ou air) qui exerce la pression. Ces parois peuvent consister en toute espèce de tissus ou d'étoffes planes; mais on a fait principalement choix pour cet objet de celles qui possèdent le plus d'élasticité. De même, les vaisseaux peuvent avoir les formes les plus variées, de manière à ce qu'il soit possible de faire choix de celle qui répond le mieux aux conditions de résistance, relativement à la pression qu'on y applique.

L'appareil qui est destiné à l'extraction du jus des betteraves, est représenté par la figure 36. Il présente à l'extérieur la forme d'un cône tronqué A, établi en forte tôle percée de trous du diamètre de quelques centimètres. Il est revêtu à l'intérieur d'une toile métallique qui, elle-même, est recouverte par un tissu susceptible d'opérer comme un filtre. Ce premier cône qui constitue l'enveloppe en fer de la presse, et est établi très-solidement sur un établi convenable, reçoit à son intérieur un second cône dont la paroi B est extensible, et forme la cavité close dans laquelle opère l'agent de pression dans des conditions posées ci-dessus, et que maintenant on va tout spécialement expliquer.

Le cône intérieur est formé d'une paroi très-extensible B, ainsi qu'on l'a déjà dit, et de caoutchouc d'une assez forte épaisseur. Les bords extrêmes de cette paroi B sont pincés par deux plaques a et b, assez fortement pour résister à l'effort du liquide qui opère la pression nécessaire. Ce cône tout entier est contenu dans l'enveloppe A, et à ses deux extrémités, il se confond avec elle, puisque par celle inférieure, il repose sur un anneau e, au moyen d'un disque élastique *d*, et qu'il recouvre par son bord et sur lequel il est serré et arrêté par son propre poids.

C'est dans la cavité annulaire *e'*, comprise entre la paroi rigide du cône extérieur A, et la paroi flexible intérieure B qu'on introduit, par le moyen que nous expliquerons plus loin, la substance que l'on veut soumettre à la pression.

Dans l'intérieur de B se trouve un second cône métallique percé de trous, et qui n'a d'autre objet que de soutenir cette paroi flexible, lorsque celle-ci, avant l'emploi de la pression, tend à faire saillie ou le ventre à l'intérieur par le poids de la substance qui la charge.

Voici quelle est la manière d'opérer de l'appareil établi comme on vient de l'expliquer :

On amène le fluide de pression (supposé que ce soit de l'eau) dans la capacité conique de B, dont la paroi flexible, par suite de la pression, change de forme et comprime la substance qui l'entoure. Les parties fluides ainsi exprimées, s'échappent à travers le filtre et les trous percés dans le cône A, en se rassemblant dans une gouttière *c*, disposée dans la partie inférieure de l'appareil.

Lorsqu'on a opéré une pressée, on ouvre un robinet de décharge pour faire cesser la pression dans le cône interne, et on relève ce cône B, pour retirer les résidus qui peuvent tomber librement par la base inférieure du cône A. Pour la pression suivante, on redescend le cône de pression à sa place, on charge de nouveau la capacité annulaire *e'* avec la substance qu'on veut épuiser, on fait agir encore la pression de l'eau, et ainsi de suite.

On fera remarquer ici que les plaques de fond et de chapeau du cône B, sont maintenues entre elles par un certain nombre de colonnes *f, f*, portant dans le haut et dans le bas des écrous de serrage. Deux de ces écrous sont, sur la plaque de chapeau, pourvus d'une poignée pour pouvoir relever aisément ce cône B, ainsi qu'on l'a expliqué plus haut.

Passons actuellement à la description de l'appareil employé, tant pour charger la substance qu'on veut soumettre à la pression (la pulpe), que le liquide dans la presse.

Le cône A est en communication par un gros tuyau avec un récipient cylindrique D, dans lequel se trouve un diaphragme horizontal E. Ce diaphragme, qu'on peut introduire ou retirer du récipient, se compose d'un plateau circulaire, pourvu sur son pourtour d'une garniture flexible (en cuir), pour produire une fermeture hermétique.

Ce diaphragme, qui est, à proprement parler, un piston sans tige, a pour objet de transmettre la pression de la vapeur, qui arrive par le haut dans le récipient à la pulpe. On remédie ainsi à l'inconvénient qui se manifeste chaque fois que, dans des appareils analogues, on laisse la vapeur agir directement sur la masse qui se trouve à l'état pâteux. Dans ce cas, la vapeur ne chasse principalement que les parties liquides de la masse, et enveloppe en fin de compte le résidu qui ne peut plus être alors déplacé. Au moyen de cette introduction du diaphragme, la séparation de la partie solide de ce liquide n'est pas possible, pas plus qu'un mélange de celle-ci avec la vapeur.

Le récipient D est pourvu de deux tuyaux K et *t*, avec robinets dont l'un sert à amener la vapeur, l'autre à son échappement. A l'autre extrémité se trouve un troisième tuyau *j*, par lequel arrive la substance de remplissage, après qu'on a levé la vannette F.

Avec cet appareil, on charge la presse de la manière suivante :

On ferme le robinet d'introduction K de la vapeur, et on ouvre celui de décharge *t*, pour faire écouler l'air ou bien la vapeur qui a servi dans une opération précédente, et qui reste encore dans l'appareil. On soulève la vannette F, et la pulpe arrive dans le récipient et le remplit en remontant devant elle le diaphragme E. On

Fabricant de Sucre. 26

ferme alors le robinet de décharge, on lève la vannette F'
sur le cône A, et après avoir clos la vannette F, on laisse
affluer la vapeur dans le récipient en ouvrant le robinet
K. Cette vapeur presse sur le diaphragme, la pulpe chassée en avant vient remplir la capacité annulaire e', dont
le volume est le même que celui du récipient. On rabat
alors la vannette F', et le travail de la pression commence ainsi qu'on l'a expliqué plus haut.

Le second appareil, par le secours duquel on opère la
pression dans le cône intérieur B, est en tous points
semblable au précédent.

Il consiste en un récipient cylindrique fermé G, avec
diaphragme intérieur H, qui sépare l'eau ou le liquide
à presser de la vapeur motrice qui afflue dans le récipient.

Le récipient est, dans le haut, pourvu de deux tuyaux;
l'un, m, pour l'admission, et l'autre, n, pour l'échappement de la vapeur, comme dans l'appareil précédent;
son fond est muni d'une emboîture, afin de pouvoir l'assembler avec un long boyau flexible qui, par ce moyen,
se trouve en communication avec le cône B. Enfin, cette
presse est complétée par un robinet p, pour l'évacuation
de l'air et de l'eau, et par une douille q, qui appartient
au tuyau qui amène l'eau nécessaire au service de l'appareil et qu'on peut fermer par un robinet.

On voit donc comment la vapeur remonte le volume
tout entier de l'eau contenue dans le récipient par sa
pression sur le diaphragme H, dans le cône intérieur B,
puis par le moyen de la même eau et de la paroi flexible B, et comment on transmet toute sa pression à la substance qu'on veut exprimer.

Lorsque la pression est terminée, on ouvre le robinet
de décharge n, la vapeur qui peut alors s'échapper cesse
de presser sur le diaphragme H, modère la pression hydrostatique de l'eau qui abandonne le cône B, et retourne
au récipient. Alors on retire le cône B pour enlever les
résidus de la presse, et on utilise pour cette opération la

longueur assez considérable de boyau flexible, parce qu'il n'est pas nécessaire ainsi de démonter l'appareil.

On fera remarquer que dans l'emploi de la vapeur comme agent moteur propre de la pression, on peut aussi mettre à profit sa détente, de façon que la pression puisse être réglée méthodiquement et progressivement, en économisant notablement le combustible, puisque la même vapeur peut servir à plusieurs appareils. Entrons dans quelques détails à ce sujet.

Supposons, par exemple, que dans l'atelier de travail on ait installé quatre appareils de ce genre, remplis de pulpe de betteraves; de plus que la vapeur de la chaudière arrive avec une tension de 18 à 20 atmosphères, et qu'indépendamment des conduits, les capacités de vapeur de chacun de ces appareils puissent être mises entre elles en communication, au moyen de robinets et de soupapes. On peut très-bien faire que la vapeur qui s'échappe de l'un de ces appareils passe dans le suivant, et après avoir exercé toute son action dans le premier, opère dans le second une pression un peu moindre, puis une pression encore réduite dans le troisième, et enfin qu'on utilise dans le quatrième le reste de la pression effective qu'elle possède encore.

Il en résulte que la même vapeur qui arrive de la chaudière, passe dans les divers appareils les uns après les autres, en même temps que sa tension diminue et que sa force de pression s'affaiblit peu à peu.

Il est naturel que la vapeur qui se détend ainsi dans le dernier appareil, n'exerce peut-être plus qu'une pression correspondante à 3 ou 4 atmosphères; cette pression, néanmoins, suffit pour commencer l'opération, car toute la pulpe de betterave saturée de jus abandonne déjà très-aisément et sous une pression énergique une partie de ce jus.

On fera aussi remarquer, ce qu'il est du reste facile de reconnaître à l'inspection de la figure, que cet appareil peut être construit de façon à pouvoir le suspendre par son bord supérieur à une charpente, ou par tout autre moyen, au lieu de le poser sur le sol par la partie inférieure. Cette disposition présente cet avantage que l'espace au-dessous est entièrement libre, et que le service de l'appareil devient extrêmement facile, considération importante pour les fabriques de sucre, où les opérations doivent se succéder les unes les autres aussi rapidement qu'il est possible, et où les mains-d'œuvre doivent être réduites par les dispositions les plus simples.

Suivant les vérifications faites par l'inventeur de ce procédé, le résidu de cette pression, qu'il estime environ huit fois moindre que celle des presses hydrauliques, est réduit à un état de siccité aussi complet que possible, et ne fait que les 11 centièmes de la pulpe. Le jus est trouble, mais sain et facile à travailler.

D'après lui aussi les pulpes chaulées seraient aussi bonnes pour les bestiaux que celles qui ne le sont pas, ce qui est constaté par des essais faits pendant plusieurs mois ; mais M. Robert, de Massy, regrette ce succès, parce que, dit-il, le cultivateur aurait appris à se servir de ces tourteaux de pulpe à l'état d'extrait d'engrais, qui aura pour lui trois fois plus de valeur que la pulpe actuelle, en ce qu'il contiendra sous un poids trois fois moindre (7 au lieu de 20), les mêmes principes fertilisants, et qu'on n'aurait pas la peine de faire passer la pulpe par le corps de l'animal, lequel, en comptant le prix de la nourriture, la main-d'œuvre, le capital absorbé, tant pour les étables que pour l'achat des bestiaux, la difficulté de se procurer ce capital avec l'état actuel du crédit agricole, et par-dessus le marché, les risques de maladie et autres accidents, ne rapporte actuellement rien, selon l'aveu de bien des cultivateurs, et ne rend, en somme, que ce qu'on lui a donné, moins la partie qu'il s'est assimilée, et qui est la meilleure de tout l'engrais. Le jour où j'aurai pu éclairer le cultivateur sur ses véritables intérêts, je lui aurai rendu un aussi grand service que celui que je rends aujourd'hui à la sucrerie et à la distillation agricoles. (Extrait d'une lettre de M. R. de M. à M. Dureau.)

Quelque temps après M. Robert, de Massy, annonçait les expériences suivantes :

Je presserai :

1º La pulpe entièrement déféquée, mieux, plus vite et par plus grande quantité que dans mes expériences précédentes.

2º La pulpe avec la chaux strictement nécessaire à la défécation, 5 pour 1,000.

3º La pulpe avec la chaux, que je n'ai pas cessé de mettre, depuis que je suis fabricant de sucre, 3 à 4 pour 1,000, et qui n'a jamais nui aux bestiaux, depuis 12 ans que je me sers de mon procédé.

4º La pulpe ordinaire avec de l'eau.

5º La pulpe sans eau.

6º Les écumes de défécation.

La Société centrale d'agriculture de Belgique avait chargé une commisssion d'assister aux opérations de M. Robert, de Massy; nous croyons utile de transcrire quelques-uns des passages du rapport qu'elle en a fait.

.....« Il faut distinguer dans cette invention deux parties.

« 1º Le nouveau procédé de travail ;

« 2º L'appareil d'extraction du jus de la betterave.

« Ce procédé a pour but de supprimer complétement le travail actuel de la défécation et des écumes qui exigent de nombreux et coûteux ustensiles, beaucoup de précision et une main-d'œuvre considérable. Indépendamment de l'économie qui résulte de l'emploi de ce procédé, il a pour avantage de simplifier le travail, de prévenir l'altération des jus pendant la pression et surtout de permettre l'extraction d'environ 10 pour 100 de plus de jus que si l'on travaille sur la pulpe froide.

« Ce procédé diffère de la carbonatation trouble, et l'améliore en ce que, d'après ce dernier système, on ad-

ditionne la chaux au jus au sortir des presses, tandis que
le procédé de M. Robert, de Massy, opère la saturation
des jus par la chaux, au moment même du râpage, et
les garantit ainsi plus complétement contre toute altération.

« En ce qui concerne la plus grande quantité de jus
que l'on obtient par la pression des pulpes à la température de 50 à 60° centigrades, M. R..., de M..., nous a
assuré que, tandis que son appareil d'extraction donnait
83 0/0 de jus lorsqu'il opérait sur la pulpe à froid, cette
quantité est portée à 93 0/0 par son procédé. Il nous a été
impossible de contrôler ces chiffres ; mais nous croyons
pouvoir faire observer, à l'appui de ces indications, qu'à
la température de 50 à 60° la pression doit crever toutes
les parties du tissu cellulaire que la râpe avait épar-
gnées.

« Nous ne nous rendons pas compte du motif qui engage l'auteur à s'arrêter à la température de 50 à 60°. Il
est, en effet, certain que ce n'est qu'à la température de
75 ou 80° que s'opère la coagulation complète de l'albumine et qu'il faut même pousser au-delà pour avoir une
défécation parfaite. Peut-être a-t-il précisément cherché
à éviter cette défécation, pour ne pas retenir dans ses
pulpes trop de matières azotées, qui en rendraient la
conservation difficile, et charge-t-il la carbonatation d'o-
pérer l'épuration plus complète du jus.

« Dans l'opinion de M. Robert, de Massy, si les pulpes
ne pouvaient être employées comme nourriture, elles
pourraient l'être comme engrais, et au point de vue
purement financier, nous croyons pouvoir partager cet
avis.

« En effet, supposons une quantité de 100,000 kilog.
de betteraves. D'après le procédé nouveau, on obtiendra
7 0/0 ou 7,000 kilog. de pulpe que nous estimons, comme
engrais, à 5 fr. les 1000 kilog. ou 35 fr., tandis que par
le procédé ordinaire on obtient 17,000 kilog. de pulpe
valant 20 fr. le 1000 ou 340 fr.; donc, de ce chef, une

perte de 305 fr. Mais le procédé nouveau donnant 10 0/0 de plus de jus, on obtiendra en plus que par la méthode ordinaire environ 100 hectolitres de jus à 4° de l'aréomètre, soit, à raison de 1 kil.475 par hectolitre et par degré de densité (prise en charge légale), 590 kilog. de sucre à 60 fr. les 100 kilog. ou 354 fr.

« De manière que la perte sur la pulpe se trouve largement compensée par l'excédant de jus.

« Mais au point de vue de l'agriculture, au point de vue de la production de la betterave et de l'alimentation du bétail, la perte de la pulpe ne nous paraît pas trouver une compensation dans la production d'un engrais plus ou moins abondant. L'élève du bétail et la production de la viande jouent dans l'agriculture un rôle important qu'il est impossible de méconnaître. Dans une culture où les plantes industrielles occupent une large part, il faut de toute nécessité trouver des étables nombreuses et une nourriture susceptible de longue conservation. »

Nous partageons complétement l'opinion contenue dans les dernières réflexions du rapport ; l'élève du bétail a une grande importance, non-seulement en agriculture, mais dans toute l'économie de nos sociétés, et elle en acquiert toujours davantage, surtout dans ce moment où une terrible épidémie nous menace de nous priver de l'une des principales sources d'alimentation.

Voici maintenant ce que M. Robert, de Massy, répond au rapport précédent :

« Dans la fabrication par l'ancien procédé, on n'obtient, en moyenne, que 78 0/0 de jus ; dans mon procédé, il reste 10 0/0 de pulpe dans lesquelles sont compris les 3 à 4 0/0 que fournissent ordinairement les écumes. En retranchant cette quantité des 78, il ne resterait que 75, ce qui fait une différence de 20 0/0 ! De plus, cette pulpe, comme engrais, vaut un peu moins que le fumier de ferme, et, en France, nous l'estimons à 10 fr. les 1000 kilog. Dans ce cas, 100,000 kilog. de betteraves donneraient 10,000 kilog. de pulpe valant 100 fr., et les 590 kilog. de sucre obtenu comme avantage, devraient être portés à 830 kilog. à 60 fr. les 100 kilog. feraient 498 fr.

« Je puis garantir que de 55 à 60°, la défécation dans la pulpe est parfaite. Explique qui pourra comment il se fait que la température, qui doit être portée de 80 à 95° dans le jus, n'ait besoin que d'être de 55° pour la pulpe. Je ferai remarquer de plus que le jus qui découle de mon appareil, bien que déféqué à une très-basse température (et probablement parce qu'on n'a pas dépassé cette basse température), ne renferme que des proportions de chaux excessivement minimes, comparativement à celles que peuvent entraîner les jus résultant des autres modes de fabrication et qui exigent ensuite des doubles et triples saturations. Aussi, mon jus est-il plus beau et meilleur que par tous les autres procédés.

« La pression faite avec les presses hydrauliques ordinaires était de 80 à 95 atmosphères, et ma pulpe est aussi bien préparée par mon système avec une pression de 10 atmosphères seulement. »

CHAPITRE IV.

TRAITEMENT DES RÉSIDUS DE LA FABRICATION DU SUCRE DE BETTERAVE.

La fabrication du sucre de betterave laisse quatre sortes de résidus dont il faut extraire tout ce qu'ils peuvent contenir encore d'utile à la fabrication elle-même ou en tirer un parti quelconque.

Ces résidus sont :

1° Les pulpes épuisées ;
2° Les écumes, dépôts, etc.;
3° Les mélasses ;
4° Les noirs épuisés.

Nous avons suffisamment indiqué les usages de la pulpe épuisée en traitant de l'extraction du jus.

Les écumes, etc., que l'on retire des appareils sont chargées de quantités considérables de sucs dont il faut chercher à extraire la plus grande quantité possible par l'emploi d'une pression convenablement appliquée.

Des ingénieurs et des fabricants ont atteint ce but en soumettant la substance à une forte pression dans des cases comprises entre des parois filtrantes; les premiers appareils de ce genre, qu'on a appelés *filtres-presses*, ont été construits en Angleterre, par Howard, pour remplacer les filtres Taylor dans la raffinerie. L'appareil était hermétiquement fermé et la pression s'y exerçait au moyen d'une colonne de liquide supérieur.

L'idée de Howard fut reprise en 1853 par W. Needham, et en 1856 par James Kite. Mais ces appareils étaient presque entièrement en bois, et c'est M. Daneck qui, le premier, a fait connaître des *filtres-presses* perfectionnés, tout en fer, auxquels M. Trinck a apporté des améliorations importantes. On trouvera dans les tomes 26 et 27 du *Technologiste* la description des presses établies par MM. Riedel et Kemnitz, ingénieurs civils, d'après le système de Daneck, ainsi que de celle de M. Trinck, de Helmstadt. On pourra aussi consulter avec profit la notice publiée par MM. F. Heckner, E. Röttger, et P. Durieux au sujet d'appareils de ce genre, qu'ils ont fait breveter dans les années 1864, 1865 et 1866.

Le célèbre fabricant M. Walkhoff, dont nous avons eu souvent occasion de rapporter les importants travaux, s'est aussi occupé de perfectionner les *filtres-presses*, et nous croyons être utile au lecteur en présentant ici un extrait de la description qu'il donne de son appareil qui nous semble ne laisser rien à désirer.

La figure 37 représente cet appareil au moment où, ayant fonctionné, il vient d'être desserré pour en faire sortir les tourteaux. Supposons les cadres qui le composent de nouveau serrés les uns contre les autres et expliquons-en la construction et la manœuvre. Tous ces cadres se trouvent fortement serrés entre deux grosses plaques de fer dont celle de droite sera appelée postérieure et celle de gauche antérieure. La matière à presser a été introduite dans un monte-jus, d'où la pression de la vapeur la pousse par le tuyau à robinet *a* dans un canal qui part du milieu de la plaque postérieure et traverse tout l'appareil; de là la substance se répand entre tous les cadres *b, b*. Ceux-ci sont recouverts chacun d'un tamis métallique sur lequel est fixée une toile double; le jus clarifié par une véritable filtration à travers la toile et le tamis, s'écoule par les robinets *d* dans la rigole *o*, et de là il sort par le tuyau *o'*, tandis que les parties solides restent engagées sous forme de tourteaux entre les cadres *b, b*.

Les deux plaques antérieure et postérieure sont reliées et rapprochées avec force l'une contre l'autre au moyen des deux vis *g, g* et des écrous *h, h*. On s'était contenté jusqu'ici de serrer ces écrous avec la main, ce qui devait occasionner souvent des irrégularités dans la pression sur les différents points. M. Walkhoff a eu l'heureuse idée d'adapter aux écrous les roues dentées *c', c'*, que l'on fait mouvoir au moyen du pignon *k*, auquel la manivelle *u* imprime le mouvement de rotation.

Les crochets *l*, articulés sur la plaque antérieure *f* et sur les cadres *b*, au moyen des broches *m*, déterminent la séparation de ces derniers au moment où l'on desserre l'appareil. Les cadres s'étant éloignés les uns des autres, on peut facilement en faire tomber la matière pressée, restée appliquée contre leurs parois. Après cela on serre de nouveau l'appareil pour recommencer une nouvelle opération. Tout l'appareil repose solidement sur le support *n*.

La figure 38 indique la construction des séparations des cases. Elles se composent chacune d'un cadre en fonte portant des côtes saillantes *p*, qui laissent entre elles des vides qui forment des canaux par lesquels le jus filtré s'écoule dans la rigole inférieure *q*, pour s'échapper enfin par les robinets *d*, Au milieu de chaque cadre se trouve un trou circulaire *a'*, tous ces trous ayant leur centre sur la même droite, forment un canal horizontal qui fait suite au tuyau *a*, et par lequel, comme on l'a dit en commençant, les écumes pénètrent dans les différents compartiments de l'appareil où elles sont pressées par la vapeur qui exerce sa force dans le monte-jus.

Les trous *v*, d'un diamètre beaucoup plus petit, pratiqués dans la partie supérieure des cadres, forment également un canal horizontal qui sert à introduire ou de l'eau ou de la vapeur, par les robinets S et *t*, dans le cas où on voudrait retirer par déplacement une partie du jus resté engagé dans les tourteaux.

Le tamis, placé sur le côté, est formé tout simplement par des fils métalliques tendus en travers, qui constituent un support solide à la toile posée dessus, et fournissent par de nombreux orifices un libre passage sur une étendue considérable au liquide filtré à travers cette dernière. Ces tamis sont solidement fixés aux cadres par quatre vis *r*, de manière à pouvoir les enlever très-facilement pour les nettoyer. La figure représente aussi un de ces cadres garni de son tamis et de sa toile, tel qu'il se trouve dans l'appareil monté.

En ouvrant le robinet du tuyau *a*, la masse d'écume pressée par la vapeur qui afflue dans le monte-jus, ainsi que nous l'avons dit plus haut, pénètre dans les compartiments du filtre ; cette opération doit être conduite avec prudence et lentement au commencement, jusqu'à ce qu'il se soit déposé une couche légère d'écume sur les toiles ; on peut alors ouvrir davantage le robinet, car la force de la vapeur ne peut plus pousser les parcelles très-fines de matière solide à travers cette couche qui fait à présent elle-même l'office d'un filtre très-serré, pouvant retenir les parcelles les plus fines suspendues dans le jus ; celui-ci, par conséquent, coule extrêmement clair. Après ce premier moment, l'ouvrier qui dirige l'opération n'a plus qu'à régler convenablement l'arrivée de la substance dans l'appareil.

On comprend qu'au commencement l'écoulement du jus sera très-abondant, mais qu'il devra se ralentir rapidement à mesure que la couche solide qui se dépose sur les toiles acquiert plus d'épaisseur, et qu'enfin il ne se fera plus que goutte à goutte, ce qui fait reconnaître que les compartiments sont complétement pleins de matière exprimée. A ce moment, on ferme le robinet de *a*, on desserre les filtres en faisant tourner la manivelle *u*, et on fait tomber les galettes.

Mais si on veut diminuer la perte de sucre en déplaçant une grande partie du jus resté dans la matière pressée, on opère de la manière suivante : Le robinet *s* du canal formé par les trous *v*, met celui-ci en communication avec un réservoir d'eau placé de 4 à 6 mètres plus haut ; le même canal communique avec la chaudière à vapeur, au moyen du robinet *t*. Cela posé, si l'on ouvre *s*, l'eau s'introduit dans la première case, la troisième, etc., ou entre les côtés *p*, et comme on a eu le soin de fermer les robinets *d*, elle est obligée de s'échapper latéralement à travers les tourteaux, et de déplacer devant elle le jus qu'ils contiennent encore.

Lorsque les tourteaux ont été ainsi épuisés, on ferme *s* et on ouvre *t* afin de laisser arriver la vapeur, qui, à son tour, chasse l'eau et laisse la matière exprimée à l'état de siccité complète.

On a prétendu que le jus obtenu par ce déplacement entraînait avec lui beaucoup de matière saline ; mais l'analyse a prouvé que le rapport entre le sucre et la chaux ou autres alcalis correspondants contenus dans ce dernier liquide, était absolument le même que celui des autres substances contenues dans le jus primitif ; ainsi, par exemple, s'il était de 1,13 de chaux pour 100 de sucre au commencement, il sera encore le même à la fin. Ce déplacement fait gagner une quantité notable de sucre, et réduit la perte à peu près à 0,8 pour 100 de racines.

Les tourteaux épuisés sont vendus aux cultivateurs qui s'en servent comme engrais.

Des Mélasses.

M. Dubrunfaut, à qui la fabrication de sucre indigène doit tant de belles innovations, vient de faire faire tout récemment un nouveau progrès très-important à cette belle industrie ; il a eu l'heureuse idée d'employer le phénomène de l'osmose dont nous avons parlé plus haut, page 226, à la séparation des matières salines que retiennent les mélasses, et qui, comme nous savons, empêchent la cristallisation du sucre de canne dont ces résidus peuvent contenir jusqu'à la moitié de leur poids.

Suivant les expériences de ce savant, une partie de salin immobilise de quatre à cinq fois son poids de sucre, ce qui, dans les bonnes années, représente la moitié de tout le sucre obtenu directement dans la fabrication. On peut juger par ce résultat de l'importance du nouveau procédé de M. Dubrunfaut que nous allons faire connaître.

Déjà, en 1854, M. Dubrunfaut prit un brevet pour l'application de l'analyse osmotique à l'épuration des liquides sucrés. Dans son appareil actuel qu'il appelle osmogène, il a utilisé une découverte très-curieuse due à M. Hofmann. Ce chimiste à reconnu que du papier ordinaire se gonfle et prend l'aspect du parchemin lorsqu'on le plonge dans l'acide sulfurique concentré ; et maintenant, M. Newmann, à St-Denis, fabrique ce papier en grand par rouleaux de 50 mètres de longueur sur 1 mètre de large, pour les différents besoins de l'industrie.

Voici la disposition de l'osmogène de M. Dubrunfaut, figure 39.

On voit en A 51 cadres de 1m.15 de long, sur 0m.90 de large, faits de pièces de bon bois de chêne ou de hêtre, de 15 millimètres d'épaisseur. BB' sont des pièces en fonte fixées à deux planches de chêne de 45 millimètres d'épaisseur, qui servent à serrer les cadres les uns contre les autres au moyen des barres à écrous C, et fermer l'appareil après qu'on a placé une feuille de parchemin entre chaque deux cadres.

Fabricant de Sucre. 27

Tous les cadres sont percés de trous à leur partie supérieure et à leur partie inférieure, et de la sorte que les cadres étant mis en place, ces trous en se correspondant forment quatre canaux, deux en haut EE', FF', et deux en bas DD', GG', qui servent à l'entrée et à la sortie des liquides qui doivent circuler dans les intervalles compris entre les cadres. La communication entre les loges et les canaux est établie par des petits canaux verticaux pratiqués dans l'épaisseur des barres horizontales des cadres, et doublés intérieurement de tuyaux de cuivre. Ces canaux sont disposés de manière que deux d'entre eux, l'un placé en haut et l'autre en bas, communiquent avec les cases de numéros impairs, tandis que les deux autres communiquent avec celles de numéros pairs. Par ce moyen, la mélasse qui arrive par le tuyau vertical M, pénètre dans le canal horizontal DD', et monte dans les compartiments de numéros impairs, tandis que l'eau qui descend par le tuyau R, pénètre dans le canal AA', et descend dans les compartiments de rang pair; on voit par là que les deux liquides se trouvent partout séparés par les feuilles de papier-parchemin.

O et S sont deux tuyaux qui servent à laisser sortir l'air contenu dans les cases au moment où les liquides y pénètrent. Le premier appartient aux compartiments qui reçoivent la mélasse, le second à ceux qui reçoivent l'eau.

N est une éprouvette avec aréomètre adaptée à l'extrémité du canal EE', par où doit s'échapper la mélasse. Par ce moyen, on peut connaître à chaque instant la densité de la mélasse dessalée par l'osmose. De cette éprouvette cette mélasse tombe dans une rigole V qui la conduit dans un réservoir.

T est une seconde éprouvette semblable adaptée à l'extrémité du tuyau par où sort l'eau d'exosmose qui tombe ensuite dans la rigole V.

P et U sont deux robinets dont le premier sert à vider les compartiments à mélasse, et le second ceux à eau, et L et Q deux robinets à cadran servant à régler l'entrée de la mélasse dans le tuyau M, et celle de l'eau dans le tuyau R.

Pour démonter et remonter cet appareil, on lui fait faire un quart de tour sur un axe horizontal Y, de manière à placer ses cadres dans une position horizontale afin de pouvoir facilement les enlever et les replacer.

Les feuilles de papier-parchemin que l'on veut employer, doivent être d'abord soigneusement examinées pour s'assurer qu'elles ne présentent ni trous, ni places claires; ensuite on les fait tremper pendant un quart-d'heure dans l'eau, après quoi, on les place de suite en les tendant aussi bien que possible, sur le premier cadre inférieur; ensuite, on place dessus le second cadre qu'on garnit de même d'une feuille de papier, et ainsi de suite.

Pour rendre les compartiments bien étanches, on attache sur les deux faces des bois des cadres avec des clous à tête plate, des bandelettes gommées de 7 centimètres de largeur et 1,5 millimètre d'épaisseur. La gomme ou colle dont on enduit ces bandes doit pouvoir résister à la haute température du liquide et ne point adhérer au papier.

Les joints des pièces de bois qui forment les cadres doivent être recouverts de mastic au minium. Dans ces cadres sont fixées des traverses en bois posées alternativement à droite et à gauche pour que les liquides en parcourant les compartiments, suivent un chemin en zigzag. Ces traverses servent en outre à maintenir les feuilles de papier. Dans ces cadres se trouvent de plus des ficelles de 1 à 2 millimètres de diamètre, tendues entre le côté supérieur et le côté inférieur.

Pour mettre l'appareil en activité, on commence par porter l'eau à l'ébullition, et préparer la mélasse, puis on ouvre les deux robinets *b* et *b'*, de manière que les deux liquides qui arrivent dans les compartiments s'y trouvent toujours à peu près à la même hauteur dans tous; l'écoulement des deux liquides doit être réglé de la sorte qu'ils aient parcouru tout l'appareil, et par consé-

quent touché toutes les surfaces du papier dans un espace de temps donné, par exemple 4 ou 6 heures.

Les aréomètres placés dans les éprouvettes N et T, et
les robinets à cadrans L et Q fournissent toutes les données nécessaires pour obtenir ces résultats.

La mélasse qui s'écoule de l'appareil contient d'autant
plus d'eau et est d'autant plus pure, ce qui veut dire que
le rapport du sucre aux sels qu'elle contient encore est
d'autant plus grand que l'opération a été plus lente;
mais en même temps cette lenteur augmente la proportion de sucre qui passe dans l'eau et qui, par conséquent,
est perdue.

On laisse couler l'eau d'osmose plus ou moins chargée
de sels, suivant qu'on se propose de la concentrer, de la
distiller ou de la perdre.

La couleur de l'eau qui sort de l'appareil est bien
moins foncée que celle de la mélasse purifiée, et son
goût est salé, tandis que celui de la mélasse est devenu
bien plus agréable.

Ces différents caractères peuvent faire reconnaître si
une feuille de papier-parchemin a été trouée, accident
qui exigerait une prompte réparation.

Dans tous les cas, il est nécessaire, après qu'on s'est
servi de l'appareil pendant un certain temps, de le démonter entièrement. Pour cela on commence par ouvrir
les deux robinets P et U; puis on le retourne sur ses tourillons Y, Y, comme nous l'avons dit plus haut, et on remplace les feuilles de papier pour recommencer une nouvelle série d'opérations.

M. Walkhoff, à l'ouvrage duquel nous avons emprunté
la description que nous venons de donner, a visité la fabrique de M. Tilloy, à Courrières, où fonctionnaient dix
osmogènes semblables au précédent, ajoute les observations suivantes qu'il a eu occasion d'y faire :

On y porte la mélasse à l'ébullition, et dans le but,
dit-on, d'en précipiter la chaux, on y ajoute 10 kilogrammes de carbonate de soude par chaudière et quel-

quefois aussi du sang; on écume et on laisse déposer, afin de n'introduire dans les osmogènes qu'une dissolution parfaitement claire, car autrement les petits trous *h*, qui la font pénétrer dans les compartiments, pourraient facilement s'obstruer.

La mélasse et l'eau, les deux à la température de 110°, coulent en un mince filet par les deux robinets S et Q dans les deux entonnoirs M et R qui, pour surcroît de précautions, sont garnis dans leur intérieur d'un tissu très-serré de fils de laiton.

L'aréomètre placé dans l'éprouvette de sortie de la mélasse indique pour celle-ci encore chaude une densité de 12° de Baumé, tandis que celui de l'eau salée n'indique qu'une densité de 6° B. Chaque osmogène emploie journellement 26 hectolitres d'eau.

M. Walkhoff pense avec raison qu'il serait essentiel de n'employer que l'eau la plus pure et contenant le moins de sels possible, ce qui, dans tous les cas, ne peut que favoriser et accélérer le phénomène de l'osmose. Il serait même bon de faire bouillir l'eau avant de l'employer et de la laisser déposer; et M. Walkhoff considère comme une précaution très-utile une filtration sur du charbon de bois, car les diaphragmes en papier-parchemin se trouvent obstrués plus ou moins rapidement et perdent la propriété osmotique, et cela principalement par les matières organiques. L'expérience confirme, en effet, qu'après 14 jours, cette propriété se trouve à peu près anéantie.

Des expériences saccharimétriques ont prouvé que l'eau salée qui sort de l'appareil contient au moins 2 pour 100 de sucre; or, un osmogène travaille tous les jours 600 kilog. de mélasse qui contiennent 300 kilog. de sucre, et en supposant qu'il n'emploie dans le même temps que 1,000 kilog. d'eau, on aura une perte de 20 kilog. de sucre, ou d'environ 7 pour 100.

Ces mêmes 1,000 kilog. d'eau d'osmose contiennent environ 5 pour 100 de sels, ou un total de 50 kilog. Or, comme 100 kilog. de mélasse contiennent de 10 à 12 kilog.

de sels, les 600 kilog. travaillés en un jour en contiendront de 60 à 70, ce qui nous prouve que l'osmose leur en enlève à peu près les 83 centièmes. On peut remarquer que la quantité de sels passés dans l'eau est environ 2,5 fois plus grande que celle du sucre.

La dépense qu'occasionne le traitement de 1,000 kilog. de mélasse par ce procédé, est évaluée, en y comprenant la prime que prélève l'inventeur, à 138 fr. 72 c. Si l'on admet avec M. Walkhoff que le sucre retiré par ce moyen ne représente que les 15 centièmes du poids de la mélasse, soit un total de 150 kilog., représentant 140 fr. 40 c., on ne trouve qu'un bénéfice insignifiant de 1 fr. 28 c.

Mais on aurait, au contraire, un résultat très-important si la quantité de sucre retiré des mélasses s'élevait à 25 pour 100 de leur poids, ainsi que l'admet M. Tilloy, car le bénéfice s'élèverait alors à 51 fr. 80 c.

Il ne sera pas inutile d'indiquer en terminant, d'après les analyses de M. le docteur Weiler, de Prague, la composition de certaines mélasses avant et après l'osmose :

	Avant l'osmose.	Après l'osmose.
Sucre	43.500	25.250
Sels de potasse et de soude.	9 611	4.720
Sels de chaux.	0 811	0.480
Substances organiques.	18.941	10.646
Eau	27.137	58.904
	100.000	100.000

Je dois à l'extrême obligeance de M. Lélui, jeune professeur de chimie très-distingué, actuellement attaché à l'usine de Bresles, de nouveaux renseignements sur l'osmogène qui fonctionne actuellement dans cet établissement; je crois qu'il n'est pas hors de propos de les ajouter à cet article tels qu'il a bien voulu me les transmettre :

« L'osmose n'est pas, vous le savez, d'origine récente. Les principes en ont été élaborés d'une manière savante dans une note communiquée à l'Académie des Sciences dès 1826, par l'immortel Dutrochet. C'est à M. Dubrunfaut, toutefois, que revient le mérite de son application industrielle. Le procédé d'épuration des sirops par osmose remonte réellement à 1851, époque à laquelle, si je me rappelle bien, il fut breveté par son auteur. Primitivement, il est vrai, l'osmose ne rendit pas tout ce qu'elle pouvait; car tel est le propre des inventions même les plus profitables qu'elles ont toujours besoin de longues années d'études et d'essais bien dirigés pour s'améliorer et devenir économiquement manufacturières. L'osmose eut aussi ses jours de langueur; mais grâce aux efforts persévérants et éclairés de notre aimé chimiste, elle triompha heureusement des difficultés qui l'avaient enrayée au début. Même les résultats obtenus à Courrières, il y a trois ans, sont aujourd'hui lettre-morte en présence des perfectionnements qu'elle a reçus. Sans exagérer son mérite, ce n'est pas trop présumer, peut-être, que de croire qu'elle est un bienfait considérable acquis à notre industrie et un des plus grands progrès accomplis en cette ligne depuis un demi-siècle.

« Aujourd'hui, l'osmose fonctionne dans une vingtaine de fabriques et raffineries avec des succès marqués. Voici les noms de quelques industriels qui travaillent par ce procédé :

MM. Charbonneau, à Tournus.
    Camichel et Cie, à La-Tour-du-Pin.
    Manuel, à Dijon.
    Gouvion, à Haussy.
    Woussen, à Houdain.
    Mariage, à Thiaux.
    Stiévenart, à Valenciennes.
    Dorveaux et Cie, à Wargnies.
    Dumont, à Chassart.
    Beaupère et Cie, à Châlon-sur-Saône.
    Hette et Cie, à Bresles.
    Lalande, à La Neuville-Roy.

« Quant à l'utilité pratique du travail, elle se traduit par une cuisson plus facile, une cristallisation plus prompte et plus abondante des sirops osmosés, par un abaissement de leur titre salin, et, comme conséquence, plus de sucre et de meilleure qualité.

« Ces avantages sont faciles à chiffrer. Supposons qu'une fabrique produise, année moyenne, 400,000 kilog. de mélasses ; cela équivaudrait (à 50 0/0 de sucre) à 200,000 kilog. de sucre immobilisés par les sels dans ces mêmes mélasses. Mais la pratique prouve que, par un traitement osmotique convenable, on peut régénérer la moitié de ce sucre, soit 50 0/0. Admettons, pour rester au-dessous des faits, qu'on ne retire seulement que 40, c'est-à-dire 20 0/0 ou le cinquième du poids de la mélasse. On aurait donc, du chef de l'osmose, rendu à la cristallisation 80,000 kilog. de sucre ou 800 sacs, en perdant le double du poids en mélasses.

« Or,

800 sacs de sucre à 60 fr.. . . =	48,000 fr.
240,000 kil. mélasses résidus à 12 fr. =	28,800 fr.
Ensemble.	76,800 fr.

Dont il faut déduire :

Pour frais d'osmose, à 1f.50 les 100 kil. en fabrique, soit 4,000 × 1f.50 =	6,000 fr.
Net.	70,800 fr.

La mélasse avant osmose aurait été vendue 12 fr. les 100 kilog., soit 4,000 × 12 = ...	48,000 fr.
« Ce qui constitue une différence de. .	22,800 fr.

en faveur de l'osmose, c'est-à-dire un bénéfice plus que suffisant pour payer la valeur de l'installation et de l'achat des appareils, en une année. De tels résultats sont bien dignes, je le crois, d'attirer l'attention des intéressés ; s'il leur restait quelque doute sur les bases de mon évaluation, ils pourraient en trouver la démonstration manufacturière dans l'un des établissements déjà cités. »

Les mélasses de betterave, épuisées autant que possible de leur sucre, sont vendues aux fabricants d'alcool qui, après les avoir fait fermenter, les soumettent à la distillation. Les vinasses qui retiennent toutes les matières salines, peuvent être utilisées dans la fabrication du salin.

Noirs épuisés.

Les noirs épuisés qui ne peuvent plus servir à la décoloration des jus et des sirops, sont utilisés très-avantageusement comme engrais, et dans quelques localités constituent une branche de commerce très-importante.

LIVRE III.

CHAPITRE Ier.

LA CANNE A SUCRE.

La canne à sucre appartient à la famille si nombreuse
et si utile des graminées, et au genre *saccharum*, que les
botanistes modernes classent dans la tribu des *panicées*.
Son nom spécifique latin est *arundo saccharifera* ou *saccharum officinarum*, et en français, *canamelle ;* ce dernier nom est composé des deux mots latins *canna*, qui
signifie roseau, et *mel*, qui signifie miel. C'est une belle
plante dont le port ressemble beaucoup à celui de nos
plus grandes variétés de maïs (fig. 40).

D'une racine vivace, oblique, géniculée, fibreuse, et
pleine de suc, s'élancent plusieurs tiges atteignant une
hauteur de 2 à 4 mètres, et quelquefois même jusqu'à
5 mètres, et d'un diamètre compris ordinairement entre
0m.035 et 0m.04, et couronnées d'un épais faisceau de
feuilles d'un très-beau vert.

Les dimensions maximum que nous venons d'indiquer
ne sont nullement exagérées, et dans les circonstances
les plus favorables elles peuvent être dépassées ; nous
citerons à ce sujet ce que dit M. Ramon de la Sagra, dans
une lettre qu'il adressait à M. Dureau, rédacteur du
Journal des Fabricants de Sucre.

« Lorsqu'on connaît la fertilité des terrains cubanais, et

combien ils reconnaissent, si l'on peut s'exprimer ainsi, les moindres soins que l'on donne à leur culture, rien ne peut arrêter l'imagination, même devant des calculs qui paraissent extraordinaires. En voici un exemple curieux, tiré du *Journal de la Marine*.

« Dans un magasin de la populeuse ville de la Havane, sont exposées des cannes récoltées dans un vieux terrain de la sucrerie, nommée *el Pan*, dans le district de *Seiba Mocha*, lesquelles n'ont pas moins de 5 mètres de longueur sur 8 centimètres de diamètre.

« La note n'indique pas l'âge de ces cannes ; mais il est probable qu'elles étaient de l'année. Il faut observer que le terrain qui les avait produites, est en culture depuis plus d'un siècle, et qu'il n'a été labouré à la charrue qu'*une seule fois*, lorsqu'on l'avait planté en cannes. »

Ces tiges sont divisées en tronçons, ou *mérithalles*, par des nœuds renflés, éloignés d'environ 0.085 les uns des autres. Dans les variétés les plus estimées, cette distance va jusqu'à 0^m.10, 0^m.12, et même jusqu'à 0^m.16 au maximum.

Leur couleur varie suivant les espèces, ou pour mieux dire, les variétés ; elles sont vertes, jaunes, rouges, pourpres, violettes, noirâtres, d'une teinte uniforme ou rubannées. De plus, leur surface est recouverte d'une efflorescence cireuse nommée *cérosie*, parfois assez abondante, comme, par exemple, sur la canne violette. M. Avequin, qui a étudié cette substance, calcule que l'on pourrait en retirer jusqu'à 100 kilogrammes des cannes violettes venant sur un hectare.

Elles sont lourdes et cassantes, mais elles ne sont pas creuses ou fistuleuses dans les entrenœuds, comme cela a lieu dans beaucoup de graminées, entre autres dans notre froment. Dans la canne, ces espaces sont pleins d'une moelle spongieuse imprégnée de jus sucré, et traversée longitudinalement par de nombreux filets d'apparence fibreuse, et qui sont, en effet, des vaisseaux vasculaires enveloppés d'une sorte de gaîne ligneuse.

Une organisation semblable se remarque dans les tiges du maïs et du sorgho.

La tige principale qui provient directement de la bouture mise en terre, est appelée vulgairement *grande canne*, et les tiges qui sortent de la souche sont désignées sous le nom de *rejetons*.

Les feuilles sont opposées dans les jeunes pousses, mais dans les tiges pourvues de nœuds, à la base desquels elles poussent, elles deviennent alternes, et plus ou moins engaînantes. Elles croissent ordinairement dans une position presque horizontale, pour retomber ensuite ; cependant dans quelques variétés elles sont engaînantes dans une grande partie de leur longueur, et poussent presque droites en ne s'écartant que très-peu de la tige. Leur limbe, plane et terminé en pointe aiguë, est divisé dans toute sa longueur, qui va de 0m.70 à 1m.20, par une grosse côte ou nervure blanchâtre, et le bord en est finement denté. Souvent, à l'orifice de la gaîne, ces dentelures se changent en petits piquants très-aigus et assez développés dans certaines variétés (canne de Salangore, canne verte), pour rendre le maniement de ces tiges assez pénible. Dans la plupart des cannes cultivées, les feuilles qui garnissent les nœuds inférieurs tombent d'elles-mêmes, à mesure que la maturité s'avance.

C'est à l'âge de 11 à 12 mois, terme moyen, que les cannes atteignent la limite de leur croissance ; alors quelques-unes émettent à leur extrémité un jêt fort long, appelé *flèche*, dépourvu de feuilles et de nœuds, mais portant une panicule plus ou moins rameuse d'environ 0m.6 de longueur, garnie de petites fleurs soyeuses diversement colorées, portées sur des épillets à une ou deux fleurs. Dans le cas où les épillets sont à deux fleurs, l'inférieure de celle-ci est sessile et la supérieure est pédicellée.

Ces fleurs présentent extérieurement trois glumelles calicinales, mutiques, inégales, munies à leur base de poils plus ou moins longs, droits ou étalés; et intérieurement deux ou trois glumelles, trois étamines portant des anthères jaunes, un ovaire surmonté de deux styles terminés par des stigmates plumeux.

La prédisposition des cannes à fleurir est, en général, un indice du peu de fertilité du sol qui les produit, et, en effet, on remarque que dans une bonne terre il y a à peine le quart des cannes de Taïti qui flèchent, bien que cette variété soit une des plus disposées à la floraison.

Dans les régions les plus chaudes, la canne produit des graines qui parviennent à leur maturité complète; mais dans la plupart des pays où on cultive la canne, on n'a jamais pu faire lever ces graines, soit faute d'une chaleur suffisante, soit qu'elles n'aient pas été fécondées. Ces semences sont oblongues, enveloppées par les balles ou glumelles.

Les botanistes rapportent au genre *saccharum* vingt et quelques espèces; mais plusieurs des cannes cultivées pour leurs propriétés industrielles, présentent des caractères différentiels, assez peu tranchés pour qu'on soit autorisé à les considérer plutôt comme des variétés que comme de véritables espèces.

Quoi qu'il en soit, on peut ramener à trois variétés principales les différentes cannes cultivées dans les pays tropicaux; ce sont, la canne de Bourbon ou canne créole, la canne à rubans violets ou canne de Batavia, et la canne d'Otaïti.

Nous empruntons à l'*Economie rurale* de M. Boussingault quelques données très-intéressantes relativement à ces variétés.

« La canne créole a la feuille d'un vert foncé, sa tige est mince, ses nœuds sont très-rapprochés. Cette espèce, originaire de l'Inde, est arrivée sur le Nouveau-Continent, après avoir passé par la Sicile, les Canaries et les Antilles. La canne de Batavia est originaire de l'Ile de Java. Son feuillage, d'une teinte pourprée, lui a fait

donner le nom de *cana Morada*. On destine principalement son vesou à la fabrication du rhum. La canne d'O-
taïti est aujourd'hui la plus répandue dans la culture;
son introduction est due aux voyages de Bougainville,
de Cook et de Bligh. Bougainville en dota l'Ile-de-France,
d'où elle se répandit à Cayenne, à la Martinique, et bientôt après dans le reste des Antilles et sur la terre ferme.
Dans l'opinion de M. de Humboldt, qui rapporte ces faits
dans son *Voyage aux régions équinoxiales*, c'est une des
acquisitions les plus importantes que l'agriculture des
régions tropicales doive aux voyages des naturalistes.
Cette canne végète avec une vigueur extraordinaire; sa
tige est plus élevée, plus grosse, plus riche en sucre que
celles des autres espèces. Sur une même surface de terrain, elle donne plus de vesou que la canne de Batavia;
et de plus, par le développement de sa tige, elle fournit
une bien plus grande quantité de combustible. Je l'ai
observée dans presque toutes les cultures du littoral
de Venezuela, de la Nouvelle-Grenade et de la côte du
Pérou. On avait craint d'abord que la canne d'Otaïti ne
dégénérât par le fait de sa transplantation : une expérience de plus d'un demi-siècle a parfaitement rassuré
les planteurs, en prononçant en faveur de cette belle espèce; aujourd'hui on reconnaît que les précieuses qualités qui l'ont fait introduire, se sont conservées sans altération. A la vérité, on a quelquefois assuré que dans
certaines localités cette canne a dégénéré, qu'elle est
devenue moins productive; mais cette dégénérescence
n'est pas particulière à l'espèce d'Otaïti : on la voit se
manifester sur la canne créole, après une culture prolongée dans des terrains qui ne sont pas irrigués. »

*Structure interne de la canne à sucre et siége de la
sécrétion du sucre.*

Ainsi que nous l'avons fait remarquer plus haut, l'intérieur des mérithalles est rempli d'une espèce de moelle

succulente contenant le sucre. Nous devons à M. Payen des recherches fort intéressantes sur l'anatomie de cette partie de la canne; les lignes qui suivent en exposent les principaux résultats.

En coupant une canne à sucre suivant sa longueur, on aperçoit dans les mérithalles un grand nombre de filets longitudinaux, qui dans une section transversale représentent autant de points durs, d'autant plus serrés les uns contre les autres qu'ils sont plus rapprochés de la périphérie; les intervalles qui les séparent sont remplis d'un tissu cellulaire de consistance médullaire. Par un grossissement de 500 diamètres, on reconnaît que chacun de ces filets est formé d'un faisceau de tubes ou vaisseaux protégés par une espèce de gaîne de fibres ligneuses. Cette structure se trouve parfaitement représentée à la planche XXIV de l'atlas du *Précis de chimie industrielle* de ce savant :

Dans cette section transversale d'une canne parvenue à maturité, devenue jaunâtre et dont les feuilles sont en grande partie tombées, on rencontre, en l'examinant de la circonférence au centre :

1º Une couche superficielle adhérente à la cuticule épidermique, formée par la substance appelée *cérosie*, observée d'abord par MM. Plagne et Avequin et étudiée ensuite par M. Dumas, et plus récemment encore, par M. Léwy.

Cette substance est surtout abondante dans la canne violette, ainsi que nous l'avons déjà fait remarquer; on l'en détache sous forme de poussière blanche, en raclant la tige avec une lame de fer. On la purifie par plusieurs dissolutions et cristallisations successives dans l'alcool. Sa composition est représentée par $C^{48}H^{48}O^2$.

La cérosie forme avec l'acide sulfurique un acide particulier, l'*acide sulfocérosique*, et lorsqu'on la traite avec la chaux, elle fixe un équivalent d'oxygène en se transformant en *acide cérosique*.

2º La section des parois très-épaisses des cellules qui

composent l'épiderme. Les cavités de ces cellules communiquent entre elles par des canalicules très-étroits percés dans ces parois.

3° Sous l'épiderme on découvre des cellules à parois beaucoup plus minces.

4° Un tissu cellulaire à parois plus épaisses percées de canalicules.

5° Deux rangées circulaires, concentriques à la périphérie de la section, de faisceaux ligneux formant chacun une espèce d'étui autour d'un espace contenant différents vaisseaux. Ce sont les filets que nous avons indiqués plus haut, et que maintenant nous allons décrire avec plus de détails.

Ces faisceaux, presque contigus les uns aux autres dans la rangée la plus extérieure, sont moins rapprochés dans la suivante.

On observe des faisceaux semblables dans le reste de la section, mais d'autant moins fournis de fibres ligneuses et d'autant plus espacés entre eux qu'ils se rapprochent davantage de l'axe de la tige.

Chacun de ces faisceaux se compose : 1° d'un conduit dont la cavité est divisée en compartiments par des diaphragmes horizontaux très-épais ; 2° de deux vaisseaux ponctués, comparativement très-larges, enveloppés par une espèce d'étui formé par 10 à 14 tubes étroits, et avec la cavité desquels ils semblent communiquer par des doubles rangées verticales de petites ouvertures elliptiques ; 3° de petits vaisseaux ponctués, parmi lesquels deux ou trois présentent les caractères de trachées non déroulables ; 4° enfin, à l'extérieur des fibres ligneuses.

C'est autour de ces fibres ligneuses qu'on aperçoit les cellules cylindroïdes dans lesquelles le microscope fait reconnaître la présence du sucre. Le diamètre de ces cellules augmente à mesure qu'elles s'éloignent des faisceaux.

Dans les cannes jaunes qui n'ont pas atteint le tiers de

leur développement, les plus petites de ces cellules contiennent des granules d'amidon.

Toutes ces cellules communiquent entre elles par un grand nombre de petites ouvertures qui traversent la double épaisseur de leurs parois latérales. Ces ouvertures manquent aux parois du fond, qui représentent les bases du cylindre ou du prisme que forme chaque cellule.

Composition du jus de la canne à sucre.

Une forte compression exercée sur la canne à sucre en fait sortir un jus sucré, que les planteurs de nos colonies appellent *vesou*.

Suivant M. Péligot, le suc de la canne de la Martinique est composé de la manière suivante :

Eau. 72.1
Sucre. 18.0
Tissu. 9.9
                                     _____
                                     100.0

Une analyse de canne fraîche, faite à la Guadeloupe, par M. Dupuis, a donné :

Eau. 72.0
Sucre. 17.8
Cellulose. 9.8
Sels. 0.4
                                     _____
                                     100.0

D'après des recherches plus récentes, faites par M. Casaseca, professeur de chimie à la Havane, le suc de la canne créole de Cuba, se compose de :

Eau. 77.8
Sucre et autres matières solubles. . 16.2
Matière ligneuse. 6.0
                                     _____
                                     100.0

Le même savant admet qu'il existe toujours, dans la canne propre à être passée au moulin, un rapport constant entre la substance ligneuse et le sucre, que l'eau, par conséquent, est le seul corps dont la quantité varie par rapport aux autres ; d'où il faut conclure que dans une quantité donnée de canne sèche, la proportion de sucre est invariable. Il est évident que cette observation importante ne doit s'appliquer qu'à une même variété de canne à sucre.

Dans le suc de la canne d'Otaïti, on a trouvé :

Eau 71 04
Sucre. 18.00
Ligneux, sels, etc. 10.96
                                        ————
                                       100.00

Dans son cours de chimie agricole, au Conservatoire des Arts-et-Métiers (année 1866), M. Boussingault a indiqué la composition moyenne suivante, du jus sucré de la canne en général :

Sucre. 19.0
Albumine. 1.1
Matière grasse 0.4
Phosphate de chaux. 0.6
Eau. 78.9
                                       ————
                                      100 0

Il est naturel de supposer que la composition du jus doit varier aux différentes époques du développement de la canne ; M. Payen a cherché à résoudre cette question ; les résultats de son travail se trouvent consignés dans le tableau suivant, tiré de l'ouvrage cité plus haut :

Canne d'Otaïti, à l'état de maturité.

Eau.	71.04
Sucre.	18 00
Cellulose, matière ligneuse, acide pectique.	9.56
Albumine et trois autres matières azotées.	0 55
Cérosie, matière verte, substance colorante jaune, matière colorable en brun et rouge carmin, substances grasses, résineuses, huiles essentielles, matière aromatique déliquescente.	0.37
Sels insolubles, 0,12, et solubles, 0,16; phosphate de chaux et de magnésie; alumine, sulfate et oxalate de chaux, acétates; malates de chaux, de potasse et de soude; sulfate de potasse, chlorure de potassium et de sodium.	0.28
Silice.	0.20
	100.00

Canne d'Otaïti au tiers de son développement.

Eau.	79.70
Sucre.	9.06
Cellulose et matière ligneuse incrustante.	7.03
Albumine et trois autres substances azotées.	1.17
Amidon, cérosie, matière verte, substance colorante jaune, matières colorables en brun et rouge carmin.	1.09
Matières grasses et aromatiques, substance hygroscopique, huile essentielle, sels solubles et insolubles, silice, alumine.	1.95
	100.00

De ce tableau, nous pouvons déduire que les mérithalles supérieurs étant les plus jeunes, leur jus doit
être moins riche en sucre que celui des inférieurs, c'est
aussi ce que l'expérience a appris aux planteurs; car,
comme nous le verrons plus loin, en général ils retranchent ces parties, soit pour en faire des boutures, soit
pour les donner aux chevaux et au bétail, pour lesquels
elles constituent une bonne nourriture, soit, enfin, pour
les faire sécher et les utiliser comme combustible, et
quelquefois aussi à couvrir les habitations.

Les différences considérables qu'indique ce tableau,
nous expliquent aussi en partie les difficultés, bien constatées déjà par la pratique des sucreries, que présente
le traitement des cannes à sucre récoltées avant leur
maturité.

La présence de l'albumine et d'autres substances azotées, signalée également par ce tableau, doit être prise
en considération, elle a une grande importance, car elle
a pour effet de diminuer le rendement en sucre, et est
l'une des causes de la production de la mélasse. Nous
verrons par la suite, par quels moyens on parvient à
s'en débarrasser à peu près complétement, dans la première opération que l'on fait subir au jus pour en extraire le sucre.

Les sels minéraux contenus dans la canne exercent aussi
une influence considérable pendant le travail de la sucrerie, et, par conséquent, il est très-important d'en
connaître la nature.

La première analyse de cendres de cannes est due à
Berthier; cet habile chimiste y a trouvé :

Silice.. 68
Potasse. 22
Chaux. 10
                                         ———
                                         100

Mais il était impossible d'admettre une constance ab-

solue de composition dans les cendres de cannes végé-
tant sur des sols différents, et de n'y supposer que les
principes ci-dessus; aussi des analyses plus recentes ont
conduit à des résultats bien différents, ainsi que le montre le tableau suivant que nous extrayons d'un excellent
article sur la canne à sucre, contenu dans l'*Encyclopédie
pratique de l'Agriculture*, et dû à M. Paul Madinier. Ce tableau contient les résultats moyens obtenus dans deux
séries d'analyses, la première, composée de douze, a
été exécutée par le docteur Stenhouse, sur des cannes
provenant de la Trinité, de Berbice, Demerary, Grenade
et la Jamaïque; la seconde, composée de six, citées par
M. Paruit d'Esmery, dans un travail sur la culture de la
canne à sucre, et portant sur des cannes de Maurice, appartenant aux variétés Bellonguet rouge et blanche, et
Bourbon rouge et blanche.

Composition des cendres de la canne à sucre.

	I. CANNES DES ANTILLES ET DE LA GUYANE.		II. CANNES DE MAURICE.	
	Minima et maxima.	Moyenne.	Minima et maxima.	Moyenne.
Potasse.	7.46 à 32.93	16.63	11.87 à 27.32	17 39
Soude.	0.57 à 1.64	0.48?	1.03 à 5.43	2.98
Chaux.	2.34 à 14.36	8.71	4.45 à 13.07	8.35
Magnésie.	3.66 à 15.61	7.62	3.65 à 15.53	8.68
Chlorure de sodium. . . .	1.69 à 17.12	5.44	1.02 à 8.85	4.13
Chlorure de potassium. . .	3.27 à 16.06	4.87		
Acide sulfurique.	1.93 à 10.94	6.62	4.56 à 10.92	8.01
Acide phosphorique. . . .	2.90 à 13.04	6.81	3.75 à 8.16	6.23
Silice.	17.64 à 54.59	43.15	40.85 à 46.24	44.31
		100.33		100.08

En traitant de la culture de la canne à sucre, nous aurons occasion de revenir sur ces nombres, et lorsqu'il sera question de l'extraction industrielle du vesou, nous ajouterons des remarques importantes sur la composition et l'altération de ce liquide.

Culture de la canne à sucre.

Climat. — Comme nous l'avons dit dans les notions préliminaires, la canne à sucre est originaire des contrées les plus chaudes de l'Asie; elle a donc pu se propager facilement dans toutes les régions du globe, où elle a rencontré à peu près les mêmes conditions climatériques. On sait qu'à latitude égale, les contrées de l'hémisphère boréal jouissent d'une température plus élevée que celles de l'hémisphère austral, aussi voyons-nous la culture de la canne s'étendre jusqu'au 37° de latitude dans la première, et seulement jusqu'au 30° dans le second.

Mais cette culture appartient essentiellement aux régions tropicales où une température moyenne de 19° à 30° est très-favorable à sa végétation, et elle cesse d'être avantageuse lorsque cette température moyenne descend au-dessous de 19° à 20° pendant le printemps et l'été; en Algérie, par exemple, elle ne paraît pas donner des résultats satisfaisants.

Le jus de la canne contient d'autant plus de sucre que la température est plus élevée; ainsi, en Espagne et en Algérie, il ne marque guère que 6°,5 à 9° au maximum, de l'aréomètre de Baumé, tandis qu'au Brésil, dans les Indes et les Antilles, sa densité atteint de 10° à 13°.

Les gelées à glace et même les fortes gelées blanches, lui sont très-nuisibles. Ce sont ces froids qui ne permettent point la culture de la canne dans certaines contrées du littoral méditerranéen, telles que la Provence, Terracine et l'île de Chypre, et qui la rendent difficile en Andalousie.

Cependant, nous verrons plus loin que dans cette dernière contrée, la culture de la canne existe depuis long-temps, et y est encore assez florissante.

Sol. — La canne à sucre s'accommode à peu près de tous les genres de terres, cependant, on le comprend, elle ne prospère pas également sur toutes ; elle préfère les terrains légers, profonds, riches en humus et substantiels, meubles ou faciles à ameublir, tels que les terres d'alluvion légères, argilo-sablonneuses, contenant beaucoup de débris végétaux et surtout du calcaire. L'expérience a souvent démontré l'influence heureuse que cette substance exerce sur la richesse saccharine du jus. Une terre très-fertile de Cuba, cultivée en cannes, a fourni à l'analyse :

Argile. 51
Sable.. 15
Calcaire. 8
Matières organiques, etc. 26
———
100

Les sels de potasse et de soude semblent aussi agir avantageusement sur la canne à sucre, car dans les Indes et les Etats-Unis, on donne la préférence aux terres fertiles qui contiennent des proportions notables de ces sels. La présence des phosphates paraît aussi indispensable au développement de la canne à sucre, et le fer ne paraît pas lui être nuisible, à moins qu'il ne s'y trouve en quantité par trop considérable.

Les sols pierreux ne sont pas regardés comme mauvais, car les pierres, en plombant la couche arable, y fixent plus de fraîcheur pendant l'été.

Dans les terres fortes et humides, comme par exemple dans les terres nouvellement défrichées, la canne à sucre végète admirablement, mais le jus qu'elle fournit contient beaucoup d'eau, et la proportion de substances mucilagineuses et azotées y augmente au détriment de la matière sucrée, qui, d'ailleurs, devient par cela même plus difficile à extraire. On ne doit cultiver la canne dans ces terres qu'après une ou plusieurs récoltes de racines et de grains.

Le sous-sol doit être perméable à l'eau et à l'air, et s'il ne possédait pas cette qualité, il faudrait la lui procurer par un drainage bien calculé.

Tous les cultivateurs connaissent maintenant l'efficacité du drainage appliqué à propos ; mais tout le monde ne comprend peut-être pas la véritable utilité de cette opération ; suivant nous, on ne doit pas la considérer comme un simple moyen de procurer à l'eau surabondante qui envahit un terrain un écoulement facile, mais aussi comme servant à rendre la terre plus poreuse et y déterminer un véritable appel d'air, une circulation qui favorise les différentes réactions dont l'effet consiste principalement à rendre solubles et par conséquent assimilables beaucoup de principes fertilisants indispensables à la prospérité des végétaux.

En général, l'ameublissement du sol favorise le développement des racines et l'accès de l'air, mais dans quelques cas, lorsqu'il est poussé à l'excès, il offre le défaut très-grave d'occasionner un dessèchement trop rapide ; c'est, par exemple, ce que présentent souvent les terrains volcaniques.

Les cannes cultivées dans des terres sèches et arides fournissent du sucre de bonne qualité, mais en assez petite quantité. Dans les terrains sablonneux, les cannes restent petites, mais leur jus est généralement très-sucré.

Préparation du sol. — La terre qui doit recevoir la canne à sucre peut être préparée soit à la main, soit à l'aide de machines traînées par des bœufs, des buffles ou des mules. C'est nécessairement la seconde méthode qui a dû prévaloir depuis l'émancipation des esclaves.

Le plus souvent, on commence par diviser les terres destinées à cette culture en carrés d'environ 100 mètres de côté, séparés les uns des autres par des chemins de

5 à 7 mètres de large destinés à la circulation des voitures et qui doivent aboutir à un chemin d'exploitation, au moins par l'un de leurs côtés. Cette séparation est aussi nécessaire pour isoler les pièces en cas d'incendie, désastre malheureusement assez fréquent, et auquel la malveillance n'est pas toujours étrangère. Souvent des champs entiers sont dévorés par le fléau; on n'en arrête les progrès qu'en lui faisant sa part et en isolant le champ qui brûle de ceux qui l'entourent.

Dans les terres basses et humides, ce sont de grands canaux d'écoulement qui séparent les champs.

Lorsque les travaux se font à la main, les travailleurs creusent à la houe, dans ces carrés, des fosses longues de 0^m.40 à 0^m.50, larges de 0^m.35 à 0^m.40 et de 0^m.16 à 0^m.20 de profondeur, et espacées de la sorte que le milieu de l'une est distant de 1^m.30 à 1^m.60 de celui de l'autre. La terre qui provient de cette opération est rejetée sur le bord pour servir plus tard à recouvrir les boutures que ces fosses sont destinées à recevoir.

Depuis l'introduction des instruments aratoires, on commence par bien ameublir la terre par deux, trois ou même quatre labours dont le dernier est suivi par plusieurs hersages qui servent à pulvériser la surface du sol, ensuite on y trace, à la distance de 1^m.65 à 1^m.85 les uns des autres, soit à la houe, soit à la charrue, des rayons destinés à recevoir l'engrais et les boutures.

Si le sol est bas et humide, on y plante la canne à sucre sur des espèces de billons et à une petite profondeur afin d'éviter que leurs racines atteignent la nappe d'eau.

Engrais. — La question des engrais est ici, comme dans toutes les autres cultures, l'une des plus importantes; on doit nécessairement avoir égard à la manière dont la plante végète et à sa composition chimique. Or, en réfléchissant à la nature du sucre et à celle du jus qui le fournit, il est facile de prévoir que le végétal qui le produit doit être très-épuisant et exiger beaucoup d'engrais riche en carbone et en parties solubles, et on doit penser de plus qu'en général les engrais très-chargés d'ammoniaque, tels que les fumiers frais d'écurie ne doivent pas lui être favorables. La pratique semble confirmer cette prévision de la théorie, car des cannes ainsi fumées fournissent un jus qui donne beaucoup de mélasse au détriment du sucre cristallisable.

Le marc frais de la canne même est très-estimé comme engrais, on l'applique à la dose de 20,000 kilogrammes par hectare.

Aux Indes et en Égypte, on regarde la vase aussi comme un excellent engrais.

A Calcutta, on fume les champs de cannes en y enfouissant de l'indigo ou de l'herbe de Guinée, et à la Jamaïque, on a souvent recours au parcage des bêtes bovines et des mules.

Les fumiers étant généralement rares dans les pays où l'on cultive la canne, on s'est décidé, depuis qu'on a bien compris le rôle que jouent les matières fertilisantes dans le développement des végétaux, à y transporter des engrais commerciaux riches en matières animales et en phosphate de chaux, telles que, le sang desséché, la chair musculaire, la laine en poudre et le noir animal. On emploie aussi, comme fumure, des débris de poissons que l'on divise et que l'on enterre au pied des touffes de cannes. M. Payen rapporte que « l'application du sang » dans les colonies a donné lieu à un singulier incident : les rats trouvant au pied des cannes un aliment de leur goût, sont venus l'y chercher au détriment des plantes, que non-seulement ils privaient de leur engrais, mais dont ils détérioraient les racines. On a pu éviter cet inconvénient en mélangeant le sang avec du poussier de charbon et de la suie. On emploie de 300 à 400 kilogrammes de cet engrais par hectare.

Il est maintenant de règle, dans les colonies sucrières, de fumer les cannes plantées avec le fumier de parc, et les rejetons avec du guano ou d'autres engrais commerciaux.

Il y a trois manières différentes d'appliquer le fumier :

1º L'enfouir à la charrue avant d'avoir fait les fosses de plantation.

2º Mettre l'engrais dans les fosses, le recouvrir d'un peu de terre et planter dessus.

3º Fumer après la plantation, quand la canne a acquis un certain développement.

La première méthode emploie plus d'engrais, mais, comme toute la surface du champ se trouve fumée, elle paraît préférable aux autres, lorsque la canne est replantée régulièrement tous les ans.

La seconde exige moins de fumier ; mais il est essentiel de le déposer dans les fosses quelque temps avant d'y placer les boutures, car sans cette précaution elles pourraient être brûlées, surtout par un temps sec. Elle est principalement avantageuse lorsqu'on cultive des cannes qui donnent une ou plusieurs récoltes de rejetons.

Dans la troisième, on creuse à la charrue des fossés de chaque côté des rangées de cannes, pour y enfouir le fumier. Elle est adoptée dans les terrains légers où la pluie a pour effet d'entraîner les engrais à la partie inférieure du sol ; c'est aussi celle que l'on suit lorsqu'on cultive par rejetons ; mais il faut qu'elle soit pratiquée immédiatement après la coupe.

Depuis quelques années la question des engrais occupe beaucoup les savants et les agronomes, et quiconque s'intéresse un peu à la chimie agricole connaît les beaux travaux entrepris par M. G. Ville, et les résultats surprenants qu'il en a obtenus. Pour ce qui regarde la partie de l'agriculture qui nous occupe dans ce moment, nous rapporterons ce que cet illustre expérimentateur disait dans une soirée scientifique donnée à la Sorbonne en mars 1866. « Voici encore des cannes à sucre que j'ai obtenues en Égypte, à l'aide des engrais chimiques, dans la propriété du prince Halim Pacha ; le rendement a été de 114,000 kilogrammes de cannes effeuillées à l'hectare, alors que la terre naturelle n'a produit, sans engrais, que 71,000 kilogrammes.

Cette question des engrais artificiels a trop d'importance pour le producteur de sucre colonial pour qu'il ne lui accorde pas toute son attention.

Plantation. — La tête, ou partie supérieure de la canne, qui conserve encore ses feuilles au moment de la récolte, est, comme nous l'avons dit, moins riche en sucre que les entre-nœuds qui se trouvent au-dessous. On choisit les plus belles de ces têtes, en ayant soin de rejeter celles qui ont fleuri, car elles sont en partie épuisées, on les coupe en tronçons de 0m.30 à 0m.40, qu'on dépouille à moitié de leurs feuilles pour mettre à nu les boutons qui se montrent près des nœuds. On choisit surtout les boutures dont les turions sont les plus gros et les plus saillants et qui promettent de donner des tiges belles et nombreuses.

On trouverait sans doute un grand avantage à avoir une espèce de pépinière dans laquelle on cultiverait avec un soin particulier les cannes à sucre destinées à fournir des boutures.

Nous allons décrire sommairement le mode de plantation suivi depuis qu'on donne un plus grand espacement aux sillons. Les travailleurs, et dans ce cas ce sont le plus souvent les femmes et les enfants, commencent par disposer dans le champ, de distance en distance, des paquets de boutures qu'ils recouvrent de terre fraîche pour les garantir du soleil et du froid. Ils placent ensuite ces boutures dans des trous ou fossés, en les espaçant de 0m.50 à 0m.60; et, s'ils suivent la méthode chinoise, ils les mettent deux par deux à contre-sens, et dans une position très-inclinée, en ayant soin que les bourgeons, qui forment deux rangs opposés, se trouvent disposés sur un même plan horizontal. On les enfonce plus ou moins, de manière soit à les enterrer entièrement, soit à en laisser sortir une partie plus ou moins grande, suivant la nature du climat; ainsi, par exemple, à la Gua-

deloupe, où on redoute la sécheresse, on donne aux fossés
de 0ᵐ.45 à 0ᵐ.50 de profondeur, et, en outre, on y pratique de chaque côté, au moyen d'un piquet, un trou
assez profond pour que la bouture qu'on y introduit s'y
trouve presque entièrement cachée, tandis qu'à la Guyane,
dans les terres basses et humides, les boutures ne sont
enterrées qu'aux deux tiers. Dans tous les cas, on remplit
de terre, à laquelle il est bon de mêler du fumier, l'espace compris entre les deux boutures.

Quand on veut obtenir une seconde récolte des mêmes
souches, on rabat les billons et les éteules des cannes.
Cette opération se fait avec une houe à lame bien tran-
chante, en ayant soin, autant que possible, de ne pas endommager les souches, ce qui, nécessairement, nuirait
au développement des rejetons.

Pour renouveler une plantation, on arrache à la pioche
ou à la charrue toutes les vieilles souches, et après avoir
bien préparé le terrain, on plante les boutures ou les rejetons au milieu des intervalles des anciennes lignes, afin
que les nouvelles cannes ne végètent point sur la même
terre.

L'époque de la mise en place des boutures varie nécessairement avec la latitude et le climat du pays. En général, dans l'hémisphère boréal, la plantation se fait en
janvier, février ou mars; elle ne doit se faire en avril que
dans les champs qu'on peut arroser à volonté.

Au Bengale, on plante souvent de préférence pendant
les mois de septembre, octobre et novembre.

Soins d'entretien. — La canne réclame de nombreux sarclages dans la saison des pluies, et pendant la sécheresse,
des binages qui, en ameublissant la terre, la disposent
à absorber les gaz de l'atmosphère, ce qui, comme nous
l'avons fait remarquer, favorise les réactions nécessaires
à une bonne végétation. En même temps, pour consolider
les cannes contre la violence des vents, on rabat autour
de leur pied la terre qu'on avait rejetée au bord du fossé ;
cependant cette précaution est d'autant moins nécessaire

que la canne est plus jeune et le terrain plus fertile.
C'est un mois après la plantation qu'on opère le premier
sarclage et qu'on remplace les boutures qui ont manqué,
ce que, dans les colonies, on appelle *recourer*.

A la Martinique, dans des terres légères et faciles à
travailler, on donne six façons, les quatre premières tous
les mois, et les deux dernières tous les deux mois.

Les rejetons ne reçoivent que quatre sarclages.

Toutes ces façons s'exécutent soit à bras, avec la houe,
soit avec des machines attelées, ce qui procure de l'économie de temps et d'argent.

La canne à sucre redoute la sécheresse, il est donc
nécessaire d'avoir recours aux irrigations, qui, dans les
pays des tropiques, où la végétation des cannes a lieu
pendant la saison sèche, sont de toute nécessité. Mais
pour donner aux sucs de la canne le temps de se concentrer, on doit cesser les irrigations au moins deux mois
avant leur maturité.

Epaillage. — Pour favoriser cette concentration, ainsi
que l'élaboration de la sève, on enlève, environ deux
mois avant la maturation, toutes les feuilles sèches restées
sur la tige, et qui empêchent l'action du soleil. Dans les
terres fortes, où la canne à sucre végète avec une grande
vigueur, il est nécessaire de répéter cette opération une
seconde fois.

Récolte. — La canne est mûre, ou pour mieux dire,
bonne à être récoltée, lorsque sa tige a acquis une teinte
violette, lorsqu'elle a perdu ses feuilles dans presque
toute sa longueur, les supérieures seules persistant et
conservant une couleur verdâtre. Cela a lieu à l'âge de
16 à 18 mois pour les cannes plantées, et au plus tard
de 15 pour les cannes provenant de rejetons.

Les cannes ont bien acquis toute leur croissance à l'é-
poque de la floraison; mais il faudrait bien se garder de
les récolter à ce moment, car leurs tiges sont *creuses;* il
semble que la végétation rapide de la flèche et le développement de l'ample panicule qui la surmonte ont

épuisé tout le suc dont la sécrétion se renouvelle après la chute des fleurs.

L'époque de la maturité change nécessairement suivant la latitude, et il est d'ailleurs à remarquer que toutes les tiges d'une même plantation ne mûrissent pas en même temps. L'époque de la récolte doit donc varier aussi, et cette opération doit se faire successivement à mesure de la maturation des tiges.

A la Louisiane, on récolte en novembre, en décembre et en janvier ; à Saint-Domingue, en février, mars et avril. En général, on ne doit couper ni trop tôt, ni trop tard ; dans les deux cas, le vesou fournit moins de sucre.

Ce sont les travailleurs les plus robustes que l'on charge de la récolte. Pour exécuter ce travail, ils se suivent deux à deux, l'un coupe la canne à ras de terre avec un coutelas, en ayant soin de donner à la tige la forme de *sifflet*, qui est nécessaire pour que les cannes s'engagent plus facilement entre les cylindres qui doivent en exprimer le jus ; l'autre travailleur la prend, et après en avoir séparé la tête, la divise en tronçons de 1m.50 à 1m.75. D'autres travailleurs ramassent ces tronçons et en font des bottes qu'ils déposent le long des chemins ou sur les bords de la plantation ; on les transporte ensuite au moulin sur des petites charrettes traînées par des bœufs, et que dans les colonies françaises on appelle *cabrouets*. A leur arrivée on les jette dans une enceinte dite *parc aux cannes*, qui se trouve très-près de l'endroit où sont les cylindres.

On réserve les plus belles têtes de cannes pour la plantation à renouveler ; les autres sont mises en paquets et transportées à l'*habitation* pour servir de nourriture au bétail ; mais pour cet usage, il est bon de les faire passer auparavant au hache-paille et de les arroser de gros sirop.

Il est bon de faire remarquer que les cannes grillées par un temps sec trop prolongé, au commencement de leur croissance, donnent un suc très-altéré qui tend à s'aigrir. Les vieilles cannes, dites *cannes passées*, pour avoir été coupées plusieurs mois après avoir fléché, rendent beaucoup moins de jus ; encore même est-il très-disposé à la fermentation.

Les vents violents et les ouragans si terribles dans les colonies, particulièrement vers les mois de novembre et de décembre, déracinent et renversent les cannes qui restent ensuite couchées sur un sol humide pendant qu'on répare les dégradations éprouvées par le moulin et par les bâtiments d'exploitation, ou pourrissent, ou donnent un jus altéré, ou même deviennent la proie des rats.

Le séjour plus ou moins prolongé des cannes coupées sur la pièce où elles étaient plantées, ainsi que l'éloignement du moulin, peuvent aussi y développer de l'acidité.

Les sommités des cannes nommées *amarres* qui servent à lier les paquets de cannes coupées, exprimées par inadvertance avec les cannes, en altèrent le jus.

Agents atmosphériques nuisibles. — Les vents brûlants et les longues sécheresses arrêtent le développement de la canne à sucre. Comme nous venons de le dire ci-dessus, les vents les déracinent et les renversent, les grandes pluies en altèrent la racine et nuisent à la formation du sucre.

Maladies et animaux nuisibles. — On s'est peu occupé jusqu'ici de l'étude des maladies qui peuvent attaquer les cannes à sucre ; on sait seulement que quelquefois leur végétation devient languissante, la teinte de leurs feuilles pâlit et la quantité de sucre diminue ; cet état de dépérissement doit être attribué aux mauvaises méthodes de culture. La nature du sol peut contribuer à faire souffrir les cannes à sucre ; ainsi, par exemple, celles qui végètent dans des terres argileuses, riches et humides, sont sujettes à être attaquées par la rouille.

Les animaux nuisibles aux cannes à sucre sont malheureusement assez nombreux. Quelques grands mammifères en sont très-friands, et dévastent les champs, tels sont le chacal et le sanglier, et dans les contrées de l'Asie méridionale, même l'éléphant. Mais de tous les animaux de cette classe, les plus redoutables sont, sans contredit, les rats. Ces rongeurs attaquent les cannes par le pied pour sucer une partie de leur jus, et toutes celles qui ont été mordues sont autant de cannes perdues, elles pourrissent, ou, si elles parviennent à mûrir, leur jus s'aigrit, et si on les passe au moulin avec des cannes saines, cette portion fermentée devient un levain qui altère une plus grande quantité de jus, et rend incristallisable une grande partie de sucre.

Dans quelques contrées sucrières, par exemple aux Antilles, les rats se multiplient d'une manière prodigieuse, et leurs ravages sont si considérables qu'on est obligé d'en faire la chasse avec des chiens dressés exprès. Lorsque l'esclavage existait encore, un nègre, dans chaque habitation, était chargé de la destruction de ces animaux malfaisants.

Mais malgré cette opération, la quantité des rats, dans certaines années, est si considérable qu'on est obligé d'employer les moyens les plus énergiques pour s'en débarrasser ou, du moins, pour en diminuer considérablement le nombre. Voici ordinairement comment on y parvient : On attend l'époque où on veut replanter les pièces qui en sont infestées, alors on brûle toutes les pailles en ayant soin de commencer par les quatre coins et d'avancer toujours en proportion égale jusqu'au milieu où l'on a laissé un bouquet assez considérable de cannes pour servir de refuge et de nourriture aux rats, on y met ensuite le feu par un temps calme.

Les planteurs de Saint-Domingue savent que certaines couleuvres font une chasse acharnée aux rats ; ils ont soin d'en faire prendre dans les endroits écartés, par les nègres de la nation Arada, qui, comme les Egyptiens, les ont en grande vénération ; ils portent ces couleuvres dans les plantations de cannes où elles poursuivent les rats dont elles sont si friandes, et qu'elles détruisent ou mettent en fuite. C'est surtout lorsque la floraison des cannes est venue qu'il faut se hâter de faire la chasse à ces animaux.

Nous trouvons dans le *Journal de l'Oise* du 18 octobre 1866, un passage intéressant que nous croyons utile de reproduire.

« Il paraîtrait que la cantharide serait un poison violent pour ces rongeurs, car un des moyens employés par les planteurs des Etats du Sud, pour leur destruction, consiste à leur offrir de la viande mêlée avec la poudre de ce coléoptère; elle produit sur eux un état d'excitation tel que, entrant dans un état de véritable vertige, ils finissent par se détruire entre eux. »

Plusieurs espèces d'insectes exercent aussi de grands ravages dans les cultures de cannes à sucre, et de tous les accidents qui peuvent survenir à celles-ci, le plus grand est d'être attaquées par les fourmies blanches ou termites, qui se logent sous la souche, dépouillent la racine de sa terre, et rendent, par suite, la plante incapable de résister aux températures très-élevées et à la violence des vents. Dans certains pays et à certaines époques, le nombre de ces petits insectes est incalculable, et l'on ne connaît malheureusement aucun moyen de les détruire. A un certain moment elles s'étaient multipliées d'une manière si effrayante à la Martinique, que la culture de la canne à sucre, dans cette île, était menacée d'une ruine totale; ni les pluies, ni les vents, ne pouvaient arrêter leurs ravages, lorsque heureusement un ouragan les fit disparaître entièrement et tout à coup, on ne sait comment.

Leurs dégâts sont bien moins grands dans les terres humides et sujettes aux inondations périodiques des fleuves. Mais dans l'Inde et dans l'Afrique centrale il existe des terrains de nature sablonneuse où il est presque impossible de cultiver la canne à sucre, à cause des ravages de ces insectes.

Un observateur cité par M. Latreille dit, en parlant

d'une invasion d'une espèce de fourmi, à la Grenade : « On croit que ces insectes venaient de la Martinique. Ils détruisaient bientôt les cannes à sucre. Leur multiplication fut si prodigieuse, et leur ravages devinrent si alarmants que le gouverneur offrit, mais en vain, un prix de la valeur de 20,000 louis pour la découverte d'un moyen propre à en opérer la destruction totale.

On comprend la difficulté de trouver un semblable moyen général ; cependant l'emploi de substances liquides à odeur très-forte, telles que les huiles que l'on retire du goudron, versées dans les habitations de ces animaux, pourraient en opérer la destruction ou au moins l'éloignement.

Deux espèces du genre *Calandre*, la *Calandra sacchari*, bien connue aux Antilles, et la *Calandra palmarum*, ou ver *grougrou* de la Barbade, occasionnent aussi des dégâts aux plantations de cannes. La première pénètre dans l'intérieur des tiges et vit au détriment de leur moelle ; la seconde détruit les boutures nouvellement mises en terre.

Un autre insecte destructeur de la canne, est le *borer* des Anglais, nom qui dans leur langue signifie *perçant* (*Procera sacchari* des entomologistes), ainsi nommé à cause de la manière dont il s'introduit dans les tiges des cannes ; il est répandu dans la plupart des Antilles, à la Louisiane, à la Guyane, à Java, à Ceylan, à Maurice et à la Réunion.

M. C. Desbassyns, de Bourbon, conseille de mettre le feu à tout champ atteint du borer et des pucerons ; et M. Fl. Prévost suppose que le meilleur moyen à employer à Maurice pour s'opposer à la propagation du premier insecte, serait d'y introduire les espèces suivantes d'oiseaux des pays voisins, hibou, chat-huant, chouette, scops, engoulevent, guêpier, traquet, bergeronnette, becfin, alouette, étourneau, coucou, piquebœuf, œdicnème, courlis. En outre, quelques petits mammifères insectivores et des sauriens ou lézards, et principalement les caméléons

Une espèce de cochenille (ordre des hémiptères) presque imperceptible qui pullule à la Réunion, où elle est connue sous le nom de *pou à poche blanche*, se fixe sur les feuilles de la canne et les fait périr rapidement.

Le *Delphax saccharivora* (espèce appartenant aussi à l'ordre des hémiptères) attaque surtout les rejetons lorsqu'ils sont jeunes et tendres. Il est commun dans les Antilles, et a fait de grands ravages à Grenade il y quelques années.

Enfin, la canne est aussi attaquée par différentes espèces de pucerons (*Aphis*), ce qui, dans certaines années, occasionne d'assez grands dommages dans les plantations. Ils se fixent en quantité innombrable sur le végétal, en sucent le jus sucré et ne l'abandonnent que lorsque la fermentation s'y est développée et qu'elles ne sont plus bonnes à rien.

Rendement. — Un hectare de cannes à sucre bien cultivées et qui n'ont pas souffert des agents atmosphériques ni des attaques des animaux que nous venons d'indiquer, peut donner de 40,000 à 60,000 kilogrammes de tiges. Une moyenne de 50,000 kilog. est considérée comme une récolte satisfaisante.

Par la pression, on retire de 100 kilog. de cannes de 50 à 80, soit en moyenne de 60 à 65 kilog. de jus ou *vesou;* les tiges exprimées prennent le nom de *bagasse.* Par conséquent, on voit qu'un hectare fournit environ 30,000 kilog. de vesou.

Le vesou est un liquide verdâtre, opaque, d'une saveur douce et sucrée et d'une odeur balsamique rappelant celle de la canne dont il provient. Il contient de 70 à 75 pour 100 de son poids d'eau, et de 18 à 25 de sucre ; par conséquent, les 30,000 kilog. de jus que fournit en moyenne un hectare de terre cultivé en cannes, contiennent de 5400 à 7500 kilog. de sucre brut.

Mais malheureusement les procédés industriels, même les plus perfectionnés, ne sont parvenus jusqu'ici qu'à extraire environ 8 à 10 kilog. de sucre égoutté de 100 kilog. de vesou ; c'est-à-dire de 2600 à 3300 kilog. de sucre brut égoutté de 30,000 à 33,000 de vesou que donne un hectare de cannes.

Les terres pauvres dont le rendement n'atteint pas 50,000 kilog. de tiges à l'hectare, ne fournissent guère que 1500 à 2000 kilog. de sucre, et l'on conçoit que par les anciens procédés extrêmement défectueux, on devait obtenir encore bien moins.

Après avoir fourni le sucre, le jus contient encore de 5 à 6 pour 100 de mélasse, ce qui revient à 1600 à 2000 par hectare de cannes à sucre.

La mélasse de canne est composée de la manière suivante :

Matières sucrées.	65
Eau.	32
Matières organiques.	3
	100

Les mélasses sont ordinairement distillées. La bagasse est utilisée de différentes manières : 1° elle peut être employée à fertiliser le sol destiné à être cultivé en cannes ; 2° comme combustible, et on calcule que 100 kilog. de bagasse sèche remplacent 10 kilog. de houille; 3° enfin, à l'alimentation des bêtes à cornes.

Prix de revient. — Dans les anciennes éditions de cet ouvrage, nous avons reproduit, d'après Raynal, le compte du produit d'un champ de cannes ; le voici :

Un carré de la contenance de 1 hectare 2 ares (3 arpents de Paris) environ, peut être exploité par deux hommes, et produira 2937 kilog. (60 quintaux) de sucre brut, qui vaudra en Europe, déduction faite des frais, 20 francs les 48 kilog. 9 hectogrammes (1 quintal), ce qui donnera 600 francs par homme.

En ajoutant 120 francs à la valeur des sirops et des tafias, on aura la somme des dépenses d'exploitation.

Le produit net de 51 ares (1 arpent et demi) de terre planté en cannes sera donc de 480 francs.

On peut calculer qu'à la Louisiane, les frais de culture ne s'élèvent qu'à 500 fr. par hectare, ce qui porte le prix de 1000 kilog. de cannes à 10 francs.

CHAPITRE II.

FABRICATION DU SUCRE DE CANNE.

La canne à sucre ne pouvant pas être réduite en pulpe au moyen de la râpe, comme la betterave, on est obligé, pour en extraire le jus sucré ou vesou qu'elle contient de la soumettre directement à une forte pression ; les appareils employés pour cela et qu'on appelle *moulins* ont éprouvé successivement de grands perfectionnements. Nous ne nous arrêterons point à décrire leur forme première qui était extrêmement grossière ; mais nous croyons devoir entrer dans quelques détails relativement au moulin à cylindres verticaux qui a été longtemps employé et qui l'est encore dans bon nombre de localités. Ce fut Gonzalès de Velosa, qui, le premier, construisit un appareil de ce genre. Cette machine, extrêmement simple, consiste principalement en trois gros cylindres en bois (fig. 44), rangés verticalement sur une même ligne, à côté l'un de l'autre, et revêtus chacun d'un tambour de métal. Ces cylindres, qui ont aussi reçu le nom de rôles, sont percés, suivant leur axe, d'un grand trou carré dans lequel est enchâssé avec force un arbre en fer coulé dont la partie inférieure, bien acérée, repose dans une crapaudine, tandis que son extrémité supérieure, de forme cylindrique, tourne librement dans un collet ; les trois crapaudines qui supportent les rôles sont placées dans une forte table construite ordinairement d'un seul bloc, dont le dessus, un peu creusé en forme de cuvette, est garni de plomb, et reçoit le jus des cannes écrasées entre les cylindres, d'où une gouttière ou rigole le porte dans la sucrerie, où il coule dans de grands vases de dépôt appelés *bassins à suc exprimé*.

Les crapaudines et les collets supérieurs des cylindres peuvent être rapprochés ou éloignés, suivant qu'on a besoin de diminuer ou d'augmenter la distance des cylindres entre eux. Un collet qui entoure les crapaudines s'élève assez au-dessus de la surface du liquide dans la cuvette pour l'empêcher de s'y introduire Ces différentes pièces bien assujetties, sont renfermées dans un châssis en charpente très-solidement construit. La longueur des cylindres varie, selon l'importance de la plantation, de 0^m.95 à 1^m.14, et leur diamètre de 54 à 68 centimètres. C'est au cylindre du milieu qu'on applique la puissance ; il communique, par un engrenage, son mouvement aux cylindres latéraux. Une ouvrière, placée sur l'une des faces de la machine, engage entre le rôle du milieu et celui qui est à sa gauche une poignée de cannes, qui, entraînées dans le mouvement de révolution des cylindres, sont saisies par une seconde ouvrière placée du côté opposé de la machine, qui les fait repasser immédiatement entre le cylindre du milieu et celui de droite : ces deux expressions suffisent pour extraire de la canne la majeure partie de son jus.

Les moulins à cannes peuvent être mis en mouvement, suivant les localités, soit par un courant d'eau, soit par le vent, soit par les animaux, soit enfin par la vapeur. Partout où on n'a pas à sa disposition un courant d'eau d'une force suffisante, on doit préférer la vapeur aux animaux et au vent. Lorsqu'on emploie les animaux, il faut un certain nombre de bêtes uniquement consacrées au service du moulin, celles qui travaillent ordinairement dans la plantation étant toutes employées au moment de la récolte ; c'est donc un troupeau à nourrir pendant toute l'année.

Au fur et à mesure que les cannes sont récoltées, on les dépose dans un magasin attenant au laminoir et que l'on appelle le *parc aux cannes*. Leur travail doit s'effectuer le plus tôt possible ; car, si elles séjournaient quelques heures, elles pourraient entrer en fermentation :

sous ce rapport, les moulins à vent présentent de grands
inconvénients, attendu que, vu l'inconstance des vents,
on ne peut jamais être assuré qu'ils feront une quantité
donnée d'ouvrage dans un temps déterminé. Il est vrai
qu'on peut y suppléer, en enlevant les ailes et y substituant des bras de leviers auxquels on attèle des bœufs
ou des mulets; mais, pour cela, il faut souvent les enlever
aux travaux de la plantation où ils ne sont pas moins
nécessaires. Les moulins mus par un cours d'eau, ou par
une machine à vapeur, sont seuls à l'abri de cet inconvénient; et, si la puissance est suffisante, la récolte entière sera pressée et le jus rendu dans la sucrerie avec
assez de rapidité pour qu'il n'ait pu éprouver aucune
altération. On cite des moulins à canne de la Jamaïque,
dans lesquels on peut exprimer une quantité de cannes
assez considérable pour faire jusqu'à 22,030 kilog. pesant
de sucre par semaine.

Le bâti des moulins à cannes, ainsi que les cylindres,
étaient autrefois en bois dur; on couvrit ensuite ces derniers de fer; aujourd'hui, dans les grandes plantations,
le bâti et les cylindres sont entièrement en fonte; ils
présentent ainsi plus de solidité, et la pression à exercer
sur les cannes peut être plus considérable.

Pendant longtemps, la surface des cylindres a été parfaitement unie, ce n'est que bien tard qu'on a commencé
à y creuser des cannelures peu profondes; par ce moyen,
les cannes une fois engagées, sont saisies d'une manière
plus invariable et entraînées plus facilement. La distance
entre les cylindres n'est guère que de 2 à 3 millimètres;
on a soin que du côté où la canne passe pour la seconde
fois, ils soient le plus rapprochés possible, sans pourtant
se toucher. Après avoir subi la seconde pression, la
canne est brisée et dépouillée de la majeure partie de ses
sucs; à cet état, elle reçoit le nom de *bagasse*, on la lie
par gros paquets, on la porte sous des hangars appelés
cases aux bagasses, dans lesquels on la fait sécher et on
la conserve pour s'en servir comme combustible dans les
opérations de la sucrerie.

Dans quelques moulins, on a remplacé par un appareil très-simple, auquel on a donné le nom de *doubleuse*, l'ouvrière chargée de recevoir les cannes après la première expression et de les engager pour la seconde fois. Il consiste en un demi-cylindre ou tambour en bois, solidement assujetti aux deux montants du châssis, et embrassant à très-peu de distance la face postérieure du cylindre du milieu ; les tiges des cannes, après avoir passé entre les deux premiers cylindres, sont forcées de suivre la courbure de ce tambour, et se trouvent ainsi amenées au point de rapprochement des deux autres cylindres, entre lesquels elles s'engagent avec plus de régularité que ne pourrait le faire l'ouvrier le plus attentif.

Un moulin à cannes exige surtout d'être tenu avec la plus grande propreté ; si le moulin est sale et gras, si on laisse séjourner sur les différentes pièces qui le composent le suc qui s'y attache, celui-ci entre en fermentation, se mêle avec le suc exprimé plus récemment, et sert, pour ainsi dire, de levain à toute la masse, dont la décomposition peut avoir lieu alors avec une grande rapidité. On lave ordinairement le moulin deux fois par jour, le matin et le soir.

Les laminoirs que nous venons de décrire sont généralement remplacés aujourd'hui par des appareils à cylindres ou rolls horizontaux. Ces nouveaux moulins se composent de trois ou cinq cylindres en fonte, creux et qui peuvent être rapprochés au moyen d'une vis de pression qui appuie sur les porte-coussinets.

Nous empruntons à l'excellent ouvrage de M. Payen la description d'un de ces nouveaux moulins à trois cylindres.

« Un des perfectionnements notables introduits aux colonies fut l'emploi de presses plus énergiques et mieux disposées, qui portèrent de 50 à 55, puis à 60 et même à 65 kilogrammes la quantité de jus extraite de 100 kilog. de cannes. Ces presses sont formées de trois cylindres creux, *a*, *b*, *c*, en fonte (fig. 42), horizontalement placés dans un bâti très-solide également en fonte, avec armature de fer forgé.

« On rapproche plus ou moins les cylindres à l'aide de vis de pression *i*, *i*, serrant les porte-coussinets. L'un des cylindres reçoit le mouvement d'une grande roue mue par un pignon, et le transmet aux deux autres par trois roues d'engrenage égales, montées sur les axes des trois cylindres ; les cannes sont amenées par un tablier sans fin sur la plaque *dd*, puis entre les deux premiers cylindres *a*, *c*, où elles sont aplaties et pressées ; elles sont conduites par une lame courbe de tôle *e e*, entre le second cylindre *c*, et le troisième *b*, qui sont plus rapprochés, de manière que la pression soit graduée et le plus complète possible. On doit faire marcher lentement les cylindres pour laisser au jus le temps de s'écouler. Aujourd'hui, grâce aux perfectionnements apportés par MM. Cail et Cie, dans la construction des presses à cylindres, on obtient (notamment à Cuba et à la Réunion) 70, et parfois jusqu'à 80 de jus pour 100 de tiges de cannes.

« Ces heureux résultats sont dus à la grande solidité des presses et de leur monture, ainsi qu'à la lenteur bien calculée de la rotation de leurs cylindres ; ceux-ci accomplissent seulement une révolution autour de leur axe en deux minutes, au lieu d'une révolution par minute, leur débit en jus serait amoindri dans le même rapport, si l'on n'avait augmenté leurs dimensions. MM. Cail et Cie construisent ces puissantes machines, dont les cylindres ont jusqu'à 1 mètre de diamètre, et $2^m.10$ de longueur, elles produisent jusqu'à 400,000 litres de jus par jour, et exigent une force de 90 chevaux. Les moyens de chauffage étaient devenus insuffisants par suite de cet épuisement plus avancé des cannes. En effet, lorsque l'on en extrait seulement 50 centièmes de jus, la bagasse retient, pour 100 kilog. de canne, 10 kilog. de tissu ligneux et 11 kilog. de sucre, représentant 20 kilog. d'un combustible ana-

logue au bois, tandis que, par les moyens perfectionnés,
lorsqu'on extrait 70 de jus, il ne reste dans la bagasse
de 100 de canne que 4 de sucre plus 10 de tissus, représentant ensemble seulement 14 d'un combustible analogue au bois de chauffage, ou environ 1/3 de moins que
dans le premier cas, en sorte que l'on se trouve dans
cette position d'avoir 2/5 ou 0,4 de jus de plus à évaporer, et 0,3 de combustible de moins. Heureusement les
appareils à serpentins introduits par Derosne et M. Cail,
et mieux encore les appareils à triple effet installés par
un jeune ingénieur, représentant à la Réunion MM. Cail
et Cie, ont pu satisfaire à cette condition nouvelle.

« La production annuelle du sucre dans cette colonie
s'est développée sous ces heureuses influences, au point
que, de 22,667,000 kilog. en moyenne (de 1830 à 1849),
elle s'est élevée à 55,000,000 en 1858.

« J'ai indiqué une disposition qui augmente le rendement : elle consiste à chauffer, par la vapeur, l'intérieur
des cylindres, comme cela se pratique dans les papete-
ries ; la canne, chauffée pendant la pression, perd une
partie de son élasticité, laisse écouler plus facilement le
vesou, et, se gonflant moins après l'expression, réab-
sorbe moins de jus que par la pression à froid.

« Il arrive parfois que des nœuds de cannes se super-
posent, ou qu'un corps étranger dur vient s'engager
entre les cylindres, et présente une résistance telle,
qu'elle détermine la rupture d'une des parties essentielles dans le mécanisme du moulin. Cet accident pourrait être très-grave, si les constructeurs n'avaient pris
la précaution de faire une des pièces de la machine, l'axe
qui transmet le mouvement au pignon de la grande roue,
par exemple, beaucoup plus faible que les autres ; il en
résulte que par un effort accidentel trop grand, la rupture a lieu sur cette pièce. Comme on se pourvoit ordinairement de plusieurs de ces pièces de rechange, on
évite ainsi de longs chômages. MM. Cail et Cie emploient
une disposition plus commode en plaçant un des engre-

nages en forme de cercle mobile à frottement sur la grande roue alésée : on comprend qu'un grand effort faisant tourner le cercle qui porte l'engrenage, la presse ne fonctionne plus momentanément; on peut alors désembrayer, dégager l'obstacle, et reprendre aussitôt le travail.

« On pourrait augmenter encore le rendement dans la fabrication du sucre de canne, en employant des presses à cinq cylindres ; les cannes seraient alors soumises à quatre pressions successives; on extrairait, en outre, une portion du jus par endosmose, en injectant de la vapeur mêlée de gouttelettes d'eau sur les cannes, avant qu'elles parvinssent à la dernière paire de cylindres. Ces dispositions que j'avais indiquées dans mes cours en 1841, ont été appliquées par M. Nilus et par MM. Derosne et Cail : elles ont produit les effets attendus ; mais la complication un peu plus grande des presses semble devoir y faire renoncer, du moins tant que l'industrie mécanique ne sera pas plus avancée aux colonies.

« S'il est avantageux pour le colon d'extraire de la canne la presque totalité du jus qu'elle renferme, il ne faut pas cependant qu'il pousse l'extraction jusqu'à la dernière limite ; car les cannes pressées, seul combustible dont on dispose dans la plupart des colonies, seraient parfois insuffisantes si elles ne contenaient une certaine quantité de sucre. Il faut d'ailleurs éviter de briser les cannes en les pressant, car il serait difficile ensuite de charger les foyers avec leurs fragments trop menus. »

Il y a quelques années, un industriel avait pris un brevet pour un procédé particulier de fabrication de sucre colonial. Ce procédé qui, théoriquement, semblait parfait, consistait à réduire la canne en tranches très-minces, que l'on séchait à une douce chaleur, et dont on retirait ensuite le sucre par une macération dans l'eau chaude, et enfin on évaporait soigneusement cette dissolution. Mais en réfléchissant que la canne à sucre n'est qu'une graminée gigantesque, et que le chaume ou tige de toutes

les plantes de cette famille est recouvert d'une espèce
d'écorce dure et luisante d'acide silicique, on reconnaîtra
bientôt que le moyen proposé ne pouvait réussir dans
la pratique en grand ; en effet, après très-peu de temps,
les couteaux les plus tranchants étaient complétement
émoussés.

On conduit le vesou coulant des cylindres dans un
grand réservoir, où il doit séjourner au plus une heure,
pour laisser déposer quelques matières étrangères, principalement de la terre et des débris de canne, avant de
passer dans les chaudières, où commence le travail qui
doit fournir le sucre.

Pour bien faire comprendre l'ensemble des travaux
d'une sucrerie, tels qu'ils s'effectuaient anciennement, et
les améliorations qu'on y a introduites successivement,
nous croyons qu'il est utile de transcrire ici le chapitre
suivant de notre première édition.

*Description d'une ancienne sucrerie, et des opérations qui
doivent faire passer le suc exprimé à l'état de sucre.*

Pour qu'on puisse saisir plus aisément l'ensemble des
opérations d'une sucrerie, nous commencerons par décrire la disposition interne et externe des bâtiments dans
lesquels elles s'effectuent.

Dans la dénomination de *sucrerie*, on comprend : 1º la
sucrerie proprement dite, ou atelier des fourneaux ; 2º la
galerie ; 3º la *purgerie ;* 4º les *magasins.*

La *sucrerie*, telle que nous venons de la désigner plus
particulièrement, est un grand bâtiment rectangulaire,
plus ou moins long, suivant l'importance de la plantation ; c'est dans son intérieur que sont placés, presque
toujours sur une même ligne, les fourneaux et leurs
chaudières.

La galerie n'est qu'un appentis adossé à celle des faces
de la sucrerie contre laquelle se trouvent les fourneaux ;
elle s'étend dans toute la longueur qu'occupent ceux-ci.

C'est dans la galerie que viennent répondre les ouvertures du foyer et du cendrier de chaque fourneau ; elle sert pareillement à mettre à couvert le chauffeur et le combustible. Chaque fourneau supporte cinq chaudières hémisphériques en fonte, dont l'ensemble a reçu le nom d'*équipage;* dans chaque sucrerie il y a toujours deux équipages ; on les distingue, d'après la capacité de leurs chaudières, en *grand* et *petit* équipage. Entre eux sont placés les bassins à suc exprimé, qui se trouvent ainsi à peu près au centre de la sucrerie.

Dans le principe, chaque chaudière avait un foyer particulier ; par la suite, dans la vue d'économiser le combustible, toutes celles dont se compose un équipage furent établies sur un même foyer. Chacune de ces chaudières porte un nom particulier : celle A (fig. 43), dans laquelle arrive en premier lieu le suc exprimé, s'appelle *la grande,* parce qu'elle est, en effet, d'une plus grande capacité que les autres ; la seconde, B, a reçu le nom de *propre,* parce que c'est dans cette chaudière que le suc achève de s'épurer ; la troisième, C, est nommée *le flambeau,* attendu que le raffineur reconnaît, dans cette chaudière, si les opérations précédentes ont été bien faites ; la quatrième, D, est dite *le sirop,* parce que le suc y est amené à l'état de sirop très-épais; enfin, la cinquième, E, s'appelle *la batterie,* parce qu'au moment où le sirop approche du point de cuite, il se produit un boursouflement qu'on arrête en battant fortement sa surface avec le dos de l'écumoire.

Les dimensions de ces chaudières vont en diminuant progressivement, de la *grande* à la *batterie,* cette dernière n'étant guère que le quart de la première, qui contient communément 12 à 15,000 litres. On augmente leur contenance en les surmontant d'un glacis en maçonnerie qui s'élève au-dessus de leurs bords en suivant leur évasement. La partie supérieure du fourneau, autrement dite *le laboratoire,* n'est pas de niveau dans toute sa longueur, on lui donne 41 millimètres de pente environ d'une chaudière à l'autre, à partir de la batterie, afin que le vesou, lorsqu'il s'élève en bouillant et s'extravase, puisse couler dans celle qui est à côté, sans gâter, par son mélange, celui qui y est contenu, ainsi que cela arriverait si le laboratoire était incliné du côté des premières chaudières, dans lesquelles le sucre de cannes est moins purifié qu'aux dernières, dans lesquelles il l'est davantage; la *batterie* se trouve, par là, plus élevée que la *grande* d'environ 189 à 217 millimètres.

Le foyer est placé immédiatement sous la *batterie*; les produits de la combustion se rendent dans la cheminée, située à l'extrémité opposée du fourneau par un conduit horizontal passant sous toutes les chaudières. L'aire de ce conduit va en s'élevant, du foyer à son ouverture dans la cheminée; ainsi lorsqu'on laisse entre la surface de la grille et le fond de la *batterie* une distance de 758 millimètres, ce qu'on appelle 758 *millimètres de feu*, la grande n'a guère que 487 millimètres.

Le *laboratoire* présente encore, entre les chaudières, un petit bassin de 325 millimètres de diamètre, et de 58 à 81 millimètres de profondeur, destiné à recevoir les écumes, qui de là se rendent dans la *grande*, par une gouttière pratiquée sur le bord de l'*équipage*. Les écumes de la *grande*, autrement dites *grosses écumes*, sont jetées dans une chaudière spécialement destinée à les recevoir, et placée à côté d'elle.

A peu de distance de la batterie est un vaisseau circulaire d'environ 2 mètres de diamètre sur 650 millimètres de profondeur, qu'on appelle *rafraîchissoir*, dans lequel on transvase de la *batterie* le sirop cuit au point convenable; du rafraîchissoir, le sirop est porté dans de grands bacs en bois, ordinairement au nombre de trois, dans lesquels il cristallise, ou dans des cônes en terre cuite, connus sous le nom de *formes*, ayant 650 millimètres de hauteur et 350 à 380 millimètres de diamètre à leur base; leur pointe est percée d'une ouverture que l'on bouche avec une cheville.

Deux autres fourneaux, dont les ouvertures répondent également dans la galerie, sont encore placés dans la sucrerie; ils portent, l'un, deux chaudières, l'autre, une seule. Les premières, qui servent à cuire les sirops, ont, pour cela, reçu le nom d'*équipage à sirop;* l'autre, dans laquelle se font des clarifications, celui d'*équipage à clarifier.*

Aussitôt que, par le travail du moulin, un bassin à suc exprimé se trouve rempli, on le fait couler dans la *grande,* qu'on charge toujours à la même hauteur. On jette dans la chaudière une quantité de chaux pesée et mesurée d'avance, relative à celle du liquide et de sa pureté, et l'on fait passer cette première charge, ainsi traitée, moitié dans le *sirop,* moitié dans le *flambeau.* On renouvelle cette opération dans la *grande,* et l'on verse cette seconde charge en entier dans la *propre;* enfin, la *grande* remplie à sa mesure et ayant la proportion de chaux convenable, on allume le feu sous les chaudières, la *batterie* étant pleine d'eau.

L'action de la chaleur ne tarde pas à coaguler les matières albuminoïdes qui se réunissent et se présentent à la surface du liquide dans les chaudières, d'où on les enlève avec l'écumoire; cet effet se produit d'autant plus vite que les chaudières sont plus rapprochées du foyer; ainsi, le *sirop* et le *flambeau* sont les premiers à s'échauffer; bientôt le suc entre en ébullition, alors toutes les grosses écumes sont enlevées; on vide la *batterie* et on la charge d'abord avec la moitié du produit du *sirop;* mais, comme l'évaporation y est très-rapide, on ne tarde pas à y ajouter l'autre moitié; alors on fait passer la charge du *flambeau* dans le *sirop;* dans ce dernier, la charge de la *propre;* et celle-ci reçoit la charge de la *grande* qui, se trouvant vidée, est remplie de suite avec du nouveau suc exprimé.

Dans la succession des différentes opérations que nous venons de décrire, le vesou va toujours en se concentrant, en sorte que son volume diminue assez pour que la *bat-*

terie puisse recevoir la charge de deux, trois, quatre *grandes;* c'est en effet ce qui a lieu. Lorsqu'on a ainsi rassemblé dans la *batterie* une quantité de vesou suffisante, on continue l'action du feu pour opérer la cuite, dont le degré est relatif à la qualité de sucre que l'on a l'intention d'obtenir, c'est-à-dire, suivant que l'on veut terrer le sucre, ou que l'on veut l'avoir en brut.

Le produit de la *batterie* amené au point convenable de cuite, après avoir amorti le feu, est transvasé en entier dans le rafraîchissoir; on remplit à l'instant la *batterie* avec la charge du *sirop,* et ainsi les autres chaudières, et l'on continue ce travail de la même manière.

La seconde cuite, arrivée dans le rafraîchissoir avec la première, constitue ce qu'on désigne par le nom d'*empli;* on les mêle bien avec un mouveron, et on les verse à l'instant, soit dans un bac, soit dans les cônes, pour les faire cristalliser. Un bac reçoit ainsi quatre à cinq emplis, successivement les uns sur les autres.

De la purgerie.

Lorsque le vesou cuit, et versé dans les cristallisoirs, s'est pris en masse par le refroidissement, il est enlevé avec des pelles de fer et porté dans la purgerie; c'est un bâtiment de 19^m.50 à 26 mètres de longueur sur 6^m.50 à 7^m.80 de largeur, lorsqu'on n'a pour but que d'obtenir du sucre brut, et beaucoup plus vaste si l'on y joint l'opération du terrage.

Dans le premier cas, la purgerie est formée de deux parties, l'une inférieure, qui se compose d'un ou plusieurs réservoirs creusés dans le sol à 1^m.62 ou 1^m.91 de profondeur, portant le nom de *bassins à mélasse;* l'autre supérieur, appelé *plancher.* Cette seconde partie, qui fait le fond de la purgerie, est formée par des solives de 108 millimètres d'équarrissage, rangées parallèlement à 55 ou 80 millimètres de distance les unes des autres, de manière à former un plancher à claire-voie au niveau du sol. Le fond des bassins, faits en maçonnerie, est ordinairement incliné; il est recouvert, ainsi que les parois, d'une couche épaisse de ciment. On range debout sur le plancher les barriques défoncées à leur partie supérieure, qui doivent recevoir le sucre à égoutter. Le fond de ces barriques est percé de huit à dix trous dans lesquels on introduit autant de cannes à sucre assez longues pour sortir de 16 à 22 centimètres en dessous de la barrique, et s'élever au-dessus du fond supérieur; elles ont pour but d'empêcher le sucre d'obstruer les ouvertures par lesquelles doit s'écouler le sirop qui n'a pas cristallisé. La barrique, remplie en entier, est laissée ainsi s'égoutter pendant un temps plus ou moins long, trois semaines environ, au bout duquel l'opération est terminée. On remplit le vide qui s'est produit par le tassement dans les barriques; on y met un fond, et on les porte au magasin.

Dans cet état, le sucre porte le nom de *sucre brut* ou *moscouade*.

Les purgeries à fabriquer le sucre terré sont, le plus communément, disposées en carré; leur intérieur est divisé en compartiments par des traverses de bois. Ces traverses sont mobiles, elles partent horizontalement de l'une des parois latérales du bâtiment, et s'étendent parallèlement jusqu'à 650 à 975 millimètres de l'autre paroi; elles sont soutenues par de petits poteaux à la hauteur de 812 millimètres, et placées à peu près à 1m.60 de distance les unes des autres. Entre chaque compartiment, nommé *cabane*, on a laissé un intervalle de 49 à 54 centimètres, qui sert de passage pour le service des formes dans l'opération du terrage.

Le sirop versé, ainsi que nous l'avons dit en décrivant les opérations de la sucrerie, dans des formes en terre cuite, est abandonné à lui-même pendant 15 à 18 heures, pour lui donner le temps de cristalliser. Les formes sont alors portées à la purgerie et implantées, leur pointe en bas, sur des pots rangés dans les *cabanes*, après avoir retiré la cheville; on reconnaît l'instant où cette opération doit se faire à l'affaissement qui a lieu au centre de la base du pain. Vingt-quatre heures après, la partie liquide du sucre s'étant séparée, et ayant coulé dans les pots, les formes sont enlevées et placées sur de nouveaux pots pour recevoir l'opération du terrage.

Cette opération s'effectue de la manière suivante : après avoir préalablement tassé la base du pain dont le centre s'est affaissé en forme d'entonnoir, on verse dessus l'argile délayée dans l'eau, en consistance de bouillie. Il y a, dans chaque purgerie, un et quelquefois plusieurs bassins, dits *bacs à terre*, en maçonnerie, de 53 à 63 décimètres carrés sur 1m.30 à 1m.60 de profondeur, dans lesquels on délaie l'argile, en la mêlant avec une quantité d'eau convenable.

L'eau se sépare lentement de l'argile, filtre à travers le sucre, rend plus fluide le sirop qu'il contient, et l'entraîne à la partie inférieure de la forme d'où elle tombe avec lui dans le pot sur lequel le cône est implanté. A mesure que la couche d'argile se dessèche, on la remplace par une nouvelle; cette opération se répète jusqu'à trois fois, après quoi, le pain est abandonné dans la forme pendant une vingtaine de jours pour que le sirop s'écoule entièrement. Alors on enlève le sucre des formes, on l'expose au soleil, pendant quelques heures sur une plateforme disposée à cet effet, et nommée *glacis*, et on le porte à l'étuve, où il reste une quinzaine de jours pour achever de se sécher et de se raffermir.

Les *étuves* sont des bâtiments en maçonnerie de 211 décimètres carrés à peu près, dont l'intérieur présente divers étages sur lesquels les pains sont rangés. Dans la partie inférieure est un fourneau dont les ouvertures répondent en dehors.

On a employé et on emploie encore d'autres procédés pour séparer du sucre le sirop coloré. Ainsi, comme nous l'avons dit plus haut, l'esprit-de-vin ne dissout que faiblement le sucre cristallisable, tandis qu'il dissout beaucoup mieux le sucre incristallisable; d'après cela, on a imaginé de remplacer dans l'opération précédente, l'eau

par ce liquide ; mais comme il ne peut dissoudre la totalité des substances qui colorent le sucre brut, et que
d'ailleurs son emploi est très-coûteux, ce procédé d'a-
bord employé aux Indes orientales, tend graduellement
à disparaître.

On a employé aussi la succion par le vide et cela de la
manière suivante :

Le sucre brut est versé dans une cuve en tôle, munie
d'un faux-fond en toile métallique ; le fond inférieur
communique par un tuyau à une pompe à air. On comprend que le vide se produisant dans le bas, la pression
que l'air exerce sur la partie supérieure pousse le sirop
à travers les mailles de la toile. Mais pour que ce procédé
puisse bien réussir, il faut nécessairement que les cristaux ne soient ni trop petits, ni trop mous, autrement
ils passeraient aussi à travers les mailles avec le sirop.

Plus récemment, on a tenté d'employer des turbines ;
c'est, sans contredit, le meilleur de tous les moyens jusqu'ici décrits, mais malheureusement il exige une grande
force motrice qu'il n'est pas toujours facile de se procurer
dans les colonies, et qui, même dans la mère-patrie, entraîne à des dépenses qui diminuent considérablement les
bénéfices.

Cependant la cuite en grains a été introduite dans les
colonies, et comme nous l'avons dit plus haut (page 288),
elle est une amélioration considérable qui exercera une
influence très-heureuse sur leur industrie.

Les pains de sucre convenablement desséchés sont pi-
lés dans de grands bacs en bois nommés *bacs à piler*.
Ces bacs ont de 3ᵐ.90 à 4ᵐ.85 de long sur 1 mètre à 1ᵐ.3 de
large ; ils sont placés dans un bâtiment particulier nommé
pilerie. Le sucre ainsi pilé est mis dans des barriques où
il est fortement tassé ; à cet état, il est connu dans le
commerce sous le nom de *sucre terré* ou *cassonade*.

Les sirops qui proviennent, tant du sucre brut mis en
barriques, que du terrage, et qui portent le nom de mélasse, sont rapportés à la sucrerie et cuits de nouveau

dans l'équipage à sirop, pour en extraire le sucre qu'ils peuvent tenir en dissolution. Les premiers sirops obtenus avant l'opération du terrage, sont nommés *gros sirops* ; ceux qui s'écoulent pendant et après le terrage sont dits *sirops fins*.

Après une seconde cristallisation, les mélasses obtenues sont vendues pour la nourriture des bestiaux, ou portées à la rhumerie pour y être distillées après leur fermentation.

Tels étaient et tels sont encore, sans doute, dans un grand nombre de localités peu avancées, les procédés extrêmement défectueux d'extraction du sucre de la canne. Avant l'emploi des moulins perfectionnés, 1000 kilog. de cannes qui contiennent en moyenne au moins 160 à 190 kilog. de sucre, n'en fournissaient guère que de 55 à 65 kilog. Les résultats de ces opérations pouvaient se représenter ainsi (M. Payen) :

Sucre obtenu.	55 à 65
Sucre engagé ou transformé en glucose, et sucre incristallisable dans la mélasse.	25 à 20
Sucre laissé dans la bagasse.	80 à 75
	160 160

La perte énorme de 95 à 105 sur 160, ou en moyenne de 56 p. 100, doit être attribuée à une pression trop faible, à la durée trop longue des opérations et à l'emploi d'une température trop élevée, surtout à *feu sec*, ce qui caramélise le sucre et produit une grande quantité de mélasse.

Afin de diminuer autant que possible ces graves inconvénients, les appareils ont reçu de grandes et nombreuses améliorations. On a commencé par remplacer les chaudières en fonte par des chaudières en cuivre, on en a changé la forme; aux chaudières sphériques et immobiles, on a substitué des chaudières à bascule pouvant se vider les unes dans les autres, étagées et chauffées comme avant, c'est-à-dire tout l'équipage étant chauffé par un seul foyer placé sous la chaudière de cuite. On a rendu encore l'opération plus économique en faisant servir la flamme qui sort de dessous la *grande* à produire de la vapeur en la faisant passer dans une véritable chaudière tubulaire.

Comme il est très-difficile d'éviter la caramélisation du sucre dans la cuite à feu nu, on a remplacé l'ancienne *batterie* par des chaudières de formes différentes, mais qui consistent, en général, en demi-cylindre présentant un double fond dans lequel circule la vapeur ; un axe creux muni de tubes ou de disques également creux, tourne constamment de manière à agiter la masse à évaporer en même temps qu'il la chauffe au moyen de la vapeur qui circule dans son intérieur.

Ces perfectionnements peuvent présenter des avantages considérables aux petits établissements ; mais nous pensons que dans les grands, il est indispensable de conduire les opérations, à partir de la défécation, comme nous le faisons pour le jus de la betterave, et d'y employer absolument les mêmes appareils dont on se sert en Europe, c'est-à-dire appareils à triple effet, turbines, presses-filtres, etc.

Déjà d'autres améliorations importantes ont permis d'obtenir de la canne des produits plus purs et plus abondants ; en effet, pour éviter la fermentation qui sous les climats chauds des colonies se produit avec une grande rapidité, on conduit le vesou provenant des cylindres, dans des chaudières à double fond où il est chauffé à 50° par la vapeur ; de ces chaudières il passe dans un filtre à gros noir qui a déjà servi. En sortant de celui-ci, le jus qui marque 9° à l'aréomètre, est conduit sur un serpentin dans lequel circule la vapeur qui vient des appareils à cuire dans le vide, et s'y concentre jusqu'à 16°, il passe dans ces mêmes chaudières où il acquiert la densité de 25°, est de nouveau filtré sur du noir neuf et, enfin, ramené dans ces chaudières où il est cuit jusqu'à l'essai au crochet.

Il serait à désirer que l'on découvrît un réactif plus efficace que la chaux pour précipiter non-seulement les matières albuminoïdes, mais aussi une grande partie des autres impuretés qui les accompagnent dans le jus de la canne, et qui pendant les différentes opérations favorisent la fermentation de la mélasse, et qui en outre possédât la propriété de pouvoir être facilement précipité à son tour, afin d'éliminer du jus l'excès qu'on y aurait introduit; or, l'acétate de plomb réunit ces différentes conditions, mais malheureusement, ce composé est un poison violent.

Il y a quelques années, le docteur Scoffen prit en Angleterre une patente pour le moyen qu'il avait imaginé de précipiter l'excès de ce réactif au moyen d'un courant d'acide sulfureux. Ce procédé appliqué en grand à la fabrication des milliers de kilogrammes de sucre, a donné jusqu'à 20 pour cent de sucre, au lieu de 7 que l'on obtient ordinairement aux Indes occidentales; et on n'a jamais appris que l'usage de ce sucre eût produit le moindre accident; néanmoins, le gouvernement britannique en a défendu l'application dans les usines.

La présence dans le jus des matières salines et l'action de la chaleur et de l'air, provoquent dans le jus la transformation du sucre cristallisable en sucre incristallisable, d'où résulte une perte considérable, car ce sucre incristallisable immobilise son poids de sucre cristallisable, et, en outre, les matières salines immobilisent une grande partie de ce dernier que l'on peut évaluer à trois fois leur poids.

Ces considérations, qui présentent une grande gravité, ont amené plusieurs personnes à penser que le jus sucré, soit après, soit avant la défécation, devrait être évaporé aussi rapidement que possible, et réduit en masse solide. M. Fryer, le principal partisan de cette idée, a imaginé un appareil qu'il appelle *concretor*, dans lequel, en effet.

le vesou qui entre par une extrémité, en sort par l'autre à l'état solide, et la durée de ce trajet ne va pas à plus de 15 minutes. La construction de cet appareil, dont le prix peut être de 24,000 à 25,000 francs, est confiée à MM. Manlove, Alliot et Cie, ingénieurs à Nottingham, et nous lisons dans le n° 25 de la 8me année du *Journal des Fabricants de sucre*, que M. Martin, de la fonderie de Rouen, vient de traiter avec M. Fryer pour l'exploitation de son *concretor*, en France et dans les colonies françaises.

Le produit de cet appareil se présente sous la forme de blocs plus ou moins grands, d'un jaune verdâtre pâle, durs comme la pierre, d'un goût agréable de sucre de canne, et sans aucune odeur de brûlé. Lorsqu'on le dissout dans l'eau, on obtient un liquide que l'examen le plus attentif ne pourrait faire distinguer du vesou. Comme il ne montre aucune tendance à la déliquescence, il peut être facilement transporté dans des sacs.

Il est à présumer que ce nouveau procédé pourra s'appliquer également au jus de la betterave, et si on parvenait à séparer facilement du produit solide les matières étrangères qu'il contient, l'industrie sucrière subirait une véritable révolution.

Deux commissions, l'une nommée à la Guadeloupe, et l'autre à la Martinique, se sont réunies récemment à Antigue, pour y étudier ce nouveau procédé. La dernière a adressé à ce sujet un rapport à M. le gouverneur de la Martinique ; nous en extrayons les passages qui traitent de la description des appareils.

.....« La sucrerie de M. Fryer possède un moulin à trois rols, etc...

« A la suite du moulin, aussi près de lui que possible, se trouvent les défécateurs, ou *clarifiers*, au nombre de trois, dans lesquels le jus arrive directement et par un trajet très-court. Ils sont en fonte de fer, de forme rectangulaire, et ont 2^m.50 de longueur sur 1^m.50 de largeur, 0,65 de profondeur. Dans le fond se trouvent 28 tubes cylindriques juxtaposés dans le sens de la longueur,

formant par leur ensemble un plan horizontal assez semblable à un gril et séparés à peine les uns des autres
par un intervalle de un centimètre à un centimètre et
demi. Ce plan est mobile à l'aide de charnières fixées
sur un des côtés du défécateur, de manière à pouvoir
être relevé pour le nettoyage du fond de ces appareils.
Ces tubes reçoivent la vapeur d'échappement de la machine, dont on règle l'entrée à l'aide de robinets dans le
but d'élever la température du vesou à 82° ou 85° centigrades. Après les défécateurs, et à un niveau inférieur,
se trouve un réservoir où s'écoule le jus clarifié, et d'où
il est soutiré suivant la marche de l'appareil de cuite,
mais sans interruption, et partant sans y séjourner. Ce
réservoir n'offre rien de particulier qui mérite de fixer
l'attention; un tuyau de cuivre sert à conduire le jus de
là dans l'appareil de cuite, ou *concretor*.

Concretor.

Cet appareil de cuite, ou concretor proprement dit, se
compose de deux parties principales que nous désignerons avec l'inventeur sous les noms de *trays* et de *cylindre*.

Trays.

« Les *trays* constituent une longue table rectangulaire, plane, à rebords peu élevés, destinés à évaporer le jus en consistance sirupeuse. Elle se compose de
sept pièces distinctes (trays), en fonte de fer, se réunissant par juxtaposition l'une à la suite de l'autre, à l'aide
de boulons, ce qui facilite le transport et le montage, ou
le démontage, et permet en outre de remplacer, en cas
d'accident, une pièce par une autre de rechange. La surface supérieure de cette table est divisée, d'abord, en
sept compartiments égaux par les rebords verticaux qui
servent à assembler les sept pièces entre elles; puis, en
outre, chacune de ces sept surfaces est subdivisée en
six bandes rectangulaires allongées par cinq cloisons

verticales, de 6 centimètres environ de hauteur, s'étendant dans le sens de la largeur.....

« La superficie des trays présente donc un ensemble de 42 rigoles parallèles qui communiquent toutes entre elles, de manière à représenter une rigole unique, dont le développement idéal serait d'environ 77 mètres, en y ajoutant les six gouttières extérieures de communication. Chaque rigole présente 3 ou 4 cannelures creusées dans la fonte même : nous en expliquerons bientôt l'utilité.

« Cette vaste table de fonte est supportée par un long fourneau en maçonnerie, construit sur les mêmes dimensions et disposé, en outre, de façon à donner à l'ensemble des trays une légère inclinaison (de 30 à 35 millim. par mètre). L'orifice des fourneaux s'ouvre à l'extérieur des bâtiments ; le point le plus élevé des trays se trouve le plus rapproché de cet orifice, et le point le plus déclive en est le plus éloigné. La flamme chauffe donc les trays en cheminant au-dessous d'eux, de leur sommet vers leur extrémité inférieure. Là se termine le fourneau, qui aboutit en ce lieu à une grande cheminée disposée très-ingénieusement pour utiliser la chaleur perdue.

« Cette cheminée se compose, en effet, d'une grande chambre cylindrique verticale, en tôle, de 2 mètres de diamètre, et de 3m.60 de hauteur, dans laquelle sont placés 306 tubes cylindriques en fonte, maintenus verticalement par une sorte de grillage horizontal; ces tubes servent à donner issue à la flamme du fourneau des trays, mais en même temps ils deviennent autant de sources de chaleur pour l'air contenu dans cette chambre. Celle-ci est munie de deux ouvertures opposées pratiquées dans ses parois verticales; l'une communiquant avec l'extérieur, sert à l'entrée de l'air froid ; l'autre sert à la sortie de l'air chaud. La chambre à air chaud présente son ouverture pour l'entrée de l'air froid ; cette ouverture permet d'apercevoir une partie des tubes, par lesquels s'échappe l'air du fourneau. L'air entre, traverse la masse des trois cent six tubes, au contact desquels il s'échauffe, puis sort par un couloir qui conduit dans le cylindre. Au-dessus de la chambre s'élève un tuyau de cheminée qui donne issue aux produits de la combustion à leur sortie des tubes multiples.

« Nous venons de décrire la première partie du concretor Fryer, telle qu'elle existe à *Belvidere-Estate ;* mais nous devons ajouter que, obéissant aux enseignements de l'expérience, l'inventeur a apporté à ses appareils d'utiles modifications. Ainsi les trays doivent se composer désormais de 10 pièces au lieu de 7 qu'ils comportent actuellement ; les dimensions du fourneau devront donc augmenter en conséquence.

Cylindre.

« La deuxième partie consiste essentiellement dans le cylindre. Celui-ci est en cuivre ; il a $4^m.80$ de longueur et $1^m.22$ de diamètre. Il est garni intérieurement de feuilles de tôle fixées sur son axe, et s'enroulant en spirale de manière à former au bout de cet axe comme des fragments de cylindre irrégulièrement concentriques entre eux. Ce cylindre est couché, son axe est presque horizontal, mais offrant cependant une pente légère d'un bout à l'autre. Il est animé d'un mouvement de rotation de quatre tours par minute, lequel est communiqué par une petite machine à vapeur, placée à son extrémité la plus élevée. Cette machine à vapeur meut en même temps un ventilateur, placé tout à côté, dont le rôle consiste à appeler l'air chaud de la chambre multitubulaire pour le faire passer dans l'intérieur du cylindre. Ainsi donc, sous l'influence du tirage déterminé par le ventilateur, il s'établit un courant d'air contenu dans le long boyau formé par la chambre à air chaud, le couloir en tôle et le cylindre dont les deux extrémités sont largement ouvertes, pour s'aboucher, l'une avec le couloir venant de la chambre multitubulaire, l'autre avec un tuyau de cheminée par où l'air chaud se dégage facilement. Remarquons que cet air chaud parcourt le cylindre en sens inverse de son inclinaison, et par conséquent en sens inverse de la marche du sirop. En effet, celui-ci entrant dans le cylindre par l'extrémité la plus élevée, tend à descendre vers l'extrémité opposée par suite de la pente. Le contact entre le sirop et l'air chaud se trouve donc établi jusque dans leurs plus petites particules, et par la résistance qu'ils s'opposent mutuellement en se rencontrant, et par l'immense développement des surfaces fournies par les volutes intérieures du cylindre.

« A l'extrémité la plus déclive de celui-ci, se trouve une petite caisse où tombe le sucre coulant du cylindre ; cette caisse est percée, dans le fond, d'une ouverture qu'on peut démasquer à volonté pour extraire le sucre ; celui-ci tombe alors dans une gouttière inclinée, le long de laquelle il glisse vers de petits charriots placés là pour le recevoir.

« A *Belvidere-Estate*, le cylindre est placé au-dessus des trays, vers leur extrémité inférieure, de manière à bénéficier ainsi de la chaleur produite par les vapeurs du vesou qui cuit ; mais à côté de ce minime avantage, se trouve l'inconvénient de rendre la surveillance intérieure du cylindre très-pénible à cause de la hauteur où il est placé. Il est donc convenu qu'il vaut mieux (et les nouveaux concretors sont construits dans ce but) placer le cylindre à côté des trays, et à leur niveau, ou même à un niveau légèrement inférieur. Ce changement oblige, par suite, d'allonger le couloir venant de la chambre à air chaud, lequel, dans l'état actuel, est fort court. En outre, le cylindre sera en fonte, et non plus en cuivre, et ses dimensions ramenées à $2^m.40$ au lieu de $4^m.80$. Il est facile de voir que ce raccourcissement du cylindre coïncide, dans les appareils perfectionnés, avec l'allongement des trays, et que l'un semble comme la compensation de l'autre.

« En résumé, le concretor Fryer consiste essentiellement dans deux parties principales : 1° les trays, vaste surface d'évaporation, où le jus de la canne est transformé en sirop; ils ont à Antigue 10 mètres de long, et offrent 77 mètres de parcours au vesou; ils auront désormais 14 mètres et demi de long, et offriront un parcours de 110 mètres; 2º le cylindre, où le même principe des surfaces multipliées est appliqué à la transformation du sirop en sucre concret, mais où l'évaporation à feu nu est remplacée par une dessiccation à l'air chaud. Enfin une partie secondaire sert de trait d'union entre les deux principales; la chambre à air chaud dépend des trays, au fourneau desquels elle est attachée, recevant de lui sa chaleur perdue; et elle est liée au cylindre, auquel elle envoie, par un couloir *ad hoc*, l'air échauffé destiné à concréter le sirop.

« Il nous reste à décrire les moyens de communication qui permettent au sirop de passer dans le cylindre, au sortir des trays. Du dernier compartiment de ceux-ci, un tuyau de cuivre amène le sirop dans un réservoir creusé dans le sol, où il traverse d'abord une toile métallique destinée à retenir les impuretés. Dans ce réservoir plonge une pompe foulante dont le piston est mû par la rotation du cylindre lui-même; cette pompe envoie le sirop dans une caisse placée au-dessus du cylindre, et percée de deux ouvertures d'écoulement à des niveaux différents; l'orifice près du fond est muni d'un tuyau qui pénètre dans le cylindre et y verse le sirop quand il est suffisamment concentré; de l'ouverture supérieure part un tuyau qui parcourt toute la longueur des trays, et qui est muni, de distance en distance, de six robinets d'écoulement, s'ouvrant, à chacune des sept pièces actuelles, dans les gouttières demi-circulaires extérieures. C'est par ce tuyau que le sirop, quand il n'est pas cuit au degré voulu, est ramené sur les trays pour s'y concentrer davantage. Les dispositions ci-dessus existent à Belvidere-Estate, où la brièveté des trays rend souvent nécessaire le retour du sirop sur le feu; mais, avec des trays de dix pièces, on pourra probablement supprimer ces complications, car le sirop, soumis à une évaporation plus prolongée (33 mètres de plus), ne sera plus exposé à être trop peu cuit. Le tuyau d'écoulement des trays pourra donc s'ouvrir dans une petite caisse placée en tête du cylindre, celui-ci étant un peu en contre-bas des derniers compartiments, de manière que le sirop puisse couler directement de la petite caisse dans les volutes de l'extrémité supérieure, à l'aide d'un robinet régulateur. »

M. Lahens, délégué de la Guadeloupe, avait soumis à l'examen de M. Dubrunfaut, un échantillon du produit du *concretor* ; malheureusement le rapport que ce savant industriel vient de faire sur son travail est loin d'être favorable au nouveau procédé; en effet, les résultats des recherches effectuées par lui conduisent à 58 de sucre cristallisable et 42 de mélasse.

La présence d'une quantité aussi considérable de matières incristallisables a lieu d'étonner si l'on considère la petite proportion qu'en contient primitivement le vesou (*voyez* plus loin le Mémoire de M. Icery) et le peu de temps qu'exige la CONCRÉTION ; et si on ne connaissait pas l'expérience consommée et l'extrême habileté de M. Dubrunfaut, on pourrait soupçonner une erreur.

A la vérité, M. Dubrunfaut reconnaît que la masse qui lui a été envoyée, dont la nuance était inférieure à celle d'une *bonne quatrième*, n'était pas bien homogène, et le sirop s'en séparait avec une grande facilité, caractères qui pourraient faire supposer qu'elle a subi une altération pendant la traversée. (*Journal des Fabricants de Sucre*, 14 novembre 1867.)

Nouvelles recherches sur le jus de la canne.

Le suc de la canne ne diffère de celui de la betterave que par sa plus grande richesse saccharine et par une plus faible proportion de matières étrangères, surtout de matières salines. Nous avons fait connaître la composition des deux, cependant nous croyons qu'il ne sera pas inutile de présenter ici le résumé succinct d'un mémoire très-intéressant publié, il y a à peu près deux ans, par M. le docteur Icery, président de la Chambre d'agriculture de l'île Maurice, sous le titre de : *Recherches sur le jus de la canne à sucre et sur les modifications qu'il subit pendant le travail de l'extraction à l'île Maurice*. Ces recherches conduisent à des indications importantes que le fabricant de sucre colonial devra bien méditer, et qui pourront le guider dans quelques parties de ses travaux.

La canne à sucre a été introduite à Maurice en 1750, mais ce n'est qu'au commencement de ce siècle que sa culture a commencé à y prendre une grande extension qui a été sans cesse en augmentant, tellement que maintenant elle y remplace presque toutes les autres, et est la seule suivie sur la grande propriété dont elle constitue la ressource la plus sûre et la plus effective.

On a cultivé dans cette île une douzaine de variétés différentes de canne ; les six suivantes sont maintenant les plus répandues et ont fait l'objet des recherches de l'auteur :

1º La *canne blanche* ou d'Otaïti.

2º La *canne Bambou* ou canne de Batavia.

3º La *canne Guinghan* ou canne violette rubannée.

4º La *canne Bellouguet* ou canne violette de Java.

5º La *canne Penang*.

6º La *canne Diard*, avec laquelle la Bellouguet blanche est généralement confondue.

Depuis l'introduction des moulins à cannes perfectionnés on parvient à extraire, terme moyen, les 3/4 du vesou contenu dans la canne, mais la variété de celle-ci et son degré de résistance ont une grande influence sur cette quantité qui peut aller de 69 0/0 à 80 0/0. L'ordre dans lequel on doit classer les cannes citées ci-dessus, sous le rapport et la quantité de jus qu'elles fournissent pour la même pression, est le suivant : la plus productive est la Bellouguet, viennent ensuite la canne Diard, la canne d'Otaïti, la Penang, la Guinghan et en dernier lieu la canne Bambou.

En augmentant la pression qu'exerce le moulin, on augmente évidemment la quantité de jus exprimé, mais la quantité de sucre n'augmente pas proportionnellement à celle-ci. Les premières couches de la canne qui abandonnent leur suc, sont les parties médullaires qui proportionnellement sont plus riches en sucre, tandis que les parties corticales et les couches qui se trouvent dessous ne cèdent qu'à une pression plus forte leur jus moins sucré et plus chargé de matières azotées et salines. Ce fait est complétement confirmé par la pratique, et c'est à lui et non à une prétendue dégénérescence de la canne qu'on doit attribuer la plus grande richesse du vesou obtenu par les anciens procédés d'expression, ainsi que la facilité qu'il présentait au travail.

Le jus de la canne, exprimé par un moyen quelconque, entraîne avec lui des débris de tissus et de cellules qui au bout d'environ trois quarts d'heure de repos, forment au fond du vase un dépôt plus ou moins abondant selon le degré de pression que l'on a exercé sur la canne. Mais lors même qu'on prolongerait ce repos jusqu'au premier indice de fermentation, le liquide surnageant conserve dans toute sa hauteur un aspect lactescent. Le microscope fait reconnaître que ce trouble est dû à la présence de petits globules, ayant de 3 à 5 millièmes de millimètre de diamètre, et composés d'une enveloppe mince, solide et transparente qui contient une substance semi-fluide. L'auteur donne à ces globules le nom de *matière granulaire*. C'est de la sève même que cette matière provient, car on la retrouve à toutes les époques du développement de la canne. On peut, par la filtration du vesou à travers du papier joseph, la séparer complétement du vesou, alors ce liquide se montre parfaitement limpide et d'une nuance légèrement brune rappelant celle du sirop clarifié.

Dans cet état, chose remarquable, le vesou peut être

conservé pendant 24 heures dans les conditions de température les plus favorables à la fermentation sans qu'il éprouve la moindre altération, indiquant un travail de cette nature; mais, après ce temps, il commence à changer d'aspect, il devient louche, et des corpuscules se développent dans son épaisseur; la fermentation débute alors pour suivre une marche très-lente, et ce n'est qu'au bout de deux jours, sous une température de 25° C., que des bulles bien formées apparaissent dans le liquide.

Le vesou entre rapidement en fermentation après son extraction de la canne lorsqu'il n'a été débarrassé que des débris végétaux qu'il entraîne toujours; en quelques heures il devint visqueux; il faut conclure de ces faits que la matière granuleuse joue un rôle essentiel dans la fermentation du vesou, et qu'elle doit être considérée comme le principal agent des altérations qui se développent dans les 24 premières heures à peu près, qui suivent son extraction de la canne.

Le vesou contient aussi une matière albumineuse qui en détermine l'altération lorsqu'on en a séparé la matière granulaire; mais si on le porte à la température de 100, la première se coagule, et en se précipitant entraîne avec elle la seconde; après cela le dépôt ayant été séparé, le vesou peut se conserver intact pendant au moins deux jours à une température de 30° C. Au bout de ce temps, on voit se manifester dans son épaisseur un faible nuage, et le lendemain un faible crémore recouvre sa surface en même temps que sa couleur a changé; mais ce n'est qu'à la fin du troisième jour que la fermentation s'y déclare très-manifestement.

« En résumé, dit l'auteur, le vesou filtré à travers une toile et reposé est un liquide toujours plus ou moins trouble ou lactescent, et d'une teinte légèrement jaune verdâtre d'autant plus prononcée que la canne est plus mûre, et que celle-ci (à peau rubannée ou à peau lisse) est d'une couleur plus foncée. A l'état normal, et déduction faite des débris de tissus qui sont tous accidentels,

et peuvent être toujours isolés, il est formé d'une partie
solide granulaire, et d'une partie liquide tenant en dissolution un certain nombre de substances organiques et
minérales. La partie solide est constituée par des globules ou corps organisés, qui sont suspendus dans toute
l'étendue du liquide, et qui diffèrent essentiellement des
autres principes végétaux contenus dans le jus de la canne.
Ces globules qui, pendant la vie, possèdent sans aucun
doute des qualités physiologiques spéciales, sont de toutes
les matières que renferme la canne, celle qui jouit au
plus haut degré du pouvoir de provoquer la fermentation
alcoolique. Son action paraît commencer avec l'émission
du vesou à l'extérieur, et elle devient toujours plus manifeste au bout de deux à trois heures par une température de 20° C. La soustraction de ces globules a pour
conséquence de retarder d'une journée la fermentation ;
et lorsqu'en même temps la substance albuminoïde est
retirée, le vesou échappe à toute altération appréciable
pendant deux journées entières.

« Il suffit donc de porter rapidement à l'ébullition le
vesou qui vient d'être extrait, et de le jeter aussitôt
après sur un filtre, pour avoir une liqueur parfaitement
limpide, qui peut être longtemps conservée sans altération.

« D'une part, la propriété éminemment fermentescible
du vesou sous l'influence des globules et de la substance
albumineuse coagulable par la chaleur ; et d'une autre
part la possibilité d'éliminer ces corps en même temps
que tous les débris organiques au moyen d'une rapide
ébullition, immédiatement pratiquée et suivie d'une filtration faite de manière à obtenir un liquide limpide,
sont des faits qu'il suffit d'énoncer pour en faire comprendre l'importance. Ils pourraient, sans aucun doute,
conduire à des résultats très-satisfaisants, s'ils formaient
la base d'un nouveau procédé appliqué à notre industrie
sucrière.

« Dans la pratique ordinaire de nos usines, telles

qu'elles sont aujourd'hui disposées, ce procédé aurait trois avantages :

1° Eviter toute fermentation immédiate du vesou, et pouvoir conserver celui-ci au moins une journée sans traces d'altération;

2° Diminuer la formation du sucre incristallisable;

3° Agir sur un liquide limpide qui, concentré, conserve toute sa transparence et sa pureté première.

« J'ai besoin d'ajouter quelques mots pour faire bien saisir ces deux derniers avantages. Les substances globulaires et albumineuses contribuant essentiellement à développer l'acidité du vesou, sont l'une des principales causes de la transformation glucosique du sucre. Lorsqu'on les élimine, il est en effet facile de constater que cette acidité n'augmente que très-faiblement par l'action de la chaleur, et reste toujours bien inférieure à ce qu'elle aurait été dans le cas contraire.

« D'un autre côté, on se rappelle que les moyens dont nous disposons pour effectuer la défécation et nettoyer le vesou des impuretés qu'il entraîne, et de celles qui se produisent pendant l'évaporation, sont, quel que soit le soin qui préside à leur emploi, impuissants à rapproprier complétement ce liquide qui, arrivé à l'état de sirop, contient encore une quantité énorme de particules formées principalement de fragments très-ténus de matière albuminoïde et granulaire coagulée.

« Ces particules, en raison de leur faible pesanteur spécifique, se séparent difficilement de la clairce par le repos et se trouvent pour la plupart mélangées et collées aux grains du sucre obtenu dont la qualité est toujours ainsi plus ou moins altérée. Pendant le travail, elles sont souvent aussi le point de départ des cristaux qui commencent à se former, et auxquels elles communiquent ensuite une couleur terne et brune qui, étant inhérente à la constitution du cristal saccharin, ne saurait être enlevée par le lavage pratiqué à la turbine.

« La présence en notable quantité de ces corpuscules explique parfaitement la difficulté qu'on éprouve à obtenir un sucre blanc et brillant lorsque la clairce, introduite trop tôt dans les appareils de raréfaction, n'a pas pu subir à l'air libre un nettoyage suffisant. C'est ce qui a lieu, par exemple, pour l'appareil dit à triple effet, dans lequel le vesou est enfermé après la défécation, inévitablement incomplète, qu'on lui fait subir actuellement.

« Le procédé qu'on pourrait fonder sur les particularités que je viens de faire connaître serait, je crois, facilement applicable à toutes nos usines; mais il serait surtout un puissant secours donné à l'appareil à triple effet qui ne peut, à raison des causes que j'ai expliquées, fournir un sucre de belle qualité dans les conditions ordinaires de fabrication où l'industrie sucrière coloniale est obligée de se maintenir. L'application de ce procédé n'exigerait que de simples filtres en forme de bacs, munis d'une série de toiles métalliques superposées à l'aide de cadres mobiles, et terminés par une lame criblée, doublée d'une ou deux couches de flanelle. Le vesou sortant du moulin recevrait de suite la quantité de chaux commandée par la qualité de sucre à faire, et serait ensuite rapidement porté à la température de l'ébullition, puis immédiatement après, lâché sur des filtres disposés de manière à permettre une filtration prompte et complète.

« *Densité.* — La densité du vesou prise constamment à la même température, par exemple à 25° C., et avec un bon aréomètre, fournit des renseignements précieux sur la nature de ce liquide obtenu à différentes époques de la culture; mais il faut pour cela se servir d'un aréomètre à tige longue et parfaitement cylindrique et sur laquelle ne se trouvent que les densités correspondantes aux degrés 6° à 13° partagées en dixièmes, ce qui suffit dans ce genre de recherches. »

L'auteur, en se basant sur une centaine d'analyses faites par lui-même, a dressé la table ci-après, qui peut être d'une grande utilité au fabricant de sucre de canne. On y voit à la quatrième colonne les différences considérables que la présence de matières autres que le sucre amène dans la densité du vesou :

Quantités de sucre pour un volume et un poids déterminés de vesou, correspondant aux divisions principales de l'aréomètre de Baumé, et fournies directement par une série d'expériences à 25° centig.

ARÉOMÈTRE.	GRAMMES de sucre pour un litre de vesou.	QUANTITÉ de sucre en poids.	DIFFÉRENCES résultant de l'influence des substances autres que le sucre, principalement du sucre incristallisable.
4°	28	0.026	0.049
5°	49	0 048	0.047
6°	78	0.074	0 040
6° 1/4	85	0.079	
6° 1/2	91	0.086	
6° 3/4	98	0.092	
7°	105	0.099	0.036
7° 1/4	111	0.105	
7° 1/2	118	0.114	
7° 3/4	124	0 117	
8°	131	0.123	0.032
8° 1/4	137	0.129	
8° 1/2	144	0.135	
8° 3/4	152	0 142	
9°	159	0.149	0.026
9° 1/4	165	0.155	
9° 1/2	172	0.161	
9° 3/4	180	0.167	
10°	188	0.174	0.021
10° 1/4	196	0.180	
10° 1/2	204	0.187	
10° 3/4	211	0.194	
11°	217	0.200	0.015
11° 1/4	226	0.206	
11° 1/2	230	0.211	
11° 3/4	237	0.216	
12°	244	0.227	0.013

Composition de la canne et du vesou en général.

..... « Envisagé d'une manière générale, le jus de la canne débarrassé de toute substance solide tenue en suspension, est de l'eau sucrée tenant en solution une certaine quantité de principes organiques et minéraux. Ne considérant particulièrement que le sucre et l'eau, et groupant les autres substances en deux catégories distinctes, selon leur nature végétale ou minérale, j'ai déduit la composition moyenne du vesou, à Maurice, pour les différentes espèces de cannes qui y sont cultivées, d'un grand nombre d'analyses pratiquées toutes, pendant ces deux dernières années, sur cette plante arrivée à maturité, mais provenant de localités différentes par le sol et la température.

Eau.	81.00
Sucre.	18 36
Sels minéraux.	0.29
Substances organiques.	0.35
	100.00

L'auteur a consigné dans un tableau les résultats fournis par soixante-dix-huit analyses pratiquées dans toutes les conditions désirables d'exactitude; on pourra se rendre compte des variations que subissent ces diverses substances selon l'âge de la canne, l'époque à laquelle elle est exploitée, la partie de la plante examinée, et les localités où elle s'est développée. On trouve aussi dans ce tableau de suffisantes indications sur la richesse relative en sucre des diverses espèces de cannes, et les différences de qualité de sucre pour les mêmes cannes soumises à des pressions plus ou moins fortes.

..... « Le sucre n'est pas également répandu dans les différentes parties de la canne. La portion centrale ou médullaire est plus riche que la portion nodulaire et corticale. Lorsqu'on partage un morceau de canne de

manière à comprimer séparément les nœuds, les entre-
nœuds et l'écorce détachée grossièrement et entraînant
une certaine quantité de la partie médullaire, on obtient
des résultats dont l'exemple suivant donne une idée
exacte :

	Portion		
	médullaire.	corticale.	nodulaire.
Densité à 25° C.	1082	1074	1069
Quantité de sucre p. 100.	18.4	17.9	17.1

« Les cannes atteintes de la maladie que nous avons
décrite sous le nom de *dégénérescence*, il y a environ
trois ans, ne renferment pas généralement moins de sucre
que les cannes saines auxquelles on les compare. Les
analyses que nous avons faites à cet égard, sont venues
confirmer ce que les planteurs avaient déjà pu reconnaître par le travail ordinaire de leurs usines.

« Nous ajouterons que ces cannes, même lorsqu'elles
étaient le plus fortement frappées de la maladie à laquelle
nous faisons allusion, ne contenaient pas une proportion
relativement plus grande de sucre incristallisable. »

De l'état primitif du sucre dans la canne. — De ses
nombreuses recherches analytiques sur la composition
du jus de la canne, recherches dans lesquelles il a eu
constamment recours à l'emploi simultané de l'analyse
optique et aux divers moyens dont dispose la chimie,
M. Icery a déduit les résultats suivants :

« 1° Lorsque la canne, quelle que soit l'espèce à laquelle
elle appartient et le sol sur lequel elle s'est développée,
est parvenue, après une végétation régulière, à maturité
parfaite, c'est-à-dire à cette période où elle a cessé de
croître et où ses différentes parties ne semblent subir
ni gain ni perte, période facilement appréciable pour le
planteur, elle contient presque uniquement du sucre
cristallisable prismatique dans toute cette portion désignée sous le nom de corps de la canne, et qui s'étend
des premiers nœuds de la racine à ceux situés immédia-

tement au-dessous des feuilles vertes encore attenant à la tige. La quantité de sucre interverti que donne alors le jus de la canne est toujours très-faible et dépasse rarement les 4/1000es du poids du vesou, ou le 1/50 de celui du sucre prismatique. Ordinairement, c'est 1/75 que j'ai trouvé en agissant dans les conditions les plus favorables.

..... « Cette quantité si minime de sucre incristallisable est variable, mais constante, lorsque l'examen porte sur le vesou provenant de toute la portion que j'ai indiquée de la plante saccharifère. Elle augmente d'une manière très-sensible à mesure que le vesou est extrait d'entre-nœuds plus rapprochés de l'extrémité supérieure, et diminue à partir de cet endroit jusqu'au milieu du corps, où elle devient généralement inappréciable.

« 2o Si, au lieu d'examiner le corps de la canne, on agit sur cette portion encore enveloppée de feuilles vertes et soustraite à l'action directe des rayons solaires, on trouve dans la jus qui en est extrait, une quantité considérable de sucre incristallisable qui peut être évaluée en moyenne pour des cannes mûres, au 1/6 du poids du sucre cristallisable, et pour des cannes non encore arrivées au terme de leur développement au 1/3 du même poids. Alors l'analyse optique conduit à des résultats bien opposés à ceux de la chimie, et chose digne d'attention et de provoquer de nouvelles recherches, ces résultats ne sont pas toujours identiques pour la même quantité de sucre révélée par les procédés de la chimie. Il se produit alors dans certaines circonstances dépendant de l'âge de la plante et de l'activité de la végétation, des perturbations qui, disons-le de suite, ne peuvent s'expliquer que par de notables différences dans le pouvoir rotatoire du sucre incristallisable qui existe dans le jus de cette portion de la canne. Le liquide sucré dévie toujours à droite le plan de polarisation ; mais après l'inversion, la notation à gauche est rarement en rapport avec la quantité totale de sucre interverti que renferme la liqueur, et se trouve généralement exprimée par un chiffre inférieur à celui qui devrait être obtenu.

« La proportion du sucre incristallisable dans la tête ou sommité de la canne, de même que dans le corps, augmente à mesure qu'on s'éloigne de la partie inférieure ; et la partie qui en contient la plus grande quantité est celle que les gaînes des feuilles vertes mettent complétement à l'abri de la lumière. Cette portion de la tête de canne, dont l'écorce est très-tendre et non colorée, reste, aussi longtemps qu'elle échappe à l'action du soleil, le siége principal du sucre liquide que renferme la plante ; mais aussitôt que les feuilles se dessèchent et la mettent à découvert, elle commence à prendre extérieurement une couleur de plus en plus foncée, et en même temps le sucre incristallisable disparaît peu à peu de ses tissus pour faire place au sucre proprement dit ou sucre cristallisable.

« 3° L'âge de la canne ne nous a paru qu'une cause indirecte du phénomène que nous venons de signaler. En plaçant de jeunes cannes dans les conditions d'aération, de lumière et de végétation ordinaires à cette plante lorsqu'elle atteint le terme de son développement, nous n'y avons constaté rien de spécial sous le rapport des quantités relatives de sucre liquide et cristallisable contenues dans le corps ou la tête. D'une manière générale, on peut dire cependant que la canne renferme d'autant plus de sucre cristallisable qu'elle est plus jeune ; mais c'est à la végétation active dont elle est alors le siége, et au défaut d'action des rayons solaires sur la tige, enveloppée étroitement par les gaînes charnues des feuilles qu'on doit uniquement, croyons-nous, attribuer la proportion énorme de sucre interverti qu'elle contient.

« 4° La végétation activée ou ralentie exerce, en effet, à cet égard, une influence aussi grande et non moins appréciable que celle de la lumière dont nous avons parlé. Des cannes arrivées à maturité et ne contenant pas trace de lévulose, dans la partie médiane de leur longueur, se

chargent très-rapidement d'une forte quantité de cette
substance, lorsqu'on vient à les remettre en pleine végétation ; et aussi longtemps que leurs feuilles vertes et
largement étalées tendent à se renouveler activement,
que les bourgeons se dégagent, et que la plante conserve
cette apparence qui lui est particulière lorsqu'elle continue à croître, on peut reconnaître que son jus est
richement pourvu de sucre incristallisable, principalement dans les tissus nouvellement formés et par suite
moins exposés à la lumière. Dans les localités humides,
où les cannes ne mûrissent jamais et sont constamment
en pleine sève, le sucre incristallisable existe toujours
dans toutes les parties de la plante, et quelquefois en
quantité vraiment considérable.

« Lorsqu'on recherche la proportion dans laquelle se
présentent les deux espèces de sucre aux différentes phases de la végétation, on constate que c'est toujours dans
les cannes venues le plus rapidement qu'il existe la
quantité la plus grande de lévulose; et sous ce rapport,
les cannes dites folles ou babas, qui en deux mois atteignent quelquefois une hauteur de 5 pieds, et un diamètre transversal de 3 à 4 pouces à leur base, sont celles
qui doivent être placées au premier rang.

« L'analyse suivante d'une de ces cannes est celle qui
nous a révélé la plus forte quantité relative de sucre incristallisable.

Sucre.	cristallisable.	3.5
	incristallisable.	2.4
Eau, etc., etc.		94.0

« Il est important de faire remarquer que ces cannes
folles poussent rapidement au milieu de grandes plantations qui les ombragent, et ont généralement une écorce
tendre et non colorée. »

Comme nous venons de le voir, l'auteur admet dans
le jus de la canne la préexistence d'un sucre incristallisable, mais il n'en connaît pas bien la nature; il se de-

mande si cette substance ne serait pas un premier état
subi par le sucre lévulose pour devenir sucre cristallisable ; ses nombreuses observations semblent le conduire à
admettre cette hypothèse, et il termine par conclure que
le sucre qui existe originairement dans les tissus de la
canne, diffère, sous plus d'un rapport, de celui qui est
extrait à l'époque où cette plante s'étant complétement
développée, est arrivée à maturité, et qu'il y a tout lieu
d'admettre que le sucre cristallisable prismatique est le
résultat d'un travail analogue à celui qui a lieu pour le
glucose ; mais tandis que celui-ci est le premier terme
d'une opération qu'il est permis de produire artificielle-
ment, l'autre, au contraire, ne peut prendre naissance
qu'au sein de l'organisation végétale et sous l'influence
des forces vitales.

Des matières organiques autres que le sucre. — M. Icery
évalue à 3,5 millièmes du poids du vesou la quantité de
matières végétales contenues dans ce liquide, et il a reconnu, de plus, que cette proportion augmente avec la
pression à laquelle on soumet la canne, ce qui pourrait
aussi occasionner un surcroît de travail pour le fabricant.

Ce savant expérimentateur groupe ces diverses matières végétales, en moyenne, de la manière suivante :

Matière granulaire. 0.287
Albumine. 0.076
Autres substances végétales. 0.637

« Après qu'on a séparé l'albumine par une température
suffisamment élevée, il reste dans le vesou une matière
organique complexe, précipitable par l'alcool et par l'a-
cétate neutre de plomb, et très-soluble dans les alcalis
et les acides, même l'acide tannique. Isolée et épurée par
plusieurs précipitations au moyen de l'alcool, cette substance est sans odeur ni saveur, blanche, amorphe, sans
action sur la lumière polarisée, dégageant de l'ammoniaque lorsqu'elle est chauffée avec de la chaux ou de la potasse, déliquescente, quoique ne se redissolvant qu'en

partie après avoir été isolée. Abandonnée dans l'eau, elle forme une solution trouble et visqueuse ; mélangée à l'eau sucrée, elle rend également celle-ci visqueuse, et m'a paru être la cause réelle de cette consistance visqueuse que prennent le vesou et le sirop avant de subir la fermentation. Cette matière, échappant aux agents qui sont employés pour purifier le vesou, s'accumule dans ce liquide et se retrouve en quantité considérable dans les sirops. Elle doit être considérée comme l'une des principales causes qui s'opposent à l'extraction du sucre de second jet, car elle est un obstacle puissant à la cristallisation régulière de ce corps.

« La matière granulaire, la matière albumineuse et la matière coagulable par l'alcool, jouissent de la même propriété de provoquer la fermentation du vesou ; mais elles n'agissent pas toutes les trois avec la même énergie ; la première seulement est apte à déterminer la fermentation alcoolique proprement dite ; les deux autres donnent en même temps naissance à des produits acides et sont d'une action beaucoup plus lente.

« Cette remarque nous a conduit à une application dont les distillateurs pourront apprécier l'utilité : c'est le mélange d'une petite quantité des écumes qui viennent d'être enlevées à la surface du vesou porté à l'ébullition, aux sirops qui entrent difficilement en fermentation. La matière granulaire que renferment ces écumes, donne lieu alors à une fermentation qu'on aurait vainement cherché à provoquer par les moyens ordinaires. »

M. Icery attribue principalement à la présence d'une grande quantité de sucre interverti la résistance qu'opposent à la cristallisation les sirops qui sont produits dans certaines circonstances.

Des substances minérales. — Suivant l'auteur, la quantité des sels minéraux contenus dans le vesou provenant de cannes bonnes à exploiter, est de 2,9 pour 1000 de liquide. La matière saline, comme la substance organique, se trouve en plus forte proportion dans la tête de la canne que dans toute autre partie.

C'est à l'influence de la nature du sol que l'on doit surtout rapporter les variations constatées dans les quantités des substances salines.

De nombreuses analyses de cendres de vesous extraits de cannes de diverses espèces et cultivées dans des terrains de nature différente, ont conduit à la composition moyenne suivante :

Potasse et soude............	18,83
Chaux...................	8.34
Oxyde de fer.............	1.99
Silice.	11.48
Alumine, magnésie et acides en combinaison avec les bases ci-dessus.	59.36
	100.00

L'incinération de 100 parties des quatre espèces de cannes les plus cultivées à Maurice a fourni :

	Bellouguet.	Guinghan.	Bambou.	Penang.
Eau, sucre et matière organique......	98.8	98.9	99.32	99.1
Sels............	1.2	1.1	0.68	0.9
	100.0	100.0	100 00	100.0

L'auteur termine son mémoire par quelques considérations sur l'action qu'exercent sur le vesou, pendant le travail, les substances étrangères qui s'y trouvent contenues, et dont quelques-unes ont été indiquées plus haut, ainsi que sur celle de la chaux.

Nous croyons devoir ajouter encore les deux conclusions suivantes, en ce qui concerne les modifications propres au sucre interverti.

« 1° Deux vesous provenant l'un de cannes non mûres quoique entièrement développées, et l'autre de cannes arrivées à maturité, travaillés, tous deux, dans des conditions semblables, donnent lieu à une transformation du sucre cristallisable en sucre interverti, peu active pour

le second, très-énergique pour le premier, et cela dans
une proportion telle que le deuxième sirop résultant des
cannes non mûres, contient à peu près parties égales de
sucre prismatique et de lévulose, c'est-à-dire doit être
abandonné; tandis que le troisième sirop, produit des
cannes mûres, ne renferme que 27 pour 100 de lévulose,
et se trouve apte, par conséquent, à subir une nouvelle
cuisson.

« 2º L'acidité entretenue dans le vesou, dans le but
d'obtenir certaines qualités de sucre, est souvent poussée
au-delà des conditions nécessaires pour réaliser ces qualités, et devient ainsi une cause de perte très-apprécia-
ble, les sirops ne pouvant guère être recuits avec profit
lorsque la quantité de lévulose dépasse 37 pour cent du
poids total de la matière saccharine qu'ils renferment.

« Ajoutons enfin, comme renseignement utile, que
dans l'un des établissements les plus beaux et les mieux
administrés de Maurice, on obtient, terme moyen, 33^k.7
de sucre par barrique de vesou de 247 litres, soit 13^k.6
par 100 litres. »

Sucre de Sorgho.

Le genre sorgho appartient aussi à la famille des graminées; il se compose de plusieurs espèces, mais la seule
qu'il nous intéresse de connaître est le *sorgho sucré*,
désigné par un grand nombre d'autres noms tels que, en
français, *canne à sucre de la Chine, gros mil, millet de
Caffrerie, Imphy*, et en latin, *holcus saccharatus* (Linné);
sorghum saccharatum (Wildenou); *andropogon saccharatus*
(Kunth). En Chine, il porte le nom de *kao-lyang*.

Suivant les uns, cette plante serait originaire de l'Indo-
Chine, des Indes-Orientales et de l'Arabie; suivant les
autres, elle nous viendrait de la Nigritie et de la Caffrerie.

Quoi qu'il en soit, elle était connue en Europe déjà
dans le xvᵉ siècle, époque à laquelle elle était cultivée
par les Vénitiens et les Génois. Mais presque oubliée

pendant très-longtemps, cette espèce intéressante n'a fixé de nouveau l'attention des agronomes que depuis que M. de Montigny, consul à Shang-Haï, dans la Chine, en a envoyé en 1851 des graines en France.

M. Wray, qui s'est beaucoup occupé du sorgho sucré, y reconnaît un grand nombre de variétés que nous ne croyons pas nécessaire d'énumérer ici.

Celle qu'on cultive dans les parties méridionales de la France est une belle plante produisant de quatre à six tiges qui peuvent atteindre de 3 à 5 mètres de hauteur, pleines et glabres, dont la durée n'est que d'une année, mais la souche fibreuse dont elles partent est vivace et douée d'une vitalité très-énergique. Leurs feuilles sont nombreuses, engaînantes, larges de 4 à 6 centimètres, et longues de 45 à 60, leur couleur d'un beau vert et le limbe partagé par une forte nervure médiane se réfléchit vers le sol.

Ces tiges sont terminées à leur sommet par une *flèche* allongée qui porte une panicule étalée et retombante. Les fleurs qui composent cette panicule produisent des graines arrondies, jaunes, rougeâtres ou plutôt d'un violet noirâtre.

Les tiges contiennent une quantité notable de sucre en partie cristallisable et en partie incristallisable, ainsi que cela résulte des analyses que nous donnons plus bas; aussi est-ce comme plant saccharifère qu'on a tenté d'introduire le sorgho en France; mais ses tiges et ses feuilles constituent aussi un très-bon fourrage, et ses graines servent à nourrir les volailles, les lapins, les porcs, etc., et de plus elles contiennent dans leurs enveloppes des matières colorantes que l'industrie peut utiliser.

Quelques savants se sont occupés de l'analyse du sorgho sucré, mais leurs analyses présentent de différences considérables; ainsi, d'après M. Itier, la composition de cette plante serait la suivante :

Eau. 73.330
Sucre. 8.210
Ligneux, cellulose, etc. 17.775
Amidon. 0.100
Silice. 0.065
Sel divers. 0.520
                                        _____
                                       100.000

Tandis que M. Barral indique :

Eau. 63.88
Sucre cristallisable et incristallisable. 18.64
Ligneux. 15.41
Matières azotées. 1.06
Matières résineuses, grasses et colorantes. 0.50
Sels solubles dans l'eau (sulfates et chlorures). 0.27
Sels insolubles (de chaux et d'oxyde de fer). 0.23
Silice. 0.01
                                        _____
                                       100.00

La quantité d'eau que contient le sorgho sucré varie suivant l'âge; M. Leplay a constaté :

	Sorgho non mûr.	Sorgho mûr.
Eau.	80 à 82	70 à 73
Résidu sec.	20 à 18	30 à 27
	100 100	100 100

La quantité de sucre cristallisable que contient le sorgho varie beaucoup suivant le mode de culture, l'exposition, le climat et le terrain; elle peut s'élever à 10 et même 15 pour 100; on peut considérer 7 pour 100 comme une moyenne.

Nous ne pensons pas que cette plante puisse jamais faire concurrence dans nos pays à la betterave, par con-

séquent, nous ne traiterons que très-sommairement de
sa culture et de son rendement comme plante à sucre.
Mais si l'industrie sucrière indigène l'abandonne, cette
plante constituera toujours pour nos pays une plante
fourragère fort précieuse pour certains terrains.

Climat. — Le climat le plus favorable au sorgho sucré
est le même sous lequel prospère le maïs, c'est-à-dire la
région méditerranéenne ; plus au nord ses graines ne
mûrissent pas ; or, contrairement à ce qui arrive à d'autres végétaux, c'est au moment de la maturité des graines
que les tiges contiennent la plus grande proportion de
sucre. Cette propriété dispense le cultivateur de déca-
piter les tiges et de plus lui procure un bénéfice considérable, car le sorgho venant sur un hectare de terre
peut fournir 7200 kilog. de graines, soit environ 100 hectolitres, dont la valeur est de 20 à 25 fr. l'hectolitre, en
réduisant ce nombre à moitié on aurait toujours la
somme importance de 1000 fr. par hectare.

Sol. — Comme on l'a fait remarquer en traitant de la
culture de la betterave et de la canne à sucre, la présence du calcaire dans la terre favorise d'une manière
remarquable la production des principes sucrés; la même
chose doit avoir lieu pour le sorgho ; aussi MM. Girardin
et Dubreuil rapportent dans leur *Traité élémentaire d'a-
griculture,* que les plus belles récoltes de sorgho sucré
qu'ils ont remarquées dans le Midi ont été obtenues dans
les terres d'alluvion argilo-calcaires siliceuses pouvant
être arrosées.

Engrais. — Toutes les plantes saccharifères sont épui-
santes, elles exigent donc une fumure abondante; mais
les engrais qu'on y emploie ne doivent pas être trop
riches en matières azotées qui augmentent la production des principes albuminoïdes au détriment des principes sucrés.

Cette plante n'occupant le sol que pendant 4 à 5 mois,
les engrais qui favoriseront le plus sa végétation sont
ceux qui se décomposent rapidement et se dissolvent le

plus facilement, tels sont : le sang sec, la poudrette, les fumiers très-décomposés et les engrais végétaux.

Préparation du sol. — Les terres qui doivent servir à la culture du sorgho sucré exigent une préparation complète, c'est-à-dire plusieurs labours suivis chacun d'un hersage ; le tout terminé par l'ameublissement de la surface.

Semis. — On peut semer sur couche tiède ou en pleine terre. La seconde méthode semble préférable, et c'est la seule que nous décrirons.

L'époque de ces semailles est la même que celle du maïs, c'est-à-dire du mois d'avril au mois de mai, en se réglant en général sur la fin des gelées ; mais il faut tenir compte de ce que la graine de sorgho emploie de 10 à 15 jours à lever et ne redoute point les gelées lorsqu'elle est en terre.

L'enveloppe de ces graines étant très-résistante, il est bon de la faire tremper pendant 24 heures avant de la déposer dans la terre.

Dans le sol bien préparé, on trace à l'aide d'un rayonneur ou d'un cordeau et d'un traçoir, dans le sens de la longueur, des sillons peu profonds espacés de 0m.40 à 0m.50, puis on en trace d'autres en travers et à la même distance. On répand deux ou trois graines aux points où ces rayons se rencontrent à angle droit, en ayant soin de ne les enfoncer qu'à 3 ou 4 centimètres, on les recouvre ensuite au moyen d'un hersage ou d'un râtelage.

La quantité de graine employée dans ce mode d'ensemencement peut aller de 1 kil.50 à 3 kilog. par hectare.

Soins et entretien. — On exécute un premier binage sur toute la surface du champ dès que les plants ont quelques feuilles, et on répète cette opération en juin et en juillet lorsqu'on la juge nécessaire.

En juin ou en juillet, on éclaircit les plants et on arrose une ou deux fois si une forte chaleur a trop desséché le sol. Mais il faut observer qu'une trop grande quantité d'eau donnée en arrosage peut diminuer la richesse sac-

charine du jus. Enfin, pour empêcher une trop grande
dessiccation du sol et en même temps pour donner plus
de résistance aux tiges contre la violence des vents, on
butte les plants une ou même deux fois si la terre est
légère et qu'on ne peut l'arroser. Cependant, d'après
quelques auteurs, cette opération ne produirait pas de
bons effets sur le sorgho et devrait être supprimée.

Récolte. — Lorsqu'on cultive le sorgho sucré pour en
retirer le sucre, la récolte ne doit se faire qu'au moment
de la maturité complète de ses graines; c'est ce qui résulte d'une suite d'expériences entreprises par M. Leplay,
expériences dans lesquelles l'auteur a pris pour mesure
de la richesse saccharine du jus, la quantité d'alcool produit par la fermentation; voici ces résultats :

Etat du sorgho.	Richesse alcoolique.
Epi formé sans graine.	1.80
— non mûr.	4.30
Sorgho commençant à mûrir.	6.90
— presque mûr.	6.90
— complétement mûr.	9.30

Il faudrait se garder, cependant, de laisser les tiges
jaunir sur pied, car après la maturité, la quantité de
sucre qu'elles contiennent diminue considérablement.
Mais une fois que les tiges sont séparées du sol, si on
a soin de bien les sécher, ce qui leur fait perdre 70 pour
100 de leur poids, elles peuvent être conservées indéfiniment sans que leur sucre s'altère. Cette propriété présente un grand avantage pour l'extraction du sucre, et
d'autant plus que d'après M. Leplay, cette opération est
beaucoup plus simple lorsqu'on emploie les tiges desséchées qu'avec les tiges vertes.

Ajoutons encore qu'au moment de la floraison, la flèche
contient beaucoup de sucre qui, à mesure que la maturité
avance, semble descendre vers les entre-nœuds inférieurs
de la plante; M. Vilmorin a constaté, en effet, qu'au
moment de la récolte les entre-nœuds les plus riches
sont ceux de la base et du milieu de la tige.

D'après ce que nous venons de dire, les tiges doivent être coupées à ras de terre, et privées aussitôt de leur flèche ; on en sépare aussi les feuilles, qui forment la septième partie de la production totale et peuvent servir à l'alimentation du bétail.

Produits. — Le rendement d'un hectare en sorgho sucré peut varier considérablement ; il peut aller de 40,000 à plus de 80,000 kilog. de tiges effeuillées, ainsi qu'on peut le voir par les résultats suivants :

Itier, à Toulouse.. . . . . . 42,700 kil. de tiges effeuillées.
De Beauregard, à Hyères. 50,000
Hardy, à Alger. 83,200

Ces tiges fournissent de 50 à 60 pour 100 de leur poids d'un jus marquant de 9 à 10° à l'aréomètre de Baumé et fournissant de 10 à 20 pour 100 de sucre.

Après l'expression des tiges, il reste un poids considérable de bagasse, à peu près 40 pour 100, qui peut être utilisé dans l'alimentation du bétail.

Si nous prenons les rendements les plus bas, nous trouvons qu'un hectare de sorgho peut fournir au moins 2000 kilog. de sucre ou 1000 kilog. d'alcool de très-bon goût. M. Mathieu, de Vitry en Perthois, estime d'après le résultat de deux années d'essai, qu'un hectare de sorgho peut donner une récolte représentant jusqu'à 1500 kilog. d'alcool à 100° centésimaux.

La culture de cette plante occasionne une dépense d'environ 400 fr. par hectare.

Les personnes qui désireraient des plus amples détails sur le sorgho sucré et sa culture pourront consulter plusieurs ouvrages qui en traitent d'une manière spéciale, entre autres un traité en deux volumes intitulé *Monographie de la canne à sucre de Chine*, par M. Sicard, 1856, et un article très-intéressant dans le *Guide* de M. Basset.

Sucre de Maïs.

Le genre maïs qui, comme les deux précédents, appartient aussi à la famille des graminées, nous fournit également des espèces ou des variétés riches en sucre cristallisable, puisque quelques-unes en contiennent jusqu'à 8 et 10 pour cent de leur poids.

De nombreuses tentatives ont été faites pour en extraire le sucre par des procédés économiques; mais malheureusement les résultats obtenus jusqu'ici par les différents expérimentateurs ont été souvent en contradiction et presque toujours très-peu satisfaisants, et ne laissent pas entrevoir la possibilité, du moins pour nos climats, de substituer cette plante à la betterave.

Cependant il en existe une espèce ou variété, le *Maïs sucré* ou *sugar corn* de la Louisiane, qui, assure-t-on, contient beaucoup plus de sucre que les autres, le double à peu près, et qui, si elle parvenait à prospérer dans nos pays dont le climat ne diffère pas beaucoup de celui de sa patrie actuelle, pourrait fournir à la France une nouvelle plante saccharifère. Sa culture serait doublement profitable si en laissant la graine atteindre sa maturité, la quantité de sucre ne s'en trouvait pas par trop diminuée.

M. Basset annonce dans le dernier volume de son ouvrage sur la fabrication du sucre, une série d'expériences intéressantes sur la culture et le produit du maïs et quelques autres saccharifères; nous espérons qu'elles conduiront à des résultats importants.

Sucre des cucurbitacées.

Une famille de végétaux bien différents de celle des graminées nous fournit aussi plusieurs espèces saccharifères dont la culture en grand pourrait un jour conduire à une exploitation profitable; nous voulons parler des *cucurbitacées*, parmi lesquelles nous trouvons le melon, le potiron et la citrouille, espèces dont les fruits sont souvent très-riches en sucre cristallisable et en glucose. Certaines variétés de courges, surtout, contiennent beaucoup de sucre de canne, telles sont, par exemple, la courge de Valparaiso et la courge sucrée du Brésil; M. Basset en a extrait du jus qui marquait 9 degrés à l'aréomètre de Baumé, et qui lui a fourni des cristaux bien détachés, secs et d'excellente saveur.

La culture industrielle de nos espèces européennes paraît aussi devoir produire de très-beaux résultats; c'est du moins ce que semblent annoncer des expériences commencées déjà depuis longtemps et suivies avec assiduité par un fabricant hongrois, M. Hoffmann de Zombor.

Suivant cet industriel, les avantages de l'exploitation des courges comme plantes saccharifères, seraient nombreux et considérables; la graine ne demande ni à être semée en couche, ni dans une terre riche particulière, la culture n'exige que peu de travail et peu d'engrais, la végétation est très-rapide, le rendement en fruits est bien plus considérable que celui des racines de betteraves, environ 78,000 kilogrammes par hectare, et cela, comme il est dit, avec bien moins de travail et de fumier. A cela ajoutons que ces fruits semblent fournir plus de sucre brut que la betterave, et d'un sucre d'une saveur plus agréable et très-peu coloré. Le sirop possède aussi un goût fin de melon et pourrait être consommé immédiatement. Après le raffinage, ce sucre présente un grain fin d'une blancheur parfaite et d'une saveur pure et franche. Enfin, les fruits donnent une grande quantité de graines dont un peut retirer 18 pour cent de bonne huile à manger. La pulpe se conserve plus longtemps que celle de betterave, sans s'altérer, et est pour les bestiaux un aliment très-nutritif et très-sain.

Sucre de Palmier.

La famille des palmiers est non-seulement une des plus belles du règne végétal, mais en même temps une des plus utiles. Elle appartient à l'embranchement des monocotylédonées, et se compose d'arbres à tige élancée, simple et cylindrique, dont quelques-uns peuvent at-

teindre de 25 à 30 mètres de hauteur. Ils habitent tous
la zone torride, mais quelques espèces peuvent végéter
jusque sous la latitude de 44°, dans notre hémisphère;
cependant elles y produisent rarement des fruits.

Plusieurs espèces de palmiers nous fournissent des produits d'une haute importance; entre autres leurs fruits,
appelés *dattes*, dont la pulpe sucrée possède un goût extrêmement agréable; mais ici nous ne devons nous occuper que de celle dont la sève contient une quantité notable de sucre.

L'histoire du sucre et des plantes qui en fournissent, de
M. William Reed, contient un article intéressant sur le
sucre de palmier; nous croyons utile d'en extraire les
passages les plus importants.

Au Bengale, on désigne sous le nom de *Phœnix sylvestris*, l'espèce de palmier dont on retire le sucre; elle
ne semble pas différer essentiellement du *Phœnix dactyli-
fera* des botanistes européens, et qui est le véritable
palmier qui croît en Arabie et en Afrique. Les petites
différences que l'on remarque dans celui du Bengale doivent être attribuées à la culture, au climat et au sol, et
comme dans ce pays le *Phœnix* est toujours un arbre
cultivé, le nom de *sylvestris*, qu'on lui a donné à l'origine,
doit provenir de sa taille inférieure à celle de la variété
africaine.

Ce palmier du Bengale est un fort bel arbre, lorsqu'il
n'a pas été arrêté dans sa croissance par l'extraction de
sa sève. Sa tige, terminée par une épaisse couronne hémisphérique de feuillage, peut s'élever à neuf et même
douze mètres de hauteur. Les feuilles formant la couronne ont de 3 mètres à 3m.80 de longueur, et sont
composées d'un grand nombre de folioles d'environ
0m.45. Les bases des feuilles desséchées qui restent adhérentes à la tige, après leur chute, la rendent raboteuse
et la distinguent de celle du cocotier, qui est complète-
ment glabre. Comme tous les autres phœnix, cet arbre
est dioïque, les pieds femelles portent les fruits suspen-

dus en gros bouquets au centre de la couronne. Ils florissent en avril et mai, et leurs fruits sont mûrs en juillet et août. Mais au Bengale, ces fruits sont d'une qualité très-inférieure, on ne les cueille que rarement, et alors seulement pour servir de semence ; et, en effet, ils ne se composent presque que d'un noyau enveloppé d'une pulpe très-mince ; le volume des deux réunis n'est guère que le quart de celui des dattes d'Arabie, que l'on apporte en grande quantité au marché de Calcutta, où, étant fraîches, elles sont très-recherchées pour leur goût délicieux.

C'est principalement autour de Calcutta que croissent ces palmiers, mais depuis un temps immémorial, on a négligé de les améliorer, tout en conservant l'habitude d'en extraire le jus sucré ; c'est à cette double cause qu'il faut attribuer la mauvaise qualité de leurs fruits.

Ce palmier se rencontre d'ailleurs dans bien d'autres parties du Bengale proprement dit, mais il n'abonde et ne fleurit bien que dans les terres d'alluvion qui couvrent la partie sud-est de cette région, excepté pourtant les districts exposés aux inondations annuelles produites par le débordement de leurs cours d'eau, ainsi que cela arrive dans le Dacca, le Mymunsing et le Sunderbund. Les contrées les plus propices à sa végétation, et où, par conséquent, on le rencontre en grand nombre, forment un triangle irrégulier, s'étendant sur 200 milles anglais de l'est à l'ouest, et sur 100 milles du nord au sud, et contenant environ 9,000 milles carrés (le mille anglais vaut 1,609 mètres, et par conséquent son carré vaut, en kilomètres carrés, 2km.c.589).

Mais actuellement, l'exploitation des palmiers saccharifères ne s'étend guère que sur les deux tiers de cet espace et encore la culture de ces arbres n'en occupe qu'une petite partie.

La quantité et la qualité du sucre que l'on obtient dans les différentes exploitations qui existent sur cette étendue varient considérablement. Dans les terres sèches

et élevées du Kishnaghur et du Pubna, les arbres fournissent du sucre serré et bien cristallisé, mais moins
abondant que celui qui provient des arbres venant sur
les terres du Jessore et du Sunderbund; ces derniers
croissent rapidement, fournissent plus de jus, mais qui,
à la vérité, est moins riche, mais produit encore un sucre
de bonne qualité et bien grainé. La culture, dans ces pays,
est rendue surtout avantageuse par la présence d'une
grande quantité de combustible à bon marché, servant
au travail du jus et au raffinage du sucre; et il n'existe
peut-être pas dans tout le Bengale un autre district où
cette industrie puisse être développée avec plus de profit que les terres élevées du Sunderbund.

Les graines des palmiers lèvent rapidement pendant
la saison des pluies, et les jeunes plants sont bons à
transplanter dans les mois d'avril et de mai qui suivent,
aussitôt que les premières averses de cette saison ont suffisamment humecté la terre.

Avant que le sucre des palmiers eût pris de l'importance comme objet d'exportation, et que la culture de
ceux-ci eût pris de l'extension, on ne rencontrait guère
ces arbres que dans les haies ou sur les bords des champs;
mais à mesure que leur culture devint plus profitable,
on vit des champs entiers s'en couvrir; les pieds y
étaient espacés de 3 à 5 mètres, mais sans beaucoup
d'ordre; et une fois qu'ils étaient déposés dans la terre,
on ne faisait aucun frais d'engrais ou d'entretien, on
avait soin tout au plus de remplacer les individus détruits par les animaux.

L'espace entre les arbres est ordinairement occupé par
des plantes oléagineuses ou par d'autres cultures; par ce
moyen, on diminue les frais, et les arbres profitent des
labours qui ameublissent la terre et débarrassent le sol
des mauvaises herbes.

A la fin de la cinquième année, à partir de leur plantation, les jeunes arbres peuvent fournir leur sève. C'est
l'âge généralement reconnu nécessaire, cependant on

peut avancer l'opération d'un an ou la retarder d'autant, suivant la différence du sol et du climat. La première année de son exploitation, un arbre ne donne que la moitié du jus qu'il fournit lorsqu'il a acquis toute sa croissance; l'année suivante il en donne les trois quarts, et ce n'est qu'à la troisième qu'on peut le considérer comme en plein rapport.

Le traitement des arbres commence vers le premier novembre. Quelques jours avant on coupe les feuilles inférieures de la couronne tout autour de l'arbre, et quelques autres encore du côté où on se propose de percer la tige. Sur la partie ainsi dénudée on pratique avec un couteau une incision triangulaire d'environ 3 centimètres de profondeur, de manière à pénétrer à travers l'écorce et à diviser les vaisseaux séveux. Les côtés latéraux de l'incision ont environ 16 centimètres et forment, à la partie inférieure un angle dans le sommet duquel est enfoncée une cannelle en bambous, par laquelle la sève s'écoule dans un pot de terre suspendu au-dessous au moyen d'une ficelle.

Ces pots sont suspendus aux tuyaux vers le soir, et enlevés de très-bonne heure le matin suivant, avant que le soleil ait acquis assez de force pour chauffer le jus, ce qui déterminerait immédiatement la fermentation et, par conséquent, la destruction du sucre cristallisable.

Le cultivateur divise sa plantation en sept parties égales, et les arbres de chacune de ces sections sont incisés de nouveau tous les jours. Cette opération s'exécute l'après-midi, et les pots sont placés le soir, comme il a été dit ci-dessus. Le lendemain du premier jour, chaque pot suspendu à un arbre en plein rapport contient de 8k. à 8k.500 de sève; le jour suivant, il n'en contient au plus que 3k.500, et le troisième, seulement de 1k.6 à 1k.7. La quantité de jus qui sort les jours suivants est tellement insignifiante qu'on ne suspend plus les pots pendant quatre jours.

Le septième jour, au soir, on recommence à inciser les

arbres de la même section, ce qui se fait, cette fois, en enlevant une légère couche de la surface de l'incision triangulaire ; par ce moyen, on divise de nouveau les vaisseaux de la sève et on détermine de nouveau l'écoulement de celle-ci. On perfore ainsi successivement les arbres des sept sections, et ce procédé est répété régulièrement pendant tout le temps de la campagne qui se termine ordinairement vers le 15 de février. Après cette époque, la température trop élevée de l'air ferait fermenter le jus si rapidement qu'il ne vaudrait plus la peine d'être évaporé, attendu qu'on n'en retirerait que de la mélasse. Le jus qui coule pendant le jour dans la saison froide, possède les mêmes qualités et est de même disposé à se décomposer.

Pendant toute la campagne, on voit chaque jour au lever du soleil, les travailleurs grimper aux arbres pour en enlever les pots qui se sont remplis pendant la nuit pour les apporter sous un hangar grossièrement construit à l'ombre de la plantation et recouvert avec les feuilles détachées du palmier, et sous lequel on a disposé l'appareil à cuire le jus pour tout le temps de la récolte. Cet appareil est de la plus grande simplicité : il consiste en un trou circulaire pratiqué dans le sol, ayant environ 1 mètre de diamètre et 0,66 de profondeur, sur lequel on construit des espèces de voûtes en terre, servant à supporter quatre chaudières ou marmites en terre cuite mince, et ayant la forme d'un hémisphère d'environ 0^m.50 de diamètre. La cavité pratiquée dans le sol sert de foyer, elle est munie de deux ouvertures, l'une pour l'alimentation du feu, l'autre pour la sortie de la fumée.

Aussitôt que les quatre marmites ont été remplies de jus, on allume le feu et on les entretient pleines en y versant du nouveau jus à mesure que l'eau s'évapore, et on continue ainsi jusqu'à ce que le produit récolté dans la matinée ait acquis la densité voulue. A ce moment, le sirop est versé dans d'autres vases d'une forme quelconque, contenant de 4 à 16 kilogrammes, suivant les habitudes locales; il s'y refroidit, se prend en une masse formée de sucre en grains et de mélasse, et qui se vend sur les marchés sous le nom de *goor*.

Des industriels particuliers, une espèce de raffineurs, vont chercher le goor chez les cultivateurs pour le soumettre à de nouvelles opérations qui le débarrassent plus ou moins complétement de la mélasse et des autres impuretés, et le convertissent ainsi en des sortes plus belles qu'ils vendent sous différents noms.

1º La sorte appelée *khaur*, qu'il obtiennent en mettant le *goor* dans des sacs en grosse toile qu'ils soumettent à une forte pression, soit entre des bambous liés ensemble, soit sous des poids très-lourds, jusqu'à ce que les 30 ou 40 pour cent de la masse en soient sortis sous forme de mélasse. Le résidu est ensuite mêlé et mis dans des sacs bien propres pour être vendu.

2º En soumettant le khaur à une seconde pression, après l'avoir humecté d'eau, il obtiennent le khaur d'une belle qualité, ou *nimphool*. L'eau mêlée au goor détermine l'expression d'une nouvelle quantité de mélasse, le produit est, par conséquent, plus pur et d'une couleur plus claire, et il ne reste dans les sacs qu'environ 50 p. cent du poids primitif du goor. Des fois on applique encore une troisième fois le même procédé, ce qui diminue le poids primitif du goor d'environ 5 pour cent, en laissant un produit plus sec et moins coloré que le nimphool ordinaire.

Cependant comme ces produits ne sont soumis à aucun procédé de dessiccation, ils conservent toujours une certaine quantité d'eau qui les expose à devenir déliquescents ou à couler à travers les sacs dans lesquels on a l'habitude de les emballer. Cet inconvénient a lieu principalement pendant les temps humides, et occasionne en peu de semaines, la perte de la couleur et la production de l'acidité.

3º Le dullooah ou Doloo se fait en remplissant de goor des paniers ronds ou de formes coniques en terre, de la contenance de 2 à 3 maunds. Les paniers étant à claire-voie, et les formes étant percées à leur pointe, la mélasse peut s'écouler dans un vase placé dessous, l'opération étant d'ailleurs favorisée par une couche de deux ou trois pouces d'herbe humide ou d'une plante aquatique appelée *seala*, que l'on place sur le goor. L'humidité de cette herbe se mêle à la mélasse et en facilite l'écoulement. Aussitôt que cette première couche d'herbe est sèche, on l'enlève, on racle la surface du goor, qui maintenant ne contient plus de mélasse, avec un couteau jusqu'à la profondeur de 6 à 8 centimètres, et on place dessus une nouvelle couche d'herbe humide. Lorsque celle-ci est sèche, on l'enlève à son tour et on retire une nouvelle quantité de sucre, et ainsi de suite jusqu'à ce que les paniers ou les formes soient complétement vides. Le sucre que l'on a retiré des appareils ci-dessus est étendu sur des paillassons pour sécher au soleil, puis il est mélangé et emballé pour la vente. Lorsqu'il a été bien préparé, ce sucre est sec, léger et couleur de sable. Par ce procédé on obtient un produit représentant de 30 à 40 pour cent du goor employé, suivant la qualité de ce dernier.

Les mélasses provenant de ces opérations, et qui à cause de l'eau ajoutée, ont entraîné un peu de sucre cristallisable, sont soumises à une nouvelle opération pour en retirer une qualité inférieure de goor d'un grain mou et d'une couleur foncée, que l'on soumet de nouveau au procédé précédent pour en obtenir un plus beau produit représentant de 10 à 15 pour cent de son poids.

Le dullooah, lorsqu'il a été bien séché avant d'être emballé, peut se conserver sans altération pendant plusieurs mois lorsque l'air est sec; mais au Bengale, dans la saison humide des pluies, il absorbe toujours de l'eau et éprouve toujours des avaries.

4° On appelle *Pucka Checnée* ou *Gurpatta* le sucre du pays qui a été soumis à une opération analogue à celle que pratiquent les raffineurs en Angleterre. Le khaur est dissous dans l'eau en un sirop étendu, et placé sur le feu dans une chaudière en terre cuite, et porté à l'ébullition, la défécation s'effectue en y mêlant de la potasse, et versant dessus de l'eau froide. Après l'avoir écumé on le filtre à travers un drap de coton, et le sirop ainsi clarifié est évaporé vivement jusqu'au point où étant refroidi, il se prend en une masse dure et cristalline. Il est versé tout chaud dans des formes coniques, et lorsqu'il est bien froid on débouche l'ouverture du fond des formes, et le sirop s'écoule aidé par l'action des herbes humides que l'on place à la surface supérieure du sucre. A mesure que celui-ci blanchit, on l'enlève par couches, on le sèche au soleil et on l'emballe pour la vente. Le sirop qui s'est écoulé des formes est mêlé avec de nouveau goor et soumis à l'évaporation, ce qui produit, par les mêmes procédés, une seconde qualité inférieure de gurpatta. Le sirop provenant de cette dernière opération évaporé encore une fois, mais sans addition, produit une dernière qualité de sucre molle et rougeâtre que les fabricants appellent *jerunnée*.

Le gurpatta qui a été bien fabriqué et qui n'a pas été mêlé avec d'autres sortes, est blanc et brillant, beau et sec, et lorsqu'il est protégé contre l'humidité il peut se conserver intact pendant toute la saison des pluies.

On a constaté que trois mesures de bon goor fournissent :

Gurpatta de première qualité ou blanc.	0.50
— qualité inférieure ou mélangée.	0.25
Sirop ou jerunnée.	0.25
Mélasse.	1.28
Perte.	0.30
Total. . . .	3.00

5° Le *Dobarah* est une qualité supérieure au gurpatta, c'est un bon sucre blanc, sec et bien cristallisé qui ressemble beaucoup au sucre écrasé raffiné en Europe. Il s'obtient par le même procédé que le gurpatta, mais on y emploie le doullooah au lieu du khaur.

SUCRE D'ÉRABLE.

De la culture de l'érable à sucre, et de la méthode suivie aux Etats-Unis d'Amérique pour fabriquer le sucre avec sa sève.

L'érable à sucre (*acer saccharinum* de Linné), que les Américains appellent *Maple*, est un grand et bel arbre, pouvant atteindre jusqu'à 30 mètres de hauteur ; il fournit une sève douce contenant de 2 à 4 centièmes de sucre.

Ce sucre se présente en gros cristaux prismatiques, assez difficiles à briser, de couleur grise brunâtre ; et un échantillon assez considérable a fourni à M. Basset 81 parties de sucre cristallisable et 19 de sucre incristallisable.

Les anciens procédés, très-simples, d'exploitation de ce produit n'ont subi que peu de changements ; ils se trouvent exposés en détail dans un article du *Bulletin de la Société d'encouragement* (janvier 1811), que nous avions inséré dans notre première édition, et que nous croyons devoir copier textuellement dans l'édition actuelle.

L'érable à sucre croît en grand nombre dans les Etats du centre de l'Union américaine. Ceux qui croissent à New-York et en Pennsylvanie fournissent une plus grande quantité de sucre que ceux que produisent les environs de l'Ohio. On les trouve mêlés avec le hêtre, le sapin, le frêne, l'arbre à concombre (calebassier ?), le tilleul, le peuplier, le noyer et le cerisier sauvage. On les voit quelquefois en bouquets, qui couvrent 2 hectares à 2 hectares 50 ares de terrain ; mais ils sont plus ordinairement mêlés à quelques-uns des arbres que nous venons de citer. On les trouve généralement au nombre de trente à cinquante par acre (43 ares). Ils croissent surtout dans les terrains fertiles, et même dans les sols pierreux ; des sources de l'eau la plus limpide jaillissent en abondance dans leur voisinage ; parvenus à leur plus grand accroissement, ils atteignent la hauteur des chênes blancs et noirs, et leur tronc a de 650 à 975 millimètres de diamètre. Ils portent, au printemps, une fleur jaune en houppe; la couleur de cette fleur les distingue de l'érable commun, dont la fleur est rouge (*acer rubrum* de Linné). Cet arbre donne un excellent bois de chauffage, dont la cendre produit une grande quantité de potasse, qui est peut-être égale en qualité à celle que l'on tire de tout autre arbre qui croît dans les forêts des Etats-Unis. On présume que l'érable atteint, au bout de quarante ans, le terme de son accroissement.

Nous allons indiquer la méthode qui est généralement suivie aux Etats-Unis pour extraire le sucre de la sève de l'érable; nous en devons la communication à M. Michaux, observateur éclairé, qui a séjourné plusieurs années dans l'Amérique septentrionale, et qui a recueilli des notions précieuses sur la culture des arbres forestiers de ce pays, dont quelques-uns sont déjà acclimatés en France.

Le procédé qu'on suit généralement pour obtenir ce sucre est très-simple; on pourrait le perfectionner.

C'est ordinairement dans le courant de février, ou vers les premiers jours de mars, que l'on commence à s'occuper de ce travail. Après avoir choisi un lieu central, on élève un appentis qu'on nomme *Sugar-Camp*, camp à sucre; il a pour objet de garantir des injures du temps les chaudières dans lesquelles se fait l'opération, ainsi que les personnes qui la dirigent. Une ou plusieurs tarières, d'environ 20 millimètres de diamètre; de petits augets, destinés à recevoir la sève; des tuyaux de sureau, de 217 à 271 millimètres, ouverts sur les deux tiers de leur longueur et proportionnés à la grosseur des tarières; des seaux pour vider les augets et pour transporter la sève au camp; des chaudières de la contenance de 60 à 64 litres; des moules propres à recevoir le sirop arrivé au point d'épaississement convenable pour être transformé en pain; enfin, des haches pour couper et fendre le combustible, sont les principaux ustensiles nécessaires à ce travail.

Fabricant de Sucre. 35

Les arbres sont perforés obliquement de bas en haut, à 487 ou 541 millimètres de terre, de deux trous faits parallèlement, à 108 ou 135 millimètres de distance l'un de l'autre; il faut avoir attention que la tarière ne pénètre que de 14 millimètres dans l'aubier, l'observation ayant appris qu'il y avait un plus grand écoulement de sève à cette profondeur que plus ou moins en avant. On recommande encore, et on est dans l'usage de les percer dans la partie de leur tronc qui correspond au midi; cette pratique, quoique reconnue préférable, n'est pas toujours suivie.

Les augets, de la contenance de 8 à 10 litres (2 ou 3 gallons) sont faits, le plus souvent, dans les Etats du Nord, de pin blanc, de frêne blanc ou noir, ou d'érable; sur l'Ohio, on choisit de préférence le mûrier, qui y est très-commun; le châtaignier, le chêne, et surtout le noyer noir et le butternut ne doivent point être employés à cet usage, parce que la sève s'y chargerait facilement de la partie colorante et même d'un certain degré d'amertume dont ces bois sont imprégnés. Un auget est placé à terre, au pied de chaque arbre, pour recevoir la sève qui s'écoule par les deux tuyaux introduits dans les trous faits avec la tarière; elle est recueillie journellement et portée au camp, où elle est déposée provisoirement dans des tonneaux, d'où elle est tirée pour remplir les chaudières. Dans tous les cas, elle doit être bouillie dans le cours des deux ou trois premiers jours qu'elle a été extraite du corps de l'arbre, étant susceptible d'entrer promptement en fermentation, surtout si la température devient plus modérée. On procède à l'évaporation par un feu actif, en ayant soin d'écumer pendant l'ébullition, et on ajoute à la richesse de la liqueur par des additions successives de nouvelles quantités de sève, jusqu'à ce qu'enfin, prenant une consistance sirupeuse, on la passe, après qu'elle est refroidie, à travers une couverture ou toute autre étoffe de laine, pour en séparer les impuretés dont elle pourrait être chargée.

Quelques personnes recommandent de ne procéder au dernier degré de cuisson qu'au bout de 12 heures; d'autres, au contraire, pensent qu'on peut s'en occuper immédiatement. Dans l'un ou l'autre cas, on verse la liqueur sirupeuse dans une chaudière, qu'on n'emplit qu'aux trois quarts, et par un feu vif et soutenu, on l'amène promptement au degré de consistance requis pour être versée dans des moules ou baquets destinés à la recevoir. On connaît qu'elle arrive à ce point, lorsqu'en prenant quelques gouttes entre les doigts, on sent de petits grains. Si, dans le cours de cette dernière cuite, la liqueur s'emporte, on jette dans la chaudière un petit morceau de lard ou de beurre, ce qui la fait baisser immédiatement. La mélasse s'étant écoulée des moules, ce sucre n'est plus déliquescent comme le sucre des colonies.

Le sucre d'érable, obtenu de cette manière, est d'autant moins foncé en couleur, qu'on a apporté plus de soin à l'opération, et que la liqueur a été rapprochée convenablement; alors il est supérieur au sucre brut des colonies, au moins si on le compare à celui dont on se sert dans la plupart des maisons des Etats-Unis; sa saveur est aussi agréable, et il sucre également bien; raffiné, il est aussi beau et aussi bon que celui que nous obtenons dans nos raffineries en Europe.

Cependant, on ne fait usage du sucre d'érable que dans les parties des Etats-Unis où il se fabrique, et seulement dans les campagnes; car, soit préjugé ou autrement, dans les petites villes et dans les auberges de ces mêmes contrées, on ne se sert que du sucre brut des colonies.

L'espace de temps pendant lequel les arbres exsudent leur sève est limité à environ six semaines. Sur la fin, elle est moins abondante et moins sucrée, et se refuse quelquefois à la cristallisation; on la conserve alors comme mélasse, qui est considérée comme supérieure à celle du commerce. La sève, exposée pendant plusieurs jours au soleil, détermine une fermentation acide qui la convertit en vinaigre.

Dans un ouvrage périodique, publié à Philadelphie, il y a quelques années, on indique la manière suivante de faire de la bière d'érable à sucre : on ajoute à 16 litres (4 gallons) d'eau bouillante un litre de cette mélasse et un peu de levain pour exciter la fermentation; si, à cette même quantité d'eau et de mélasse on ajoute une cuillerée d'essence de spruce, on obtient une bière des plus agréables et des plus saines.

Le procédé que nous venons de décrire, qui est le plus généralement suivi, est absolument le même, soit qu'on tire la sève de l'érable à sucre, ou sucrier, soit de l'érable rouge ou de l'érable blanc; mais ces deux dernières espèces doivent fournir le double de sève pour donner la même quantité de sucre.

Différentes circonstances contribuent à rendre la récolte du sucre plus ou moins abondante : ainsi, un hiver très-froid et très-sec est plus productif que lorsque cette saison a été très-variable et très-humide. On observe encore que, lorsque pendant la nuit il a gelé très-fort, et que, dans la journée qui la suit, l'air est très-sec et qu'il fait beau soleil, la sève coule avec une grande abondance, et qu'alors un arbre donne quelquefois de 8 à 12 litres (2 à 3 gallons) en 24 heures. On estime que trois personnes peuvent soigner deux cent cinquante arbres qui donnent 490 kilog. de sucre, ou environ 2 kilog. par arbre, ce qui, cependant, ne paraît pas toujours être le cas pour ceux qui s'en occupent; car plusieurs fermiers sur l'Ohio assurent n'en obtenir qu'environ 1 kilog.

Les arbres qui croissent dans les lieux bas et humides donnent plus de sève, mais moins chargée de principes saccharins que ceux situés sur les collines ou coteaux; on en retire proportionnellement davantage de ceux qui sont isolés au milieu des champs ou le long des clôtures des habitations. On a remarqué aussi que, lorsque les cantons où l'on exploite annuellement le sucre sont dépourvus des autres espèces d'arbres, même des érables à sucre mal venant, on obtient des résultats plus favorables.

Pendant son séjour à Pittsburg, M. Michaux eut occasion de voir consigné dans une gazette de Greensburgh le fait suivant qui mérite d'être cité.

« Ayant, dit l'auteur de la lettre, introduit vingt tuyaux dans un érable à sucre, j'ai retiré le même jour 95 litres (23 gallons 3/4) de sève qui donnèrent 3 kil.515 de sucre, et tout le sucre obtenu dans cette saison de ce même arbre a été de 16 kilog. qui équivalent à 432 litres de sève. » Cette quantité de 432 litres fait supposer que 12 litres de sève donnent 500 grammes de sucre, quoiqu'en général on estime qu'il faille 16 litres par chaque demi-kilogramme.

Il résulte de cet essai que de chacun des vingt tuyaux, il s'est écoulé 4 litres et 3/4 de sève, quantité équivalente à ce qu'on retire seulement des deux cannelles qu'on introduit dans les arbres perforés à cet effet. De ces faits, ne pourrait-on pas conclure que la sève ne s'échappe que par les vaisseaux séveux, lacérés par les tarières qui correspondent à l'orifice supérieur ou inférieur, et qu'elle n'est pas recueillie à cet endroit des parties environnantes. M. Michaux ajoute qu'il est d'autant plus disposé à croire que cela se passe ainsi, qu'un jour parcourant les profondes solitudes des bords de l'Ohio, il lui vint dans l'idée d'entamer un sucrier à quelques centimètres au-dessus de l'endroit où il avait été percé l'année précédente ; en effet, il observa qu'au milieu d'un aubier très-blanc, les fibres ligneuses présentaient à cet endroit une bande verte de la même largeur et de la même épaisseur que l'orifice qui avait été pratiqué. L'organisation des fibres ligneuses ne semblait pas altérée, mais cela n'est pas suffisant pour inférer qu'elles pussent de nouveau donner passage à la sève l'année suivante. On objectera peut-être qu'il est prouvé que des arbres ont été travaillés depuis trente ans, sans qu'ils paraissent avoir diminué de vigueur ni avoir rendu moins abondamment de sève; on pourrait répondre à cette observation qu'un arbre de 0^m.975 à 1^m.3 de dia-

mètre présente beaucoup de surface; qu'on évite de per-
forer l'arbre au même endroit, et que, quand même cette
circonstance aurait lieu après trente ou quarante ans,
les couches successives acquises dans cet intervalle met-
traient cet individu presque dans le même état qu'un arbre récemment soumis à cette opération.

C'est dans la partie supérieure du Nouveau-Hampshire,
dans l'état de Vermont, dans le Tennessée, l'état de New-
York, dans la partie de la Pennsylvanie située sur les
branches orientales et occidentales de la Susquehannah,
à l'ouest des montagnes, dans le comté avoisinant les ri-
vières Mononghahela et Alleghany, enfin sur les bords de
l'Ohio, qu'il se fabrique une plus grande quantité de sucre. Dans ces contrées, les fermiers, après avoir prélevé
ce qui leur est nécessaire jusqu'à l'année suivante, vendent aux marchands des petites villes voisines, le sur-
plus de ce qu'ils ont récolté à raison de 40 centimes la
livre, et ces derniers le revendent 55 centimes à ceux
qui ne veulent pas s'occuper de cette fabrication, ou qui
n'ont pas d'érables à leur disposition.

Il se fait encore beaucoup de sucre dans le Haut-Ca-
nada, sur la rivière Wasboch, aux environs de Michilli-
makinac, où les Indiens, qui le fabriquent, l'apportent
et le vendent aux préposés de la compagnie du Nord-
Ouest, établie à Montréal; ce sucre est destiné pour l'ap-
provisionnement de leurs nombreux employés qui vont
à la traite des fourrures au-delà du Lac-Supérieur.

Dans la Nouvelle-Écosse, le duché de Maine, sur les
montagnes les plus élevées de la Virginie et des deux
Carolines, il s'en fabrique également, mais en bien moindre quantité, et il est probable que les sept dixièmes des
habitants s'approvisionnent du sucre des colonies, quoique l'érable ne manque pas dans ces contrées.

On avance et il paraît certain que, dans la partie supérieure des états de New-York et de la Pennsylvanie, il
y avait une étendue de pays qui abondait tellement en
érables à sucre, que ce qui pourrait être fabriqué de ce

sucre suffirait à la consommation des États-Unis ; que la somme totale des terres recouvertes d'érables à sucre dans la partie indiquée de chacun de ces états, est de 226,000 hectares (526,000 acres), qui, par une réduction très-modérée, donneraient environ 4,158,160 kilogrammes de sucre, quantité requise et qui pourrait même être extraite de 45,250 hectares, à raison de 2 kilogrammes par arbre, et seulement de vingt arbres par acre (43 ares), quoiqu'on estime que 43 ares contiennent à peu près quarante arbres. Cependant, il ne paraît pas que cette extraction, qui est limitée seulement à six semaines de l'année, réponde à cette idée vraiment patriotique. Ces arbres, dans ces contrées, croissent sur d'excellentes terres qui se défrichent rapidement, soit par les émigrations des parties maritimes, soit par l'augmentation singulière de la population, tellement qu'avant un demi-siècle, peut-être les érables se trouveront confinés aux situations trop rapides pour être cultivés, et ne fourniront plus de sucre qu'au propriétaire qui les possèdera sur son domaine : à cette époque le bois de cet arbre, qui est fort bon, donnera peut-être un produit supérieur et plus immédiat que le sucre lui-même. On a encore proposé de poser des érables à sucre autour des champs ou en verger. Dans l'un ou l'autre cas, des pommiers ne donneront-ils pas toujours un bénéfice plus certain ; car, dans l'Amérique septentrionale, on a éprouvé que ces arbres viennent dans des terrains qui sont si arides que les érables à sucre ne pourraient y végéter ? On ne peut donc considérer que comme très-spéculatif tout ce qui a été dit sur ce sujet ; puisque dans la Nouvelle-Angleterre, où il y a beaucoup de lumière répandue dans les campagnes et où cet arbre est indigène, on ne voit pas encore d'entreprises de ce genre qui puissent tendre à restreindre l'importation du sucre des colonies.

Les animaux sauvages et domestiques sont avides de la sève des érables, et forcent les barrières pour s'en rassasier.

Nous ajouterons que la sève de l'*érable plane*, qui est probablement celui qui croît en Bohême et en Hongrie, donne une moindre quantité de sucre que celle de l'érable à sucre. L'érable à feuilles de frêne (*acer negundo*), qu'on élève aujourd'hui dans nos pépinières, ne produit point de sucre.

On ne peut mieux terminer ces citations qu'en les appuyant de faits que contient la lettre suivante, écrite de Vienne, en Autriche, le 21 juillet 1810.

« On a déjà commencé ici (à Vienne) à faire usage d'une espèce de sucre tiré du suc de l'érable. Des essais en grand, entrepris dans différentes parties de cette monarchie, ne laissent aucun doute sur l'utilité de cette découverte. Les différentes espèces d'érable qui sont propres à fournir du sucre se trouvent en assez grand nombre dans les forêts des états d'Autriche, il y en a des bois entiers en Hongrie et en Moravie. Le prince d'Auersberg, qui a déjà fait, depuis plusieurs années, dans ses terres de Bohême, des expériences pour extraire le sucre de l'érable, s'occupe actuellement d'établir pour cet objet une fabrique dont les frais s'élèvent à 280,000 francs. »

D'après les fréquents essais qu'on a faits du sucre d'érable, il ne paraît être, sous aucun rapport, inférieur à celui des Indes-Occidentales. On le prépare à l'époque de l'année où il n'existe ni insectes, ni pollen de plantes qui puissent le gâter. On s'est assuré, par des calculs établis sur des faits, que l'Amérique peut aujourd'hui produire de ce sucre un excédant d'un huitième sur sa propre consommation ; c'est-à-dire, au total, environ 50 millions et demi de kilogrammes, au prix, dans le pays, de 1 dollar (5 fr. 17 cent) les 6 kilogrammes. Les incisions qu'on fait à l'érable ne lui nuisent point ; au contraire, il fournit d'autant plus de sirop, et d'une qualité d'autant meilleure qu'on lui a fait plus fréquemment des incisions. La sève d'un arbre donne en général $1^k.900$ à $2^k.2$ de sucre ; il y a des exemples que cette quantité excède 7 kilogrammes. On peut consulter, avec fruit, un mémoire qui a été publié à ce sujet par le docteur Ruth, dans les transactions de la société philosophique américaine.

Pour rendre autant que possible notre travail plus complet, nous allons y joindre la note suivante extraite du *Journal des Connaissances usuelles*.

Jeté, par les évènements politiques du Canada, d'abord dans le fond des forêts, j'ai pu recueillir quelques-uns de ces procédés des sauvages qui ne sont pas d'un grand intérêt pour les Européens.

Les érables qui donnent du sucre sont : l'*acer saccharinum*, *acer nigrum*, *acer criocaptum* à fruit cotonneux, l'*acer rubrum*. Plusieurs érables d'Europe donnent également du sucre, ce sont : le *faux platane*, le *plane faux*, le *sycomore*, etc.

L'érable à sucre a deux espèces : l'un blanc dit *femelle*, l'autre *mâle* ou *plane*, celle-ci donne plus de sève que l'érable blanc.

Voici la manière dont les sauvages en opèrent la récolte. Nous allons la reproduire au risque de quelques répétitions.

Dès que les arbres commencent à se dépouiller de leurs feuilles, c'est-à-dire vers la fin d'octobre, ou bien encore au commencement de février, on pratique sur les sujets adultes des incisions à différentes élévations du tronc et autour, qui atteignent entièrement l'écorce et une petite partie de l'aubier.

Ces incisions sont ovales et obliques ; elles sont désignées par un nom qui rappelle, en français, celui de *gobe*. On place à la partie déclive de l'incision une espèce de petite règle en bois, avec une rainure légèrement penchée vers la terre, et l'on suspend à l'arbre et sous cette règle des vases de terre ou des augets d'écorce pour recevoir l'eau qui s'écoule des plaies.

Dès que l'incision est pratiquée, un léger suintement commence, et la gelée en arrivant en accroît la quantité. Cette eau est limpide et légèrement sucrée.

Lorsque, par des incisions nombreuses et pratiquées sur beaucoup d'arbres adultes (car ni les jeunes, ni les vieux ne laissent échapper une eau utile), on a ramassé, je suppose, un hectolitre de liqueur; on la fait bouillir dans un grand vase de fer, de cuivre ou de terre, selon la richesse de ces pauvres gens, avec un feu vif; on agite la liqueur et on l'écume avec soin. Les sauvages ou les habitants des campagnes enfoncées dans les terres, reconnaissent que la cuisson est suffisante lorsqu'il ne reste dans la chaudière qu'une matière grasse, onctueuse, épaisse à la consistance d'un sirop très-cuit.

Ce résidu chaud est versé dans des vases d'écorce de bouleau; en refroidissant, il prend en une masse solide très-dure, et qui conserve la forme du vase dans lequel il a été moulé.

Ce sucre, d'une couleur rousse, si la cuisson est bien opérée, a un goût gracieux, une odeur agréable; et si les sauvages ont eu quelque contact avec les Européens, ils le font dissoudre à l'eau, le clarifient avec des blancs d'œuf, pour le faire de nouveau cristalliser par une ébullition plus soignée.

200 litres (100 pots) d'eau leur procurent environ 5 kil. de sucre, et le pot peut contenir 2 litres au moins. Selon les années la sève est plus ou moins abondante en sucre; quelquefois, et lorsque ces malheureux sauvages peuvent s'en procurer, ils mêlent de la farine au sucre, et ils emportent cette substance pour se soutenir dans leurs longues chasses.

Si, privés de ressources, ils tirent le meilleur parti de cette bienfaisante liqueur pour en faire une boisson enivrante, mais d'un bien mauvais goût, surtout parce qu'ils y font infuser du poivre, s'ils peuvent s'en procurer, ou des plantes âcres qui leur sont connues, ils obtiennent également du vinaigre : l'une ou l'autre liqueur résulte de l'exposition de l'eau plus ou moins prolongée au soleil.

Mais cette boisson, prise fraîche, est agréable à boire, désaltérante; elle est bonne pour toutes sortes de maux, surtout pour les maladies de poitrine qui leur sont si habituelles. Le sucre, mangé en morceaux bruts, vaut les meilleures tablettes anticatarrhales, et il est, pendant l'hiver, à peu près l'unique remède.

A cet article qui nous retrace l'état de l'industrie à une époque déjà bien éloignée, qu'il nous soit permis d'en ajouter un autre de date récente que nous prenons dans le *Journal des Fabricants de sucre.*

« L'Amérique, qu'il y aura bientôt quatre cents ans, a reçu la canne à sucre des Européens, qui eux-mêmes la tenaient des Arabes, paie aujourd'hui sa dette à l'Europe en lui envoyant un saccharifère plus précieux que la canne à sucre, l'érable à sucre.

« L'érable à sucre qui croît à profusion dans l'Amérique du Nord, dans le Canada et la haute péninsule de Michigan, est l'arbre favori des Canadiens; il figure avec le castor dans les armes nationales, et sa feuille décore ses boutonnières le jour de la fête de St-Jean, patron de cette terre si longtemps française. Cet arbre, à feuilles vert tendre au printemps et rouge pourpre en automne, se porte à merveille dans les sols pierreux et chauds; mais il supporte aussi les froids les plus rigoureux, puisqu'il vit au bord du Saint-Laurent. Son bois, beaucoup plus dur que le chêne, peut être employé pour plaquer les meubles; une feuille de ce placage qui figurait à l'exposition universelle de 1855, avait 26 mètres de long et était roulée comme une étoffe.

« Quant au sucre, sa récolte, vendange printanière, est aussi simple que celle de la résine dans les Landes : une incision ou plutôt un trou de quelques centimètres est pratiqué à un demi-mètre du sol; un récipient placé au pied de l'arbre recueille tout ce qui s'écoule. Pour éviter les transports et simplifier la manipulation, un abri entr'ouvert par le haut pour le passage de la fumée, est dressé au milieu du bois, une grande chaudière est suspendue sur un feu très-vif, on y verse la sève recueillie et l'on remue avec une pelle de bois; dès qu'elle entre en ébullition, elle s'épaissit, change sa couleur blanchâtre en jaune doré, et l'on verse dans des formes, mesures faites de bois. C'est, on le voit, tout ce qu'il y a de plus élémentaire.

« En substituant des formes en poterie aux formes en bois du paysan canadien, on a obtenu du sucre aussi blanc que s'il était raffiné; mais la qualité était sacrifiée à l'apparence, ce sucre avait presque entièrement perdu son goût primitif, et c'est à y regarder vraiment, car le sucre d'érable a un parfum qui rappelle celui de la vanille.

« La population du bas Canada a pour ce produit une telle prédilection qu'elle n'en consomme jamais d'autre, bien que le sucre de canne venu des Antilles par les Etats-Unis s'y vende toujours de 10 à 15 centimes meilleur marché par livre.

« En 1851, époque du dernier recensement officiel, la quantité de sucre d'érable vendue sur le marché, a été de 10 millions de livres, non compris ce qui a été consommé par les sacchariculteurs.

« L'érable à sucre est donc une magnifique conquête à faire pour la France, où les pentes des Pyrénées, des Alpes et des Cévennes sont admirablement disposées pour les recevoir.

« M. Artault rapporte de son côté (*Journal des Mines*) que d'après le bureau de l'agriculture de Washington, l'érable à sucre fournit annuellement 34,263,656 livres de sucre et 100 à 200 dollars de mélasse.

« Cette production se répartit ainsi qu'il suit :

New-York.	10,351,484 livres.
Vermont.	6,359,357
Ohio.	4,588,109
Indiana.	1,921,794
Pennsylvanie.	2,326,325
Michigan.	2,439,794
New-Hampshire.	1,294,863
Autres Etats libres du Nord et de l'Est.	1,981,930
Total. . . .	34,263,656 »

(*Journal des Fabricants de sucre*, 2ᵉ année, nᵒ 4).

Sucre de Châtaigne.

Le châtaignier (*castanea vesca*) est un des plus beaux arbres des forêts des parties méridionales de l'Europe, et en même temps un des plus utiles ; dans quelques contrées, principalement dans le centre de l'Italie, en Toscane, son fruit d'un goût sucré très-agréable entre pour une bonne part dans l'alimentation des habitants de la campagne. On attribue à Parmentier la découverte du sucre de canne dans la châtaigne ; il en a parlé dans son *Traité de la Châtaigne*, publié en 1780 ; mais ce n'est qu'en 1812, lors du blocus continental, qu'un chimiste de Livourne, M. Guerrazi, entreprit de nouvelles recherches, espérant trouver dans ce fruit un remplaçant de la canne.

Rappelons qu'à cette époque on commençait seulement à s'occuper de la betterave. MM. Darcet et Alluaud ont également fait des expériences sur ce sucre, et bien que nous pensions que dans l'état actuel de notre industrie sucrière, la châtaigne ne puisse pas donner lieu à une exploitation importante, nous croyons qu'il ne sera pas inutile de reproduire ici un extrait étendu du mémoire publié par ces deux savants, et tel qu'il se trouve consigné dans une ancienne édition de notre ouvrage.

Les châtaignes de Toscane sont, jusqu'à présent, celles qui paraissent contenir le plus de sucre. D'après la première expérience de M. Guerrazi, 100 parties de ces châtaignes sèches lui ont fourni 60 de farine et 40 de sirop, dont il a extrait 10 de moscouade cristallisée. Un résultat si avantageux ne pouvait manquer de fixer l'attention de S. A. la grande-duchesse ; et, d'après ses ordres, M. le préfet de l'Arno fit répéter les expériences de M. Guerrazi dans le laboratoire du musée de Florence, par une commission des plus célèbres chimistes de cette ville. Il résulte du procès-verbal de cette commission, qu'ainsi que M. Guerrazi semble l'avoir prévu, les produits de cette expérience ont été plus considérables que ceux qu'il avait annoncés d'abord, puisqu'on a obtenu 64 pour cent de farine et 44 de sirop, dont on a retiré 14 de sucre.

Voici le procédé de M. Guerrazi :

Immédiatement après avoir récolté les châtaignes, on les dépouille de leur enveloppe, soit en les battant avec un fléau, soit en forçant cette enveloppe à s'ouvrir, en roulant un cylindre de bois d'un poids assez fort sur des couches horizontales de châtaignes, soit, enfin, par d'autres procédés équivalents. Ces châtaignes, ainsi dépouillées, sont desséchées de la manière suivante :

On construit une chambre carrée en forme d'étuve, n'ayant qu'une porte et des tuyaux dans les parties latérales pour donner une issue à la fumée.

Le plancher supérieur de cette chambre doit être carrelé en briques plates ; la couverture doit être close, la porte et la fenêtre doivent fermer hermétiquement, afin qu'il ne s'échappe que le moins de chaleur possible

Les choses étant ainsi disposées, on étend les châtaignes sur toute la surface du plancher, et l'on entretient, dans la partie inférieure de ce bâtiment, un feu assez ardent pour communiquer la chaleur au plancher.

A mesure que l'air s'échauffe, les châtaignes se dessèchent ; et, pour que cette opération se fasse également, on doit avoir soin de les remuer avec un râteau pour changer leur surface et pour faciliter leur entière dessiccation.

Lorsque les châtaignes sont parfaitement sèches, ce qui se reconnaît par la dureté qu'elles ont acquise, et lorsqu'elles sont cassantes, on les retire de ce séchoir pour les transporter dans un lieu où elles peuvent être conservées jusqu'à l'année suivante.

Avant de commencer l'opération, on concasse grossièrement les châtaignes, de manière à les réduire en trois ou quatre fragments, ce qui facilite en même temps la séparation de la pellicule qui adhère quelquefois très-fortement et qu'il est bon d'extraire, autant qu'on le peut, par des moyens simples et mécaniques.

On met les châtaignes ainsi concassées à infuser dans l'eau, qui doit les surnager.

Après cinq ou six heures, on soutire cette eau, dont la portion inférieure est bien plus chargée que la supérieure.

On ferme le trou ou robinet, et on verse une nouvelle quantité d'eau, que l'on soutire de même après cinq ou six heures, en la remplaçant par une troisième, que l'on traite de la même manière.

Il est prudent, surtout en été, de soumettre à l'évaporation l'eau de différentes infusions, à mesure qu'on la sépare des châtaignes, pour la soustraire à la fermentation, qui s'y établirait assez promptement.

Comme l'eau, en même temps que le sucre et d'autres matières, a dissous l'albumine végétale qui existait dans les châtaignes, celle-ci, en se coagulant par la chaleur, clarifie parfaitement l'infusion, qui, réduite à un tiers par l'évaporation et filtrée, est portée par une nouvelle évaporation à une consistance de sirop épais, ou à 38° du pèse-liqueur de Baumé.

Il faut préférer pour l'évaporation les chaudières plates, évasées, peu profondes, et évaporer peu d'infusion à la fois pour n'être pas obligé de la tenir longtemps sur le feu.

On dispose le sirop à donner promptement et abondamment du sure cristallisé, en le remuant pendant quelques minutes avec une écumoire, de façon à y engager une certaine quantité d'air.

Le sirop, ainsi préparé, est distribué dans des terrines évasées et peu profondes, où il se prend d'autant plus promptement en cristaux, que son épaisseur est moindre et sa surface plus grande. Le remuement répété de temps en temps dans les terrines, accélère la cristallisation.

Lorsque tout le sirop est pris en une masse bien consistante, on le délaie avec une petite quantité d'eau, et on le soumet, dans un sac de toile bien serrée, à une forte pression.

On obtient par ce moyen une moscouade qui, quoique sentant un peu la châtaigne, est plus sèche, moins colorée que la plupart des moscouades de canne, et qui, par le raffinage, peut être aisément portée au plus haut degré de pureté et de blancheur.

Quant aux châtaignes séparées de l'eau de la troisième infusion, on les soumet à une très-forte pression : ainsi exprimées, elles peuvent être parfaitement séchées dans trois heures au soleil en été, et dans un temps à peu près égal, au vent et à l'étuve; mais il faut que la dessiccation en soit prompte, autrement elles subissent une fermentation qui les altère.

En séchant, on les voit brunir à la surface, mais, dans l'intérieur, elles restent blanches; elles donnent à la meule une farine assez passable, et qui, mêlée en proportion convenable avec celle du froment, sert à faire du bon pain.

L'auteur ajoute que toutes les espèces de châtaignes peuvent donner et donnent en effet plus ou moins de sucre ; cependant il est toujours préférable de choisir celles qui sont les plus douces, les plus blanches et qui n'ont pas été fortement colorées par le séchoir.

En été, et lorsqu'on les a gardées un certain temps, il faut s'assurer qu'elles ne sont ni gâtées, ni devenues rances, ce qui arrive quand 'on ne les conserve pas dans un lieu bien sain et à l'abri de l'humidité.

Chargés de répéter les expériences de M. Guerrazi sur les châtaignes de France, d'en faire de comparatives avec celles de Toscane ; et enfin de varier, par quelques essais de perfectionnement, les procédés indiqués, MM. Darcet et Alluaud ont commencé par s'assurer de la perte en eau que les châtaignes fraîches éprouvent dans leur dessiccation.

Sur 500 grammes de châtaignes fraîches
du Limousin, cette perte a été de. . . 273 gram.
Le poids du fruit sec s'est trouvé de. . . 181
Et celui des enveloppes et des pellicules
de. 46

Total : 500 gram.

D'après cette proportion, 100 parties de châtaignes vertes produisent 45,4 de châtaignes sèches, et 36.2 de fruits secs et dépouillés de la peau qui les recouvrait.

Voici le résultat des expériences que MM. Darcet et Alluaud ont faites sur des châtaignes du département de la Haute-Vienne.

Après avoir fait sécher des châtaignes dans une étuve chauffée par une lampe à courant d'air, on les a dépouillées autant que possible de la deuxième pellicule; on a ensuite pesé 3 kilog. qui ont été divisés en deux lots : l'un, pesant 2 kilog., était composé de morceaux dont les plus volumineux étaient de la grosseur de petits pois; l'autre, pesant 1 kilog., était en partie réduit en poudre, dont les plus gros grains étaient comme du riz.

On avait préparé d'avance un cuvier en y adaptant un robinet au fond, et en garnissant ce dernier d'un lit de paille. On a placé sur la paille 2 kilog. de châtaignes du premier lot, on a couvert cette couche avec le deuxième lot; et, enfin, on a versé, par-dessus le tout, 8 litres d'eau froide à la température de 12° centigrades.

Les châtaignes se sont insensiblement gonflées, mais l'eau n'a pas été entièrement absorbée, et il en est toujours resté en quantité suffisante pour qu'elle surmontât les châtaignes.

Après cinq heures d'infusion, on a retiré par le robinet 4 litres moins 1/4 de liqueur légèrement acide, et qui marquait 8° 1/2 au pèse-liqueur de Baumé pour les sels et les lessives. Nous nommerons cette liqueur A.

On a remis sur le marc 4 litres d'eau, et on a laissé reposer le tout pendant cinq heures; on a ensuite retiré

4 autres litres de liqueur un peu acide et marquant 3°
au même aréomètre; nous la désignerons par B.

On a versé sur le marc 4 litres de nouvelle eau, on a
laissé infuser toute la nuit, et on a obtenu 4 litres de
liqueur marquant 1 1/2 et légèrement acide, C.

Ces 4 litres ont été de nouveau remplacés par une semblable quantité d'eau, qui, cinq heures après, a rendu
4 litres moins 1/4 de liqueur marquant 1° à l'aréomètre, D.

Enfin, on a versé 3 litres d'eau sur le marc pour en
éviter la fermentation, et le lendemain matin, on a retiré
3 litres de liqueur à zéro.

Le marc de châtaignes bien pressé et séché d'abord au
bain-marie et ensuite à l'étuve quinquet, à la température de 70 degrés centigrades, s'est trouvé du poids de
1 kil.795, ce qui fait 59,8 pour 100 des châtaignes employées et contenant 10 d'humidité, ou 66,4 pour 100 de
châtaignes qui en seraient entièrement privées.

Traitement des eaux de lavage.

La transparence de ces eaux était altérée par une certaine quantité d'amidon qu'elles tenaient en suspension.
Cet amidon se convertissait en colle aussitôt que la liqueur était assez chauffée pour coaguler l'albumine, et
il suffisait pour faire prendre cette liqueur par le refroidissement en masse tellement visqueuse, qu'il n'était
pas possible de la filtrer dans cet état.

Pour remédier à ce grave inconvénient, MM. Darcet et
Alluaud ont essayé de laisser déposer les eaux du lavage
au sortir du cuvier, et de les séparer par décantation du
dépôt de l'amidon : ce moyen a parfaitement réussi. Les
eaux de lavage, après avoir reposé pendant douze heures,
et les liqueurs claires, ayant été soutirées au siphon, ont
été successivement examinées en faisant bouillir séparément une petite portion de chacune d'elles.

La liqueur A contenait beaucoup d'albumine que l'ébullition du liquide a coagulée en gros flocons ; la liqueur D n'en contenait qu'une quantité inappréciable, et la liqueur C n'en a présenté aucune trace.

Ces liqueurs ont été mêlées ensemble, afin que l'albumine des premières servît à clarifier les dernières ; comme elles étaient légèrement acides, on y a ajouté environ 60 grammes de craie pour opérer la saturation de l'acide.

Ensuite, on procéda à la cuite de ces eaux : lorsqu'elles furent portées à l'ébullition, elles se troublèrent, et l'albumine se coagula en gros flocons d'un blanc vineux ; la liqueur devint alors parfaitement claire, et, après l'avoir fait évaporer jusqu'à ce qu'elle marquât 10° à l'aréomètre, on la fit passer à travers une toile d'un tissu serré pour en séparer la craie et l'albumine.

La filtration terminée, le sirop fut de nouveau soumis à l'évaporation, jusqu'à ce qu'il fût réduit, tout chaud, à 38° de l'aréomètre de Baumé ; degré de cuisson recommandé par M. Guerrazi.

Le sirop amené à ce point fut mis dans une capsule : pendant le refroidissement, on l'agita continuellement avec une cuiller, pour y introduire la plus grande quantité possible de bulles d'air. Il fut ensuite déposé dans un lieu sec et chaud, et l'on continua de lui faire subir la même agitation tous les jours, matin et soir, afin de faciliter le rapprochement des molécules du sucre cristallisable.

Au bout de 15 jours, de petits cristaux commencèrent à paraître ; au fur et à mesure que la cristallisation avançait, le sirop, qui était fort épais, devenait plus liquide ; après le vingt-septième jour, elle parut terminée. La masse du sirop non cristallisable, quoique coulante, empâtait assez fortement les petits cristaux granuliformes de sucre, et les empêchait de se réunir. On ajouta un peu d'eau pour diminuer la viscosité de ce sirop, on versa le tout dans un linge fin plié à plusieurs doubles, et on le soumit ainsi, d'abord à l'action graduée de la presse du fondeur, et ensuite à celle de la presse hydraulique.

On obtint, par ce moyen, 275 grammes de belle cassonade de couleur nankin, et presque aussi sèche que la cassonade du commerce, produit égal à celui de 5,85 de moscouade marchande par 100 de châtaignes sèches sortant de l'étuve.

MM. Darcet et Alluaud observent : 1º qu'il convient de diviser les châtaignes en trois ou quatre tranches avant de les porter à l'étuve, plutôt que de les peler; cette opération sera d'autant plus simple qu'on pourra la faire à l'aide du découpoir. Lorsque les châtaignes seront sèches, il suffira de les agiter dans une caisse octogone à laquelle on imprimera un mouvement de rotation, pour en détacher la peau et la pellicule, qu'on en séparera ensuite au moyen du van. Les eaux du lavage entraîneront ainsi moins d'amidon, et, si elles en contenaient encore une certaine quantité, on la laissera déposer, et on retirera les eaux claires par décantation.

2º Les premières eaux du lavage dissolvent la plus grande partie du sucre et de l'albumine contenus dans les châtaignes, il est inutile de les lessiver jusqu'à zéro; mais, si les sirops non cristallisables fournissent assez d'alcool pour que la distillation en présente des bénéfices, si l'extrait qui restera dans les châtaignes, empêche la pâte de subir la fermentation panaire, et prive de les faire entrer dans la confection du pain; si, enfin, la farine de châtaignes, dépouillée de tout l'extrait, est propre à cette confection, et acquiert, dans cet état, une valeur plus considérable; il sera plus avantageux de lessiver à zéro.

3º L'idée d'agiter le sirop après sa cuisson pour y introduire une grande quantité de bulles d'air, est très-ingénieuse. En effet, lorsqu'on ne rapproche le sirop de châtaignes qu'à 38º de l'aréomètre de Baumé, ce sirop contenant encore une assez grande quantité d'eau pour tenir tout le sucre en dissolution, il est évident que la

cristallisation ne peut avoir lieu qu'autant qu'une évaporation lente a réduit les principes de ce sirop à des
proportions convenables. L'agitation du sirop en multiplie les points de contact avec l'air, et si ce fluide est
bien sec, il facilite la cristallisation en absorbant ou dissolvant une partie de l'eau. De plus, outre que la grande
quantité de bulles d'air qu'il introduit dans le sirop en
rend la masse plus légère, elle la divise par des milliers
de petites géodes, et les molécules cristallines, engagées
dans des cloisons peu épaisses qui séparent ces géodes,
viennent alors sans effort en tapisser les parois ; enfin, la
cristallisation qui s'opère à la fois dans toute la masse
sirupeuse est d'autant plus prompte, que l'eau s'unit à
l'extrait gommeux, dont elle diminue la viscosité au fur
et à mesure qu'elle abandonne les molécules cristallines
du sucre.

C'est par ce moyen que M. Guerrazi est parvenu à faire
cristalliser le sirop du sucre de châtaignes, qui, livré à
lui-même dans une étuve, s'y prend en masse gommeuse
sans donner aucun indice de cristallisation.

La moscouade que l'on obtient est sensiblement colorée et retient toujours un peu de sirop non cristallisable,
on l'en dépouille en grande partie, si, après l'avoir comprimée dans des formes, on fait filtrer à travers une certaine quantité d'eau. En faisant servir cette eau à de
nouveaux lavages, le sucre qu'elle aura dissous dans cette
opération ne sera point perdu ; le produit sera plus grand
et conservera moins la saveur de la châtaigne ; enfin,
on pourrait terminer avantageusement ce lavage avec
l'alcool.

4º La dessiccation tendant à diminuer la quantité des
principes cristallisables contenus dans la châtaigne, il
paraît plus avantageux d'opérer sur celle qui est fraîche
que sur celle qui est sèche ; mais la châtaigne verte ne
se conservant que six mois de l'année, les manufactures
seraient obligées de suspendre leurs travaux pendant les
six autres mois ; tandis qu'en opérant sur la châtaigne

sèche, elles pourront travailler l'année entière. D'ailleurs il est des années où plus de la moitié des récoltes sont détruites par la moisissure et la pourriture : la dessiccation prévient en grande partie cette perte.

Il est beaucoup de cas où l'économie de trois cinquièmes que la dessiccation apportera dans les frais de transport sera plus grande que les avantages qu'on aurait à opérer sur la châtaigne verte; sous ce rapport il est essentiel que la dessiccation se fasse à la campagne; elle présentera encore une économie de moitié dans la différence du prix du combustible.

5° Le mode de dessiccation usité en Toscane est susceptible de perfectionnement; il est probable qu'une étuve à courant d'air chaud, dont la température pourra être graduée à volonté, remplira entièrement l'objet qu'on doit se proposer, en procurant la plus grande économie possible de temps et de combustible. C'est surtout en Limousin que cette méthode de dessiccation aura une influence doublement utile. La châtaigne, n'étant plus exposée au contact de la fumée, ne contractera pas le goût d'empyreume qu'elle lui communique.

Les auteurs terminent leur mémoire par des considérations sur l'importance de la culture des châtaignes, principalement dans le ci-devant Limousin.

La superficie des terrains plantés en châtaignes, dans le département de la Haute-Vienne, est de 40,000 hectares environ, rapportant 20 à 24 sacs de châtaignes du poids de 60 kilogrammes, en sorte que la récolte totale est annuellement de 480,000 quintaux métriques.

En consacrant la moitié de cette récolte à la fabrication du sucre, elle sera réduite, par la dessiccation et le dépouillement de la peau, à la quantité de 86,000 quintaux, qui, d'après les résultats des expériences faites par MM. Darcet et Alluaud, produiront :

En moscouade. . . . .   592,521 kilog.
En farine.   5,768,802
En sirop de mélasse.   2,822,950

Et enfin, la peau qui en proviendra, s'élevant à la quantité de 22,080 quintaux, elle sera utilement employée à chauffer les étuves avec d'autres combustibles dont elle enrichira les cendres et fournira, seule, une quantité considérable de potasse.

Que, maintenant, on considère que le département de la Haute-Vienne ne comprend qu'environ le tiers du plateau granitique de l'ancienne province du Limousin, sur lequel le châtaignier est cultivé avec un égal succès ; que les départements de la Creuse, de la Corrèze sont appelés à partager les mêmes avantages dont quelques parties de la Charente et de la Dordogne jouiront encore ; que l'on considère que les châtaigniers des Cévennes, de la Bretagne, des environs de Lyon et de plusieurs autres contrées de la France, doivent aussi contenir du sucre dans une certaine proportion ; que la Corse, la Toscane et plusieurs provinces du royaume de Naples font d'abondantes récoltes de ce fruit précieux, on sera convaincu que parmi les moyens employés jusqu'à ce jour pour remplacer le sucre des cannes, il n'en est pas de plus certain et de plus digne des encouragements du gouvernement que celui proposé par M. Guerrazi.

Sucre d'amidon ou glucose.

La composition chimique de l'amidon, que l'on appelle aussi fécule amylacée, complétement débarrassée de son eau hygroscopique, est représentée par la formule $C^{12} O^{10} H^{10}$; mais lorsqu'on combine ce corps avec certains oxydes métalliques, comme, par exemple, avec le protoxyde de plomb, on obtient des composés ayant pour formule $MO, C^{12} H^9 O^9$, ce qui prouve que sa véritable composition doit être représentée par $C^{12} H^9 O^9$, HO. La fécule, d'après cela, serait un hydrate d'un corps n'existant pas à l'état anhydre, représenté par $C^{12} H^9 O^9$, et qui en subissant des modifications isomériques ou en se combinant avec un plus ou moins grand nombre d'équivalents d'eau produirait une foule d'autres principes neutres, tels que la cellulose, les différentes espèces de sucre, etc.

La fécule jouit de propriétés curieuses dont nous devons faire connaître les principales.

Dans son état ordinaire et à froid elle est insoluble dans l'eau, mais chauffée à 200° sous la pression atmosphérique ordinaire, elle éprouve un changement isomérique très-remarquable qui la transforme en un corps soluble semblable à la gomme et qu'on a appelé *dextrine*.

Elle éprouve la même modification lorsqu'on la chauffe jusqu'à 170° avec de l'eau dans un tube hermétiquement fermé.

Lorsqu'on la chauffe graduellement avec 15 fois son poids d'eau, on remarque que arrivé à la température de 55° le liquide commence à s'épaissir, la fécule commence à se convertir en *empois* et cette conversion est complète de 72° à 100°.

Cette transformation provient de ce que dans une grande quantité d'eau les granules de fécule se fendent et augmentent de 30 fois leur volume.

L'amidon qui a été complétement désagrégé, étant mis en présence de l'iode s'y combine et forme un composé coloré en bleu foncé ; mais lorsqu'il ne l'a été que partiellement, la coloration est rouge ou violette. Ce composé, qu'on peut appeler *iodure d'amidon*, se décolore complétement dans l'eau chauffée à 66°, mais il reprend sa couleur primitive par le refroidissement.

Tous les acides étendus en agissant sur l'amidon, commencent par le désagréger, puis ils le font passer successivement à l'état de dextrine, qui n'est qu'un état isomérique, et à celui de glucose, qui peut être représenté par $C^{12}H^9O^9 HO + 4HO$ ou simplement $C^{12}H^{14}O^{14}$.

Pendant la germination des céréales et de beaucoup d'autres graines, il se produit près des pousses et des jeunes racines, une substance que MM. Payen et Persoz, qui l'ont découverte, ont appelée *diastase*. Ce corps jouit de la propriété très-curieuse d'agir sur la fécule absolument comme le font les acides étendus d'eau.

C'est sur ces derniers caractères de l'amidon qu'est fondée sa conversion industrielle en glucose.

Nous devons à Kirkhof, chimiste russe, la découverte de l'action particulière de l'acide sulfurique sur l'amidon, action que nous utilisons maintenant le plus souvent dans la fabrication du glucose. Plus tard, en 1812, Lampadius, professeur de chimie à Freyberg, fit de nombreuses expériences sur cette saccharification.

Nous allons décrire les procédés de cette fabrication telle qu'elle est généralement pratiquée actuellement d'après les indications de M. Dubrunfaut dont le nom paraît inséparable de tout ce qui a rapport à l'industrie sucrière.

On peut donner au glucose trois formes différentes, savoir celle de *sirop de fécule*, de *sucre en masse*, et de *sucre granulé*. Dans tous les cas, la première opération, la saccharification, s'effectue de la même manière.

Saccharification. — La transformation de la fécule en glucose par l'action de l'acide sulfurique dilué et chaud, s'opère dans de grandes cuves en bois ou en cuivre. Les proportions en poids des substances qui prennent part à cette réaction sont à peu près de 100 de fécule, 500 d'eau et 5 d'acide sulfurique à 66° de l'aréomètre.

Les cuves en bois ont en général de grandes dimensions, puisqu'elles peuvent contenir au delà de 125 hectolitres ; elles sont construites en fortes douves de 8 à 10 centimètres d'épaisseur. Un tube en plomb destiné à amener la vapeur se recourbe en cercle sur le fond et présente dans cette partie de nombreux traits de scie.

Pendant la saccharification, il se produit des émanations très-incommodes pour le voisinage, on en diminue considérablement les mauvais effets en couvrant la cuve et dirigeant ces émanations avec la vapeur vers une cheminée d'appel. On peut utiliser la chaleur contenue dans cette vapeur en la faisant passer, avant son arrivée à la cheminée, par un serpentin à tubes horizontaux où commence l'évaporation des sirops ; en outre, par cette disposition, une grande partie de l'huile essentielle fétide qui existe dans la fécule de la pomme de terre, se trouve condensée avec l'eau dans le serpentin et coule dans un vase général.

On commence par verser dans la cuve la moitié de la totalité de l'eau à laquelle on ajoute l'acide sulfurique. En ouvrant ensuite un robinet, on y fait arriver par le tube de plomb la vapeur d'un générateur qui en élève la température à 100°. Ensuite au moyen d'un entonnoir qui traverse le couvercle de la cuve, on y introduit la fécule par parties de 20 kilogrammes délayées dans 30 litres d'eau, en ayant soin de maintenir constamment à 100° la température de toute la masse. La conversion en glucose est complète 30 à 40 minutes après la dernière addition de fécule. On reconnaît facilement ce terme en laissant refroidir un peu du liquide dans un verre et y ajoutant quelques gouttes de teinture d'iode qui ne doivent plus y produire de coloration violette.

Suivant M. Manbré ce mode de saccharification est défectueux, il laisse toujours dans le produit de 20 à 50 0/0 de matières gommeuses, plus de l'huile essentielle et des matières grasses qui en déprécient considérablement la valeur dans la plupart de ses applications.

D'après cela, M. Manbré décrit un autre procédé de fabrication qui paraît éviter ces graves inconvénients ; nous allons transcrire les paroles de l'auteur telles que nous les trouvons dans le *Technologiste* (26ᵉ année, page 242).

« Par le nouveau procédé, on produit du glucose qui ne contient pas de gomme et n'a aucune saveur amère ou empyreumatique en soumettant l'amidon ou la fécule délayée dans l'eau acidulée par l'acide sulfurique, à l'action de hautes températures, dont la plus basse n'est pas moindre de 136° C., et celle préférable de 160° C., parce qu'elle accélère l'opération et que par ce moyen, on obtient en totalité la conversion ou la transformation de la

gomme en sucre, tandis que l'huile essentielle et les matières grasses et empyreumatiques sont vaporisées et
éliminées, c'est-à-dire chassées par voie de distillation des
appareils à conversion ou à saccharification.

« L'appareil qui paraît convenir le mieux pour obtenir
le degré élevé de température nécessaire, et opérer par
ce procédé perfectionné est une sorte de chaudière dite
à conversion ou convertisseur dont on voit la forme
dans la fig. 44. Sa hauteur et sa forme sont semblables
à celles d'une chaudière à vapeur à haute pression, et
elle est construite en forte tôle susceptible de résister à
une pression de 6 atmosphères. A l'intérieur elle est
doublée en plomb, afin de prévenir la corrosion, et à
l'extérieur elle est pourvue d'une enveloppe aussi en
tôle B, B, qui laisse entre elle et la chaudière, un intervalle de 10 centimètres qu'on remplit de sable, ou
autre corps mauvais conducteur pour s'opposer au
rayonnement.

« Ce convertisseur est en outre pourvu à l'intérieur
d'un tuyau de vapeur en plomb O, O, percé de trous au
travers desquels la vapeur d'eau vient crever dans le
mélange pour la chauffer; et il porte à la partie supérieure un tube G, fermé par un robinet par lequel on
introduit peu à peu la fécule délayée; on y remarque
encore les soupapes de sûreté DD; le tube de niveau
d'eau de vapeur J; un thermomètre I; le manomètre H;
un tuyau d'échappement de vapeur F; un robinet de vidange sur le fond M; un serpentin ou tuyau distillateur
E, au travers duquel la vapeur à haute pression est
chassée du convertisseur entraînant avec elle l'huile essentielle, et les matières grasses empyreumatiques vaporisées et gazéifiées par l'action de la haute température à
laquelle le mélange est soumis; le tube d'admission de la
vapeur L; le tube N pour l'introduction de l'eau; C, C,
les trous d'homme.

« Pour opérer la conversion de l'amidon ou de la
fécule en glucose par le nouveau procédé, on emploie

de préférence les proportions suivantes des ingrédients :

« 1,000 kilogrammes d'amidon ou de fécule.

« 50 hectolitres d'eau.

« 50 kilogrammes d'acide sulfurique ou 5 pour 100 au poids de la fécule.

« On verse dans le convertisseur ci-dessus décrit, 25 kilogrammes d'acide sulfurique d'une densité de 66° étendu de 25 hectolitres d'eau, et on porte le mélange à la température de 100° C. Pendant qu'on fait chauffer l'eau acidulée dans le convertisseur, on verse dans une cuve ouverte en bois qu'on peut appeler cuve à dilution, et qui est pourvue d'un tuyau de vapeur, d'un robinet de vidange et d'un agitateur, les autres 25 hectolitres d'eau auxquels on ajoute les 25 kilogrammes d'acide sulfurique restant, et on chauffe cette eau acidulée à 30° C. Aussitôt qu'on a atteint cette température, on verse peu à peu dans cette cuve à dilution les 1,000 kilog. d'amidon ou de fécule en agitant le mélange, et on élève la température de 38° à 48° pendant tout le temps. Alors on verse doucement la fécule délayée et chauffée à 40° dans le convertisseur où l'eau acidulée est maintenue bouillante, et on continue à faire arriver la vapeur, afin de conserver au mélange, et dans toutes ses parties, la température de 100°.

« Dès que toute la fécule délayée a été introduite dans le convertisseur, on ferme le robinet du tuyau par lequel s'est opérée cette introduction, et on continue à faire arriver la vapeur jusqu'à ce que la température du mélange s'élève à 160° C., qui correspond à une pression de 6 atmosphères. Aussitôt qu'on a atteint cette température, on ouvre le robinet du serpentin ou tuyau de distillation, au travers duquel la vapeur s'échappe, entraînant avec elle, au dehors du convertisseur, l'huile essentielle et les matières grasses empyreumatiques, qui se vaporisent et se gazéifient à celle de 134°. Par conséquent, en portant et maintenant la température dans le mélange à 160°, on distille et on chasse aisément, non-seulement cette huile essentielle et ces matières grasses empyreumatiques vaporisées et gazéifiées, mais de plus, toute la gomme est convertie en glucose, conversion qui s'opère à la température d'environ 138° à 140°.

« On continue à chauffer et à maintenir la température à 160° dans le mélange jusqu'à ce que, en essayant avec l'iode, on trouve que tout l'amidon a été converti, puis ensuite en essayant avec le silicate de potasse ou l'acétate de plomb pour constater s'il n'y a plus de dextrine ou de gomme dans la liqueur saccharifiée. La manière de faire ces essais est très-simple.

« On extrait du convertisseur un échantillon du mélange, on neutralise l'acide sulfurique, on passe par un filtre à charbon de bois, et quand la liqueur est refroidie, on la soumet aux réactifs indiqués ci-dessus.

« Le travail de la conversion ou de la saccharification peut durer de deux à quatre heures suivant la qualité et la pureté de l'amidon ou de la fécule.

« Une fois que la fécule a été saccharifiée, soit par l'une, soit par l'autre des deux méthodes que l'on vient de décrire, il faut procéder à la saturation de l'acide sulfurique qui est resté complétement intact, et semble n'avoir opéré la conversion que par sa simple présence. »

Cette saturation s'obtient toujours au moyen de la craie ou carbonate de chaux, dont on emploie un poids à peu près égal à celui de l'acide. Ce dernier s'empare de la chaux avec laquelle il forme un composé très-peu soluble, le plâtre ou gypse, et expulse l'acide carbonique qui, en s'échappant, produit une vive effervescence qui fait monter considérablement le mélange.

Dans l'ancien procédé la saturation se fait dans la cuve même où on a opéré la conversion. Pour cela on y introduit peu à peu et avec précaution, le carbonate de chaux, par un trou d'homme pratiqué à son couvercle. Il est indispensable d'ajouter la craie par petites portions afin d'éviter qu'une effervescence très-vive ne rejette le liquide hors de la cuve.

On reconnaît que la saturation est complète à la cessation de l'effervescence, ou par l'emploi du papier bleu de tournesol qui ne doit plus rougir lorsqu'on le plonge dans le liquide.

On peut laisser reposer le liquide saturé dans la cuve pendant 12 heures ; mais si celle-ci doit servir immédiatement après une nouvelle saccharification, on en fait couler le contenu dans un bassin inférieur où on l'abandonne au repos.

Le liquide devenu clair est soutiré et filtré sur le noir d'os en grains dans des appareils semblables à ceux que nous avons décrits en parlant de la fabrication du sucre de betterave. Le dépôt boueux de sulfate de chaux est enlevé à la pelle par le trou d'homme et jeté sur un filtre formé d'un grillage tendu de toile où on le laisse égoutter et on le lave ; le liquide qui provient de cette opération est ajouté au reste du produit.

La dissolution de glucose qui sort des filtres est reçue dans des réservoirs inférieurs ; elle ne marque que 14° à 16° Baumé. Pour la concentrer à l'état de sirop on lui fait subir une première évaporation en le faisant couler à la surface du serpentin évaporateur dont il a été parlé plus haut. Pour cela, une pompe ou un monte-jus l'élève dans un réservoir d'où, par un caniveau horizontal muni de nombreuses fentes, il va se répandre à la surface du serpentin. Enfin, on termine sa concentration par une seconde évaporation dans des chaudières chauffées par la vapeur, où il acquiert une densité de 27° bouillant, ou 33° froid. Après un repos de deux ou trois jours pendant lequel se déposent les dernières parties de sulfate de chaux que l'évaporation a rendues insolubles, le sirop est livré au commerce.

Dans le nouveau procédé décrit par M. Manbré, cette dernière partie de la fabrication présente aussi quelques modifications que nous allons faire connaître en citant encore les propres paroles de l'auteur :

« Quand on a constaté que tout l'amidon et la totalité de la gomme sont saccharifiés, on décante le mélange dans une cuve ouverte en bois, qu'on appelle cuve à neutralisation, qui est pourvue d'un agitateur, d'un robinet de vidange, et on procède à la neutralisation de l'acide sulfurique en versant par petites portions à la fois 75 kilogrammes (pour 50 d'acide) de carbonate de chaux purifié, délayés dans 25 hectolitres d'eau, agitant la liqueur tant pour favoriser et accélérer la neutralisation que pour provoquer le dégagement de l'acide carbonique qui se produit pendant l'opération.

« La liqueur saccharine neutralisée est alors abandonnée au repos pendant deux à quatre heures, pendant lesquelles presque tout le sulfate de chaux se dépose au fond de la cuve. On décante alors cette liqueur sucrée et on la reçoit dans une bassine ouverte en fer, dite bassine à précipitation, pour procéder à la précipitation du sulfate de chaux qui reste encore en solution, combiné à la liqueur sucrée. A cet effet, on introduit dans cette liqueur du gaz acide carbonique (?) ou de l'oxalate d'ammoniaque qui convertissent le sulfate de chaux en carbonate ou en oxalate de cette base qui se précipitent ; on passe la liqueur à travers des filtres-sacs et on la reçoit dane une bassine évaporatoire où on la concentre jusqu'à la consistance de sirop, c'est-à-dire jusqu'à ce qu'elle marque 20 degrés à l'aréomètre de Baumé ; on soutire ce sirop dans une bassine à clarification, appelée bassine de départ, pour le purifier.

« Pour opérer cette purification on verse dans le sirop et on y mélange une quantité plus ou moins forte de sang desséché et de charbon de bois en poudre suivant l'impureté de ce sirop, et on chauffe à une température de 80° à 82°, à laquelle toutes les matières étrangères se coagulent et se déposent au fond. En cet état, on jette le sirop clarifié sur des filtres-sacs, puis on le fait passer à travers le charbon et on le reçoit dans une bassine de cuite où il est évaporé jusqu'à ce qu'il acquière une densité de 28° Baumé, si on veut produire du glucose à l'état de sirop, et jusqu'à celle de 38° Baumé si on veut fabriquer du glucose solide à l'état concret. Cela fait, on laisse refroidir ce glucose et on le dépose dans des barils ou autre récipient en usage dans le commerce.

« Le glucose préparé par le procédé perfectionné dont on vient de donner la description est parfaitement pur, exempt de gomme, d'acide, de sulfate de chaux et de saveurs amères et empyreumatiques. Ses propriétés et sa composition chimique sont identiques avec celles du sucre de raisin ou de malt, et son emploi est très-avantageux dans la fabrication de l'alcool, des eaux-de-vie, de l'ale, du porter, des autres bières, du cidre, du vinaigre, des vins, etc. »

En commençant la description des procédés de fabrication du glucose, nous avons dit que l'on prépare ce corps sous trois formes différentes; nous venons de voir comment on l'obtient à l'état de *sirop de fécule*, et que pour l'avoir à l'état concret il faut pousser l'évaporation jusqu'à 34° à 38° chaud, ou 40° froid. Dans ce dernier cas on verse le sirop dans un rafraîchissoir où on laisse la cristallisation commencer; enfin, on fait couler le sirop épais dans des tonneaux où la solidification s'achève, et dans lesquels on l'expédie.

Ce qu'on appelle dans le commerce sirop *impondérable* n'est que du sirop de glucose qu'on a cuit jusqu'à la densité de 40° Baumé bouillant. Versé dans des tonneaux et refroidi, ce sirop devient tellement épais qu'il ne coule que très-difficilement et ne peut plus être *pesé* à l'aréomètre.

Pour obtenir du glucose granulé il faut que la saccharification soit aussi complète que possible, que le sirop soit bien saturé, bien décoloré et bien débarrassé de ses calcaires; celui obtenu par le procédé de M. Manbré paraît donc très-convenable pour cette fabrication. Il doit être cuit jusqu'à 30 B. bouillant en été, et à 28° B, seulement en hiver.

Lorsque la température est descendue à 20° dans des vases où on l'a placé pour le refroidir, on le fait couler dans des tonneaux dont le fond supérieur a été enlevé et l'inférieur est percé de dix à douze trous bouchés avec des faussets en bois. Ces tonneaux sont disposés sur des chantiers élevés de 30 à 40 centim. au-dessus du sol. Une nappe de plomb règne sous chaque rangée de tonneaux.

On évite la fermentation qui s'opposerait à la formation des cristaux en ajoutant à chaque tonneau deux décili-tres de dissolution saturée d'acide sulfureux. Au bout de huit à dix jours les cristaux commencent à se déposer, lorsque les deux tiers de la hauteur des tonneaux en sont pleins, on retire les chevilles du fond pour laisser couler le sirop resté liquide. Ces sirops d'égouttage sont réunis dans la cuve à saccharifier avant la saturation.

Après l'égouttage, le sucre granulé est placé dans une étuve chauffée par un courant d'air à 25° sur des tablet-tes en plâtre qui absorbent une partie du sirop resté ad-hérent aux grains.

Compte de fabrication du glucose de fécule.

Nous empruntons à la *Chimie industrielle* de M. Payen le compte de fabrication du glucose pour 2,000 kilog. de fécule.

Fécule, 2000 kilog. à 28 fr.	560 fr.
Acide sulfurique, 50 à 60 kil., à 20 fr. . .	12
Craie, 50 à 60 kil.	2
Main-d'œuvre.	20
Direction, éclairage, frais de bureau. . .	26
Combustible, 30 hect. à 4 fr.	120
Loyer, entretien, escomptes.	56
Transports, emballages.	50
Noir d'os, 400 kilog.	40
	886
Sirop à 33°, 2800 kil. à 33 fr. (ou glucose solide, 1867 kil. à 44 fr.).	924
Bénéfice net. . .	38

Nous trouvons dans le *Guide* de M. Basset un compte que l'auteur dit avoir également emprunté à M. Payen, mais qui ne se rapporte nullement au précédent, et qui pour le même poids de fécule traitée, présente un bénéfice de 50 francs au lieu de 38.

De son côté, M. Basset croit pouvoir établir comme suit le compte de fabrication de l'année entière.

Compte de fabrication du glucose, pour l'emploi de 2000 kilogrammes de fécule par jour seulement.

Fécule, 2000 × 300 = 600,000 kilog. à 45 fr. 270,000 fr.
Acide sulfurique, 13,500 kilog. à 18 fr. . . .   2,430
Craie, 13,500 kilog. à 4 fr.   540
Main-d'œuvre et traitement du contre-maître ou chef ouvrier, 15 fr. par jour. . . .   4,500
Combustible.   6,000
Noir d'os.   9,000
Loyer, entretien, frais divers.   3,000
Transports.   3,000
                                              ─────────
                                              298,470

Produit : Glucose en masse, 600,000 kil. à
  57 fr. 50 c. les 100 kilog. 345,000
                                              ─────────
                    Différence. . . . 46,530 fr.

Ce qui nous paraît exorbitant.

Saccharification de la fécule par la diastase.

Nous avons dit plus haut ce qu'on a appelé diastase, et que cette substance exerce sur l'amidon une action analogue à celle des acides dilués. Pour bien faire comprendre le procédé que l'on emploie pour appliquer ce principe à la préparation en grand du sirop de glucose, rappelons les traits principaux de la première partie de la fabrication de la bière.

L'orge trempée est mise germer dans un grenier; aussitôt que la gemmule a atteint une longueur égale aux deux tiers de celle du grain, il faut arrêter les progrès de son développement pendant lequel toute la diastase qui s'est formée et qui suffit à la saccharification de tout l'amidon du grain, serait détruite, c'est ce que l'on obtient en séchant l'orge germée d'abord à l'air libre, puis dans un courant d'air chaud, mais dont la température ne doit pas dépasser 78°.

L'orge germée, desséchée et grossièrement moulue, constitue le *malt* avec lequel on fabrique la bière.

L'opération par laquelle on transforme la fécule, d'abord en dextrine, puis en glucose, est extrêmement simple ; on l'exécute dans une espèce de grand bain-marie composé d'une chaudière en cuivre contenue dans une cuve en bois, pleine d'eau, qu'un jet de vapeur arrivant par un tuyau maintient à une température comprise entre 75° et 78°. La chaudière reçoit également un tuyau de vapeur.

On emplit la chaudière aux deux tiers de son volume d'eau dans laquelle on délaie le malt, et lorsque la température de ce mélange s'est élevée à 75° on y verse la fécule en la délayant au fur et à mesure qu'elle se liquéfie. De même que dans la saccharification par l'acide sulfurique on reconnaît l'état de la liqueur au moyen de la teinture d'iode, si l'on veut avoir une dissolution de dextrine sucrée, on arrête l'opération lorsque la liqueur mise en contact avec l'iode prend une teinte vineuse. Dans ce cas, pour détruire l'action de la diastase on porte rapidement à 100 la température du mélange. Dans le cas où on veut obtenir une saccharification aussi complète que possible, on continue à maintenir la température du mélange à 75°, jusqu'à ce qu'il ne manifeste plus de coloration en le mettant en contact avec l'iode. On filtre le sirop obtenu, puis on le concentre et on termine la fabrication comme lorsqu'on emploie l'acide sulfurique.

Le procédé que nous venons de décrire a l'inconvénient de saccharifier moins complétement la fécule ; mais par contre il présente l'avantage assez considérable de laisser des résidus qui peuvent être utilisés dans la nourriture du bétail.

Application du glucose.

Les applications du glucose sont nombreuses, et quelques-unes d'entre elles sont assez importantes ; nous en connaissons déjà plusieurs. En raison de son bas prix, on le mélange souvent avec des sirops de sucre ; dans ce cas, il est préférable de se servir du sirop obtenu par la diastase qui ne peut contenir rien de nuisible.

Le glucose granulé, lorsque son bas prix le permettait, a été quelquefois introduit frauduleusement dans la cassonade ; nous savons par quel moyen très-simple on peut découvrir cette fraude (*voyez* le livre Ier, chap. VI, p. 92, traitant de la *Saccharimétrie*).

LIVRE IV.

RAFFINAGE DU SUCRE ET FABRICATION DU SUCRE CANDI.

––––––

RAFFINAGE.

A la fin de l'introduction historique qui se trouve en tête de cet ouvrage, nous avons exposé franchement notre opinion, qui date de très-loin, relativement à l'utilité et à l'opportunité de faire de cette dernière partie de la fabrication du sucre, une industrie spéciale; nous n'avons donc pas à revenir sur ces considérations; mais nous engageons les fabricants qui désirent sérieusement le progrès et qui ne veulent pas négliger leurs propres intérêts, à les relire et à bien les méditer.

Nous savons sous quelles formes et dans quel état les raffineries reçoivent les différentes variétés de sucre, soit des colonies, soit des fabriques indigènes ; mais nous rappellerons à ce sujet que ces sucres, outre des proportions plus ou moins grandes de matières colorantes, contiennent toujours de la mélasse, des matières azotées, des composés de sucre avec la chaux et la potasse, et quelquefois aussi des acides, des débris organiques, du sable et d'autres impuretés introduites accidentellement. Dans les sucres provenant des colonies, on rencontre souvent de petites quantités d'alcool.

Le but que se propose l'opération dont nous allons maintenant nous occuper, est de séparer du sucre toutes ces matières étrangères qui en masquent la blancheur naturelle et en altèrent la saveur qui, dans celui de la betterave, est généralement rendue âcre et désagréable, et acquiert au contraire un arôme et un parfum particuliers dans celui de la canne. Cette dernière circonstance fait que dans les colonies, on consomme des quantités considérables de sucre à l'état brut.

Le raffinage se propose en outre de donner au sucre qui vient d'être rendu parfaitement pur, la forme qu'une longue habitude fait rechercher par le consommateur, celle de pains coniques consistants et sonores, composés de grains durs et cristallins.

Le raffinage se compose de plusieurs opérations distinctes que nous allons décrire successivement dans l'ordre dans lequel elle se présentent naturellement et avec tous les détails nécessaires à leur intelligence.

Dépotage et dégraissage.

En arrivant à la raffinerie, les barriques, caisses et sacs qui contiennent le sucre, sont empilés sur un chantier disposé dans un magasin bien sec et bien aéré. Le sol de cette pièce est dallé en pente, afin que le sucre liquide qui coule de ces barriques, etc., puisse se réunir dans un caniveau destiné à le recevoir.

Avant de procéder au raffinage, on vide toutes les barriques, etc., sur le sol également dallé d'une pièce, dite *bac à sucre*, afin de faire subir au sucre une espèce de triage ayant pour but de séparer les parties avariées et celles qui étant trop agrégées ont besoin d'être écrasées, soit par l'action d'un pilon, soit par celle d'un moulin spécial. Cette opération préliminaire s'appelle *dépotage*.

Les sucres fournis par le commerce et provenant d'origines très-différentes, présentent aussi des différences considérables dans leur aspect et dans leurs qualités. En traitant de la fabrication, nous avons fait connaître les grandes améliorations qui y ont été introduites récemment et qui permettent aux colonies de produire de très-beaux sucres bruts presque purs, en cristaux isolés de deux à trois millimètres de longueur; mais ces produits exceptionnels sont rares. Souvent les sucres des colonies, après un long voyage, sous l'influence d'une température élevée, ont éprouvé un commencement d'altération qui les rend plus ou moins poisseux.

Le commerce classe les diverses sortes de sucres de la manière suivante : 1º première ou clairce ; 2º deuxième ordinaire ; 3º belle troisième ; 4º bonne troisième ; 5º fine quatrième ; 6º belle quatrième ; 7º bonne quatrième ; 8º quatrième bonne ordinaire ; 9º quatrième ordinaire ; 10º basse quatrième.

On a cru pouvoir considérer la nuance plus ou moins claire de la couleur d'un sucre comme un caractère de sa pureté ou de sa richesse saccharine, et on a imaginé ce qu'on a appelé des *types*, c'est-à-dire une série d'échantillons d'une vingtaine de nuances, partant des plus foncées pour se terminer à la blancheur parfaite et pouvant servir à déterminer les différentes variétés de sucre. Mais on peut objecter à cette pratique que les sucres les plus blancs ne sont pas toujours les plus purs.

Suivant un ouvrage publié, il y a peu de temps en Angleterre, les raffineurs de ce pays préfèrent pour leurs opérations, traiter les sucres d'une teinte grisâtre qui, prétendent-ils, disparaît plus facilement que la teinte jaune-paille, qui d'ailleurs est recherchée par la vente de détail.

Les sacs et les paillassons sont bien lavés à l'eau chaude pour leur enlever autant que possible le sucre qui y est resté adhérent. Les caisses et les barriques, après avoir été bien grattées, sont placées sur une aire circulaire en maçonnerie recouverte d'une feuille de cuivre bombée en son milieu et relevée à la circonférence. Une cloche en cuivre étamé que l'on fait monter ou descendre à volonté au moyen d'une chaîne, vient recouvrir ces barriques, etc., et un jet de vapeur amené au milieu de l'aire par un tuyau terminé en pomme d'arrosoir dissout le sucre dont étaient encore imprégnées leurs parois. Le liquide coule dans l'espèce de rigole circulaire que la circonférence relevée de la plaque de cuivre forme autour du bord de la cloche et de là se rend dans un réservoir spécial où arrivent également les eaux provenant du lavage des sacs et des paillassons. Cette opération est appelée le *dégraissage*.

Fonte.

Avant de procéder à la dissolution du sucre, opération que l'on appelle très-improprement la *fonte* ou *refonte*, le raffineur doit s'assurer par les procédés saccharimétriques qui sont à sa disposition, de la véritable composition des sucres sur lesquels il opère, afin de pouvoir bien conduire la marche de ses opérations, et arriver au résultat le plus satisfaisant possible. Ainsi, par exemple, il trouvera souvent que les sucres des colonies manifestent une réaction acide, tandis que ceux de nos fabriques indigènes contiennent un excès de chaux à l'état de sucrate; si donc il opère sur un mélange en proportions convenables des deux, il pourra obtenir des produits parfaitement neutres.

La dissolution se fait dans une chaudière de cuivre d'environ 1,000 litres de capacité et à peu près semblable aux chaudières de défécation que nous avons décrites en traitant de la fabrication du sucre de betteraves ; en effet, comme celles-ci, elles sont munies d'un double fond, ou contiennent un tube en serpentin qui circule sur leur fond et est percé de trous par lesquels la vapeur vient barboter dans le liquide et hâte l'opération.

On emplit d'abord la chaudière à peu près au quart de son volume d'eau, et on y fait arriver aussitôt la vapeur, puis on y ajoute de 750 à 800 kilogrammes de sucre, et on agite fortement avec un râble jusqu'à ce que tout le sucre soit dissous. Cette dissolution, qu'on appelle ordinairement *clairce*, marque à l'aréomètre de 30° à 32°, la température étant de 40 degrés.

On doit remarquer que les clairces trop épaisses filtrant très-lentement, exposent aux fermentations, et que, en général, il faut d'autant plus baisser leur densité que le sucre est d'une qualité plus inférieure.

Lorsqu'on veut faire rentrer les sirops d'égout ou de clairçage dans la refonte, il faut en proportionner la quantité à leur densité qui peut aller de 38° à 40° de l'aréomètre, afin que, la chaudière étant pleine, la dissolution ait une densité de 30° à 32°.

Clarification.

Lorsque le liquide a atteint la température de 45° à 50°, et que tout le sucre est bien dissous, il faut procéder à sa clarification, car il est toujours louche ; nous savons, en effet, que les sucres bruts qui entrent dans sa composition contiennent constamment des matières terreuses, des débris de plantes, de l'albumine végétale, etc. Cette opération peut se faire dans la chaudière même où on vient d'opérer la fonte, ou dans une chaudière particulière placée au-dessus des filtres. Dans les deux cas, on commence par ajouter à la clairce du noir animal fin, dans la proportion d'environ 4 à 5 kilogrammes par 100 kilogrammes de sucre brut, et seulement 2 à 3, lorsque la clarification est appliquée à des sirops d'égout. On brasse fortement avec le râble, afin de bien répartir le noir dans toute la masse, et on continue à chauffer. Lorsque l'ébullition commence, on ajoute du sang de bœuf, dans la proportion de 1 à 2 litres par 100 litres de sirop et délayé dans quatre fois son volume d'eau. Le tout est encore bien brassé.

Dans le cas où l'on se sert d'une chaudière particulière à clarifier, on fait passer la clairce de la chaudière à fondre dans un monte-jus qui l'envoie à cette chaudière à clarifier. Cette dernière ne diffère point, quant à la forme, des chaudières à déféquer, mais elle a des dimensions plus considérables.

En Angleterre, on n'emploie qu'une seule chaudière pour fondre et clarifier, et dans cette dernière opération, que l'on considère comme la plus désagréable et la plus pénible de toute, l'industrie du raffinage, on n'emploie que le sang.

Dans le cas où on emploie le noir, il se forme bientôt à la surface du liquide une couche de cette substance qui s'épaissit, se gonfle et monte jusqu'au bord de la chaudière. On arrête ce montage en cessant de faire arriver la vapeur, et souvent on fait reprendre au liquide son niveau primitif, en versant dessus de l'eau froide.

La clarification est bien faite, lorsque la couche de noir est sèche et détachée des parois de la chaudière.

N'oublions pas de dire que lorsqu'on n'a pas fait un mélange neutre avec des sucres acides et des sucres alcalins, il faut ajouter à la clairce acide, en même temps que le noir et le sang de bœuf, un peu de chaux, et à la clairce alcaline on ajoute quelquefois du phosphate d'ammoniaque.

Filtration.

Pour débarrasser le sirop des écumes, du noir fin, et de toutes les impuretés qu'il peut contenir, et enfin pour le décolorer, on lui fait subir deux filtrations successives, la première dans un débourbeur qui n'est qu'un filtre ordinaire sans noir, et la seconde dans un filtre ordinaire à noir en grains.

Le filtre Taylor peut servir de débourbeur sans noir; on peut employer aussi d'autres moyens décrits plus haut.

On fait également usage des débourbeurs sans noir, dans lesquels la filtration, au lieu de s'opérer de l'intérieur à l'extérieur, s'opère en sens inverse, de l'extérieur à l'intérieur. Voici comment on les dispose : dans une bâche en cuivre, ou mieux en tôle, d'un mètre de largeur, d'un mètre de profondeur et de deux de longueur, et munie d'un double fond percé de deux rangées de trous circulaires, on dispose une double rangée de sacs en toile pelucheuse de coton, munis à leur partie inférieure d'une douille métallique, qui entre à frottement dans les trous du double fond, et dont le bord supérieur est attaché à des liteaux en bois reposant sur la partie supérieure de la bâche, et dont, enfin, les parois sont tenues écartées par des claies en osier ou en fils métalliques.

Le liquide que l'on introduit dans la bâche dépose une partie des matières étrangères sur le double fond, et pénètre dans l'intérieur des sacs pour couler ensuite par des douilles entre les deux fonds d'où, enfin, il est conduit par un robinet dans les filtres à noir en grains.

Le robinet par lequel le sirop sort du double fond, doit être disposé de manière à ce qu'on puisse diriger dans un réservoir spécial les premières parties qui sortent, pour le reverser ensuite dans le débourbeur.

La disposition de ces débourbeurs présente le double avantage de fournir une surface filtrante très-étendue et d'être très-faciles à nettoyer.

On se sert aussi d'un appareil qui est un véritable composé d'un débourbeur et d'un filtre à noir ; nous en empruntons la description au *Dictionnaire de Chimie industrielle*.

Dans une bâche en tôle, on place une claie en osier, soutenue à 3 centimètres du fond par des liteaux ; on place dessus une poche en toile s'appuyant sur les parois de la bâche, dont elle est séparée par des claies en osier ; on met sur cette poche 10 centimètres de noir en grains, sur le noir un grillage, puis une seconde poche disposée de même, et chargée de noir fin.

Au fond de cette seconde poche est adaptée une rangée de tubulures sur chacune desquelles s'emmanche la douille d'un sac ; une claie en osier maintient l'écartement des parois des sacs, dont les bords supérieurs sont soutenus par des liteaux. Le sirop versé dans la bâche pénètre dans les sacs et coule par les douilles sur la couche de noir et sur la première poche qu'il traverse pour sortir clair par un robinet placé au bas du filtre. Le noir fin, qui a opéré une première décoloration, reste dans la bâche après l'enlèvement des sacs et est retiré à la pelle. Après chaque filtration, on change les sacs et la seconde poche qui doivent être dégraissés avec soin et lavés à grande eau ; la poche inférieure et la couche de gros noir peuvent durer plusieurs jours, suivant la qualité des sucres employés.

Décoloration.

En sortant des appareils que nous venons de décrire, le sirop doit être conduit dans des réservoirs d'où ensuite il est réparti dans des filtres à gros noir, qui ne diffèrent en rien de ceux que nous avons décrits en traitant de la fabrication, si ce n'est dans leurs dimensions colossales, qui atteignent quelquefois 8 et même 12 mètres de hauteur. Comme le fait remarquer avec beaucoup de justesse M. Basset, ces énormes quantités de noir employées dans le raffinage, indiquent un art encore imparfait et qui exige de profondes modifications.

Quelquefois ces filtres sont ouverts et agissent à air libre, d'autres fois ils sont fermés et la filtration s'y opère sous la pression de plusieurs atmosphères.

La température du liquide, dans ces appareils, doit être maintenue élevée, car, comme nous l'avons déjà dit plus haut, un abaissement de température, en augmentant la densité, rendrait la filtration plus lente, et par suite la fermentation pourrait s'y développer.

Le sirop doit y arriver en assez grande abondance pour qu'il y en ait constamment une certaine quantité au-dessus du noir ; on le laisse écouler lentement par le robinet, on en recueille, de temps en temps, une petite quantité pour l'examiner, et dès que la décoloration ne s'opère plus complétement on arrête la filtration.

Pour mieux épuiser le pouvoir décolorant du noir, on verse sur les filtres neufs la clairce à claircer les pains, à celle-ci on fait succéder la clairce à cuire, et enfin à celle-ci succède une clairce plus commune servant à faire des pains d'une qualité inférieure ou *lumps*. Par ce moyen on obtient aussi un sirop à cuire plus régulier, ce qui est nécessaire pour obtenir des produits également réguliers.

Faisons remarquer en passant que le nom de *clairce* doit s'appliquer principalement aux sirops qui ont été décolorés le plus possible par l'action du noir.

Le noir fin resté dans les débourbeurs retient beaucoup de sirop, que l'on retire en délayant le noir dans l'eau bouillante et le jetant sur un filtre sur lequel on l'arrose de nouveau. Puis on le presse et on le vend comme engrais.

Le gros noir qui reste dans les filtres doit être complétement épuisé du sucre qu'il retient en faisant arriver dessus de l'eau chaude. Les sirops qui proviennent de ces lavages sont ajoutés aux dissolutions filtrées une première fois, tant qu'ils marquent au moins 25° à l'aréomètre; les suivants, plus légers, sont envoyés à la chaudière à fondre le sucre brut.

Le noir, après avoir été ainsi épuisé, est retiré du filtre, séché et revivifié, et remplacé par du noir neuf.

Cuite.

La cuite dans le raffinage ne diffère en rien de la cuite que nous avons eu occasion de décrire en traitant de la fabrication du sucre indigène; on y emploie exactement les mêmes appareils et donne lieu aux mêmes observations. Nous devons pourtant faire remarquer que les degrés de cuite doivent varier suivant la qualité des sucres, ils doivent être poussés d'autant plus loin que les sucres et les sirops employés en chargement sont plus impurs ou altérés.

L'introduction des appareils à cuire dans le vide constitue un immense progrès dans cette partie de l'industrie sucrière, et doit y amener de grandes simplifications.

Cependant quelques raffineurs continuent encore à cuire dans des chaudières chauffées par la vapeur qui circule dans un serpentin et qui communiquent avec un appareil spécial de condensation, lequel consiste en un grand cylindre vertical dont la capacité est divisée en deux parties inégales par un diaphragme horizontal.

Cristallisation.

La clairce ayant été amenée au point convenable de densité par la cuite, on doit procéder à la cristallisation ; or, pour que celle-ci puisse avoir lieu dans les circonstances les plus favorables, il faut réchauffer le sirop sortant des appareils à cuire, où sous une pression de 54 à 56 centimètres, la température n'est que de 67 à 69 degrés. Pour cela, on l'introduit dans le réchauffoir qui est une chaudière en cuivre à double fond, où la température est élevée jusqu'à 80°. Lorsqu'on réunit plusieurs cuites dans le même réchauffoir, il faut avoir soin d'élever la température à ce même degré à chaque nouvelle cuite qu'on ajoute.

Pendant que la température s'élève, on mouve avec soin, et si la cuite paraît trop serrée, on peut la ramener au point voulu en y ajoutant ou de l'eau ou de la clairce.

Cette manœuvre exerce une grande influence sur la beauté des produits, et on mouve plus ou moins suivant que l'on se propose d'obtenir du sucre compact à grain fin ou du sucre poreux à gros grain.

Le grain commence ordinairement à apparaître dans le réchauffoir, et forme à la surface du sirop une légère croûte cristalline que l'on ramène dans la masse, pour rendre la cristallisation homogène, en mouvant à deux ou trois reprises.

Le grain qui se produit dans cet appareil doit être d'un jaune plus ou moins foncé suivant le chargement ; une nuance grise ou verdâtre indique une mauvaise clarification ou un commencement de fermentation ou, enfin, une mauvaise revivification du gros noir. Les pains obtenus avec ces cristaux sont gris et de mauvaise qualité.

Les réchauffoirs sont placés soit dans l'atelier des chaudières à cuire, soit dans la pièce voisine appelée l'*empli*; dans ce dernier cas, la cuite y est amenée par une gouttière qui passe par une embrasure.

On puise la cuite dans les réchauffoirs au moyen de grandes cuillères hémisphériques en cuivre, de 25 centimètres de diamètre, et munies d'un long manche en bois, on les appelle *puisoirs* ou *pucheux*, et on la verse dans des *bassins* dits *becs de corbin*, qui sont également en cuivre, terminés par un large bec, et munis sur les deux côtés de poignées en fer assujetties avec des rivets. Ces bassins servent à remplir les formes; mais pendant qu'on les charge de cuite ils sont disposés sur le *canapé* qui est un support composé de plates-bandes en fer assemblées à jour, portant deux crochets qui le suspendent au bord du réchauffoir.

Les formes sont des vases coniques percés d'un trou à leur sommet; la cuite dont on les remplit s'y prend en cristaux et se moule en pains. Ces vases sont le plus ordinairement en terre cuite et garnis de quatre cercles en bois; mais depuis quelques années, on se sert souvent de formes en tôle zinguée, ou en tôle recouverte d'un vernis vitreux, et quelquefois aussi peinte avec un mélange de céruse, de minium et d'huile de lin. Mais comme la présence d'un composé plombifère présente toujours du danger sous le rapport de la salubrité, Numa Graar compose la peinture de ses formes avec un mélange d'huile de lin, rendue siccative par le bioxyde de manganèse, et de terre de pipe. Les formes en cuivre rouge étamé seraient les meilleures, et ce n'est que par économie qu'on les remplace par des formes en tôle vernissée. On emploie aussi quelquefois des formes en zinc peint.

On donne aux formes des dimensions différentes, ainsi que des noms différents, comme l'indique le tableau qui suit :

	Hauteur.	Diamètre de la base.
Le petit deux......	50 centimèt.	14 centimèt.
Le grand deux.....	50	17
Le trois........	47	20
Le quatre.......	53	22
Le sept.........	64	28
Les bâtardes en vergeoises........	80	42

Avant de remplir les formes, il faut bien les laver, ce qui peut se faire au moyen d'un appareil souvent employé en Allemagne. Il est formé d'un cône vertical creux dont la paroi percée d'un grand nombre de trous est garnie extérieurement de plusieurs rangées de brosses; un tuyau vertical qui pénètre dans son intérieur y injecte un courant d'eau lorsqu'on ouvre un robinet; une courroie qui passe sur la poulie lui imprime un mouvement de rotation.

Un ouvrier place la forme sur le cône dont les brosses nettoient la surface intérieure, et l'eau s'échappant par les trous lorsqu'on ouvre le robinet, entraîne au dehors les saletés. Ensuite, l'ouvrier bouche avec un fausset ou avec un clou étamé ou simplement avec des morceaux de linge humide roulés en tampon le trou pratiqué au sommet et va déposer successivement les formes ainsi préparées dans l'*empli* en les plaçant verticalement sur leur pointe et appuyées les unes contre les autres; il forme de cette manière plusieurs rangées.

L'emplissage des formes exige certaines précautions qu'il ne faut pas négliger. Deux ouvriers remplissent le bassin posé sur un canapé, deux autres l'enlèvent et vont remplir successivement les formes à peu près jusqu'à la moitié de leur hauteur. Cette première tournée étant terminée, ils en commencent une seconde pour achever le remplissage jusqu'à 1 centimètre au-dessous du bord. Ce remplissage en deux ou plusieurs fois est nécessaire pour distribuer uniformément les cristaux dans toute la masse; c'est aussi dans ce but que l'on *opale* ou on mouve la cuite dans les formes aussitôt que la surface se recouvre d'une croûte cristalline. On se sert pour cette opération de couteaux en bois de hêtre de 1m.34 de long, 2 centimètres d'épaisseur et dont les deux tiers de la longueur constituant la lame ont 4 centimètres de largeur et sont amincis des deux côtés; l'autre tiers de la longueur est arrondi et forme manche.

L'ouvrier plonge et relève la lame du couteau suivant l'axe de la forme et lui fait faire deux ou trois fois le tour de celle-ci, afin de détacher le sucre de sa paroi; car partout où il adhérerait à celle-ci, le pain prendrait une teinte fauve. Vers la fin, lorsque la cristallisation a pris une certaine consistance, il faut mouver vivement pendant quelques instants en plongeant la lame successivement sur toutes les parties de la paroi et la relevant dans l'axe.

La température de l'empli doit être maintenue régulièrement à 35°; il faut remarquer que la chaleur qui se dégage naturellement pendant la cristallisation suffit pour entretenir ce degré, lorsque cette pièce est peu élevée et bien close.

Travail des greniers.

Le reste du travail des pains s'effectue dans les trois ou quatre étages supérieurs auxquels on donne le nom de *greniers*. Ce sont des pièces spacieuses, mais carrelées et basses pour économiser la main-d'œuvre, la place et le combustible. On les chauffe au moyen de la vapeur perdue des machines que l'on fait circuler dans des tuyaux métalliques placés contre les murs au bas de la pièce. Tous ces greniers communiquent avec l'empli au moyen d'une ouverture de 1 mètre carré pratiquée au milieu de leur plancher, entourée de garde-fous, à laquelle on donne le nom de *tracas*. Ces ouvertures servent à monter de l'empli dans les greniers et d'un grenier dans l'autre, les formes et d'autres objets nécessaires au travail. Une chaîne sans fin, appelée *monte-pains*, opère ce transport.

Après 6 à 12 heures de séjour dans l'empli, les formes sont montées dans les greniers, et là elles étaient anciennement posées chacune sur un pot après en avoir enlevé le linge ou le fausset qui bouchait son sommet et percé le sucre en ce point en y enfonçant une alène appelée *manille*; cette dernière opération était désignée par le mot *primer*. Maintenant cette disposition fort incommode et peu économique est remplacée par les planchers *lits-de-pains* dont l'idée première est due à James Bell et remonte à l'année 1811; ils ont été ensuite perfectionnés et modifiés successivement par M. Bayvet et M. Leroux-Duffié.

Chacun de ces appareils se compose (fig. 45) d'une table ou plancher horizontal percée de huit trous destinés à recevoir les pointes des formes; le diamètre de ces trous est assez grand pour laisser pénétrer les formes jusqu'à peu près au septième de la hauteur et leur espacement est tel qu'étant *plantées* (placées), elles s'appuient les unes contre les autres. Sous ce premier plancher, il s'en trouve un second formé de deux lames de zinc inclinées l'une vers l'autre de manière à former une gouttière dans laquelle se rend le sirop qui s'écoule des formes, pour sortir ensuite par le tuyau *b c* qui le conduit dans un réservoir.

Au bout de 12 heures, la base du pain, que l'on appelle *patte*, est déjà blanche et sèche, et le sucre prend alors le nom de *sucre vert égoutté*. On laisse ainsi *purger*, c'est-à-dire égoutter le sucre pendant six ou sept jours, au bout desquels chaque forme a perdu environ 6 kilog. de *sirop vert*. Après cela, on abaisse à 20° la température des greniers qui avait été maintenue à 25° au moins, car à ce moment, il y aurait un grave inconvénient à les chauffer trop fortement; aussi en été, on est obligé de les abriter de l'ardeur du soleil au moyen de persiennes.

Blanchiment.

La *purge* ne peut pas, on le conçoit bien, débarrasser complétement les cristaux de sucre de tout le sirop, il en reste encore une quantité considérable qui adhère à leur surface et qui les colore plus ou moins, il faut donc avoir recours à une nouvelle opération pour obtenir des pains parfaitement blancs.

Cette opération est fondée sur le principe général qu'un liquide saturé d'une certaine substance et qui par conséquent ne peut plus dissoudre une nouvelle quantité de celle-ci, ne perd pas pour cela la faculté d'en dissoudre une autre ; c'est ainsi, par exemple, que l'eau saturée de salpêtre peut encore dissoudre les sels qui se trouvent mélangés avec une nouvelle quantité de salpêtre à travers laquelle on la fait filtrer. Il arrive de même dans le raffinage qu'une dissolution aqueuse de sucre pur, une clairce, conserve la propriété de dissoudre les sels et le sucre incristallisable et laisse intact le sucre cristallin.

On applique ce principe de deux manières différentes : 1° le *terrage* et 2° le clairçage.

Terrage. — Dans le terrage, on jette sur la patte (base) du pain contenu dans sa forme une couche de *terre* (argile) détrempée dans l'eau. On commence par préparer la patte en grattant fortement la croûte dure qui s'est formée à sa surface, avec la lame plate d'un instrument en métal, qui ressemble beaucoup à une truelle de maçon et que l'on appelle *riflard ;* on remplit le creux (fontaine) qui s'est formé au milieu lors de la cristallisation et on égalise bien toute la surface, sur laquelle on met une couche de sucre déjà terré (Brésil, Havane, Réunion) auquel on a ajouté des débris de sucre blanc provenant d'autres opérations, et on achève cette préparation en tassant bien avec une truelle ronde dite *truelle à faire les fonds*.

Choix et préparation de l'argile. — L'argile que l'on emploie doit être exempte de fer et surtout de sels et de sulfures solubles et n'abandonner l'eau qu'elle contient ni trop rapidement ni trop lentement. Toutes les argiles blanches ou grises peuvent servir après avoir subi un bon lavage. Pour cela, après l'avoir laissée sécher on la réduit en poudre, on la délaie dans l'eau et on la laisse déposer; on décante l'eau que l'on renouvelle quatre ou cinq fois, on passe la bouillie claire qui est au fond à travers une passoire pour en séparer le gravier et les pierres qui pourraient s'y trouver. Cette bouillie, qui doit être assez consistante pour ne pas reprendre le niveau immédiatement lorsqu'on en projette une portion sur la masse, est puisée avec des cuillers et versée, puis bien étalée sur la patte des pains, en couches de 2 à 3 centimètres et même 3,5 centimètres, suivant que la qualité du sucre est plus ou moins élevée. L'argile laisse filtrer très-lentement l'eau qui, en traversant le *fond*, se sature de sucre pur, et cette dissolution, en filtrant ensuite à travers la masse du pain, en entraîne le sirop coloré.

Lorsque l'ouvrier reconnaît que la terre reste humide, il prime les pains, afin d'en faire couler le sirop, et si cet écoulement est trop lent il prime de nouveau et à une plus grande profondeur.

On a remarqué que l'argile neuve laissait filtrer l'eau trop rapidement, ce qui diminue trop les pains, on évite cet inconvénient en y ajoutant à peu près un quart d'argile des *esquives*, c'est-à-dire des disques d'argile qui proviennent des opérations précédentes.

Le terrage s'achève en sept ou huit jours, après quoi on enlève l'esquive, on refait le fond, et on procède à un second terrage et quelquefois même à un troisième : deux terrages suffisent pour les sucres de bonne qualité. Le sirop qui s'écoule des formes pendant tout le temps du terrage, est appelé *sirop couvert* de première, de deuxième et de troisième terre ou couverture.

Pour détacher les esquives de la forme, on passe une

lame le long des parois. Quatre jours après avoir mis l'argile, lorsque le terrage est terminé celle-ci a diminué de volume en séchant et peut facilement être enlevée du fond.

Pour s'assurer si après le second terrage, le sucre est suffisamment raffiné, on prend deux ou trois formes au hasard et on les *loche*, c'est-à-dire qu'on les retourne, on frappe quelques petits coups secs sur un billot, on pose une main au-dessous des pains et on lève la forme; si la pointe du pain conserve des parties colorées, on remet celui-ci dans sa forme et on procède à un nouveau terrage.

Clairçage. — L'opération que nous venons de décrire présente le grave inconvénient d'être très-longue, car elle dure vingt-quatre jours au moins; c'est ce qui a déterminé la majeure partie des raffineurs à la remplacer par le clairçage qui, lorsqu'il est employé seul, est terminé en sept ou huit jours au plus.

On prépare les fonds des pains comme nous l'avons dit précédemment et on y ajoute du grain de sucre pour en égaliser la surface et remplir la fontaine. Il va sans dire que la bonté de ce grain ajouté doit être en rapport avec celle du type de sucre que l'on veut produire; ainsi, par exemple, pour la belle qualité désignée anciennement dans le commerce par le nom de *sucre royal*, et qui dans les fabriques est appelé *mélis* et *quatre cassons*, le fond doit être garni de déchets de sucre pur.

La claire, c'est-à-dire le sirop qui sert à la purification des pains, doit se faire à la température des greniers; car les sirops faits à chaud contenant toujours du sucre incristallisable très-hygroscopique, attireraient l'humidité de l'air, détruiraient la cohésion du pain et l'exposeraient à *tomber*, c'est-à-dire à se réduire à l'état pulvérulent. On éviterait cet inconvénient en terminant le clairçage par une terre.

La qualité du sucre que l'on emploie pour faire la claire doit dépendre de celle que l'on veut produire, ainsi pour avoir du mélis il faut employer une clairce de cette même sorte. Cependant on trouve une économie et on arrive au même résultat en commençant le lavage avec des clairces d'une qualité un peu inférieure, et en élevant successivement la qualité jusqu'à ce que le sirop qui sort soit presque incolore.

On verse un litre de ce sirop sur chaque forme, et pour qu'il se distribue régulièrement dans le pain ainsi que pour prévenir l'introduction de corps étrangers dans celui-ci, il est bon de couvrir d'abord le pied avec un disque en drap préalablement mouillé, puis fortement tordu.

Lorsque cette première dose de clairce s'est entièrement écoulée dans le pain, on en ajoute une égale et ainsi de suite ; mais ordinairement le pain est suffisamment blanchi après quatre opérations semblables.

Nous avons dit plus haut qu'il y avait une grande différence entre la durée du terrage et celle du clairçage, en effet :

Terrage à trois terres. . . $\begin{cases} 1^{re}. . . . . . & 7 \text{ jours.} \\ 2^{e}. . . . . & 8 \\ 3^{e}. . . . . & 9 \end{cases}$

Total. . . . 24

Clairçage avec une terre. $\begin{cases} 4 \text{ clairces.} . . & 8 \text{ jours.} \\ 1 \text{ terre.} . . . & 8 \end{cases}$

Total. . . . 16

Clairçage seul. . . . . . . 4 clairces. . 8

Lorsque la base des pains terrés ou clairçés est bien égouttée, on prend les formes l'une après l'autre, on les couche dans une auge, et avec le côté cintré d'un riflard on ratisse la patte du pain, on la nettoie et on l'égalise. Cette opération prend le nom de *plamotage*.

Après cela, on loche quelques formes pour s'assurer si la surface du pain est bien égouttée, et on replace la forme sur son pain en évitant de changer les points de contact des surfaces.

Pour détruire l'adhérence entre le sucre et la paroi de la forme qui s'oppose à l'écoulement des dernières parties de sirop, on frappe légèrement le bord de la dernière sur un billot en soulevant le pain avec la main, et on le repousse aussitôt dans la forme en lui conservant sa position première.

Pour faire redescendre vers l'axe des pains le sirop qui est resté vers leur pointe, douze heures après le plâmotage on les renverse sur leur base, et vingt-quatre heures après on les retourne de nouveau sur leur pointe et on les laisse dans cette position deux ou trois jours, enfin on les retourne encore pendant vingt-quatre heures sur leur patte, en ayant soin de placer sous celles-ci un carré de papier fort.

Après ces différentes manipulations, les pains sont lochés, c'est-à-dire qu'on en enlève les formes et on les laisse pendant vingt-quatre heures exposés à l'air, en ayant soin, pour empêcher leur *robe* d'être salie, de les recouvrir d'un cône ou capuchon en papier fort.

Egouttage forcé du sucre en pain. — Pour accélérer l'égouttage, qui, comme nous l'avons vu, exige assez de temps lorsqu'il est abandonné à lui-même; on emploie quelquefois deux procédés différents, l'un fondé sur la pression atmosphérique, et l'autre sur la force centrifuge.

Dans le premier procédé, les pointes des formes sont placées sur un tuyau horizontal dont l'une des extrémités communique avec une machine pneumatique, et l'autre avec un tuyau vertical d'environ 10 mètres de longueur et dont le bout inférieur plonge dans le réservoir où vient se réunir le sirop chassé des pains par la pression atmospérique extérieure lorsqu'on fait le vide dans le tuyau horizontal. A l'extrémité qui communique avec la machine pneumatique se trouve un second tuyau destiné à introduire de la vapeur servant à nettoyer l'intérieur de l'appareil sali par le sucre qui s'y dépose, et à l'extrémité opposée est adapté un baromètre qui indique l'état du vide qu'y fait la machine.

L'appareil à force centrifuge est plus simple et donne des résultats plus avantageux. Il consiste en un cylindre vertical de 1^m.25 de diamètre, tournant avec une vitesse de 400 tours par minute. Ce cylindre est percé de trois rangées horizontales de 12 trous, dans lesquelles on engage, par la pointe et jusqu'aux trois quarts de leur hauteur, un égal nombre de formes à égoutter ; les formes coniques ont 44 centimètres de hauteur et 20 centimètres de diamètre à la base ; elles sont maintenues par l'armature solide de ce cylindre tournant. Un deuxième cylindre vertical, ayant 2^m.50 de diamètre, fixe, enveloppe de toutes parts le premier et reçoit le sirop d'égout projeté par les 36 *pointes* percées des formes sous l'énergique impulsion de la force centrifuge. Dans cet appareil, le premier égouttage dure une heure et demie au lieu de 8 jours. Chaque égouttage, après un clairçage, ainsi que le dernier, n'exige qu'une heure, en sorte qu'un travail de 5 à 6 heures d'égouttage forcé peut remplacer les égouttages spontanés qui durent environ 20 jours. On a construit des *centrifuges* qui contiennent un nombre double de formes, et qui peuvent faire égoutter 700 à 800 pains en un jour (M. Payen).

Dessiccation.

On achève de sécher les pains qui ont été exposés à l'air dans une pièce en forme de tour rectangulaire qui règne dans toute la hauteur du bâtiment des greniers, et dont la base a de 6 à 8 mètres de longueur sur 4 à 5 mètres de largeur. Le mur de cette *étuve* doit être assez épais pour que la température intérieure ne puisse pas subir les variations de la température extérieure.

Au niveau de chaque étage le mur de l'étuve est percé d'une baie que l'on ferme par une porte hermétiquement close. L'intérieur de l'étuve est divisé en étages par des planchers à jour, distants les uns des autres de 65 centimètres pour les sucres raffinés, et de 70 à 75 pour les gros pains.

Ces planchers sont construits avec des liteaux en bois qui reposent sur des solives scellées dans le mur. Un tracas qui règne au milieu de tous ces planchers, permet à l'ouvrier de monter les pains et de les ranger sur les étagères qui sont devant lui et sur ses deux côtés. Dès qu'un étage est garni, il ferme le tracas à l'aide d'un plancher mobile qu'il remplit de liteaux, et il charge aussi cette partie d'où il s'est retiré.

Une étuve de raffinerie contient ordinairement de deux à quatre mille pains.

L'air qui circule dans l'étuve et qui est chargé d'emporter au dehors l'eau encore contenue dans les pains, doit entrer au commencement presque à la température ambiante, puis s'échauffer graduellement à mesure que la dessiccation avance, et vers la fin de l'étuvage, il doit s'élever à 45° ou 50°.

La disposition adoptée actuellement pour arriver à ces résultats consiste à établir au rez-de-chaussée de l'étuve quatre rangées horizontales de tuyaux de fonte de 16 à 20 centimètres de diamètre, et rapprochés de 5 à 6 centimètres, communiquant tous entre eux et dans lesquels on fait circuler de la vapeur à la tension de 4 à 5 atmosphères. Un robinet que l'on ouvre plus ou moins, permet de graduer l'arrivée de la vapeur, et par suite la température qu'elle communique à l'air. Un thermomètre placé à chaque grenier dans l'intérieur de l'étuve près d'une vitre disposée dans la porte, permet de régler convenablement celle-ci.

L'air qui s'est échauffé est devenu plus léger et tend à s'élever, mais en chauffant les pains et convertissant leur eau en vapeur il se refroidit; cependant il s'établit un équilibre de température dans l'intérieur de l'étuve et l'air chaud et chargé d'humidité s'échappe par une ouverture pratiquée dans le toit. M. Walkhoff conseille de donner aux tuyaux à vapeur un petit diamètre ou même de les faire à section elliptique, afin de multiplier la surface chauffée en contact avec l'air ; de n'employer que de la vapeur de retour pour les chauffer, attendu que la température des étuves ne doit jamais dépasser 93° à 94°, de pratiquer dans le toit ou dans la partie supérieure du mur plusieurs ouvertures, ou, ce qui vaudrait bien mieux, un ventilateur, et enfin de donner aux étuves moins de hauteur ; car l'air arrivant par le bas se sature bientôt de vapeur dans les premières rangées de pains, et ne peut presque plus en enlever aux pains supérieurs, et, en effet, on remarque que ces derniers sont bien plus longtemps à sécher que les premiers.

La durée de l'étuvage varie avec la grosseur des pains, la nature de leur grain et leur porosité. Il faut environ six jours pour que les pains de mélis ou quatre cassons soient étuvés à fond. On doit laisser refroidir les pains lentement dans l'étuve pour éviter le retrait qui pourrait les faire fendre, pour qu'ils ne perdent pas la sonorité que le commerce recherche, et enfin pour qu'ils n'acquièrent pas un ton mat et terreux qui les ferait repousser. Pour arriver à ce résultat, on arrête peu à peu l'arrivée de la vapeur, et on ouvre graduellement les portes.

Pliage. — En sortant de l'étuve, les pains sont portés dans une pièce voisine, la *chambre à plier*, où après les avoir pesés sur une balance-bascule, on les enveloppe de papier fort, qui ordinairement est violet pour les pains destinés à l'exportation, et bleu pour ceux qui sont livrés à la consommation intérieure.

Cette pièce doit être bien sèche, et en outre, pour neutraliser la teinte légèrement jaunâtre des pains, et les faire paraître tout à fait blancs, il est bon de peindre ses murs d'un blanc faiblement teinté de violet-bleu.

Produits secondaires.

Les raffineurs trouvent de l'avantage à fabriquer avec les divers sirops et les déchets provenant des opérations que nous venons de décrire, en y ajoutant des sucres bruts de mauvaise qualité, deux, et quelquefois trois sortes inférieures ; les deux premières en pains, les *lumps* et les *bâtardes*, et la dernière en poudre, les *vergeoises*.

Les lumps et les bâtardes se fabriquent à peu près de la même manière, et dans les appareils à fondre et à clarifier que nous connaissons déjà. Les sirops qui proviennent de ces premiers traitements sont versés dans les formes du plus grand modèle, que l'on laisse dans les *purgeries* à cause de leur poids et de leur volume trop considérables pour qu'on puisse les monter facilement dans les greniers. Par la même raison, les purgeries servant au travail de ces sortes de sucre sont plus élevées, les ouvriers étant souvent obligés de monter sur les formes pour y exécuter les opérations du clairçage et du terrage.

Les matières premières employées dans la préparation des lumps sont les sirops verts des quatre cassons, les sirops couverts provenant du terrage de cette même sorte de sucre et de celui des bâtardes, les pointes encore trop chargées de sirop coloré que le plus souvent on est obligé d'enlever des pains de ces deux sortes ; souvent on y ajoute des sucres sirupeux, et les grattures des divers emballages. Les matières solides forment ordinairement le tiers de ce mélange. Pour les lumps les plus beaux on ajoute en outre les sirops fins de première et seconde couverture des quatre cassons.

Le tout est mis avec de l'eau dans les chaudières ordinaires à clarifier, mais le plus souvent on n'y ajoute que la moitié du noir animal qu'on emploie pour le raffinage.

Une partie des sirops qu'on utilise dans la fabrication des lumps et des bâtardes, ayant quelquefois subi un commencement de fermentation, il arrive que pendant la clarification, l'acide carbonique qui se dégage fait boursouffler considérablement le liquide et l'expose à déborder ; on prévient cet accident en versant à sa surface de l'eau froide, et en le faisant passer sur les filtres dès qu'il commence à bouillir.

A peu près 40 minutes après l'empli, le grain est suffisamment formé et on peut opaler. Mais il peut arriver que pendant les chaleurs de l'été, la cristallisation est peu abondante, et se fait lentement ; dans ce cas, avant de poser les formes sur les planchers à égoutter, il est bon d'envelopper leur pointe d'un morceau de toile ou de drap de 25 à 30 centimètres en carré, qui sert à retenir les cristaux que le sirop tendrait à entraîner.

Quelquefois, les belles qualités de lumps sont livrées à la consommation en vert, c'est-à-dire sans avoir été ni claircées ni terrées.

Les *bâtardes* ne diffèrent des lumps que par les matières premières un peu moins riches qu'on y emploie et qu'en général elles subissent un clairçage ou un terrage de moins ; aussi leur tête reste toujours brune et on est obligé de la couper au quart ou au tiers de la hauteur du pain.

On emploie au terrage de ces gros pains des terres qui sont composées à moitié de terres neuves et à moitié d'esquives provenant des quatre cassons, et les sucres qu'on y ajoute en couverture sont des brésils ou des havanes mêlés à des débris provenant des plamotages.

Les terrages et les clairçages s'exécutent comme pour les sucres ordinaires ; mais la claircé qu'on emploie doit être plus dense, et sa quantité ainsi que la durée des opérations doivent être en rapport avec le volume et le poids des pains.

Les pains sont à peu près purgés aux deux tiers après trois terres dont chacune dure dix jours ; alors on les plamote comme dans la préparation des fonds, on les laisse dans cet état pendant trois jours pour leur donner le temps de commencer à sécher, pour acquérir plus de solidité et pouvoir être lochés sur un plancher couvert de toile sur lequel on les laisse encore un jour, afin qu'ils prennent une plus grande consistance avant d'être mis à l'étuve.

L'étuvage dure de 6 à 12 jours, suivant que l'on veut que les pains conservent plus ou moins d'humidité.

Les *vergeoises* forment une sorte de sucre très-inférieure en petits grains de couleur brune; on les fabrique avec les premiers sirops couverts des lumps et des bâtardes, par des procédés qui ne diffèrent pas essentiellement de ceux employés pour ces dernières sortes; mais il est inutile de les opaler et il faut les primer au moins deux fois 24 ou 48 heures après l'empli. Elles sont environ six semaines à égoutter en vert, et pendant tout ce temps la température de la pièce doit être maintenue de 35 à 40°. Enfin, on loche, et après avoir enlevé la pointe, qui d'ailleurs le plus souvent reste adhérente au fond de la forme, on réduit la masse en poudre.

L'égouttage forcé abrège beaucoup la fabrication que nous venons de décrire et permet de plus de convertir par des clairçages méthodiques, les lumps et bâtardes en sucre blanc et quatre cassons (M. Payen).

Rendement du sucre au raffinage.

Les procédés qui servent à séparer des matières étrangères et du sirop la masse cristalline et pure, ayant subi de notables perfectionnements dans ces derniers temps, le rendement du sucre au raffinage doit en avoir éprouvé des variations; néanmoins, nous présenterons comme des données très-importantes dans la pratique les rendements indiqués par M. Payen.

Rendement de 100 kilogrammes de sucre de betterave.

QUALITÉ des sucres bruts.	SUCRE en pains.	LUMPS terrées.	TOTAL du sucre blanc.	VER- GEOISES.	MÉLASSE.
Belle 4ᵉ.	52	15	67	15	18
4ᵉ commune. .	54	16	70	14	16
4ᵉ ordinaire. .	58	17	75	12	13
Bonne 4ᵉ. . . .	60	18	78	10	12
Belle 4ᵉ.	64	18	82	8	10
Sucres claircés.	70	16	86	5	9

Ces rendements du sucre au raffinage peuvent varier, notamment si l'on veut augmenter la proportion du sucre en pains ordinaires et diminuer celle des lumps et bâtardes et même des vergeoises. Les proportions de la mélasse, qu'on réduit toujours le plus possible, varient peu : elles augmenteraient si l'on voulait convertir les vergeoises en sucre blanc (*voyez* l'osmogène de M. Dubrunfaut).

Les résultats consignés dans ce tableau s'appliquent au sucre de betterave. Le sucre brut de canne des qualités correspondantes rend en général 2 pour 100 de moins en sucre raffiné et environ 2,5 de plus en mélasse.

FABRICATION DU SUCRE CANDI.

Une dissolution concentrée de sucre faite à chaud et qu'on laisse refroidir lentement donne naissance à de gros et beaux cristaux d'une netteté parfaite, auxquels on donne le nom de *sucre candi.*

On en prépare avec différentes qualités de sucre et de là trois sortes de candi que l'on distingue par leur couleur : le *blanc*, le *paille* et le *roux*.

Le premier s'obtient avec le sucre en pains ordinaire ;

mais cette matière première étant très-riche en sucre cristallisable pur, on remarque que la formation des cristaux est trop rapide et que par suite ils sont petits et confus, ou, comme disent les ouvriers, que la cristallisation est sujette à *friser*.

M. Payen conseille d'éviter cet inconvénient en ajoutant au sirop cuit, au moment de le verser dans les terrines, un millième de son poids d'acide tartrique.

Le second se fait avec un mélange à parties égales de sucres terrés Havane et de l'Inde; ce dernier étant chargé d'une assez grande quantité de sucre incristallisable retarde la cristallisation et la rend plus régulière.

On emploie pour la troisième la sorte de sucre appelée quatrième ordinaire.

On dissout le sucre dans une chaudière à double fond que l'on chauffe par la vapeur, et on traite par le noir animal fin et par les œufs (7 ou 8 œufs tiennent lieu d'un litre de sang). On fait couler la dissolution dans des filtres Taylor, d'où elle passe ensuite sur un filtre à noir en grains. De ce dernier la clairce se rend dans un réservoir spécial, duquel on la conduit dans des chaudières à bascule ou dans un appareil à cuire dans le vide. La cuite est amenée dans une seconde chaudière à double fond dans laquelle on en élève la température jusqu'à l'ébullition à l'air libre, ce qui a pour but de ralentir la formation des cristaux, on prend alors la preuve et enfin on verse dans les terrines.

Les preuves sont : le petit soufflé pour le candi blanc, le soufflé détaché pour le paille et le soufflé bien détaché pour le roux.

Les terrines sont des vases en cuivre bien unis à l'intérieur, ils sont de forme hémisphérique à bord évasé. Sur un cercle placé au tiers à peu près au-dessous de leur bord ils sont percés de 15 à 20 petits trous à travers lesquels on engage les bouts d'autant de gros fils qu'on assujettit au moyen d'une bande de papier collé, ce qui en même temps empêche la sortie du sirop. Ces fils peuvent être considérés comme des centres d'attraction sur lesquels viennent se déposer les cristaux.

Plus les terrines sont grandes et plus les cristaux qui s'y produisent sont volumineux. En France elles ont ordinairement 40 à 60 centimètres de diamètre et 20 à 32 centimètres de profondeur ; mais en Belgique où on recherche les gros cristaux, elles ont de 45 à 60 centimètres de diamètre et autant de profondeur.

Les terrines remplies de cuite sont déposées sur les étagères d'une étuve qui ressemble en petit à celles des raffineurs ; en effet, comme celles-ci, elle est divisée en étages, mais moins hauts, car ils n'ont que 35 à 40 centimètres.

Lorsque l'étuve est complétement garnie de terrines, ce qui a lieu en quelques heures, on en ferme bien la porte et on chauffe l'étage inférieur, mais sans produire de courant, soit au moyen d'un calorifère placé à l'extérieur, soit, ce qui vaut mieux, au moyen de tubes métalliques horizontaux dans lesquels on fait circuler la vapeur.

On règle la température de l'intérieur en observant un thermomètre placé contre une vitre enchâssée dans la paroi. On la maintient à + 60° pendant 72 à 76 heures, après quoi on a arrêté la vapeur et on laisse refroidir en évitant le plus possible les secousses et les variations brusques de température. Ce refroidissement est très-lent, car la cristallisation dégage beaucoup de chaleur ; à la fin du douzième jour la température est encore de 35° à 40°.

Au bout d'une douzaine de jours la cristallisation est suffisamment avancée ; on peut retirer les terrines de l'étuve, percer la croûte cristalline qui s'est formée à la surface des pains et en faire couler le sirop dans un récipient spécial. On rince les cristaux à l'eau tiède à 40° et on les met égoutter en inclinant à 45° les terrines renversées sur deux traverses horizontales. L'égouttage étant à peu près terminé, on sèche à 36° pendant 24 heures ;

on détache les pains en les *lochant*, ou en plongeant un instant l'extérieur des terrines dans l'eau bouillante, et enfin on les place à l'étuve où ils finissent de sécher en 24 heures sur les étagères, après quoi on peut les encaisser pour les livrer au commerce.

La consommation du sucre candi est considérable en Belgique et surtout celle du candi roux qui sert aux habitants à sucrer leur thé ; on l'y fabrique souvent dans les raffineries; mais ailleurs ce sont le plus souvent les confiseurs qui s'occupent de cette industrie.

En Champagne, on emploie une assez grande quantité de sucre candi paille, pour augmenter la richesse saccharine et alcoolique des vins mousseux. Le sucre candi blanc sert principalement à la préparation des liqueurs fines.

APPENDICE.

———

QUELQUES MOTS SUR LA QUESTION ÉCONOMIQUE.

Obtenir les produits les plus beaux et les meilleurs en dépensant le moins d'argent possible, afin de réaliser un bénéfice légitime, tel doit être nécessairement le but que se propose quiconque veut se livrer à des opérations industrielles; mais le problème est souvent compliqué et la solution en est difficile, car elle repose en général sur des données d'une nature essentiellement très-variable; c'est ce qui a lieu en particulier dans l'industrie dont nous venons de terminer le tableau.

Nous regardons comme les plus importantes de ces données l'instruction, l'intelligence et l'aptitude du fabricant, c'est d'elles principalement que dépendra le plus souvent le succès de son entreprise, la solution du grand problème dont il pourra trouver la clef, d'une bonne partie, du moins, justement dans les connaissances techniques qu'il doit avoir puisées dans notre travail. Il ne doit jamais perdre de vue que les autres données de la question dépendent sans cesse des temps et des lieux, qu'elles amènent à chaque instant des progrès considérables dans son industrie, que ces progrès conduisent à des économies souvent très-importantes, et, enfin, que de ces économies résulte une concurrence redoutable contre laquelle il aura souvent à combattre s'il ne veut pas s'exposer aux chances d'une ruine complète.

De ce qui précède, il résulte évidemment qu'il serait très-difficile de dresser le tableau exact et général, appli-

cable à une localité quelconque, et pendant un laps de
temps un peu considérable, des frais qu'occasionne la fabrication du sucre et spécialement du sucre indigène.
Cependant nous croyons nécessaire d'indiquer au moins
les résultats des calculs faits par quelques-uns des savants et industriels qui ont dû nécessairement s'occuper
de ces questions fondamentales.

M. Payen, dont les connaissances dans toutes les parties
des sciences appliquées sont si vastes et si profondes,
donnait en 1859 le calcul du prix de revient de la production de 100 kilog. de sucre indigène. Il supposait une
fabrication annuelle de 5,000,000 de kilog. de betteraves
à 13 fr. les 1000 kilog. et donnant un rendement moyen
réel de 6 0/0 de sucre. Il évaluait la durée de la campagne à 100 jours; le nombre de journées d'ouvrier à
14,000, représentant une dépense de 21,000 fr. La houille
à 12,000 hectolitres qui au prix de 1 fr. 50 représentaient
un total de 18,000 fr.; les ustensiles à 150,000 fr., le
loyer et frais généraux à 24,000 fr., etc., etc. Le résultat
de ce calcul était que dans la fabrique même la production de 100 kilog. de sucre revenait à 45 fr., en ajoutant
à cela 15 fr. pour frais de transport, emmagasinage, etc.,
et 49 fr. 50 de droits, il arrivait à un total de 109 fr. 50 c.;
or, comme, à cette époque, le prix de vente oscillait
entre 110 et 140 fr., en prenant la moyenne assez basse
de 120 fr., il trouvait un bénéfice de 10 fr. 50.

Plus récemment, M. Basset, dans son *Guide pratique
du fabricant de sucre*, a repris ce calcul en l'appliquant
à des betteraves de différentes richesses saccharines, depuis un minimum de 3°,5 de densité jusqu'à la moyenne
de 6°,45 B., soit 9 0/0. La première supposition conduit
l'auteur à une perte énorme pour le fabricant, la seconde
au contraire à un bénéfice considérable de 22 fr. 56 par
sac.

Nous pensons qu'il ne sera pas inutile de reproduire
ici le dernier calcul tel que le donne M. Basset. (Deuxième
partie, page 274.)

Prix de revient du sucre indigène, avec des betteraves de 9 pour 100 de richesse, et 6º,45 de densité B.

Production de 180 hectares, à 45,000 kilog. en moyenne, soit 8,100,000 kilog. de betteraves. — 1000 kilog. de betteraves rendant 80 pour 100 de jus à la densité de 6º,45, donnant à la fabrication par procédés ordinaires, 85kil.50, soit 8,55 pour 100.

Production 6,928 sacs de sucre.

Betteraves, 8,100,000 kil. à 20 fr.	162,000	soit 23f.38 p. sac.
Charbon.	40,000	5.77
Noir.	8,000	1.15
Toiles et sacs.	10,000	1.45
Main-d'œuvre.	32,000	4.60
Gestion et appointements.. . . .	12,000	1.72
Location.	3,000	0.44
Frais généraux, assurances. . .	2,500	0.35
Eclairage, subvention industrielle	2,500	0.35
Intérêts..	5,000	0.72
Amortissement.	30,000	4.35
Frais divers, chaux, minium, lames de râpes, mannes, charbon de bois, réparations. . .	13,000	1.00
Totaux (chiffres ronds).	320,000	46.30

A déduire :

Pulpe, 22 0/0.	14,256		
Ecumes.	1,000	33,756	4.76
Mélasses, 185,000, à 10 fr.	18,500		
		286,244	41,54

Sucre à 64 fr., ci.	64,00
Prix de revient	41,44
Bénéfices.	22,56

Nous conservons les chiffres tels que nous les trouvons

dans le *Guide*, sans rechercher les petites erreurs qui auraient pu s'y glisser.

Il nous serait impossible, dans un ouvrage du genre du nôtre, de donner plus de développement à des questions qui, sans contredit, présentent un grand intérêt, mais s'éloignent un peu trop du but que nous nous sommes proposé; néanmoins, nous croyons utile de transcrire un passage d'un article que M. Dubrunfaut a communiqué au *Journal des fabricants de sucre* (17 janvier 1867).

..... « Pour procéder méthodiquement à cet examen, voyons comment se répartissent entre les divers intérêts engagés dans la question, les sommes prélevées par chaque industrie sur le prix payé par le consommateur pour 100 kilog. de sucre raffiné :

L'agriculture prélève pour betteraves. . . . . 36 fr.
Le fabricant de sucre. 25 60
Le raffineur et le commerçant. 21 10
Le trésor public. 47 30

Total. . . . . . . 130 fr. »

Qu'il nous soit permis d'ajouter une réflexion très-courte : la part du cultivateur est très-belle; celle du fabricant ne l'est pas assez; mais pourquoi l'industriel n'est-il pas en même temps fermier?

Nouveau procédé d'extraction du sucre des jus, sirops et mélasses de toutes espèces, par M. H. Leplay.

Il y a déjà quelque temps que nous avons eu connaissance d'un nouveau procédé d'extraction du sucre cristallisable des différents liquides qui contiennent cette substance, procédé qui consiste à la rendre insoluble en la combinant au sein même de ses dissolutions avec une grande quantité de chaux, et à décomposer ensuite le sucrate en faisant agir sur lui l'acide carbonique qui, formant avec la chaux un carbonate insoluble, met en li-

berté le sucre à l'état de pureté. Mais nous ne devons pas
omettre d'ajouter que nous avons entendu formuler des
critiques assez sévères contre cette invention. Cependant
la lecture attentive d'un article inséré dans le n° 342 du
Technologiste, dans lequel se trouve une description de
cette nouvelle méthode d'après M. H. Leplay, nous a convaincu qu'elle reposait sur des opérations très-bien combinées qui pourraient conduire à des résultats extrêmement avantageux et que loin de devoir être rejetée, elle
méritait de fixer l'attention des fabricants; par conséquent, nous avons cru devoir en donner le résumé très-
succinct qui va suivre.

Supposons qu'il s'agisse de traiter le jus pur de la betterave tel qu'il s'écoule des presses; les opérations à effectuer seront les suivantes :

On commence par introduire dans ce jus froid une
quantité de chaux suffisante pour que tout le sucre qu'il
contient en soit complétement saturé et que, restant toujours froid, le liquide s'éclaircisse. Cette quantité de
chaux s'élève à environ les 60 p. 100 de celle du sucre.

On chauffe alors le jus ainsi saturé, et lorsque le précipité qui s'y produit s'est complétement déposé, on le décante dans un autre récipient muni d'un serpentin de
vapeur, et dans lequel on ajoute du chlorure de calcium
dissous dans du jus. Enfin, on ajoute encore au jus une
dissolution de soude caustique, correspondante à celle de
sucre que l'on doit précipiter, et on chauffe le mélange
jusqu'à l'ébullition. Bientôt le sucrate insoluble se produit et se dépose sur un tamis disposé au-dessus du fond
du récipient.

L'explication de ce qui se passe dans cette opération
est très-simple : dans la première saturation il n'y a
qu'une faible proportion du sucre qui s'est trouvée éli-
minée; mais ensuite, la soude caustique en s'emparant de
l'acide chlorhydrique, sépare du sel la chaux qui, exerçant son affinité sur le sucre, va se réunir au sucrate
déjà formé et le rend insoluble.

Ce sucrate est séparé au moyen d'un filtre-presse, puis lavé jusqu'à ce que l'eau en sorte complétement incolore. Sa décomposition peut se faire dans l'appareil même où il a été produit, en y amenant l'acide carbonique sous le tamis.

On peut au besoin le sécher en en faisant sortir l'eau par l'action de la presse hydraulique, et le livrer dans cet état au commerce pour être ensuite décomposé.

Par ce nouveau procédé on n'obtient que deux jets, et le second peut être traité comme le jus brut de la betterave ; mais au lieu de le travailler séparément, on peut l'ajouter aux jus des betteraves saturés de chaux, et en opérer la saturation au sein du mélange.

L'appareil dans lequel on produit à la fois le chlorure de calcium et l'acide carbonique, dont le premier doit servir à la préparation du sucrate insoluble, et le second à sa décomposition, se compose de cinq vases cylindriques que, pour rendre plus facile l'intelligence de sa description, nous supposerons disposés sur une ligne devant l'observateur, et que nous désignerons par les lettres A, B, C, D, E, en commençant par celui qui se trouve le premier à sa gauche.

Ce premier vase A est en fer, il est muni d'une pompe destinée à y comprimer l'air ; il communique avec le suivant B au moyen d'un tube qui, partant de son fond supérieur, se recourbe pour aller plonger jusqu'au fond de ce dernier. Un robinet est placé sur ce tube à la partie supérieure de B.

Ce second vase B est en bois ou en fer doublé en plomb, il est muni d'un tube de niveau, et sert de récipient à l'acide chlorhydrique dont on l'emplit aux trois quarts au moyen d'un robinet placé à son fond supérieur.

Le vase C, plus spacieux que les deux précédents, contient un agitateur armé de bras horizontaux qui sert à opérer le mélange du carbonate de chaux et de l'acide chlorhydrique. On l'emplit au tiers d'eau par une tubulure placée à sa partie supérieure, et par un trou d'homme on y jette le carbonate de chaux en poudre grossière ou on l'y verse en bouillie, et on met en mouvement l'agitateur.

Le vase D qui suit à droite est empli à moitié d'eau par une tubulure, et sert à laver l'acide carbonique; enfin, E n'est qu'un gazomètre destiné à recevoir ce dernier gaz.

Chacun de ces cinq vases est muni d'un robinet à sa partie inférieure.

Pour mettre cet appareil en activité, on fait marcher la pompe adaptée au premier vase A, et lorsque l'air y a été suffisamment comprimé, on ouvre le robinet de communication avec le vase B; l'acide qui se trouve contenu dans celui-ci étant pressé par l'air qui arrive de A monte par un tube qui établit sa communication avec C, et pénètre dans ce dernier; aussitôt le dégagement d'acide carbonique commence, et il faut en régler l'écoulement en ouvrant ou fermant convenablement le robinet qui établit la communication entre A et B, jusqu'à ce que l'on constate que la pression de l'air s'est affaiblie assez pour qu'il faille la rétablir au moyen de la pompe.

On continue ainsi à faire arriver en C de l'acide chlorhydrique jusqu'à ce que le dégagement d'acide carbonique cesse ou même que le carbonate de chaux s'y trouve un peu en excès.

Comme nous l'avons dit, le sucrate de chaux convenablement pressé et lavé est ensuite décomposé par l'acide carbonique. Le sirop qui s'en dégage contient du sucre pur qui après avoir été filtré et avoir subi les autres opérations ordinaires de la fabrication, peut être transformé directement en pains.

Les eaux-mères dans lesquelles on a engendré le sucrate, ainsi que les eaux de lavage, peuvent être immédiatement utilisées comme engrais, ou évaporées pour en retirer les sels contenus dans le jus, le carbonate de soude régénéré et le chlorure de sodium.

La pureté des jus n'ayant pas besoin d'être prise en considération dans l'application de cette nouvelle méthode, tous les autres procédés d'extraction peuvent être abandonnés et remplacés par des décoctions ou des macérations des betteraves, ce qui simplifiera considérablement le travail et le rendra bien plus économique.

La majeure partie de l'eau qui constitue le jus et tous les sels nuisibles qu'elle contient étant éloignés, l'évaporation et la cuite du sirop déjà très-concentré en deviendront beaucoup plus simples et plus faciles, et la production des sucres incristallisables devra être réduite à des proportions minimes. Bref, nous le répétons, cette idée nous paraît très-heureuse et contenir en elle la solution la plus simple et la plus complète du grand problème de l'extraction économique du sucre en général. Nous désirons vivement que M. Leplay, à qui l'industrie sucrière doit déjà tant de beaux travaux, voie ses nouveaux efforts couronnés d'un plein succès.

FIN.

ERRATA.

TABLE DES MATIÈRES.

LIVRE II.

FABRICATION DU SUCRE DE BETTERAVE.

LIVRE III.

LA CANNE A SUCRE ET QUELQUES AUTRES VÉGÉTAUX SACCHARIFÈRES.

LIVRE IV.

RAFFINAGE DU SUCRE ET FABRICATION DU SUCRE CANDI.

APPENDICE.

QUELQUES MOTS SUR LA QUESTION ÉCONOMIQUE.

FIN DE LA TABLE.

BAR-SUR-SEINE. — IMP. SAILLARD.

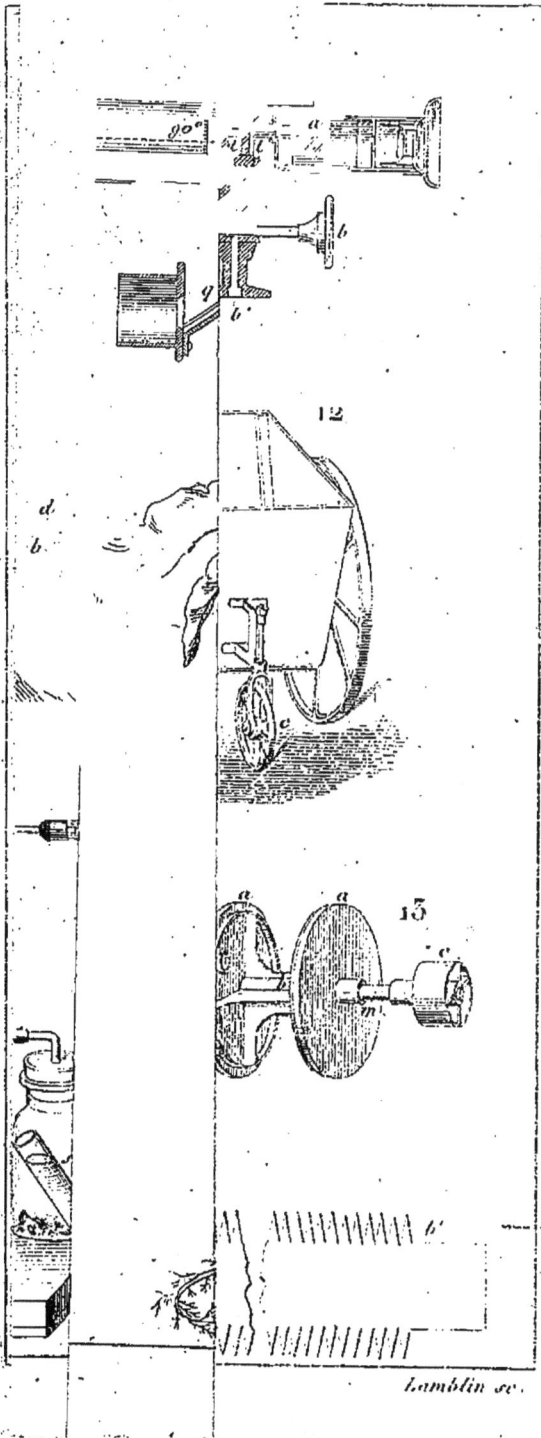

12

13

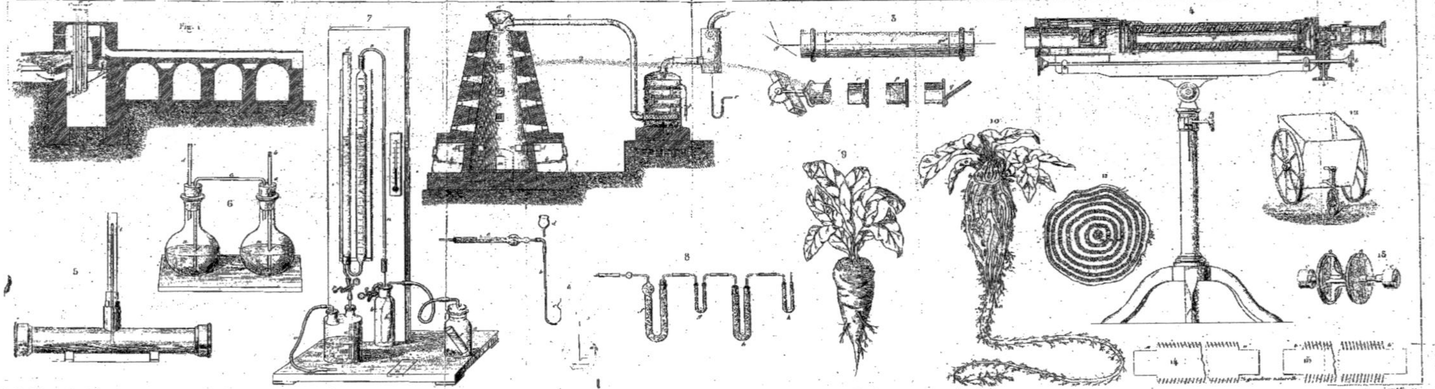

[I]mprimerie Bure?, rue Hautefeuille 12, Paris.

Lamblin sc.

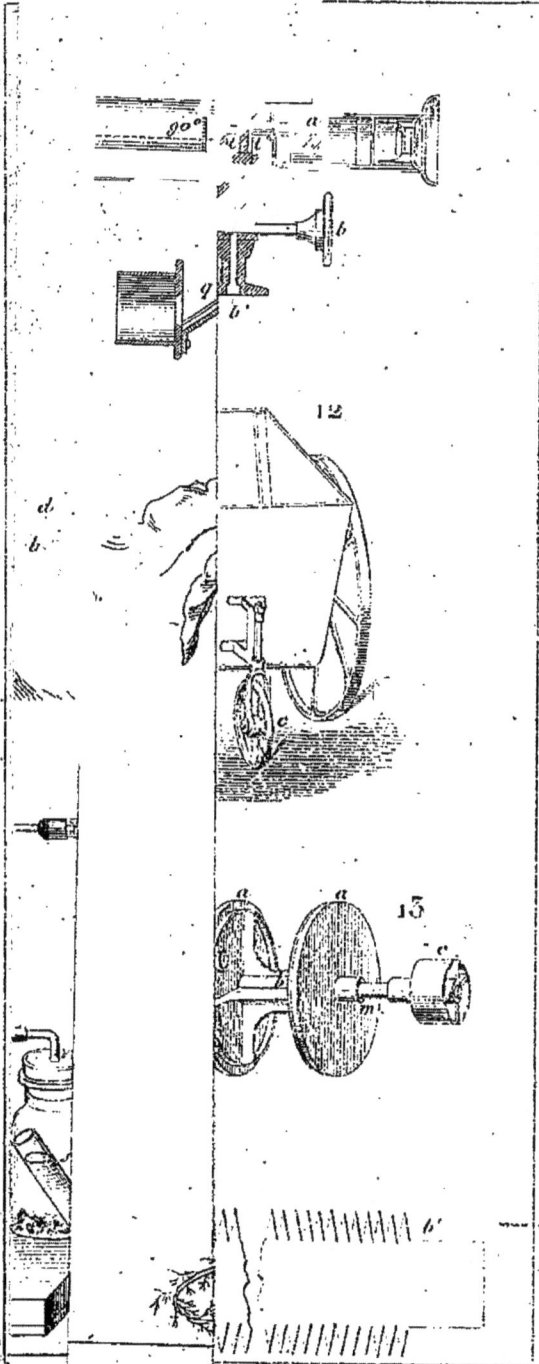

Lamblin sc.

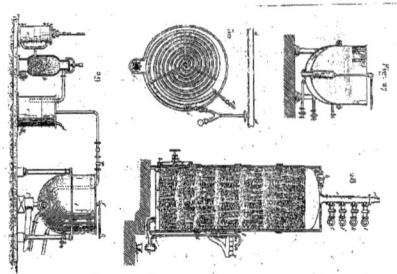

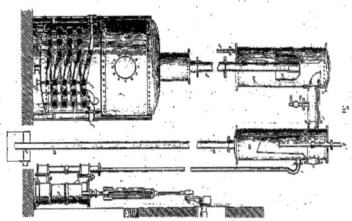

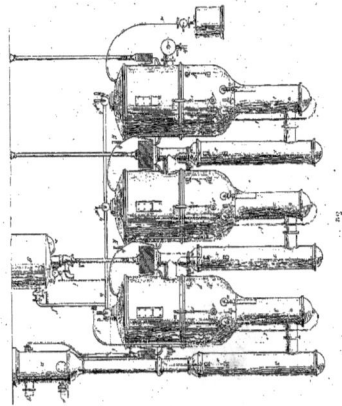

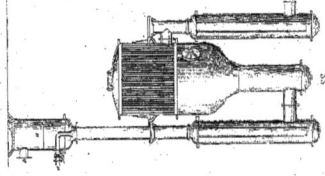

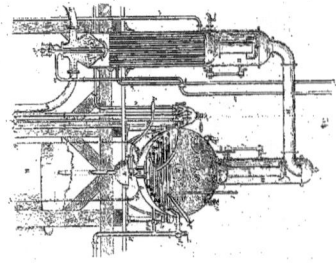

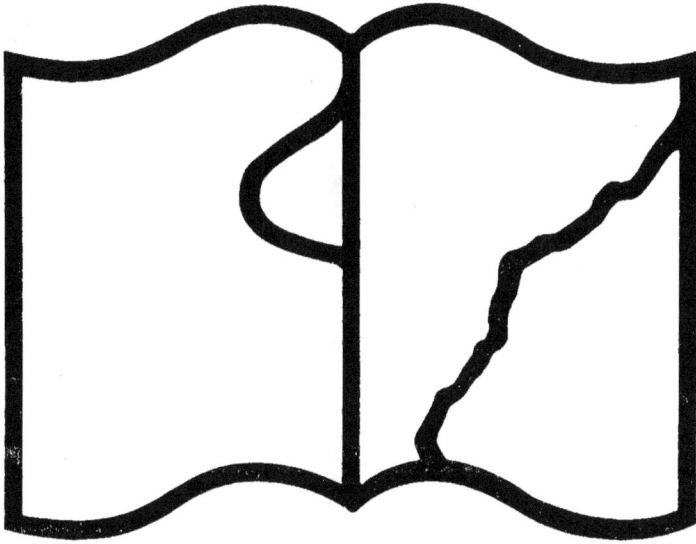

Texte détérioré — reliure défectueuse

NF Z 43-120-11

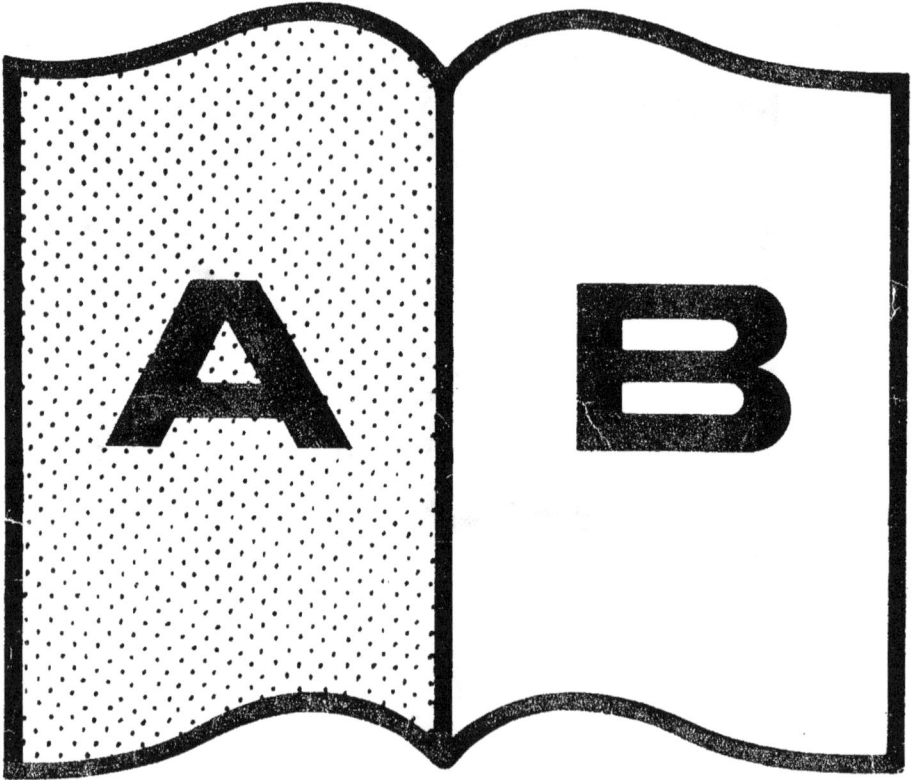

Contraste insuffisant

NF Z 43-120-14

www.ingramcontent.com/pod-product-compliance
Lightning Source LLC
Chambersburg PA
CBHW061957220326
41599CB00021BA/3080